经典译丛·信息与通信技术

U0290506

数字无线电中的
信号数字化与重构

Signal Digitization and Reconstruction
in Digital Radios

[俄] Yefim S. Poberezhskiy 著
Gennady Y. Poberezhskiy

楼才义　王建涛　张东坡　等译
杨小牛　审校

电子工业出版社
Publishing House of Electronics Industry
北京·BEIJING

内 容 简 介

本书详细介绍了数字无线电中的接收数字化、发射重构以及其他各种数字处理算法和技术。全书共 7 章和 4 个附录。第 1 章和附录对全书多次使用的理论知识进行了简要总结与回顾；第 2 章简要介绍了无线电系统的基本组成并列举了多种无线电系统；第 3 章讨论了数字发射机，重点分析了数字化与重构以及发射机发射效率提高等技术；第 4 章对数字接收机进行了介绍，重点讨论了数字化、动态范围提高、高能效信号解调等方法；第 5 章重点分析了基带采样定理和带通采样定理，并讨论了基带信号、带通信号的采样和内插技术；第 6 章讨论了在数字无线电中采样与内插的实现；第 7 章介绍了几种提高量化分辨率的方法，提出了基于多个样本的联合处理以及基于预测量化与分辨率即时调整相结合的方法。

本书理论与实践结合紧密，书中的许多数字处理技术和算法都具有通用性，适合通信与信息工程领域的管理者、师生和研究人员阅读。

© 2019 Artech House Inc.

685 Canton Street, Norwood, MA 02062.

本书中文翻译版专有出版权由 Artech House Inc. 授予电子工业出版社，未经许可，不得以任何方式复制或抄袭本书的任何部分。

版权贸易合同登记号　图字：01-2020-4482

图书在版编目（CIP）数据

数字无线电中的信号数字化与重构 /（俄罗斯）叶菲姆·S. 波别列日斯基，（俄罗斯）根纳季·Y. 波别列日斯基著；楼才义等译. —北京：电子工业出版社，2021.10
书名原文：Signal Digitization and Reconstruction in Digital Radios
ISBN 978-7-121-42196-9

Ⅰ. ①数… Ⅱ. ①叶… ②根… ③楼… Ⅲ. ①无线电通信 Ⅳ. ①TN92

中国版本图书馆 CIP 数据核字（2021）第 207182 号

责任编辑：竺南直　　　　　　特约编辑：郭　莉
印　　刷：涿州市京南印刷厂
装　　订：涿州市京南印刷厂
出版发行：电子工业出版社
　　　　　北京市海淀区万寿路 173 信箱　邮编　100036
开　　本：787×1 092　1/16　印张：16.25　字数：416 千字
版　　次：2021 年 10 月第 1 版
印　　次：2023 年 1 月第 2 次印刷
定　　价：69.00 元

译 者 序*

随着电子技术的迅猛发展，通信系统的发展经历了模拟通信、数字通信，现处于软件无线电、认知无线电的广泛应用阶段，正在向智能通信方向发展。一般的通信系统往往由信源、编码器、调制器、上变频器、功率放大器、滤波器、天线等构成发射部分；由天线、低噪声放大器、滤波器、下变频器、解调器、译码器、信宿等构成接收部分。其中模拟处理部分的功能和电路不断被压缩，越来越多的功能都在数字域实现；一些由模拟电路、专用电路完成的功能，正不断被数字化处理的器件、算法所替代。数字信号处理及其算法（协议）已成为当代通信系统的灵魂，系统的性能、灵活性、可升级可扩展能力等得到极大提高。可以说，硬件通用化、处理数字化、功能软件化、能力可重构已成为当代通信系统的基本要求。

数字化处理的前提是信号的数字化，Nyquist 采样定理是数字化处理的基石，而采样与重构可实现模拟域与数字域的灵活转换；通过内插与抽取两种采样速率转换的得力工具，可实现各数字处理环节采样速率的良好适配。

本书以无线电信号的数字化为主线，从信号波形、采样定理、数字化发射、数字化接收、采样与重构等整个过程讨论了数字无线电的实现，有理论分析，有实现方案，理论与实践结合紧密，对于无线通信、信号分析与处理等应用具有较高的参考价值。

本书第 1 章就信号波形和信号处理的一些基本概念进行了介绍；第 2 章简要介绍了无线电系统的基本组成并列举了多种无线电系统；第 3 章讨论了数字发射机，重点分析了数字化与重构以及发射机发射效率提高等技术；第 4 章对数字接收机进行了介绍，重点讨论了数字化、动态范围提高、高能效信号解调等方法；第 5 章重点分析了基带采样定理和带通采样定理，并讨论了基带信号、带通信号的采样和内插技术；第 6 章讨论了在数字无线电中采样与内插的实现，提出了基于采样定理的混合解释和直接解释的采样和内插技术；第 7 章介绍了几种提高量化分辨率的方法，提出了基于多个样本的联合处理以及基于预测量化与分辨率即时调整相结合的方法。

楼才义、王建涛共同翻译了第 1 章和第 5 章，并负责全书的统稿；张春磊翻译了前言部分和第 2 章；张东坡翻译了第 3 章；章军翻译了第 4 章；李新付翻译了第 6 章；陈仕川翻译了第 7 章；郭玉春翻译了附录部分；杨小牛院士对全书进行了仔细的审校。电子工业出版社竺南直博士为本书的出版付出了辛勤的劳动，给出了许多很好的意见和建议，在此表示诚挚的感谢。

岁月匆匆，"又是残春将立夏，如何到处不莺啼"。由于受 2020 年的疫情影响以及工作繁忙等原因，本书的翻译经历了较长的时间。受制于译者的技术能力和翻译水平，对书中的有些术语难免把握不准，译著中肯定会存在各种错误，敬请读者批评指正。

译者于嘉兴
2021 年 5 月

---

* 中文翻译版的一些字体、符号和正斜体沿用了英文原版的写作风格。

前　言

当前，大多数信号处理都是在数字域中进行的。数字化与重构（Digitization and Reconstruction，D&R）电路构建了数字信号处理单元与模拟世界之间的接口。这些接口会显著影响处理的整体性能、效益和效率。数字无线电中的数字化与重构电路所转换的信号种类最多，既包括基带信号和/或带通信号、实值信号和/或复值信号、窄带信号和/或宽带信号，也包括话音、音乐、图像、测量结果、可感知的传输信号、自然界的辐射信号。因此，数字无线电通常是研究模拟信号数字化与重构的理想案例。

本书对数字无线电中的数字化与重构进行了讨论，详细分析了数字化与重构技术，并概述了在无线电中采用的其他信号处理方法，以说明其与数字化与重构的相互依赖性。然而，本书的主要目标是介绍一种理论上合理的新概念和方法，它可以从根本上改进数字化与重构电路的特性。尽管侧重于数字无线电，但本书中得出的许多结果也适用于通用模数转换器（A/D）、数模转换器（D/A），以及其他用途的数字化与重构电路。

第 1 章和附录是对本书中经常用到的理论知识的回顾（本书假定读者对信号处理的理解大约处于电气工程本科学生的水平）。其中介绍了对其他章节很重要的概念和函数（正交基、带通信号的复值等效表达式、δ 函数、B 样条），包括一些解释，并给出了有关调制、变频、滤波、上采样和下采样及其他一些操作的基础知识。本部分内容也可以用作本书相关主题的简要参考资料。即便对于功底非常扎实的读者而言，第 1 章和附录中的某些内容可能也很新颖（例如，附录 C 中提到的与中心极限定理有关的悖论，以及 1.2.2 节对典型和非典型随机序列的描述）。

第 2 章的主要目标是证明在具有可比较带宽和相似射频（RF）环境的情况下，不同无线电系统中数字化与重构需求的相似性，并着重介绍数字通信系统中所用的数字化与重构技术。同时，该章还概述了射频频谱的各个频段，及其无线电波传播模式和各种射频系统用频情况。该章还提供了有关通信、广播、导航、雷达和一些其他系统的简单介绍。对于无线电系统，第 2 章概述了其信道编码、调制、扩频的原理，描述了数字接收机和发射机的顶层架构，介绍了能量高效型调制、带宽高效型调制的概念。

第 3 章和第 4 章分别讨论了数字发射机和接收机。与其他出版物不同，本书讨论的重点在于数字化与重构流程方面，详细介绍了数字无线电中数字化与重构的常规实现方式以及决定复杂度的因素，而其他讨论也主要从与数字化与重构的关联角度开展，还讨论了功率利用率与发射机重构复杂度之间的关系。有关几种传统的能量高效型低波峰因子调制和扩频技术，以及在具有带宽高效型调制的发射机中实现有效功率利用、简化信号重构的方法等内容，本书仅简单介绍。重点详细介绍的反而是其他图书中未介绍的交替正交差分二进制相移键控（AQ-DBPSK）调制样式。4.2.1 节所介绍的数字无线电早期历史表明，20 世纪 80 年代后期做出的一些关键决策仍然影响着当前的数字化与重构技术。值得注意的是，尽管早期做出的决策大多数是正确的，但在采样保持放大器（Sample-and-Hold Amplifier，SHA）和跟踪保持放大器（Track-and-Hold Amplifier，THA）之间选择后者，是一种错误的决策。第 3 章和第 4 章的主要内容包括：带通信号的基带和带通数字化与重构的描述和比较；不同发射机和接收机架构的性能评价；接收机动态范围分析。

第 2 章至第 4 章介绍了一些非传统的观点，并介绍了一些先进的技术。非传统观点的例子包括：澄清了将广义调制分为三个不同阶段（信道编码、调制、扩频）的原因（见 2.3.3 节）；解释了利用几个接收机性能特征来代替一个实际存在的通用特征的原因（见 4.2.2 节）；确定了接收机动态范围的极限（见 4.3.1 节）；证明了当已知多个干扰信号的统计特性时，解析计算出接收机所需动态范围的概率（见 4.3.2 和 4.3.3 节）。3.4.3 节概述了几种先进的技术，可在具有带宽高效型调制的发射机中高效利用功率并简化信号重构过程。此外，在 3.4 节中分析了本书原创的 AQ-DBPSK 技术，该技术不仅可提高功率利用率并简化发射机重构流程，而且在加性高斯白噪声（AWGN）信道中的整体能效要比差分二进制相移键控（DBPSK）更高，并且可以进行频率恒定的解调，相关分析见 3.4.2 节和 4.5.2 节。

尽管本书提出了上述非传统观点和新技术，但第 2 章至第 4 章中的大部分内容介绍的还是有关现有无线电系统、数字无线电和其他设备中所用的传统技术方面的情况。而第 5 章至第 7 章则不同，这 3 章专门介绍了数字化与重构的原创概念和创新方法。因此，这部分的多数内容在其他任何书籍中都找不到。

第 5 章中采样定理的简要历史不仅展示了持续发展历程，还表明了理论研究人员目前对带限信号的采样和内插（Sampling and Interpolation，S&I）的关注不足，而这种采样和内插在实践中应用最为广泛且在该领域的研究潜力巨大。本章解释了采样定理的构造性质，并提出了与采样和内插相关的新概念。这些概念基于 3 个基本事实。首先，带限信号的经典采样定理可以有多种解释，而不同的解释对应于采样公式的不同形式。其次，理想状态下，这些解释在最小二乘意义上是同等最优的。第三，两种解释都无法理想地实现，而且非理想实现的最优性也无法在定理范围内确定。因此，除了采样定理、线性和非线性电路理论、最优滤波外，对可行的采样和内插算法和电路进行优化还需要将理论基础考虑在内。

第 6 章基于采样定理的间接解释表明，当前所用采样和内插电路有其固有缺陷。该章基于采样定理的混合解释和直接解释来描述和分析新提出的采样和内插技术。虽然这些技术的描述集中在概念设计方面，但相关分析则突出了其为数字无线电提供的关键优势，即动态范围、可达到的带宽、集成规模、灵活性和功耗方面的改进。此外，第 6 章还介绍了两种原创的空域干扰抑制方法，以作为新提出的采样和内插技术的潜在应用案例。

第 7 章概述了当前使用的几种有效量化技术，并表明，尽管在过去的 30 年中，量化器在速度、精度、灵敏度和分辨率等方面有了显著提升，但该领域内仍可提出新的概念和方法。该章介绍并简要分析了两种创新技术：一种技术基于对多个样本的联合处理；另一种技术基于预测性量化与分辨率即时调整的结合。

为了方便广大读者的理解，作者还对本书介绍的理论概念和方法的物理和技术内容进行了直观的解释与澄清，最大限度地避免或简化了复杂的数学证明，且所有信号转换都用方框图、时序图和/或频谱图来描述。本书广泛采用历史研究方法（historical approach）来解释为何选择某种技术解决方案，为何有用的创新成果长时间未得到应用，该方法还用来确定未来发展趋势。

本书面向从事数字无线电、通用 A/D 和 D/A、声呐、激光雷达、测量和仪器、生物医学、控制、监视和其他数字设备研发和设计的工程师、科学家和研究生。本书对负责上述研发和设计的工程管理人员而言也很有用。在电气和计算机工程其他领域工作的工程师和科学家也能从本书中得到启迪。读者可以将本书的材料用于各种用途，例如，提高自身对该主题的知识，进一步研究本书提出的新概念和技术，践行本书所提的这些技术，以及预测本书所提技术的发展趋势。我们希望本书能成为读者的收藏对象。

目　　录

第 1 章　信号与波形

1.1　概述

本章是对书中反复使用的信号理论方面的内容进行简要的回顾，阐明了最基本的概念，解释了它们的物理意义，同时，省略了对本书来说不重要的一些严格的定义、大多数的证明和数学细节。期望读者具有电气工程专业大学知识水平，大致熟悉信号理论。因此，章节顺序是按照阐述最方便的原则来安排的，但这种安排对于初学者而言可能不是最佳的。例如，还没有解释傅里叶变换的情况下先提及了带限信号，还未讨论随机事件和变量的情况下先引入了随机过程的概念。

1.2 节给出了关于信号、信号处理和信号理论方法的初步知识；比较了模拟信号、时间离散信号和数字信号，总结了数字信号和数字处理的优势；介绍了模拟信号的数字化与重构（Digitization and Reconstruction，D&R）；讨论了确定性和随机性信号的特征；在随机信号方面，描述了随机事件、变量和过程的概率特性；概述了信号的基本运算。

1.3 节讨论了关于正交基的信号展开，阐述了广义傅里叶级数展开，并把经典采样定理作为特例进行了讨论。由于三角函数和复指数函数傅里叶级数以及傅里叶变换在本书中被广泛应用，因此对其性质进行了讨论，讨论了信号能量谱和功率谱及其相关函数的关系，还讨论了通过线性时不变（Linear Time Invariant，LTI）电路的信号传输。

1.4 节表明，用于无线电信道上传输信息的带通信号通常可用发射机（Tx）和接收机（Rx）的数字部分中的复值基带信号来等价表示。Rx 中带通信号的数字化及其在 Tx 中的重构可以以基带或带通形式实现。本节讨论了带通信号与其等效信号的关系，以及一些等效变换。本节还讨论了信号和电路带宽的各种定义。

1.2　信号及其处理

1.2.1　模拟信号、时间离散信号和数字信号

任何随时间、空间和/或其他独立变量变化的物理现象，如果它反映了或可能反映一个物体或系统的状态，都可视作一个信号。常用信号包括电、光、声、机械、化学和其他信号等。所有信号不管性质如何，为了便于处理，最后都转换成电信号。以时间函数形式存在的信号称为波形。"信号"和"波形"这两个词常常互换使用。信号所携带的信息通常决定了信号的重要性。这些信息可以被存储、传输、接收和/或处理。在这些过程中，为了保护所携带的信息，故意对信号进行了变换。然而，它们也受到可能破坏信息的不良现象（如噪声、干扰、失真和设备故障）的影响。信息的传输、接收和处理会消耗能量，其传输还会占用同样也是

有限资源的电磁频谱。人们期望：以最高的精度、可靠性、速度和最小的能量和带宽，使用最轻重量、最小尺寸和最低成本的设备，来传输、接收、处理和存储信号。实现这些目标需要有坚实的理论基础。任何理论研究都不是直接在实际对象（它的数学描述太复杂乃至根本无法描述）上开展的，而是用其简化的数学模型。如果基于这些模型的计算和仿真结果与实验结果相吻合，那么就可以认为这些模型的精度足够了。以余弦信号为例：

$$u(t) = U_0 \cos[\psi(t)] = U_0 \cos(2\pi f_0 t + \varphi_0) \tag{1.1}$$

式中，U_0，$\psi(t)$，f_0 和 φ_0 分别是 $u(t)$ 的振幅、相位、频率和初始相位，$u(t)$ 是一个数学模型。然而，这样一个时间上无始无终且具有恒定 U_0 和 f_0 的信号在现实中是不可能存在的。然而，对于实际产生的、在长时间间隔内具有足够精确性和稳定性的余弦信号而言，$u(t)$ 是一个精度足够高的模型。使用数学模型需要小心，因为它们的特性与实际对象有所不同，然而，模型在特定约束条件下的正确性也已经得到了证实。

    信号的分类方法有很多种。对于本书而言，最重要的是理清模拟信号、时间离散（或取样）信号和数字信号之间的差异。模拟信号在时间和取值上是连续的。时间离散信号只在某些指定时刻有具体的取值。它们是模拟信号的样本序列。数字信号在时间和数值上都是离散的，也就是说，它们通常是由多组二进制字（位）表示的数字序列。人的语音、电源插座上的电压、机动目标的速度以及其他大多数在宏观层面考虑的物理过程都是模拟的。对其进行周期性模拟测量即可产生时间离散信号，而对时间离散信号进行数字测量则可产生数字信号。图 1.1 给出了模拟信号 $u(t)$、时间离散信号 $u(nT_s)$ 和数字信号 $u_q(nT_s)$ 的例子。这里，$u(nT_s)$ 是对 $u(t)$ 采样后得到的结果，$u_q(nT_s)$ 是对 $u(nT_s)$ 量化后的结果（下标 q 表示量化）。还有第四类信号，它们取值上离散、时间上连续，但由于它们对本书而言不太重要，所以在此未涉及。尽管如此，它们也是有用的，比如，可用于非均匀的数字化。尽管图 1.1 中的所有信号都是时间的函数，但它们也可以是其他标量或矢量变量的函数。例如，时间和频率的函数在电子工程中得到广泛应用，电视图像是像素坐标和时间的函数，天线上的信号是时间、频率和三维空间坐标的函数。与几个变量有关的信号，在不同的维度（轴）上看起来可能有所不同。例如，天线阵列上的信号在时间和频率上是连续的，在空间上是不连续的；以时间和频率的函数来描述的模拟周期信号在频率维度（轴）是离散的，在时间维度（轴）上是连续的。

    图 1.1（a）中的模拟信号标记为 $u(t)$，其可以与它的电压 $v(t)$ 或电流 $i(t)$ 相对应。$u(t)$ 在电阻 R 上产生的瞬时功率 $P_u(t)$ 为：

$$P_u(t) = \frac{v^2(t)}{R} = i^2(t)R \tag{1.2}$$

    对于信号接收而言，电阻 R 上的信噪比（Signal-to-Noise Ratio，SNR）比信号的绝对值大小更重要。为了简化计算，功率通常是归一化的，即假设 $R=1\Omega$，于是可以把式（1.2）重写为

$$P_u(t) = u^2(t) \tag{1.3}$$

    当 $u(t)$ 的瞬时功率 $P_u(t)$ 表示为式（1.3）时，$u(t)$ 在时间区间$[-0.5T，0.5T]$内的能量和平均功率分别为：

$$E_{u.T} = \int_{-0.5T}^{0.5T} u^2(t)\mathrm{d}t \quad \text{和} \quad P_{u.T} = \frac{1}{T}\int_{-0.5T}^{0.5T} u^2(t)\mathrm{d}t \tag{1.4}$$

    对于复数信号，式（1.3）和式（1.4）中的 $u^2(t)$ 需要用 $|u(t)|^2 = u(t)u^*(t)$ 来代替，其中 $|u(t)|$

为 $u(t)$ 的幅度（绝对值），$u^*(t)$ 为其复共轭。此时通常会用到两种典型信号：功率信号和能量信号。功率信号具有有限的平均功率 P_u，并且，根据式（1.4），它的能量在无限的时间内是无限的，即，$E_u = \infty$。能量信号具有有限的能量 E_u，因此，在无限的时间内，其平均功率为零。虽然没有实际信号可以在无限长时间内存在或具有无限的能量，但对于许多周期信号和随机过程而言，适合采用功率信号模型；能量信号模型适用于脉冲、脉冲群和短消息。模型的使用需要突破信号既不是能量信号也不是功率信号时的理论框架。例如，单位斜坡函数是对单位阶跃函数（见 A.1 节）进行积分的结果，它具有无限的能量和无限的平均功率，而 δ 函数（见 A.2 节）则有无限的能量和在无限长时间下具有不确定的平均功率。

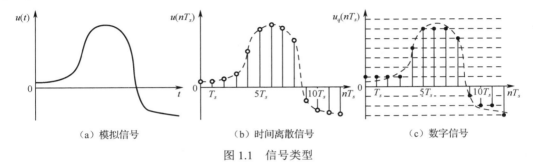

（a）模拟信号　　　　　（b）时间离散信号　　　　　（c）数字信号

图 1.1　信号类型

图 1.2 显示了相应电路对模拟信号、时间离散信号和数字信号进行的处理。在这里，采样电路将模拟信号转换为时间离散信号，内插电路则执行与之相反的操作。模数转换器（A/D）对时间离散信号进行量化，将其转换为数字信号；而数模转换器（D/A）对数字信号进行模拟译码，将其转换为时间离散信号。采样电路和 A/D 电路的级联结构实现模拟信号的数字化，而 D/A 和内插电路的级联结构将数字信号重构成模拟信号。在图 1.2 中，模拟信号由模拟处理器处理，时间离散信号由时间离散处理器处理，数字信号由数字信号处理器（DSP）处理。实际情况更加复杂，因为模拟电路原则上不仅可以处理模拟信号，还可以处理离散时间信号和数字信号。例如，模拟放大器可以放大所有类型的信号。同时，模拟信号也可以触发数字电路。

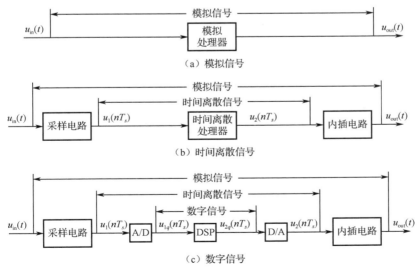

图 1.2　信号处理类型

在无线电系统中，采样通常是均匀的（采样速率不变），并且是基于经典采样定理的，仅适用于带限信号。因此，它包括两个操作：抗混叠滤波，以限制信号带宽；采样，采样器通常为跟踪和保持放大器（Track-and-Hold Amplifier，THA）。目前，这些工作由在 A/D 输入端的独立电路实现，如图 1.3（a）所示。与采样类似，模拟内插也包括两个操作：脉冲成形和插值滤波，目前在 D/A 输出端分别实现[见图 1.3（b）]。正如第 3 章和第 4 章将讨论的那样，DSP 输入级还执行与数字化相关的操作，DSP 输出级执行与重构相关的操作。比较数字化与重构过程，可以看出：尽管 A/D 和 D/A 实现相反的操作，而采样器与脉冲成形器、模拟抗混叠滤波器与内插滤波器完成的工作是相似的，但其要求通常不同。如第 5 章所示，根据采样定理的直接解释，可以把抗混叠滤波器与采样器结合在一起，也可以把脉冲成形与内插滤波器结合在一起。

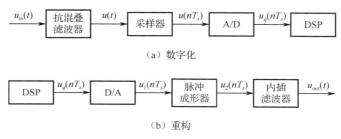

（a）数字化

（b）重构

图 1.3　通常的数字化与重构（D&R）

数字化是将模拟信号用一个等效数字取值来近似。两方面因素使得该数字取值不可能精确。首先，量化把连续的采样值映射为一组有限的离散值，会产生量化误差（量化噪声）。其次，根据采样定理，理想采样在物理上是无法实现的，实际采样都是理想采样的近似。信号重构也不精确。数字化与重构（D&R）过程所能接受的信息损失程度取决于处理的目的。尽管数字化与重构（D&R）存在信息损失和复杂度高等问题，数字信号和处理的应用仍快速扩展，因为其较之模拟信号具有如下优势：①在传输、存储或处理过程中，提高了从失真信号中恢复信息的可能性；②具有更高的、与不稳定因素不相关的处理精度；③具有极高的通用性和灵活性；④可实现更大规模的集成；⑤降低设备开发和生产的成本。在刚出现电子通信的时候，只能传输数据（电报）。技术的发展实现了语音和图像（电话和电视）等模拟信息的传输。长期以来，数字信号由数字和/或模拟设备传输、接收和处理，而模拟信号仅由模拟设备传输、接收和处理。现在，技术进步使得数字信号和模拟信号的数字处理极其准确、可靠和高效。目前，采样器和 A/D 通常封装在一个器件中，而术语 A/D 通常指整个器件。为了避免歧义，本书中大部分章节里 A/D 被称为量化器。

1.2.2　确定性信号和随机性信号

所有信号都是把信息包含在参数中。当用户已知这些参数时，该信号即为确定性信号。确定性信号用作测试、导频、同步和载波信号。需要传输的信息只包含在接收者事先未知的参数中。接收者用随机函数建模，这些函数用它们实现（realization）的概率来描述。所有可能的实现及其概率分布共同形成一个集合。确定性信号和随机性信号都可以是模拟信号、时间离散信号或数字信号。例如，在数字通信中，接收机（Rx）知道各个信号及其先验概率 p_m，但不确定传输其中的哪一个。对于一个具有 M 个信号的信号集合来说，其不确定性用熵来描述，如下式所示：

$$H = -\sum_{m=1}^{M} p_m \log_2 p_m \tag{1.5}$$

其中，$\sum_{m=1}^{M} p_m = 1$。如果是确定性信号，则当传输第 k 个信号时，其先验概率 $p_k = 1$，而对于 $m \neq k$ 的信号，则 $p_m = 0$，而根据式（1.5），先验熵 $H_1 = 0$。这表明即使在信号传输之前就没有任何不确定性（由于结果预先已知，这种信号没必要传输）。由于传输的信号是随机的，其先验概率 $0 < p_m < 1$，因此 $H_1 > 0$。由式（1.5）可知，当对于所有的 m 都满足 $p_m = 1/M$ 时，H_1 达到最大值 $H_{1max} = \log_2 M$。信号接收产生的熵为 H_2。对于理想的接收，$H_2 = 0$。由于噪声的存在不可能实现理想的接收，使得 $0 < H_2 < H_1$，并且接收到的信息量是 $I = H_1 - H_2$。因此，只有随机性信号才能用于信息传输。干扰信号也是随机的。否则，原则上可以抵消掉干扰信号。

尽管热噪声是最广为人知的随机信号的例子，而且工程师们经常在示波器屏幕上看到它的实现，但值得强调的是，其他随机信号的实现可能看起来没有那么随机。例如，式（1.1）的余弦信号只有当所有参数（U_0、f_0 和 φ_0）都不随机时，才是确定性信号。如果其中至少一个参数是随机的，那么这个信号就是随机信号——尽管其实现看起来不像是随机的。另一个例子是长度为 K 位的随机二进制数序列，序列中的每一位可以是 0 或 1，为 0 或 1 的概率是相等的，$P(0) = P(1) = 0.5$，各位之间是相互独立的。当 $K = 2$ 时，所有的实现（00、01、10 和 11）看起来都是"有规律的"。增加 K 值会改变这种情况。表 1.1 给出的是 $K = 16$ 时所选择的 12 个实现。前 6 个实现看起来是"有规律的"，而后 6 个实现看起来更随机。实际上，当 $K = 16$ 时，有规律实现的部分很小，而随着 K 的单调增加，实现的规律性不断降低，尽管有规律实现的绝对数增加了。当 $K \to \infty$ 时，有规律部分趋于零。随机场（Stochastic field）是具有多个变量的随机函数。随机过程是时间的随机函数。本书讨论的大多数随机信号都是随机过程。在分析之前，先介绍随机事件和随机变量的基本知识。

表 1.1　随机二进制序列的实现

序　号	实　现
1	1 1 1 1 1 1 1 1 1 1 1 1 1 1 1 1
2	0 0 0 0 0 0 0 0 0 0 0 0 0 0 0 0
3	1 0 1 0 1 0 1 0 1 0 1 0 1 0 1 0
4	0 1 0 1 0 1 0 1 0 1 0 1 0 1 0 1
5	1 1 0 0 1 1 0 0 1 1 0 0 1 1 0 0
6	0 0 1 1 0 0 1 1 0 0 1 1 0 0 1 1
7	1 0 0 1 1 1 0 0 0 1 0 1 1 1 0 1
8	0 1 0 1 1 1 0 0 1 0 0 0 1 0 1 1
9	0 1 0 0 0 0 1 0 1 1 1 0 1 1 0 1
10	1 0 1 1 0 1 0 0 1 1 1 1 0 1 0 0 0
11	1 1 1 0 0 1 0 0 0 0 1 0 1 0 1 1
12	1 0 1 1 0 1 0 0 0 0 1 0 1 1 0 1

随机事件的例子有：在上述序列的某一个位置出现 0 或 1，期望信号和/或干扰信号的到达时间，设备发生故障、出现虚警、丢失目标以及失去同步。随机事件用稳定地反映出各事件发生的相对频度的统计概率来描述。事件 A 的概率 $P(A)$ 和事件 B 的概率 $P(B)$，满足条件 $0 \leqslant P(A) \leqslant 1$ 和 $0 \leqslant P(B) \leqslant 1$。如果 $P(A)=0$，则事件 A 是不可能的；如果 $P(A)=1$，则事件 A 是确定的。如果随机的互斥事件 A 和 B 构成了一次试验的所有可能结果，则 $P(A \cup B) = P(A) + P(B) = 1$。如果消息的二进制符号以概率 $P(0)$ 和 $P(1)$ 传输，那么传输其中一种符号是概率为 1 的必然事件；而不传输任何一种符号是概率为 0 的不可能事件。非互斥的事件可以是统计相关或统计独立的。$P(A|B)$ 是如果发生 B 情况下，A 发生的条件概率。让我们假设事件 A 是在一个合适的文本中碰到"我"这个词的概率，它的无条件概率为 $P(A)$。很显然，事件 B，即在 A 之前的词"请呼叫"，增加了 A 的概率，并且 $P(A|B) > P(A)$。A 和 B 的联合概率 $P(AB)$ 为：$P(AB)=P(A|B)P(B)=P(B|A)P(A)$。如果这些事件是统计独立的，则 $P(A|B)=P(A)$，$P(B|A)=P(B)$，$P(AB)=P(A)P(B)$。独立事件的一个例子是信号到达和同时出现噪声尖峰。

需要通过测量或实验来获得的随机变量值是无法预先确定的。消息中一些正确解调的符号、放大器输出的噪声电平、环境温度测量结果和设备无故障工作时间都是随机变量的例子。第一类变量本质上是离散的，而其他变量本质上是连续的。然而，如果用数字设备进行测量，即使本质上是连续的变量也会变成离散的。请注意，概率论中的"连续"和"离散"分别对应于数字信号处理（Digital Signal Processing，DSP）中的"模拟"和"数字"。随机变量的特征以概率分布来描述。概率分布函数（Probability Mass Function，PMF）$p(x_k) = P(X = x_k)$ 和累积分布函数（Cumulative Distrbution Function，CDF）$F(x_k) = P(X = x_k)$ 适用于离散随机变量 X。定义如下：

$$\sum_{k=1}^{K} p(x_k) = 1 \tag{1.6}$$

$$F(-\infty) = P(X \leqslant -\infty) = 0, F(\infty) = P(X \leqslant \infty) = 1$$
$$\text{且 } P(a < X < b) = F(b) - F(a) \tag{1.7}$$

图 1.4 展示了连续 5 次独立试验中，关于成功次数的 PMF 和 CDF，每次试验的成功概率是 $p_s = 0.5$。该随机变量分布服从二项式定律，该定律通常用来描述连续 n 次独立试验中成功 m 次的概率：

$$p(m) = P(X = m) = \binom{n}{m} p_s^m (1 - p_s)^{n-m} = \frac{n!}{m!(n-m)!} p_s^m (1 - p_s)^{n-m} \tag{1.8}$$

CDF 也适用于连续随机变量，但是 PMF 不适用，因为连续随机变量任何一个特定值时的概率为 0。概率密度函数（Probability Density Function，PDF）$f(x) = F'(x)$ 描述了连续随机变量的分布，从某种程度上类似于用 PMF 来描述离随机变量。根据式（1.7），PDF 的定义为

$$F(x) = \int_{-\infty}^{x} f(u)du \text{ 和 } P(a < x \leqslant b) = \int_{a}^{b} f(x)dx \tag{1.9}$$

图 1.5 给出了一个连续随机变量的 PDF 和 CDF，它服从高斯（正态）分布，这种分布应用广泛，主要基于两方面原因。第一，由于大量可加性、可比性和独立的随机现象的影响，大多数变量成为随机变量，因此根据中心极限定理，这些变量的实际分布接近高斯分布。第二，这种分布使得许多问题有了解析解，因此，即使不完全满足高斯模型，也经常使用这个

分布。高斯 PDF 表达式为：

$$f(x) = \frac{1}{\sqrt{2\pi}\sigma} \exp\left[-\frac{(x-m)^2}{2\sigma^2}\right]$$ （1.10）

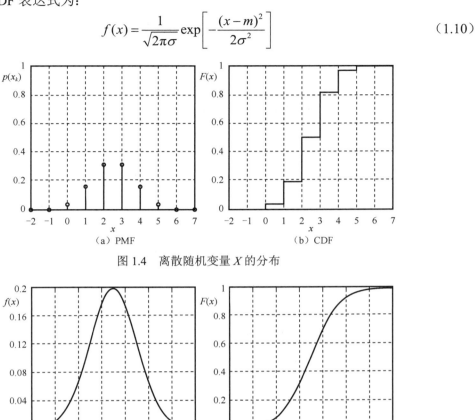

（a）PMF　　　　　　　　（b）CDF

图 1.4　离散随机变量 X 的分布

（a）PDF　　　　　　　　（b）CDF

图 1.5　连续随机变量 X 的分布

在多维变量情况时，概率分布用联合函数来描述。例如，对于二维变量，联合 CDF $F(x,y)=P(X{\leqslant}x,\ Y{\leqslant}y)$ 和联合 PDF $f(x,y)$ 的关系如下：

$$f(x,y) = \frac{\partial^2 F(x,y)}{\partial x \partial y} \quad \text{和} \quad F(x,y) = \int_{-\infty}^{x} \int_{-\infty}^{y} f(x_1,y_1)\mathrm{d}x_1\mathrm{d}y_1$$ （1.11）

二维和一维分布是相互联系的：

$$F_1(x) = \int_{-\infty}^{x} \int_{-\infty}^{\infty} f(x_1,y_1)\mathrm{d}x_1\mathrm{d}y_1 \quad \text{和} \quad F_2(y) = \int_{-\infty}^{\infty} \int_{-\infty}^{y} f(x_1,y_1)\mathrm{d}x_1\mathrm{d}y_1$$ （1.12）

$$f_1(x) = \int_{-\infty}^{\infty} f(x,y)\mathrm{d}y \quad \text{和} \quad f_2(y) = \int_{-\infty}^{\infty} f(x,y)\mathrm{d}x$$ （1.13）

$$F(x,y) = F_1(x)F_2(y|X \leqslant x) = F_2(x)F_1(x|Y \leqslant y)\text{和}$$
$$f(x,y) = f_1(x)f_2(y|x) = f_2(y)f_1(x|y)$$ （1.14）

其中，$F_1(x|Y \leqslant y), F_2(y|X \leqslant x), f_1(x|y)$ 和 $f_2(y|x)$ 是条件 CDF 和 PDF。当 X 和 Y 在统计上独立时，则有

$$F_1(x|Y \leqslant y) = F_1(x), F_2(y|X \leqslant x) = F_2(y), f_1(x|y) = f_1(x) \text{ 和 } f_2(y|x) = f_2(y)$$

因此，

$$F(x,y) = F_1(x)F_2(y) \text{ 和 } f(x,y) = f_1(x)f_2(y) \tag{1.15}$$

概率分布描述了随机变量的详细特征。随机变量的矩包含的信息不够详细，但仍然可以解决许多概率问题。随机变量 X 的 n 阶矩 a_n 是 X 的 n 次幂的统计平均，即 $a_n(X) = E(X^n)$，其中 E 表示统计平均。对于离散和连续的随机变量，矩分别为

$$a_n(X) = E(X^n) = \sum_{k=1}^{K} x_k^n p(x_k) \text{ 和 } a_n(X) = E(X^n) = \int_{-\infty}^{\infty} x^n f(x) \mathrm{d}x \tag{1.16}$$

一阶矩 $a_1(X) = E(X) = m_x$ 是 X 的平均值（或统计平均值）。X 的中心矩被定义为 $u_n(X) = E[(X - m_x)^n]$。根据定义，一阶中心矩 $u_1(X) = 0$，二阶中心矩 $u_2(X)$ 称为方差，记为 D_x 或 σ_x^2。对于离散和连续的随机变量，分别用以下公式计算：

$$\mu_2(X) = D_x = \sigma_x^2 = \sum_{k=1}^{K} (x_k - m_x)^2 p(x_k)$$

$$\mu_2(X) = D_x = \sigma_x^2 = \int_{-\infty}^{\infty} (x - m_x)^2 f(x) \mathrm{d}x \tag{1.17}$$

D_x 的正平方根 σ_x 称为标准差。m_x 表征了 X 在 x 轴上的位置。σ_x 表征了 X 的散布情况。高阶矩表征了 X 的其他性质。如果 X 的概率分布是对称的，则 n 为奇数时的 n 阶矩 $u_n(X) = 0$。因此，概率分布的偏度（skewness）由比值 $\mu_3(X)/\sigma_x^3$ 来反映。在高斯的 PDF[式（1.10）]中，参数 m 和 σ 分别对应于 X 的均值和标准偏差。由于这个 PDF 是单峰和对称的，m 也是它的中值和众数。因此，m 清楚地刻画出了 X 的位置。

多维随机变量可用联合矩对其特征进行简洁的描述。对于一个二维随机变量，对其 $(n+l)$ 阶联合矩 $a_{nl}(X,Y) = E(X^n Y^l)$，用以下公式计算：

$$a_{nl}(X,Y) = E(X^n Y^l) = \sum_{k=1}^{K} \sum_{s=1}^{S} x_k^n y_s^l p(x_k, y_s)$$

$$a_{nl}(X,Y) = E(X^n Y^l) = \int_{-\infty}^{\infty} \int_{-\infty}^{\infty} x^n y^l f(x,y) \mathrm{d}x \mathrm{d}y \tag{1.18}$$

它的联合中心矩 $\mu_{nl}(X,Y) = E[(X - m_x)^n (Y - m_y)^l]$，为

$$\mu_{nl}(X,Y) = \sum_{k=1}^{K} \sum_{s=1}^{S} (x_k - m_x)^n (y_s - m_y)^l p(x_k, y_s)$$

$$\mu_{nl}(X,Y) = \int_{-\infty}^{\infty} \int_{-\infty}^{\infty} (x - m_x)^n (y - m_y)^l f(x,y) \mathrm{d}x \mathrm{d}y \tag{1.19}$$

广泛使用的二阶中心矩 $\mu_{11}(X,Y) = E[(X - m_x)(Y - m_y)]$ 称为 X 和 Y 的协方差。归一化的协方差（或相关系数）是

$$\rho_{xy} = \frac{\mu_{11}(X,Y)}{\sigma_x \sigma_y} = \frac{E[(X - m_x)(Y - m_y)]}{\sigma_x \sigma_y} \tag{1.20}$$

系数满足 $-1 \leqslant \rho_{xy} \leqslant 1$ 的条件，反映出 X 和 Y 之间线性统计相关的特征。当 $\rho_{xy} = 0$ 时，X 和 Y 不相关（线性独立）。一般而言，X 和 Y 之间不相关，并不意味着它们是统计独立的，统

计独立要满足式（1.15）。但是，如果 X 和 Y 的联合分布式是高斯分布，则它们之间的统计相关性只能是线性的，且 $\rho_{xy}=0$ 意味着它们是统计独立的。当 $\rho_{xy}=-1$ 或 $\rho_{xy}=1$ 时，X 和 Y 之间的线性统计相关变成线性函数相关。

随机变量可以视作是随机过程的取样。图 1.6（a）给出了由基带放大器在稳态模式下产生的高斯噪声 $N(t)$ 的四个实现 $n_1(t)$、$n_2(t)$、$n_3(t)$ 和 $n_4(t)$。这些实现的样本，在时刻 t_1、t_2 和 t_3 取样，表示随机变量 $N(t_1)$、$N(t_2)$ 和 $N(t_3)$ 的取值。$N(t_i)$ 的联合分布常常充分反映了 $N(t)$ 的统计特性。由于一般情况下样本数量必须是无限多的，因此对随机过程的分析比较困难。幸运的是，许多类重要的随机过程满足简化分析所需的约束条件。平稳随机过程是满足简化分析约束条件的这些过程中最重要的一类。如果随机过程 $X(t)$ 的联合概率分布是时移不变的，即对于所有 τ、k 和 t_1，t_2，$\cdots$，$t_k\cdots$，其任意样本集 $\{X(t_k)\}$ 的联合 CDF $F_X(x_{t1}, x_{t2}, \cdots, x_{tk}, \cdots)$ 等于 $F_X(x_{t1+\tau}, x_{t2+\tau}, \cdots, x_{tk+\tau}, \cdots)$，那么这个随机过程 $X(t)$ 就是严格平稳的。在现实中，没有任何过程具有永远不变的性质，但平稳随机过程是大多数处于稳态模式的过程的合适数学模型。

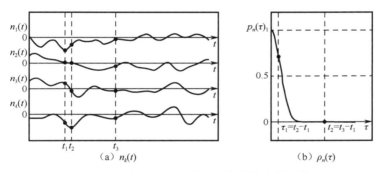

图 1.6　$n_k(t)$ 的实现和 $N(t)$ 的归一化自协方差函数 $\rho_n(t)$

联合概率分布详尽地刻画了随机过程，而矩函数则简明地描述了这些过程。在每个时刻 t，矩函数 $a_n[X(t)]$ 和中心矩函数 $\mu_n[X(t)]$ 分别等于相应随机变量的矩和中心矩，可用式（1.16）和式（1.17）计算。因此，随机过程 $X(t)$ 在时刻 t_1 时的位置由 $m_x(t_1)$ 反映，其散布情况由 $\sigma_x(t_1)$ 反映。同样，联合矩函数 $a_{nl}[X(t_1), X(t_2)]$ 和联合中心矩函数 $\mu_{nl}[X(t_1), X(t_2)]$ 也分别由式（1.18）和式（1.19）定义。二阶矩函数和二阶中心矩函数分别称为自相关函数（或相关函数）和自协方差函数（或者协方差），计算公式如下：

$$R_x(t_1, t_2) = E[X(t_1)X(t_2)],$$
$$C_x(t_1, t_2) = E\{[X(t_1)-m_x(t_1)][X(t_2)-m_x(t_2)]\}$$

（1.21）

由于当 $t_1=t_2$ 时，$R_x(t_1, t_2)=a_2[X(t_1)X(t_2)]$ 且 $C_x(t_1, t_2)=\mu_2[X(t_1)]=\sigma_x^2(t_1)$，因此不需要将方差函数作为独立的特性。$X(t_1)$ 和 $X(t_2)$ 之间的线性统计相关性用归一化的自协方差函数（或归一化协方差）$\rho_x(t_1, t_2)=C_x(t_1, t_2)/[\sigma_x(t_1)\sigma_x(t_2)]$ 来表征。因此，$-1\leqslant\rho_x(t_1, t_2)\leqslant 1$，如果 $X(t_1)$ 和 $X(t_2)$ 线性无关，则 $\rho_x(t_1, t_2)=0$。只有高斯过程才具备"线性统计无关即意味着完全统计独立"这一特性。为了评价两个随机过程 $X(t)$ 和 $Y(t)$ 之间的线性统计相关性，可归一化的互相关函数 $R_{xy}(t_1, t_2)$ 得到了广泛应用。对于实值过程，$R_{xy}(t_1, t_2)=E[X(t_1)Y(t_2)]$。当随机过程平稳时，它们的矩函数和中心矩函数是时不变的，它们的联合矩函数仅与差值 $\tau=t_2-t_1$ 有关。因此，对于平稳过程，下列等式成立：$m_x(t)=m_x$、$\sigma_x(t)=\sigma_x$、$R_x(t_1, t_2)=R_x(\tau)$、$R_{xy}(t_1, t_2)=R_{xy}(\tau)$、$C_x(t_1, t_2)=C_x(\tau)$、

$\rho_x(t_1, t_2) = \rho_x(\tau) = C_x(T)/\sigma_x^2$、$C_x(\tau) = R_x(\tau) - m_x^2$。这些过程的相关函数是偶函数。图 1.6（b）给出了高斯噪声 $N(t)$ 的 $\rho(\tau)$，它的实现如图 1.6（a）所示。由于该噪声均值 $m_n = 0$，其 $C_n(\tau) = R_n(\tau)$。$N(t_1)$ 和 $N(t_2)$ 是统计相关的，因为 $\rho_n(\tau_1) = \rho_n(t_2 - t_1) \neq 0$；而 $N(t_1)$ 与 $N(t_3)$ 以及 $N(t_2)$ 与 $N(t_3)$ 是统计独立的，因为它们是不相关的高斯过程。仅用 m_x 和 $R_x(t)$ 就能解决关于平稳过程 $X(t)$ 的许多问题。因此，引入了广义平稳性的概念：如果有 $m_x(t) = m_x$ 和 $R_x(t_1, t_2) = R_x(\tau)$，则随机过程 $X(t)$ 是广义平稳的。任何严格平稳随机过程也是广义平稳过程。广义平稳过程也是严格平稳随机过程，这仅适用于高斯过程，因为高斯过程的所有高阶矩函数都由其一阶和二阶矩函数决定。

还有一类重要类型的随机过程，是各态历经过程。对于一个各态历经随机过程，统计平均和时间平均的结果是相同的，即它的每一个实现反映了过程的所有性质。原则上，各态历经的随机过程不一定是平稳的。然而，在大多数应用中，各态历经的随机过程可以视作是平稳的。在表 1.1 所示的示例中，前 6 个实现尽管貌似有规律，但它们是非典型的，不能代表这个序列；而接下来的 6 个实现尽管貌似随机，但它们是典型的，反映了整个随机序列的统计特性。虽然序列比较短（$K=16$），但绝大多数的实现是典型的。当 K 在数百或数千量级时，非典型实现的概率可忽略，序列可以视作是各态历经的。平稳和各态历经的随机过程的一个例子就是放大器在稳态情况下的输出噪声 $N(t)$ 以及具有随机初始相位 φ_0 的余弦信号，φ_0 均匀分布在区间 $[-\pi, \pi]$ 内；而一个具有随机幅度的余弦信号既不是平稳也不是各态历经的随机过程；具有随机幅度和初始相位均匀分布在 $[-\pi, \pi]$ 内的余弦信号是平稳而不是各态历经的随机过程。以下等式说明了各态历经的连续随机过程一般可采用的两种方法：

$$\alpha_1(X) = m_x = \int_{-\infty}^{\infty} x f(x) dx = \lim_{T \to \infty} \frac{1}{T} \int_{-0.5T}^{0.5T} x(t) dt \tag{1.22}$$

$$\alpha_2(X) = \int_{-\infty}^{\infty} x^2 f(x) dx = \lim_{T \to \infty} \frac{1}{T} \int_{-0.5T}^{0.5T} x^2(t) dt \tag{1.23}$$

$$\mu_2(X) = \sigma_x^2 = \int_{-\infty}^{\infty} (x - m_x)^2 f(x) dx = \lim_{T \to \infty} \frac{1}{T} \int_{-0.5T}^{0.5T} [x(t) - m_x]^2(t) dt \tag{1.24}$$

$$R_x(\tau) = \int_{-\infty}^{\infty} \int_{-\infty}^{\infty} x_1 x_2 f(x_1, x_2; \tau) dx_1 dx_2 = \lim_{T \to \infty} \frac{1}{T} \int_{-0.5T}^{0.5T} x(t) x(t+\tau) dt \tag{1.25}$$

式（1.22）～式（1.24）表明，如果一个各态历经过程 $X(t)$ 代表一个电信号，则 m_x 是其直流（dc）部分，$\alpha_2(X)$ 是其平均功率，σ_x^2 是其交流（ac）部分的平均功率，σ_x 是其交流部分的有效值或均方根（rms）值。许多随机信号不含直流部分，则有 $\alpha_2(X) = \sigma_x^2$ 和 $C_x(\tau) = R_x(\tau)$。如果 $X(t)$ 是复值随机过程，则它的 m_x 和 $R_x(\tau)$ 也是复值，$R_x(\tau)$ 定义为 $R_x(\tau) = E[X(t)X^*(t+\tau)]$，其中 $X^*(t)$ 是 $X(t)$ 的复共轭。因此，复值 $X(t)$ 的 $R_x(\tau)$ 是厄米特函数，即 $R_x(-\tau) = R_x^*(\tau)$，而 $R_x(0) = \alpha_2(X)$ 是 $X(t)$ 的平均功率。对于复值随机过程 $X(t)$ 和 $Y(t)$ 的两个互相关函数定义为：$R_{xy}(t_1, t_2) = E[X(t_1)Y^*(t_2)]$ 和 $R_{yx}(t_1, t_2) = E[Y(t_1)X^*(t_2)]$。对于随机过程的各态历经性的判断通常是基于对特性的物理分析。然而，有一个明确的标志可以确定一个过程 $X(t)$ 不是各态历经的：当 $\tau \to \infty$ 时 $C_x(\tau)$ 不趋于 0。多数在数字无线电中经过数字化与重构（D&R）的信号可以视作是局部平稳和各态历经的随机过程。关于概率论和随机过程的更详细介绍，可以参看文献[1～13]等资料。

1.2.3　信号的基本运算

本节讨论在大多数信号处理中广泛应用的最简单的信号运算。在不改变信号位置的情况下，对信号 $u_1(t)$ 的电平进行缩放运算如下式所示：

$$u_2(t) = cu_1(t) \tag{1.26}$$

其中，c 是实值缩放因子。如图 1.7 所示，如果 $|c| > 1$，则 $u_1(t)$ 的幅度增加；如果 $|c| < 1$，幅度减少；在 $c < 0$ 时信号反相。从技术上讲，提高模拟信号和时间离散信号的幅度可由放大器实现，减少幅度由衰减器完成。用反相器改变信号的符号。数字信号由数字乘法器实现缩放。

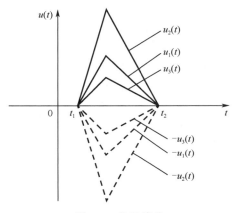

图 1.7　信号缩放

时移改变信号的时间位置而不改变信号电平或信号形状（见图 1.8）。如果 $u_2(t)$ 是对 $u_1(t)$ 延迟了 t_0 后产生的 $u_1(t)$ 的副本，则有两个等价的表述：① $u_1(t)$ 在 t 时刻的值，等于 $u_2(t)$ 在延迟 t_0 秒之后的值；② $u_2(t)$ 在 t 时刻的值，等于 $u_1(t)$ 在 t_0 秒之前的值：

$$u_1(t) = u_2(t + t_0), \ u_2(t) = u_1(t - t_0) \tag{1.27}$$

如果 $u_3(t)$ 是 $u_1(t)$ 的时间超前副本，则说明如下：① $u_1(t)$ 在时刻 t 的值等于 $u_3(t)$ 在提前 t_0 秒时的值；② $u_3(t)$ 在时刻 t 的值等于 $u_1(t)$ 延迟 t_0 秒后的值：

$$u_1(t) = u_3(t - t_0), \ u_3(t) = u_1(t + t_0) \tag{1.28}$$

虽然信号可以通过延迟线或者回放以前的记录来延迟，但在实际中信号是不可能提前的。幸运的是，在大多数应用中重要的只是信号的相对位置。这可以用 $u_1(t)$ 迟后于 $u_3(t)$，来替代 $u_3(t)$ 超前于 $u_1(t)$。

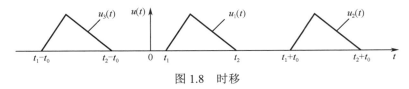

图 1.8　时移

信号的时间缩放指的是对其时间尺度进行压缩或扩展，而幅度保持不变，如图 1.9 所示。当缩放因子 $k > 1$ 时，$u_1(t)$ 被压缩，当 $0 < k < 1$ 时，$u_1(t)$ 被扩展。时间缩放信号 $u_s(t)$ 在 t 时刻的值，等于 $u_1(t)$ 在 kt 时刻的值：

$$u_s(t) = u_1(kt) \tag{1.29}$$

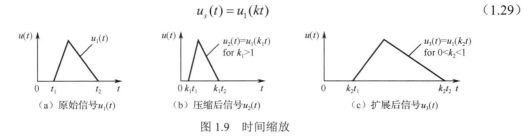

（a）原始信号$u_1(t)$　　　（b）压缩后信号$u_2(t)$　　　　（c）扩展后信号$u_3(t)$

图 1.9　时间缩放

时间缩放可以通过记录信号并以不同的速度回放来实现。有更复杂的时间缩放方法（例如，文献[14～18]）。注意多普勒效应也是时间缩放的。

信号的时间反转（或时间倒置）是在不改变信号电平的情况下改变时间轴的方向（见图 1.10）。这是时间缩放比例 $k=-1$ 时的特殊情况。由于 $u_1(t)$ 在时刻 t 的值等于 $u_2(t)$ 在 $-t$ 时刻的值，因此 $u_2(t)$ 是关于纵坐标轴的 $u_1(t)$ 的镜像：

$$u_1(t) = u_2(-t),\ u_2(t) = u_1(-t) \tag{1.30}$$

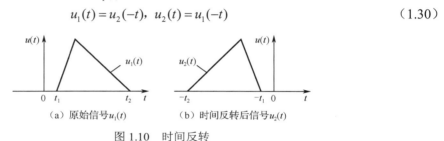

（a）原始信号$u_1(t)$　　　　　（b）时间反转后信号$u_2(t)$

图 1.10　时间反转

信号的时间反转常常与信号的时间移动结合在一起。在图 1.11 中，$u_1(t)$ 是原始信号；$u_1(t)$ 是原始信号关于纵坐标轴的镜像；$u_2(t)$ 比原始信号超前 τ，并进行了时间反转。这个运算可以用下面的等式表示：

$$u_1(t) = u_2(\tau - t),\ u_2(t) = u_1(\tau - t) \tag{1.31}$$

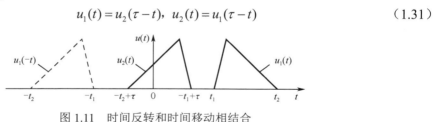

图 1.11　时间反转和时间移动相结合

1.3　信号的展开

1.3.1　正交展开

当信号 $u(t)$ 在时间间隔 $t_1 \le t \le t_2$ 内满足下式时，称其为平方可积。

$$\int_{t_1}^{t_2} |u(t)|^2\, \mathrm{d}t = \|u(t)\|^2 < \infty \tag{1.32}$$

式中，$\|u(t)\|$ 及 $\|u(t)\|^2$ 分别是在区间 $t_1 \le t \le t_2$ 内信号的范数和能量。用其他连续或分段连续的

平方可积信号 $\varphi_n(t)$ 的线性组合唯一地表示 $u(t)$，其中 $n=0$，1，2，$\cdots$，集合 $\{\varphi_n(t)\}$ 应在信号空间形成可包含 $u(t)$ 的基

$$u(t) = c_0\varphi_0(t) + c_1\varphi_1(t) + c_2\varphi_2(t) + \cdots + c_n\varphi_n(t) + \cdots \qquad (1.33)$$

其中，c_n 是系数。为此，$\{\varphi_n(t)\}$ 应该能张成所有可能的 $u(t)$ 的空间，$\varphi_n(t)$ 应该是线性无关的，即等式 $c_0\varphi_0(t) + c_1\varphi_1(t) + c_2\varphi_2(t) + \cdots = 0$ 应该当且仅当在 $c_0 + c_1 + c_2 + \cdots = 0$ 时才成立。所有实际的连续信号都是连续或分段连续的且平方可积的。然而，由于该理论处理的不是实际信号，而是其模型，所以应该采取一些预防措施。用 $\{\varphi_n(t)\}$ 来表示 $u(t)$ 简化了分析和/或处理，特别是在 $\{\varphi_n(t)\}$ 在 $t_1 < t < t_2$ 区间上正交的情况下，也就是说，对于每对 $\varphi_n(t)$ 和 $\varphi_m(t)$，$n \neq m$ 时

$$\int_{t_1}^{t_2} \varphi_n(t)\varphi_m^*(t)\mathrm{d}t = 0 \qquad (1.34)$$

将式（1.33）的两边乘以 $\varphi_m^*(t)$ 并对其进行积分后，可以得到

$$\int_{t_1}^{t_2} u(t)\varphi_n^*(t)\mathrm{d}t = c_n \|\varphi_n(t)\|^2 \qquad (1.35)$$

$\{\varphi_n(t)\}$ 的正交性使得式（1.35）右边 $n \neq m$ 的所有项都为零，而 $n = m$ 的所有项为

$$\int_{t_1}^{t_2} c_n\varphi_n(t)\varphi_n^*(t)\mathrm{d}t = c_n\int_{t_1}^{t_2} |\varphi_n(t)|^2\,\mathrm{d}t = c_n\|\varphi_n(t)\|^2 \qquad (1.36)$$

由式（1.35）可得

$$c_n = \frac{1}{\|\varphi_n(t)\|^2}\int_{t_1}^{t_2} u(t)\varphi_n^*(t)\mathrm{d}t \qquad (1.37)$$

式（1.33）级数的系数由式（1.37）确定，是关于 $\{\varphi_n(t)\}$ 的广义傅里叶级数。对于给定的级数项数目 N，它使得对 $u(t)$ 近似的均方根误差最小，当 $N \to \infty$ 时，误差趋于零。在区间 $t_1 < t < t_2$ 上用这样的级数表示的 $u(t)$ 的能量 E_u 和平均功率 P_u 分别为

$$E_u = \|u\|^2 = \sum_{n=0}^{\infty} |c_n|^2\|\varphi_n\|^2，\quad P_u = \frac{\|u\|^2}{t_2 - t_1} = \frac{1}{t_2 - t_1}\sum_{n=0}^{\infty} |c_n|^2\|\varphi_n\|^2 \qquad (1.38)$$

除了式（1.34），如果对于任何 n 都有 $\|\varphi_n(t)\| = 1$，则 $\varphi_n(t)$ 是正交的。正交基可以把式（1.38）简化为下式：

$$E_u = \|u\|^2 = \sum_{n=0}^{\infty} |c_n|^2，\quad P_u = \frac{\|u\|^2}{t_2 - t_1} = \frac{1}{t_2 - t_1}\sum_{n=0}^{\infty} |c_n|^2 \qquad (1.39)$$

式（1.38）和式（1.39）就是著名的 Parseval 恒等式，信号的能量和平均功率等于其各正交分量的能量和平均功率之和。根据式（1.37），把信号分解为正交分量（分析）如图 1.12（a）所示；按照式（1.33）重构（合成）信号，如图 1.12（b）所示。

对 $\{\varphi_n(t)\}$ 的主要要求是：在感兴趣的区域中，清晰刻画 $u(t)$ 特征，快速收敛至 $u(t)$，简化 $\varphi_n(t)$ 的生成以及 $u(t)$ 的分解和重构。如第 5 章所示，经典采样定理通过广义傅里叶级数来表示信号（根据采样函数序列）。科学和技术的进步增加了实际使用的 $\{\varphi_n(t)\}$ 的数目，并改变了其相对重要性。用三角函数和指数级数傅里叶级数表示信号的重要性在下面加以说明。

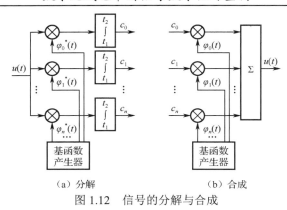

（a）分解　　　　　　　　　（b）合成

图 1.12　信号的分解与合成

1.3.2　三角和指数傅里叶级数

余弦（或正弦）信号输入线性时不变（LTI）系统时，系统的响应也是具有相同频率的余弦（或正弦）信号，响应的幅度和相位由系统参数决定。复指数信号也有这个特性，这是从欧拉公式 $e^{j\psi} = \cos\psi + j\sin\psi$ 中得出来的，其中 $j = (-1)^{0.5}$。由于复指数信号的幅值和相位的变化相当于将其乘以复值常数，这些信号是 LTI 系统的特征函数。式（1.1）的余弦信号可以表示为：

$$u(t) = \text{Re}\{U_0 \exp[j(2\pi f_0 t + \varphi_0)]\} \quad \text{或}$$
$$u(t) = 0.5U_0\{\exp[j(2\pi f_0 t + \varphi_0)] + \exp[-j(2\pi f_0 t + \varphi_0)]\} \tag{1.40}$$

由式（1.40）中的第一个等式，余弦信号是振幅为 U_0 和初始相位为 φ_0 的相量 $U_0 \exp[j(2\pi f_0 t + \varphi_0)]$ 的实部，其以 $\omega_0 = 2\pi f_0 t$ 的角速度逆时针旋转，如图 1.13（a）所示。式（1.40）中的第二个等式表明，该信号也可以以旋转方向相互相反的两个相量 $0.5U_0 \exp[j(2\pi f_0 t + \varphi_0)]$ 和 $0.5U_0 \exp[-j(2\pi f_0 t + \varphi_0)]$ 相加的形式呈现，这两个相量具有相同的振幅 $0.5U_0$、相反的初始相位（φ_0 和 $-\varphi_0$）和角速率（$\omega_0 = 2\pi f_0 t$ 和 $-\omega_0 = -2\pi f_0 t$），如图 1.13（b）所示。对于三角函数来说，负频率没有意义，但频率的正负可表示复指数信号的相量旋转方向。由于 LTI 系统不会改变余弦、正弦和复指数信号的形状，三角和复指数傅里叶级数广泛用于模拟信号的分析和综合，并在一定程度上用于时间离散以及数字信号与系统。由于对所有类型的信号和系统都采用相同的展开式，使得傅里叶级数和傅里叶变换可方便地应用于数字化与重构（D&R）的研究。因此，下文将讨论这些问题。

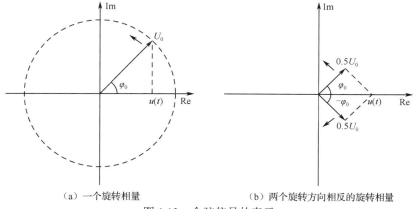

（a）一个旋转相量　　　　　　　　　（b）两个旋转方向相反的旋转相量

图 1.13　余弦信号的表示

在正交基 $\{1,\cos(\omega_0 t),\sin(\omega_0 t),\cos(2\omega_0 t),\sin(2\omega_0 t),\cos(3\omega_0 t),\sin(3\omega_0 t),\cdots,\cos(n\omega_0 t),\sin(n\omega_0 t),\cdots\}$ 中，角频率为 $\omega_0 = 2\pi f_0 = 2\pi / T_0$ 的正弦和余弦信号是基波，而频率为 $n\omega_0$ 的信号是其第 n 次谐波。该基中的 0 次谐波用 1 表示，因为 $\cos(0\omega_0 t) = 1$，$\sin(0\omega_0 t) = 0$。根据式（1.32），对于 $n > 0$，范数 $\|\cos(n\omega_0 t)\| = \|\sin(n\omega_0 t)\| = (0.5T_0)^{0.5}$；对于 $n = 0$，在 T_0 间隔内，$\|\cos(n\omega_0 t)\| = T_0^{0.5}$。周期为 T_0 的周期信号 $u(t)$，用三角傅里叶级数表示为

$$u(t) = a_0 + \sum_{n=1}^{\infty}[a_n\cos(n\omega_0 t) + b_n\cos(n\omega_0 t)] = c_0 + \sum_{n=1}^{\infty}c_n\cos(n\omega_0 t + \theta_n) \qquad （1.41）$$

根据式（1.37）计算级数的系数

$$a_0 = \frac{1}{T_0}\int_{-0.5T}^{0.5T}u(t)\mathrm{d}t, \quad a_n = \frac{2}{T_0}\int_{-0.5T}^{0.5T}u(t)\cos(n\omega_0 t)\mathrm{d}t$$

$$b_0 = \frac{2}{T_0}\int_{-0.5T}^{0.5T}u(t)\sin(n\omega_0 t)\mathrm{d}t \qquad （1.42）$$

$$c_0 = a_0, \quad c_n = (a_n^2 + b_n^2)^{0.5}, \quad \text{以及} \quad \theta_n = -\mathrm{atan2}(b_n, a_n) \qquad （1.43）$$

式中，$\mathrm{atan2}(b_n, a_n)$ 是四象限反正切。系数 c_0 和 c_n 相对于频率轴(ω 或 f)的变化即为 $u(t)$ 的幅度谱；相位 θ_n 相对于该轴的变化即为相位谱。

式（1.40）的第二个等式应用于式（1.41）的右半部分，则可将三角傅里叶级数转换为复指数级数：

$$u(t) = c_0 + \sum_{n=-\infty, n\neq 0}^{\infty}0.5c_n\exp[j(n\omega_0 t + \theta_n)] = \sum_{n=-\infty}^{\infty}D_n\exp(jn\omega_0 t) \qquad （1.44）$$

式中，$D_0 = c_0$，而对于 $n \neq 0$，有 $D_n = 0.5c_{|n|}\exp(j\mathrm{sgn}(n)\theta_n)$。因此，式（1.41）级数的各次谐波是式（1.44）相应级数的两个相量之和，而每个相量的幅度是谐波幅度的一半[见图 1.13（b）]。在式（1.41）～式（1.44）中，$a_0 = c_0 = D_0$ 表示直流（dc）信号，而其他频谱分量表示交流（ac）部分。如式（1.43）和式（1.44）所示，对于实值信号，振幅谱（或幅度谱）是偶函数，相位谱是奇函数。图 1.14 显示了方波 $u_{\mathrm{sq}}(t)$ 及其三角和复指数傅里叶级数：

$$u_{\mathrm{sq}}(t) = 0.5 + \sum_{n=1}^{\infty}(-1)^{0.5(n-1)}\frac{2}{n\pi}[1 - \cos(n\pi)]\cos(n\omega_0 t) \qquad （1.45）$$

$$u_{\mathrm{sq}}(t) = 0.5 + \sum_{n=-\infty, n\neq 0}^{\infty}(-1)^{0.5(n-1)}\frac{1}{n\pi}[1 - \cos(n\pi)]\cos(jn\omega_0 t) \qquad （1.46）$$

当式（1.45）和（1.46）的级数为无限时，除非在产生尖峰的间断点（美国人 J.W.Gibbs 在 1899 年注意到了吉布斯现象，但实际上是英国人 H.Wilbraham 早在 1848 首次发现的，他的发现与后来发现的一样），它们会收敛到 $u(t)$ 的各点上。否则，式（1.45）和式（1.46）是近似的。$u_{\mathrm{sq}}(t)$ 的相邻频谱分量的距离等于 $f_0 = 1/T_0$，所有 $n \neq 0$ 的偶数频谱分量等于零。由于图 1.14（a）中的 $u_{\mathrm{sq}}(t)$ 是实值且是偶函数，所以所有的 θ_n 都是 π 的整数倍。这使得 $u_{\mathrm{sq}}(t)$ 的频谱可以用二维图的形式显示。一般情况下，θ_n 不需要是 π 的整数倍，幅度谱和相位谱需要用单独的图展示。虽然 $u_{\mathrm{sq}}(t)$ 谱分量具有恒定的幅度，但它们的相位关系导致它们的相位在脉冲内持续地增加，并在脉冲终止时，相位停止增加。由于傅里叶级数和傅里叶变换具备共同的特性，其大多数性质是相似的。

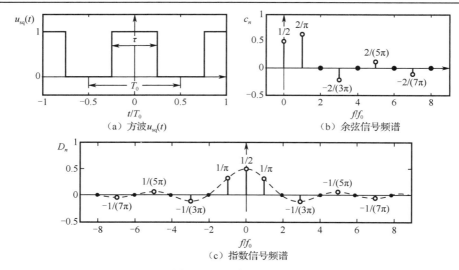

（a）方波 $u_{sq}(t)$　　　　　　　　（b）余弦信号频谱

（c）指数信号频谱

图 1.14　方波及其频谱

1.3.3　傅里叶变换及其性质

　　三角傅里叶级数和指数傅里叶级数反映了周期信号频谱分量的幅度和相位。对非周期信号的类似描述需要从离散谱分量向谱密度（从傅里叶级数到傅里叶变换）转换。根据式（1.41）～式（1.44），在不改变脉冲幅度和长度的情况下增加 T_0 会降低频谱分量的幅度 $|D_n|$ 和它们之间的距离 f_0。当 $T_0 \to \infty$ 时，任何周期信号都趋向于非周期信号，而 $|D_n|$ 和 f_0 则以相同的速率趋向于零，因此当 $T_0 \to \infty$ 时，D_n/f_0 的极限仍然是有限的。这个极限是由 $u(t)$ 得到的频谱密度 $s_u(f)$ 或 $s_u(\omega)$，可通过傅里叶变换对得到：

$$S_u(f) = \int_{-\infty}^{\infty} u(t)\exp(-\text{j}2\pi ft)\text{d}t \quad \text{或} \quad S_u(\omega) = \int_{-\infty}^{\infty} u(t)\exp(-\text{j}\omega t)\text{d}t \tag{1.47}$$

$$u(t) = \int_{-\infty}^{\infty} S_u(f)\exp(\text{j}2\pi ft)\text{d}f = \frac{1}{2\pi}\int_{-\infty}^{\infty} S_u(\omega)\exp(\text{j}\omega t)\text{d}t \tag{1.48}$$

　　式（1.47）和式（1.48）的傅里叶变换和傅里叶逆变换通常分别表示为 $S_u(\omega) = F[u(t)]$ 和 $u(t) = F^{-1}[S_u(\omega)]$。角频率 ω 更适合用来分析，而 f 则更适合用来评估信号能量和/或功率的带宽和频率分布。当 $u(t)$ 为电压时，$u(t)$、c_n 和 D_n 的单位是 V，而 $S_u(f)$ 的单位为 V/Hz=V·s。通常，实数 $u(t)$ 的 $S_u(f)$ 为下式所示的复数值：

$$S_u(f) = \text{Re}[S_u(f)] + \text{jIm}[S_u(f)] = |S_u(f)|\exp[\text{j}\theta_u(f)] \tag{1.49}$$

式中，$\text{Re}[S_u(f)]$ 和 $\text{Im}[S_u(f)]$ 分别是 $S_u(f)$ 的实部和虚部，而 $|S_u(f)|$ 和 $\theta_u(f)$ 分别是 $u(t)$ 的幅度谱和相位谱。如式（1.47）所示，当 $u(t)$ 为实值时，$S_u(-f) = S_u^*(f)$，即 $|S_u(-f)| = |S_u(f)|$，$\theta_u(-f) = -\theta_u(f)$。这是傅里叶变换的共轭对称特性。如果 $u(t)$ 是实值且是偶函数，则 $S_u(f)$ 也是实值且是偶函数。如果 $u(t)$ 是实值且是奇函数，则 $S_u(f)$ 是虚数值且是奇函数。当 $u(t)$ 分成偶数部分 $u_{\text{event}}(t)$ 和奇数部分 $u_{\text{odd}}(t)$ 时，$\text{Re}[S_u(f)]$ 是 $u_{\text{event}}(t)$）的频谱，而 $\text{jIm}[S_u(f)]$ 是 $u_{\text{odd}}(t)$ 的频谱。当非周期信号含有直流和周期分量时，它们的谱密度包括 δ 函数（见第 A.2 节）。

图 1.15 显示了矩形脉冲 $u(t)$ 以及根据式（1.47）计算出的频谱 $S_u(f)$：

$$S_u(f) = \frac{U\tau\sin(\pi f\tau)}{\pi f\tau} = U\tau\sin(\pi f\tau) \qquad (1.50)$$

如式（1.50）和图 1.15（b）所示，$S_u(f)$ 的第一个过零点发生在 $f = \pm 1/\tau$ 处，且 $S_u(0) = U\tau$。由于 $u(t)$ 是实值且是偶函数，所以 $S_u(f)$ 也是实值且是偶函数。这样就可以在一个二维图中显示 $S_u(f)$。一般情况下，需要针对 $|S_u(f)|$ 和 $\theta_u(f)$ 分别展现其与 $S_u(f)$ 的关系。

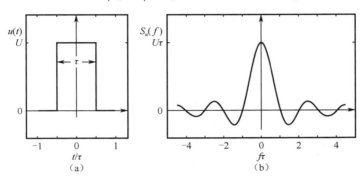

图 1.15　（a）矩形脉冲 $u(t)$，（b）矩形脉冲频谱 $S_u(f)$

与共轭对称性类似，傅里叶逆变换的所有其他性质都可由式（1.47）和式（1.48）得出。其中，时频对偶性可能最为明显，如果 $S_u(\omega) = F[u(t)]$，那么 $F[S_u(\omega)] = 2\pi u(-\omega)$。尤其是该特性证明，由于矩形信号的频谱密度是 sinc 函数，那么一个 sinc 信号具有矩形形式的频谱密度（见第 A.1 节）。

这个线性性质可以表示为

$$F[a_1u_1(t) \pm a_2u_2(t)] = a_1F[u_1(t)] \pm a_2F[u_2(t)] \quad 以及$$
$$F^{-1}[a_1S_{u_1}(\omega) \pm a_2S_{u_2}(\omega)] = a_1F^{-1}[S_{u_1}(\omega)] \pm a_2F^{-1}[S_{u_2}(\omega)] \qquad (1.51)$$

式（1.51）可以扩展到任意有限的项数。

时移性质表明，信号延迟 t_0（见图 1.8）不会改变其幅度谱，而是根据频率按比例地改变相位，因为延迟对所有频率分量都是一样的。用数学术语表示如下：

如果 $S_u(\omega) = F[u(t)]$，则 $F[u(t-t_0)] = S_u(\omega)\exp(-j\omega t_0)$。 $\qquad (1.52)$

请注意，在信号处理中，时移经常发生。

时频缩放特性表明，信号的时间压缩，扩展了它们的频谱，降低了原始频率分量的频谱密度，而时间扩展的效果则恰恰相反。因此：

如果 $S_u(\omega) = F[u(t)]$，则 $F[u(kt)] = \frac{1}{|k|}S_u\left(\frac{\omega}{k}\right)$。 $\qquad (1.53)$

图 1.9 可以对此特性作进行简要解释。时间压缩减小了脉冲面积，加速了脉冲的变化。脉冲面积减小降低了零频率和零频率附近的频谱密度。同时，较高的变化率增加了频谱分量的频率。时间扩展会产生相反的结果。请注意，多普勒效应是信号的时间-频率比例缩放，而不是常见信号的简单频移。

时间反转特性是之前信号缩放比例为 $k=-1$ 的特例（见 1.2.3 节）。由式（1.53）可知：

如果 $S_u(\omega) = F[u(t)]$，则 $F[u(-t)] = S_u(-\omega)$。 $\qquad (1.54)$

时间反转只影响实值信号的相位谱，因为它们的幅度谱是偶函数。

频移特性表明，$u(t)$ 乘以 $\exp(j\omega_0 t)$ 导致 $S_u(\omega)$ 偏移 ω_0。因此：

如果 $S_u(\omega) = F[u(t)]$，那么 $F[u(t)\exp(j\omega_0 t)] = S_u(\omega - \omega_0)$。   （1.55）

这种特性（时移特性的对偶）是调制、解调和频率变换的基础。它适用于实值和复值信号，并且，利用式（1.40）可以重新表述如下：

如果 $S_u(\omega) = F[u(t)]$，则

$$F[u(t)\cos(\omega_0 t)] = 0.5[S_u(\omega - \omega_0) + S_u(\omega + \omega_0)]$$ （1.56）

如果 $u(t)$ 是基带信号，式（1.55）和式（1.56）反映的是调幅调制。如果 $u(t)$ 是带通信号，它反映的是第一级频率变换或相干解调。图 1.16 说明了用 $u(t)$ 对载波 $\cos(2\pi f_0 t)$ 进行幅度调制（AM）的情况。这里，LSB 和 USB 分别代表调制信号 $u_{AM}(t) = u(t)\cos(2\pi f_0 t)$ 的下边带和上边带。为了便于说明，$u(t)$ 和 $u_{AM}(t)$ 的振幅谱 $|S_u(f)|$ 和 $|S_{uAM}(f)|$ 分别表示为三角形。在图 1.16 中，$u(t)$ 不包含直流分量 U_{dc}，否则在 $S_u(f)$ 中会出现 $U_{dc}\delta(f)$ 分量，调制器进行双边带抑制载波（DSB-SC）AM 调制。如果存在 U_{dc} 且大于 $u(t)$ 的交流部分，调制器将进行双边带全载波（DSB-FC）AM 调制，而 $S_{uAM}(f)$ 将包含 $0.5U_{dc}\delta(f - f_0)$ 和 $0.5U_{dc}\delta(f + f_0)$ 分量（见 A.2 节）。这两种调制技术不仅可以对 $|S_u(f)|$ 进行频率搬移，还将其单边带宽增加一倍。

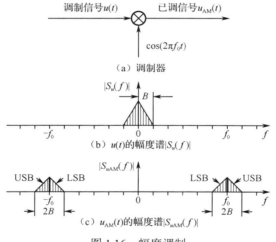

图 1.16 幅度调制

时间和频率卷积性质是对偶的。对于实值 $u_1(t)$ 和 $u_2(t)$，第一种情形是：

如果，$S_{u1}(\omega) = F[u_1(t)], S_{u2}(\omega) = F[u_2(t)]$，   （1.57）

$$u_1(t) * u_2(t) = \int_{-\infty}^{\infty} u_1(\tau)u_2(t - \tau)\,\mathrm{d}\tau$$

那么，

$$F[u_1(t) * u_2(t)] = S_{u1}(\omega) \cdot S_{u2}(\omega) = S_{u1}(f) \cdot S_{u2}(f)$$ （1.58）

根据频率卷积性质，则有：

$$F[u_1(t) \cdot u_2(t)] = \frac{1}{2\pi} S_{u1}(\omega) * S_{u2}(\omega) = S_{u1}(f) * S_{u2}(f)$$ （1.59）

时间微分性质表明：

如果，$S_u(\omega) = F[u(t)]$，则

$$F\left[\frac{du(t)}{dt}\right] = j\omega S_u(\omega) = j2\pi f \, S_u(f) \tag{1.60}$$

微分消除了信号的直流部分，并根据频率按比例调整了其他频谱分量的大小，因为导数反映了信号的变化率。该性质可以推广为：

$$F\left[\frac{du^n(t)}{dt^n}\right] = (j\omega)^n S_u(\omega) = (j2\pi f)^n S_u(f) \tag{1.61}$$

时间积分性质表明：

如果 $S_u(\omega) = F[u(t)]$，则

$$F\left[\int u(t)dt\right] = \frac{1}{j\omega}S_u(\omega) + \pi S_u(\omega)\delta(\omega) = \frac{1}{j2\pi f}S_u(f) + 0.5S_u(0)\delta(f) \tag{1.62}$$

要理解这个性质，请回忆一下积分与微分是互逆的性质。以上讨论的实值信号的傅里叶变换性质可以推广到复值信号。

1.3.4　信号能量谱和功率谱分布

信号能量的时域计算以及瞬时功率和平均功率在 1.2.1 节中进行了讨论。式（1.38）表明，由正交分量表示的信号能量和平均功率等于这些分量的各自能量和平均功率之和。傅里叶级数是功率信号正交表示的特殊情况，而式（1.38）中的第二个等式应用于三角傅里叶级数的式（1.41）~式（1.43）中，可给出周期信号 $u(t)$ 的平均功率 P_u：

$$P_u = c_0^2 + \sum_{n=1}^{\infty} 0.5c_n^2 \tag{1.63}$$

由于 $n>0$ 的 c_n 是余弦分量的幅度，所以式（1.63）的右边是它们平均功率的总和，这符合 Parseval 恒等式。

对于非周期能量信号，Plancherel 定理是 Parseval 恒等式的一种变形，它建立了信号能量的时间和频谱分布之间的联系：

$$E_{u,e} = \int_{-\infty}^{\infty} |u_e(t)|^2 dt = \frac{1}{2\pi}\int_{-\infty}^{\infty} |S_{u,e}(\omega)|^2 d\omega = \frac{1}{2\pi}\int_{-\infty}^{\infty} |S_{u,e}(f)|^2 df \tag{1.64}$$

式（1.64）也称为 Rayleigh 恒等式。$|S_{u,e}(\omega)|^2$ 和 $|S_{u,e}(f)|^2$ 都表示能量谱密度（Energy Spectral Density，ESD）是关于 f 的函数，由信号的幅度谱和独立的相位谱决定。ESD 表示为 f 的函数，使得时域和频域中的能量计算公式具有对称性。如果 $E_{u,e}$ 以焦耳为单位，则 $|S_{u,e}(f)|^2$ 的单位是 $J/Hz = J\cdot s$，根据式（1.64），实值信号 $u_e(t)$ 在区间 $[f_1, f_2]$ 中的能量 $E_{u,e1.2}$ 为

$$E_{u,e1.2} = \int_{-f_2}^{-f_1} |S_{u,e}(f)|^2 df + \int_{f_1}^{f_2} |S_{u,e}(f)|^2 df \tag{1.65}$$

1.2.2 节描述的随机信号的相关函数和协方差函数也可用于确定性信号。确定性信号的这些函数是基于时间平均的，而随机信号的函数是基于统计平均的，而只有各态历经的随机信号，统计平均才可以用时间平均代替。能量信号 $u_e(t)$ 的相关（或自相关）函数 $R_{u,e}(\tau)$ 为

$$R_{u,e}(\tau) = \int_{-\infty}^{\infty} u_e(t)u_e^*(t+\tau)dt \tag{1.66}$$

式（1.66）表明，$R_{u.e}(\tau)$ 反映了 $u_e(t)$ 与其时移后信号 $u_e(t-\tau)$ 的相似性，$R_{u.e}(\tau)$ 的单位是焦耳。因此，当 $\tau=0$ 时，相似度最高且 $R_{u.e}(\tau)$ 达到最大值，$R_{u.e}(0)=E_{u.e}$，其中 $E_{u.e}$ 为信号能量。当 $u_e(t)$ 为实值时，$R_{u.e}(\tau)$ 为偶函数，即 $R_{u.e}(\tau)=R_{u.e}(-\tau)$。业已证明 $R_{u.e}(\tau)$ 和 $\left|S_{u.e}(f)\right|^2$ 构成傅里叶变换对：

$$\left|S_{u.e}(f)\right|^2 = F[R_{u.e}(\tau)] \text{ 和 } R_{u.e}(\tau) = F^{-1}\left[\left|S_{u.e}(f)\right|^2\right] \qquad (1.67)$$

因此，式（1.64）是式（1.67）中第二个等式的一个特例。

由于功率信号能量无限大，所以没有定义能量谱密度（ESD）。这些信号的特性用功率谱密度（PSD）来描述：

$$G_u(\omega) = \lim_{T \to \infty} \frac{\left|S_{u.T}(\omega)\right|^2}{T} \text{ 和 } G_u(f) = \lim_{T \to \infty} \frac{\left|S_{u.T}(f)\right|^2}{T} \qquad (1.68)$$

式中，$\left|S_{u.T}(\omega)\right|^2$ 和 $\left|S_{u.T}(f)\right|^2$ 表示在时间间隔 T 内，实值功率信号 $u_{P.T}(t)$ 的 ESD。如果信号功率 $P_{u.p}(t)$ 以瓦特（W）为单位，则 $G_u(f)$ 的单位为 W/Hz=W·s=J，即信号功率谱密度（PSD）的单位与它的能量是相同的。功率信号的能量无限也使式（1.66）定义的相关函数无法适用。功率信号相关函数的最通用定义是：

$$R_{u.p}(\tau) = \lim_{T \to \infty} \frac{1}{T} \int_{-0.5T}^{0.5T} u_p(t) u_p^*(t+\tau) \, \mathrm{d}t \qquad (1.69)$$

这与式（1.25）中各态历经随机信号的时间平均是一样的。周期信号是功率信号的特殊情况。周期为 T_0 的周期信号 $u_{T0}(t)$ 的相关函数为

$$R_{u.T0}(\tau) = \frac{1}{T_0} \int_{-0.5T}^{0.5T} u_{T0}(t) u_{T0}^*(t+\tau) \, \mathrm{d}t \qquad (1.70)$$

相关函数式（1.69）和式（1.70）以瓦特为单位，对于实值信号是偶函数。然而，非周期信号的 $R_{u.p}(\tau)$ 只有一个全局最大值，它的最大值为 $R_{u.p}(0)=R_{u.p}$，出现于 $\tau=0$ 时；$R_{u.T0}(\tau)$ 是关于 τ 的周期函数，它的最大等于 $R_{u.T0}$，在每个周期都出现。$R_{u.p}(\tau)$ 和 $R_{u.T0}(\tau)$ 分别与 $G_{u.p}(f)$ 和 $G_{u.T0}(f)$ 构成傅里叶变换对：

$$G_{u.p}(f) = F[R_{u.p}(\tau)] \text{ 和 } R_{u.p}(\tau) = F^{-1}[G_{u.p}(f)] \qquad (1.71)$$

$$G_{u.T0}(f) = F[R_{u.T0}(\tau)] \text{ 和 } R_{u.T0}(\tau) = F^{-1}[G_{u.T0}(f)] \qquad (1.72)$$

因此，通常 $u_p(t)$ 的平均功率，以及特定的 $u_{T0}(t)$ 的平均功率分别为

$$P_{u.p} = \frac{1}{2\pi} \int_{-\infty}^{\infty} G_{u.p}(\omega) \, \mathrm{d}\omega = \int_{-\infty}^{\infty} G_{u.p}(f) \, \mathrm{d}f$$

$$P_{u.T0} = \frac{1}{2\pi} \int_{-\infty}^{\infty} G_{u.T0}(\omega) \, \mathrm{d}\omega = \int_{-\infty}^{\infty} G_{u.T0}(f) \, \mathrm{d}f \qquad (1.73)$$

对于带有直流分量 u_{dc} 的功率信号 $u_P(t)$，可以引入协方差函数 $C_{u.p}(\tau) = R_{u.p}(\tau) - u_{dc}^2$。由于 $R_{u.e}(\tau)$ 与 $\left|S_{u.e}(f)\right|^2$ 以及 $R_{u.p}(\tau)$ 与 $R_{u.p}(f)$ 构成了傅里叶变换对，可以表述为：信号的 ESD 或 PSD 越宽，其相关区间越短，反之亦然。

两种不同的确定性信号之间的相似性，可以通过互相关函数来描述。对于实值能量信号 $u_{e1}(t)$ 和 $u_{e2}(t)$，这个函数为：

$$R_{u1.u2.e}(\tau) = \int_{-\infty}^{\infty} u_{e1}(t)u_{e2}(t+\tau)\,\mathrm{d}t \tag{1.74}$$

虽然当 $u_{e1}(t) = u_{e2}(t)$ 时，$R_{u1.u2.e}(\tau)$ 变成 $R_{u.e}(\tau)$，但在一般情况下它们的性质是不同的。例如 $R_{u1.u2.e}(\tau)$ 不一定是关于 τ 的偶函数，其最大值可能不出现于 $\tau = 0$ 时。$R_{u1.u2.e}(\tau)$ 的傅里叶变换称为互谱密度函数，它在一般情况下为复值，因为 $R_{u1.u2.e}(\tau)$ 不一定是偶函数。

平稳随机信号是功率信号。平稳随机信号 $X(t)$ 的一个实现 $x_i(t)$ 的功率谱密度（PSD）可以根据式（1.68）确定：

$$G_{xi}(f) = \lim_{T \to \infty} \frac{\left| S_{xi.T}(f) \right|^2}{T} \tag{1.75}$$

然而，$G_{xi}(f)$ 不能刻画出 $X(t)$ 的 PSD 特征。要确定 $X(t)$ 的功率谱密度 $G_x(f)$ 就需要在所有 $X(t)$ 实现的集合上对 $G_{xi}(f)$ 进行统计平均：

$$G_x(f) = E[G_{xi}(f)] \tag{1.76}$$

当平稳随机信号也是各态历经时，统计平均可以用时间平均代替。平稳随机过程 $X(t)$ 的相关函数 $R_x(\tau)$ 和 $G_x(f)$ 构成傅里叶变换对：

$$G_x(f) = F[R_x(\tau)] \text{ 和 } R_x(\tau) = F^{-1}[G_x(f)] \tag{1.77}$$

这个结果称为 Wiener-Khinchin 定理，实际上应该称为 Einstein-Wiener-Khinchin 定理，因为 N. Wiener 在 1930 年对确定性函数进行了证明，A. Khinchin 在 1934 年对平稳随机过程进行了证明，它最早是由爱因斯坦在 1914 年之前推导出来的。如式（1.77）所示，$X(t)$ 的平均功率 P_x 为：

$$P_x = \frac{1}{2\pi} \int_{-\infty}^{\infty} G_x(\omega)\,\mathrm{d}\omega = \int_{-\infty}^{\infty} G_x(f)\,\mathrm{d}f \tag{1.78}$$

因此，对于确定性和随机性信号，相关函数与 PSD 之间的关系是相似的。频谱分析和相关分析被广泛用于这两种类型的信号。

1.3.5　LTI 系统中信号的传输

线性时不变（LTI）系统的输入信号 $u_{\mathrm{in}}(t)$ 和输出信号 $u_{\mathrm{out}}(t)$ 在时域内的相互关系为

$$u_{\mathrm{out}}(t) = u_{\mathrm{in}}(t) * h(t) = \int_{-\infty}^{\infty} u_{\mathrm{in}}(\tau) * h(t - \tau)\,\mathrm{d}\tau \tag{1.79}$$

式中，$h(t)$ 是系统的脉冲响应。$h(t)$ 的傅里叶变换是系统传递函数 $H(f)$。傅里叶变换的时间卷积性质应用于式（1.79），可以得到系统输入和输出信号的频谱 $S_{u.\mathrm{in}}(f)$ 和 $S_{u.\mathrm{out}}(f)$ 之间的关系

$$S_{u.\mathrm{out}}(f) = S_{u.\mathrm{in}}(f)H(f) \quad \text{或} \quad S_{u.\mathrm{out}}(\omega) = S_{u.\mathrm{in}}(\omega)H(\omega) \tag{1.80}$$

为了把由系统的幅频响应（Amplitude Frequency Response，AFR）$|H(f)|$ 引入的 $u_{\mathrm{in}}(t)$ 的畸变与相频响应（Phase Frequency Response，PFR）$\theta_h(f)$ 引入的 $u_{\mathrm{in}}(t)$ 的畸变分开，式（1.80）重新写为：

$$\left| S_{u.\mathrm{out}}(f) \right| \exp[\mathrm{j}\theta_{u.\mathrm{out}}(f)] = \left| S_{u.\mathrm{in}}(f) \right| \cdot \left| H(f) \right| \exp\{\mathrm{j}[\theta_{u.\mathrm{in}}(f) + \theta_h(f)]\} \tag{1.81}$$

当 $|H(f)| = H_0 \exp(-\mathrm{j}2\pi f t_0)$，即 AFR 一致、PFR 至少在信号带宽内为线性的时候，LTI 系统不会使得输入信号产生畸变，因为它把所有的频率分量乘以相同的因子 H_0，并且所有的频

率分量的延迟都是相同的时间 t_0。当 $h(t)$ 关于中点对称时，其 PFR 是线性的，输入信号的畸变只可能是由 AFR 导致的。一般来说，畸变可能是由 PFR 和 AFR 共同造成的。

由于相关和卷积是两个移位函数乘积的积分，让我们来确定它们之间的关系。两个复值信号 $u_1(t)$ 和 $u_2(t)$ 的互相关函数为

$$R_{u1.u2}(\tau) = \int_{-\infty}^{\infty} u_1(t)u_2^*(t+\tau)\mathrm{d}t \qquad （1.82）$$

用新的积分变量 $t' = -t$ 替换后，重写式（1.82），得到：

$$R_{u1.u2}(\tau) = -\int_{-\infty}^{\infty} u_1(-t')u_2^*(-t+\tau)\mathrm{d}t' = \int_{-\infty}^{\infty} u_1(-t')u_2^*(\tau-t)\mathrm{d}t' = u_1(-\tau)*u_2^*(\tau) \qquad （1.83）$$

同样，可得到相关函数：

$$R_u(\tau) = \int_{-\infty}^{\infty} u(t)u^*(t+\tau)\mathrm{d}t = u(-\tau)*u^*(\tau) \qquad （1.84）$$

对于实值信号，式（1.83）和式（1.84）分别变为 $R_{u1.u2}(\tau) = u_1(-\tau)*u_2^*(\tau)$ 和 $R_u(\tau) = u(-\tau)*u^*(\tau)$。从文献[19～30]中可以找到很多关于本节所讨论主题的资料。

1.4 基带信号和带通信号

1.4.1 基带信号与调制

发射机（Tx）的输入信号和接收机（Rx）的输出信号的频谱接近零频率，可能包括直流。这些信号的带宽可以窄到几分之一赫兹或者宽到几吉赫兹，但它们占据了频谱的底部，因此都属于基带信号。基带信号可以是模拟信号、时间离散信号或数字信号；可能携带不同类型的信息：声音、音乐、视频、文本、模拟和数字的测量和/或处理结果；可能代表单源或多源信号。它们无法通过无线电信道发送，因为它们没有尺寸合适的天线进行有效传输。虽然它们可以直接通过一对电线或同轴电缆传输，但更有效的方式仍是对其进行预处理后再传输。预处理通常包括放大、滤波和用于频分复用（Frequency Division Multiplexing，FDM）的频谱搬移。对于时间离散信号，预处理则可能包括时分复用（Time Division Multiplexing，TDM）。目前，模拟信号和时间离散信号通常在基带传输之前进行数字化。数字信号可能经过格式化和复用等处理。

载波调制是根据基带信号中所包含的信息改变载波的参数，以便可以通过无线电信道传输这些信息。最常用的载波是余弦波或具有等间隔频率的余弦波组。当式（1.1）的余弦信号是载波时，其幅度、相位和/或频率可以根据基带信号或它的函数成比例变化。仅改变一个参数就可以产生幅度、相位或频率调制（分别为 AM、PM 或 FM）。这些调制技术有几种变化形式。例如，DSB-SC AM、DSB-FC AM（见 1.3.3 节）和双边带缩减载波（Double Side Band Reduced Carrier，DSB-RC）调幅都是 AM 的变化形式。由于 PM 根据调制信号成比例地改变载波相位，而 FM 按照这个信号的积分成比例地变化，因此这两种调制方法可视作是一般的角度调制的变形，角度调制还有许多其他变化形式。

某些技术只改变载波的振幅或角度，而另一些技术则同时改变这两者。例如，单边带（Single SideBand，SSB）调制通常视作是 AM 的一种变形，但实际上它结合了幅度调制和角度调制，因为只有纯 AM 的频谱是关于中心频率对称的，而 SSB 频谱的不对称性则表明存在角度调制。因此，所有具有完整载波、缩减载波和抑制载波的 SSB 形式以及残留边带（Vestigial SideBand，VSB）调制实际上是幅度调制和角度调制的组合。但并不是所有幅度调制和角度调制的组合都具有不对称频谱。例如，正交调幅信号（Quadrature Amplitude Modulate，QAM）是频率相同、相位相差 90° 的两个调幅正弦波之和，具有对称频谱。数字信号的调制通常被称为键控（源自莫尔斯电报机中的键控）。根据改变的载波参数的不同，基本的键控技术有幅移键控（Amplitude Shift Keying，ASK）、频移键控（Frequency Shift Keying，FSK）和相移键控（Phase Shift Keying，PSK）。它们有几种变化形式。二进制 ASK 有时被称为开关键控（On Off Keying，OOK）。然而，"键控"一词并不总是被使用：例如，数字 QAM 被称为调制。在模拟 Tx 中，调制通常在中频（Intermediate Frequency，IF）上实现，产生带通、携带信息的信号变频至射频后，由天线发射出去。带有模拟和数字（二进制）调制的带通信号的例子分别见图 1.17 和图 1.18。

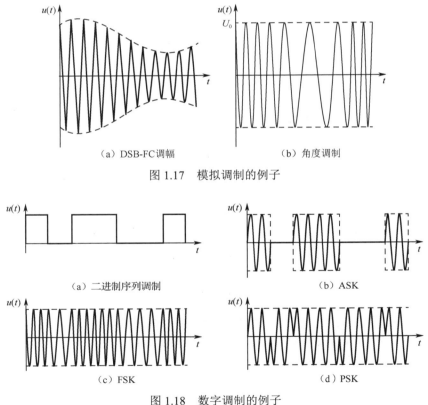

（a）DSB-FC调幅　　　　　　　　　　　　（b）角度调制

图 1.17　模拟调制的例子

（a）二进制序列调制　　　　　　　　　　　　（b）ASK

（c）FSK　　　　　　　　　　　　（d）PSK

图 1.18　数字调制的例子

在数字 Tx 中[见图 1.19（a）]，调制在 Tx 的数字部分（Tx s' Digital Portion，TDP）中进行。在此之前，Tx 的输入信号通常进行信源编码、加密和信道编码。模拟输入信号在进入 TDP 之前被数字化。调制信号可以在频率和/或时间上进行扩展，也可以与其他信号复用。所有这些操作都是在 TDP 中实现的，大多数使用基带复值信号，这些信号是待发射的复包络或等效的带通实值信号。模拟带通实值信号由这些等效信号重构，并准备在 Tx 的模拟及混合信号后端（Analog and Mixed signal Back end，AMB）中传输。重构信号可以是基带信号或带通信号。

在数字 Rx[见图 1.19（b）]中，接收的信号是期望信号、噪声和干扰的混合信号，先是在接收机的模拟及混合信号前端（Analog and Mixed signal Front end，AMF）中进行处理，接着经过数字化之后，在 Rx 的数字部分（Rxs' Digital Portion，RDP）中进行处理。可以对带通或基带信号进行数字化。在任何情况下，接收的模拟带通实值信号通常转换为数字基带复值的等效信号。RDP 处理包括解复用（用于复用信号）、解扩（用于扩频信号）、解调、信道译码、解密（用于加密信号）和信源译码。重构电路（Reconstruction Circuit，RC）对数字编码的模拟信号进行恢复。关于数字 Tx 和 Rx 详见第 2 章至第 4 章。

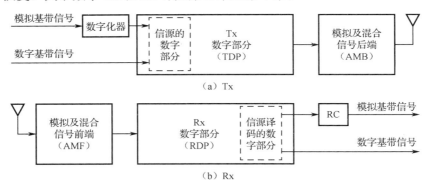

图 1.19　数字化收发机的高层级框图

1.4.2　带通信号及其复值等效信号

在 TDP 和 RDP 中，实值带通信号可以用其瞬时值、基带复值等效信号的幅度和相位数字样本来表示，也可以用这些等效的 I 和 Q 分量来表示。例如，文献[31]表明，这些表示方法都各有某些优势，但通常最后一种方法最有效地利用了 TDP 和 RDP 的计算能力，特别是在多用途、多标准无线电中。下面将讨论带通信号与基带复值等效信号之间的关系。由式（1.40）可知，式（1.1）的余弦信号可以表示为相量实部 $U_0 \exp[j(2\pi f t_0 + \varphi_0)]$ 的逆时针旋转，或者表示为两个相对旋转相量 $0.5U_0 \exp[j(2\pi f t_0 + \varphi_0)]$ 和 $0.5U_0 \exp[-j(2\pi f t_0 + \varphi_0)]$ 之和。在这两种情况下，相量具有恒定的幅度和旋转速率。第二种表示法的指数傅里叶级数有两个频谱分量，频率分别为 f_0 和 $-f_0$[见图 1.20（a）]。此信号需要单通道处理。在图 1.20(b)中，$u_c(t)$ 用其相量中的 I 和 Q 分量表示，它们只包含一个正频率分量，但需要双通道处理。

这一概念可扩展到带通实值信号。在诸如 $u(t) = U(t)\cos[2\pi f t_0 + \theta(t)]$ 的信号中，信息承载于它的包络 $U(t)$ 和/或相位 $\theta(t)$ 中。它的中心频率 f_0 通常是已知的，因此是不含信息的。这使得可以将 f_0 排除在 Tx 和 Rx 中最复杂的信号处理操作之外。因此，$u(t)$ 的基带复值等效信号 $Z(t)$ 处理在 TDP 和 RDP 中进行。$u(t)$、$Z(t)$ 和 $Z(t)$ 分量之间的关系如下：

$$u(t) = U(t)\cos[(2\pi f_0 t + \theta(t)] = I(t)\cos(2\pi f_0 t) - Q(t)\sin(2\pi f_0 t) \qquad （1.85）$$

$$Z(t) = U(t)\exp[\theta(t)] = I(t) + jQ(t) \qquad （1.86）$$

式中，$I(t)$ 和 $Q(t)$ 分别是 $Z(t)$ 的 I 和 Q 分量。由于

$$u(t) = \mathrm{Re}[Z(t)\exp(j2\pi f_0 t)] = \mathrm{Re}\{U(t)\exp\{j[2\pi f_0 t + \theta(t)]\}\} \qquad （1.87）$$

　　因此 $Z(t)$ 也称为 $u(t)$ 的复包络。任何一对 $\{I(t),Q(t)\}$ 和 $\{u(t),\theta(t)\}$ 都包含了 $u(t)$ 携带的所有信息。各对之间的关系由式（1.86）和式（1.87）得到：

$$I(t) = U(t)\cos[\theta(t)] \text{ 和 } Q(t) = U(t)\sin[\theta(t)] \tag{1.88}$$

$$U(t) = [I^2(t) + Q^2(t)]^{0.5} \text{ 和 } \theta(t) = \text{atan2}[Q(t), I(t)] \tag{1.89}$$

式中，$\text{atan2}[Q(t), I(t)]$ 是四象限反正切函数。

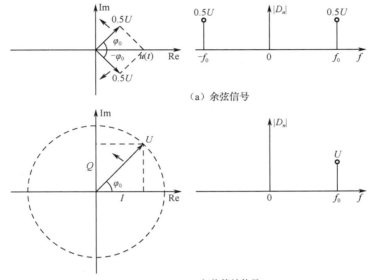

（a）余弦信号

（b）复值等效信号

图 1.20　余弦信号的相量和频谱图

　　虽然从 $u(t)$ 转换成 $Z(t)$ 需要处理两个实值信号，即 $I(t)$ 和 $Q(t)$ 或 $U(t)$ 和 $\theta(t)$，但所需的采样率不会增加，因为每个 $Z(t)$ 分量的采样率不超过 $u(t)$ 所需要的采样速率的一半。如上所述，$Z(t)$ 用 $I(t)$ 和 $Q(t)$ 来表示通常是最有效的。根据傅里叶变换的共轭对称性（见第 1.3.3 节），$u(t)$ 的幅度谱 $|S_u(f)|$ 是关于零频率对称的（$I(t)$ 和 $Q(t)$ 的幅度谱具有相同的性质），尽管它的每一边关于 f_0 可能是不对称的。与 $|S_u(f)|$ 以及 $I(t)$ 和 $Q(t)$ 的幅度谱不同，$Z(t)$ 的幅度谱 $|S_z(f)|$ 一般不是关于零频率对称的，可以位于频率轴的任意一侧，也可以同时位于频率轴的两侧。解析信号是复值信号的特殊情况，其虚部为实部的希尔伯特变换。由于该变换给每个频谱分量引入了四分之一周期的延迟，所以解析信号的频谱只有正频率。

　　频率变换是 TDP 和 RDP 中的常见操作。因此，下文将讨论数字基带复值等效信号 $Z_q(nT_s)$ 及其 I 和 Q 分量 $I_q(nT_s)$ 和 $Q_q(nT_s)$，其中 T_s 是采样周期。根据式（1.55），$Z_{q1}(nT_s)$ 的频谱 $S_{Z1}(f)$ 可以通过将 $Z_{q1}(nT_s) = I_{q1}(nT_s) + jQ_{q1}(nT_s)$ 乘以 $\exp_q(j2\pi f_1 nT_s) = \cos_q(j2\pi f_1 nT_s) + j\sin_q(j2\pi f_1 nT_s)$ 把信号频率搬移 f_1。由此得到复值信号的频谱 $S_{Z2}(f)$

$$\begin{aligned} Z_{q2}(nT_s) = &\, I_{q1}(nT_s)\cos_q(2\pi f_1 nT_s) - jQ_{q1}(nT_s)\sin_q(2\pi f_1 nT_s) \\ &+ j[I_{q1}(nT_s)\sin_q(2\pi f_1 nT_s) + jQ_{q1}(nT_s)\cos_q(2\pi f_1 nT_s)] \end{aligned} \tag{1.90}$$

是对 $S_{Z1}(f)$ 信号进行频率搬移后生成的信号：$S_{Z1}(f): S_{Z2}(f) = S_{Z1}(f - f_1)$。该变频器实现了式（1.90）的功能，$S_{Z1}(f)$、$S_{\exp}(f)$ 和 $S_{Z2}(f)$ 的位置如图 1.21 所示。请注意，所有频谱都位于 $[-0.5f_s, 0.5f_s]$ 内，其中 $f_s = 1/T_s$ 是采样速率，根据式（A.20），有 $S_{\exp}(f) = \delta(f - f_1)$。

在具有带通重构的数字 Tx 中，由 TDP 中的基带复值等效信号 $Z_q(nT_s)$ 产生带通实值信号 $u_q(nT_s)$。这一实现是图 1.21 所示频率变换的特殊情况。确实，$Z_q(nT_s)$ 应该首先转换为 TDP 输出频率 f_0，然后将得到的复值信号 $Z_{q1}(nT_s)$ 转化为实值 $u_q(nT_s)$。由于 $Z_{q1}(nT_s)$ 没有负频率分量，所以它是一种解析信号，其转化为 $u_q(nT_s)$ 只需要去掉虚部部分即可。因此，这部分不需要计算，如图 1.22 所示，其中 $|S_z(f)|$ 和 $|S_u(f)|$ 分别是 $Z_q(nT_s)$ 和 $u_q(nT_s)$ 的幅度谱，f_0 是 $u_q(nT_s)$ 的中心频率。与 $Z_q(nT_s)$ 和 $\exp_q(\mathrm{j}2\pi f_0 nT_s)$ 不同，$u_q(nT_s)$ 是实值，因此 $|S_u(f)|$ 是关于零频率对称的。

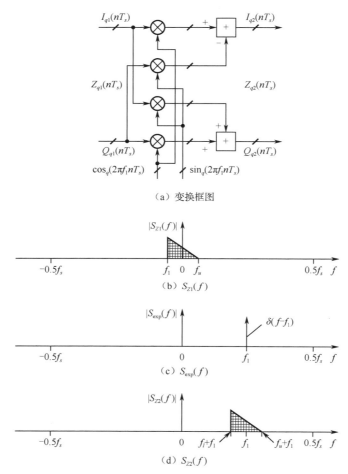

（a）变换框图

（b）$S_{Z1}(f)$

（c）$S_{\exp}(f)$

（d）$S_{Z2}(f)$

图 1.21   复值信号的数字频率变换及其幅度谱

图 1.21 和 1.22 中的频率变换不会产生不期望产生的频谱，因此不需要滤波器，因为其输入信号是复值信号。当至少一个输入信号为实值时，情况就会变化。在带通数字化的数字 Rx 中，RDP 的输入是一个数字带通实值信号 $u_q(nT_s)$，其基带复值等效信号 $Z_q(nT_s)$ 的产生过程如图 1.23 所示。在这里，两个 AFR 为 $|H(f)|$ 的相同的数字低通滤波器[LPF，在图 1.23（d）中用虚线表示]，被放置在乘法器的输出之后，以抑制不想要的和频产物（用点线表示）。

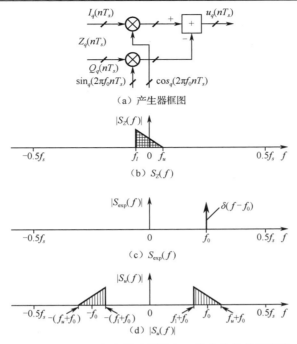

图 1.22　$u_q(nT_s)$ 产生器及其输入、输出信号的幅度谱

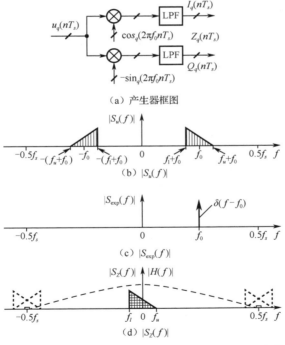

图 1.23　$z_q(nT_s)$ 产生器及其输入、输出信号的幅度谱

1.4.3　信号和电路的带宽

信号携带和通过电路传输的信息量取决于带宽。然而，很难给出"带宽"的唯一、明确

的定义，因为时间受限函数的谱密度在任何有限频率区间都不为零，如何方便地定义带宽取决于具体应用。由于脉冲的带宽与其持续时间相关，因此随机过程的带宽与其相关间隔有关，电路的带宽与其脉冲响应持续时间相关，因此定义这两个概念的方法应对每一对参数而言是相同的。对于基带实值能量信号 $u(t)$，理论上最一致的定义是用其均方根带宽和持续时间（B_{rms} 和 τ_{rms}）来定义。单边均方根带宽和持续时间分别等于 $S_u(f)$ 和 $u(t)$ 的归一化二阶矩的正平方根：

$$B_{\mathrm{rms1}} = \left[\frac{\int\limits_{-\infty}^{\infty} f^2 \left| S_u(f) \right|^2 \mathrm{d}f}{\int\limits_{-\infty}^{\infty} \left| S_u(f) \right|^2 \mathrm{d}f} \right]^{0.5} \tag{1.91}$$

$$\tau_{\mathrm{rms1}} = \left[\frac{\int\limits_{-\infty}^{\infty} t^2 \left| u(t) \right|^2 \mathrm{d}t}{\int\limits_{-\infty}^{\infty} \left| u(t) \right|^2 \mathrm{d}t} \right]^{0.5} \tag{1.92}$$

式中，t 为相对于 $u(t)$ 中 t_0 的时间，可以通过下式计算得到：

$$t_0 = \frac{\int\limits_{-\infty}^{\infty} t \left| u(t) \right|^2 \mathrm{d}t}{\int\limits_{-\infty}^{\infty} \left| u(t) \right|^2 \mathrm{d}t} \tag{1.93}$$

双边均方根带宽和持续时间分别为 $B_{\mathrm{rms2}} = 2B_{\mathrm{rms1}}$ 和 $\tau_{\mathrm{rms2}} = 2\tau_{\mathrm{rms1}}$。计算带通能量信号的均方根带宽，需要确定式（1.91）中相对于中心频率的 f 的值。式（1.91）和式（1.92）可以证明信号和电路的持续时间与带宽之间的不定关系：

$$\tau_{\mathrm{rms1}} B_{\mathrm{rms1}} \geqslant \frac{1}{4\pi} \tag{1.94}$$

这种基本关系限制了脉冲的持续时间与带宽、随机过程的相关间隔与带宽，以及脉冲响应的持续时间与滤波器带宽（回忆一下傅里叶变换的时频缩放性质）的同时减少。持续时间带宽积较小的函数，在雷达、声呐、通信等领域有着重要的意义。它们对采样和内插（Sampling and Interpolating，S&I）电路也很重要。这种不定关系并不限制同时进行时频信号分析的精确性，因为所分析的信号可以同时发送到两个信道（与量子力学中的基本粒子不同）：一个具有高时间分辨率的信道，另一个具有高频率分辨率的信道。

为便于理论分析，均方根带宽和持续时间不适用于没有有限二阶矩的函数。即使存在二阶矩，它们也不足以表征信号能量分布和滤波器的衰减。关于 $u(t)$ 带宽 B 的另一个应用最广泛的定义是：最高正频率 f_h 和最低正频率 f_l 之差，此时有 $\left| S_u(f) \right| \geqslant \alpha \left| S_u(f) \right|_{\max}$，其中 $\alpha < 1$。对于典型信号 $\alpha = 0.1$，即

$$\frac{\left| S_u(f) \right|_{\max}}{\left| S_u(f_l) \right|} = \frac{\left| S_u(f) \right|_{\max}}{\left| S_u(f_h) \right|} = 10 = 20\mathrm{dB} \tag{1.95}$$

当这个定义应用于滤波器时，通常使用 $\alpha = 1/(2^{0.5}) \approx 0.707$，相应的带宽称为 3dB 或半功率带宽。为了更严格限制带内波动，可以选择 $0.9 \leqslant \alpha < 1$。滤波器阻带是衰减超过设定标准 $1/\beta$

的频带，其中 $0<\beta\ll\alpha$。通带和阻带之间的频带称为过渡带或边缘。在 LPF 中，$f_l=0$，f_h 可指定。在带通滤波器（BPF）中，f_l 和 f_h 都要指定。在高通滤波器中，f_l 是指定的，f_h 是无限的。LPF 和 BPF 的 AFR 分别如图 1.24（a，b）所示。

用于 D&R 的抗混叠和内插滤波器可能有多个阻带。在抗混叠滤波器中，它们抑制频率间隔内的噪声和干扰，采样之后模拟信号的频谱（以采样频率为周期）重复出现。在内插滤波器中，它们抑制不需要的信号频谱重复出现。在图 1.24（c，d）中，阻断带之间的间隙被叫作"不关心"频带，其中图示了多阻带 LPF 和 BPF 的 AFR。

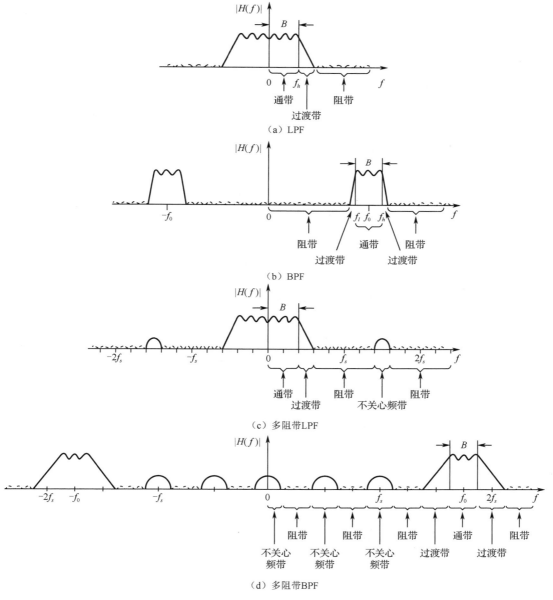

图 1.24　模拟滤波器的 AFR

无论在什么特性的通信信道上传输信号之前，其频谱通常都被限定于称为基本带宽

（essential bandwidth）的范围内，且抑制该带宽以外的频谱分量，以把通道间干扰降低到最小。信号大部分能量应该位于基本带宽内，但具体比例取决于具体应用。例如，在通信中，除了需要考虑信噪比外，还需要考虑码间干扰（InterSymbol Interference，ISI）和同步精度。在雷达中，过分限制信号的带宽会降低距离分辨率。$u(t)$ 的频谱 $S_u(f)$ 的带外滚降速率为 $1/f^{n+1}$，其中 n 是具有跳跃间断点的 $u(t)$ 的最低阶导数的阶数。因此，高斯脉冲的频谱滚降是最快的，因为它具有所有阶数的导数。由于高斯脉冲的谱密度也是高斯的，因此该信号的持续时间-带宽积是最小的。

1.5　小结

　　使用重量最轻、尺寸最小、成本最低的设备，消耗最小的能量、占用最小的带宽，准确、可靠和快速地传输、接收和/或处理信息，需要强有力的理论基础。任何理论都不是针对实际对象的（其数学描述太复杂或不可能描述），而是针对其简化模型的，如果基于模型的计算和仿真结果与实验结果相一致，则认为这些模型是合适的。使用模型是有好处的，但需要谨慎。

　　现代技术支持数字信号和处理的发展，这些信号和处理技术为受损信息的再生提供了可能性，处理精度高，独立于不稳定因素，具有高度的通用性和灵活性，最大规模集成，降低了设备开发和生产成本。数字化与重构（D&R）是无线电通信的数字部分和外部模拟世界之间的接口。数字化包括抗混叠滤波、样本生成、量化和数字化相关的操作。重构包括与数字化重构相关的操作、数字信号的模拟译码、脉冲整形和模拟内插滤波。虽然目前抗混叠滤波和样本生成是分开进行的，但采样定理的直接解释允许两者结合。脉冲整形和内插滤波的情况也如此。

　　确定性信号用于测试、导频、参考、同步和载波信号，而只有随机信号才能用于信息传输。干扰信号也是随机的。随机事件最详尽的特征包括概率、随机变量的概率分布，以及采集样本足够丰富的随机过程的联合概率分布。许多概率问题只能用随机变量的矩和随机过程的矩函数来求解。前两阶矩和矩函数是最重要的，因为它们反映了随机变量和随机过程的位置和散布，以及不同随机变量、随机过程和相同随机过程的样本之间的线性统计相关性(相互关系)。只有高斯变量和过程不相关，才意味着具有完全的统计独立性。

　　一般情况下，随机过程的分析是非常复杂的。然而，许多重要类别的随机过程都满足某些约束条件，可简化其分析和实际应用。平稳过程和各态历经过程是其中的例子。严格平稳随机过程具有时移不变的联合概率分布，而广义平稳性仅指前两阶矩函数具有时移不变性。严格平稳意味着是广义平稳，但广义平稳则不一定意味着严格平稳（仅对高斯过程而言成立）。如果一个随机过程的任一实现可反映其所有统计性质，那么，该随机过程是各态历经的。这使得统计平均和时间平均的结果是相同的。尽管原则上各态历经不假定随机过程是平稳的，但各态历经过程在大多数应用中是平稳的。

　　通过基对信号进行展开，通常可简化其分析和处理。当基是正交的或正交化的时候，简化程度最高。这种用傅里叶系数展开的方法使得对信号近似的均方根误差达到最小。三角函数和复指数傅里叶级数以及经典采样是广义傅里叶级数的特殊情况。本书中，傅里叶级数与变换广泛用于 D&R 分析，因为它们可用于模拟信号、时间离散信号和数字信号。此外，它们的性质使得对信号的操作直观易懂，并可简化对操作结果的评估。

Tx 的输入信号和 Rx 的输出信号都是基带信号。由于用尺寸合适的天线不可能实现基带信号有效辐射，因此基带信号需调制到载波上。这种经过调制得到的实值带通信号承载信息，通过射频信道进行传输。在多数数字无线电的 TDP 和 RDP 中，这些信号是由基带复值等效信号的 I 和 Q 分量的数字样本来表示的。模拟带通实值信号应从 TDP 输出的等效信号中重构，并在 RDP 输入端进行数字化。数字化与重构（D&R）可以基于基带信号或带通信号。

从分析角度来讲，信号或电路带宽理论上最一致和最方便的定义是其均方根带宽。特别地，它可以推导出持续时间-带宽的不定关系。然而，这一定义并不总是适用的，即使在适用的情况下，它也可能没有充分表征信号和电路的某些实际重要的特性。因此，需使用许多其他带宽定义。对于滤波器，需要定义其通带、阻带和过渡带。信号主要特性对于特定应用的重要性体现为基本带宽。

参考文献

[1] Doob, J., *Stochastic Processes*, New York: John Wiley & Sons, 1953.

[2] Rosenblatt, M., *Random Processes*. Oxford, U.K.: Oxford University Press, 1962.

[3] Davenport Jr., W. B., and W. L. Root, *An Introduction to the Theory of Random Signals and Noise*, New York: IEEE Press, 1987.

[4] Gikhman, I. I., and A. V. Skorokhod, *Introduction to the Theory of Random Processes*, Mineola, NY: Dover Publications, 1996.

[5] Papoulis, A., and S. U. Pillai, *Probability, Random Variables, and Stochastic Processes*, 4th ed., New York: McGraw-Hill, 2002.

[6] Stark, H., and J. W. Woods, *Probability and Random Processes with Application to Signal Processing*, 3rd ed., Upper Saddle River, NJ: Prentice Hall, 2002.

[7] Karlin, S., and H. E. Taylor. *A First Course in Stochastic Processes*, 2nd ed., New York:Academic Press, 2012.

[8] Van Trees, H. L., K. Bell, and Z. Tian, *Detection, Estimation, and Modulation Theory*, Part I, New York, John Wiley & Sons, 2013.

[9] Lindgren, G., H. Rootzen, and M. Sandsten, *Stationary Stochastic Processes for Scientists and Engineers*, Boca Raton, FL: CRC Press, 2013.

[10] Florescu, I., *Handbook of Probability*, New York: John Wiley & Sons, 2013.

[11] Borovkov, A. A., *Probability Theory*, New York: Springer, 2013.

[12] Yates, R. D., and D. J. Goodman, *Probability and Stochastic Processes: A Friendly Introduction for Electrical and Computer Engineers*, 3rd ed., New York: John Wiley & Sons, 2014.

[13] Blitzstein, J., and J. Hwang, *Introduction to Probability*. Boca Raton, FL: CRC Press,2015.

[14] Hancock, J., and W. Wade, "A Digital Wide-Band Nonlinear Receiver Capable of Near

Optimum Reception in the Presence of Narrow-Band Interference," *IEEE Trans. Commun. Syst.*, Vol. 11, No. 3, 1963, pp. 272-279.

[15] Allen, W. B., and E. C. Westerfield, "Digital Compressed-Time Correlators and Matched Filters for Active Sonar," *J. Acoust. Soc. of America*, Vol. 36, No. 1, 1964, pp. 121-139.

[16] Poberezhskiy, Y. S., "Analysis of Time Compressors with Analog Representation of Samples"(in Russian), *Problems of Radioelectronics*, TRC, No. 3, 1968, pp. 18-27.

[17] Poberezhskiy, Y. S., "Spectral and Correlation Analysis of Time-Compressed Signals" (inRussian), *Problems of Radioelectronics*, TRC, No. 4, 1968, pp. 109-117.

[18] Poberezhskiy, Y. S., "Methods of Time-Compression of Digital Signals" (in Russian), *Problems of Radioelectronics*, TRC, No. 9, 1969, pp. 99-111.

[19] Goldman, S., *Frequency Analysis, Modulation, and Noise*, New York: McGraw-Hill,1948.

[20] Fink, L. M., *Signals, Interference, Errors, ···* (in Russian), 2nd ed., Moscow, Russia: Radio and Communications, 1984.

[21] De Coulon, F., *Signal Theory and Processing*, Norwood, MA: Artech House, 1986.

[22] Gonorovskiy, J. S., *Signals and Circuits in Radio Engineering* (in Russian), 4th ed., Moscow, Russia: Radio and Communications, 1986.

[23] Papoulis, A., *Circuits and Systems: A Modern Approach*, Oxford, U.K.: Oxford University Press, 1995.

[24] Siebert, W. M., *Circuits, Signals and Systems*, New York: McGraw-Hill, 1998.

[25] Vakman, D, *Signals, Oscillations, and Waves: A Modern Approach*, Norwood, MA: Artech House, 1998.

[26] Lathi, B. P., *Linear Systems and Signals*, 2nd ed., Oxford, U.K.: Oxford University Press,2004.

[27] Sundararajan, D., *A Practical Approach to Signals and Systems*. New York: John Wiley & Sons, 2009.

[28] Hsu, H., *Schaum's Outline of Signals and Systems*, 3rd ed., New York: McGraw-Hill,2014.

[29] Phillips, C. L., J. Parr, and E. Riskin, *Signals, Systems, and Transforms*, 5th ed., Harlow, U.K.: Pearson Education, 2014.

[30] Oppenheim, A. V., A. S. Willsky, and S. H. Nawad, *Signals and Systems*, 2nd ed., Harlow, U.K.: Pearson Education, 2015.

[31] Poberezhskiy, Y. S., *Digital Radio Receivers* (in Russian), Moscow, Russia: Radio & Communications, 1987.

第2章 无线电系统

2.1 概述

通常，用途不同的系统中使用的技术会拥有相同的理论基础和/或技术解决方案（例如，通信系统中的同步、雷达中的目标捕获和跟踪）。反之，用途相同的系统中使用的技术也可能需要不同的理论方法和/或技术解决方案。数字化与重构可兼顾上述两种可能性，因为数字化与重构对系统的需求取决于输入信号，与系统的用途无关。因此，用途相同的系统若使用不同的信号和/或在不同的环境中运行，则需要不同的数字化与重构电路；用途不同的系统若输入信号的参数相似，则需要相同的数字化与重构电路。因此，为无线电系统中的数字化与重构提出的理论和技术解决方案亦可用于大多数其他应用领域。本章介绍了无线电系统的基本情况，展示了数字化与重构的作用，明确了数字化与重构流程要求的决定因素，并解释了本书侧重于无线电通信的原因。

2.2 节将指出，尽管无线电波既可用于发射能量也可用于发射信息，但数字化与重构电路仅在发射、接收、传播信息的系统的发射机和接收机中使用。这种系统的一般目的是可靠、准确和经济高效地向终端用户传递信息，同时消耗最少的能量和占用最少的带宽。数字化与重构在实现这一目标的过程中起着重要作用。本节还解释了为什么无线电是进行数字化与重构分析并进一步开发用于所有类型系统的最佳案例，描述了将射频频谱划分为多个频段，以及在这些频段中的无线电波的传播模式和各种系统的用频情况。

2.3 节将简述通信系统及其发展趋势，并展示多样性。从通信系统与数字化与重构的相互依赖性角度分析了通信系统中的信号处理操作。由于信道编码/译码、调制/解调、扩频/解扩会影响数字化与重构，因此本节还讨论这些信号处理环节的基本原理，并在第 3 章和第 4 章中进行更为详细的介绍。本节还概述了信源编码和数字化之间的相似之处。

2.4 节将描述几种类型的无线电系统，目的是比较其数字化与重构电路与通信系统的需求。本节首先介绍了广播系统，并着重对广播发射机和接收机进行了具体的介绍。由于导航、自定位、非协作定位原理与通信原理大不相同，因此对它们也进行了详细说明。之所以关注雷达和电子战（EW）系统，是因为其对接收机数字化电路的某些需求可能会高于大多数通信接收机对这些电路的需求。

2.2 无线电系统和无线电频谱

2.2.1 无线电系统的多样性

无线电发射基于电磁场理论，该理论由麦克斯韦（J.C. Maxwell）于 19 世纪 60 年代中期提出。该理论源于 19 世纪 30 年代到 40 年代法拉第（M. Faraday）的相关思想。经过赫兹（H.R. Hertz）于 19 世纪 80 年代后期的实验证明之后，许多杰出的科学家和工程师的努力促进了无线电通信的发展。为这些努力做出了重大贡献的人员包括布兰利（É. Branly）、洛奇（O. Lodge）、波波夫（A. S. Popov）、马可尼（G. Marconi）、特斯拉（N. Tesla）和布劳恩（F. Braun）。此后，无线电系统取得了人类历史上前所未有的发展。

　　无线电波是频率介于 3Hz～3THz 之间的电磁波，目前主要用于能量和信息的传输。产生、发射和传递射频能量的系统（微波炉、透热治疗仪、定向能武器等）都有着相同的需求，即提供最大效率的同时，尽可能降低对意外接收者的影响。尽管携带射频能量的信号通常具有较窄的带宽，但其高功率会对工作于相邻频率的接收机造成危害。使用无线电波发射信息系统的主要设计目标包括最小的能耗和/或带宽占用。最小带宽占用并不一定意味着每个发射信号都占用最小带宽，因为许多正交信号可以在同一频段内发射而不会造成相互干扰。尽管如此，仍有几个因素限制了无线电信号的绝对带宽和相对带宽：电子器件的带宽有限；天线要同时确保较宽的相对带宽和较高增益所带来的设计复杂度；无线电波在地球和其他行星附近传播过程中，会受其表面和大气层的影响。因此，大多数无线电信号的相对带宽 B/f_0 仅有 0.01 左右，其中 B 和 f_0 分别是信号带宽和中心频率。只有在用于穿墙雷达、精密测量等的超宽带无线电以及一些专用通信领域中，相对带宽 B/f_0 才会达到 0.2 以上。

　　数字化与重构仅可用于信息处理系统。信息处理类无线电系统的数量、种类很多且正在增加。这类系统中的信息都是由无线电信号携带的，无线电信号会被天线接收，然后发送到接收机以提取信息。除上述基本原理外，在所有其他方面，信息处理系统之间可能会有很大不同。此外，尽管大多数系统都会用到人造发射机，但在查找射频辐射源的无源系统（例如，射电望远镜）中并不需要发射机。在大多数具有发射机的无线电系统中，感兴趣的信息都是从发射机中生成的。然而，在雷达和测深系统中，信息是在信号反射过程中由感兴趣的对象引入的。在通信、导航、广播和许多其他系统中，接收机负责处理协作发射机的信号，而电子战系统的接收机通常处理非协作发射机的信号。尽管存在上述差异，但即便在用途迥异的系统中，数字化与重构电路的需求也可能相似。

　　所有数字接收机都会将其输入的模拟带通信号数字化，所有数字发射机在发射之前都会将数字信号转换为带通模拟信号。在通信系统和其他为数不多的系统中，发射机还需要将其模拟基带输入信号进行数字化，接收机也需要在接收到该信号后对其进行重构。因此，数字无线电通信系统需要执行所有类型的数字化与重构环节。通信系统需要在整个射频频谱内和所有类型射频环境中运行。它们的多样性比任何其他类型的无线电系统都要显著得多，其应用场景和信源信号的多样性亦是如此。在所有影响数字化与重构的信号处理操作中，无线通信系统所涉及的数量最多。通信系统中对无线电带宽和动态范围的要求与大多数其他无线电系统一样高或更高。因此，数字无线通信系统是分析和进一步开发数字化与重构电路、算法的最佳研究案例，这些研究的成果实际上也适用于所有其他技术领域。

2.2.2　射频频谱及其利用

　　射频频谱被划分为多个频段。乍一看，频率越高的频段越好用，因为若 f_0 越高，则对于给定的 B/f_0 比，B 越宽。而 B 越宽，则意味着诸多优势，例如，可以提高通信吞吐量和雷达的测距分辨率。根据香农-哈特利（Shannon-Hartley）定理，通过增加信号带宽来提高具有加性高斯白噪声（AWGN）的通信信道的吞吐量比通过增加功率来提高吞吐量更加高效。实际上，若信噪比（SNR）足够高，则在提升吞吐量方面增加带宽这种方式优势明显：在给定信号功率的情况下线性增加信号带宽，与在给定信号带宽的情况下指数性增加信号功率的效果相同。f_0 的增加还可改善天线的方向性和增益，因为它们与"天线尺寸与信号波长之比"成正比。尽管如此，仍有许多因素限制了很高频段的使用，并因此使得低频的应用更加广泛。

例如，从 3Hz～12kHz 频率（见表 2.1）的大气噪声水平很高，仅可用于非常低通量的通信，而且需要尺寸非常大、效率非常低下的发射天线。然而，该频段的电磁波穿透海水和地面的能力比较强，因此可以有效地与潜艇和地下设施进行通信。另一个例子是短波频段。由于它们在电离层中可以反射和/或折射，因此可以传播很远的距离。鉴于此，短波系统是 20 世纪 30 年代中期至 20 世纪 60 年代中期主要的远程通信手段。与此前使用的长波相比，短波频段可使用较小的天线和发射机，实现更远距离、更高吞吐量的通信。然而，短波的多径传播、电离层状态的不规则性、带宽有限、无线电系统之间不可避免的互扰等问题，促使人们寻找替代解决方案。

表 2.1　国际电联无线电频段划分

频　段	频率和波长	传　播　方　式	应　用　实　例
极低频（ELF）	3～30Hz，100000～10000km	地波，是由绕地球曲率的衍射引起的，并由地球及其大气层的不同折射率所造成的；可穿透海水和地面；大气噪声高	与水下潜艇通信
超低频（SLF）	30～300Hz，10000～1000km		
特低频（ULF）	300Hz～3kHz，1000～100km		与水下潜艇和地下设施通信，矿井内通信
甚低频（VLF）	3～30kHz，100～10km	地波，外加地球与电离层之间的波导效应；大气噪声高	与水下潜艇通信、导航与授时信号、地球物理、无线心跳监视器
低频（LF）	30～300kHz，10～1km	地波，外加地球与电离层之间的波导效应强；大气噪声高	导航、授时信号、调幅广播、射频标识（RFID）、业余无线电
中频（MF）	300kHz～3MHz，1km～100m	地波，夜间天波；大气噪声仍然很高	调幅广播、业余广播、森林通信、雪崩信标
高频（HF）或短波	3～30MHz，100～10m	地波（最小距离），电离层折射和反射引起的天波；强烈的无意干扰	远程通信、调幅广播、超视距雷达、业余无线电、RFID、民用频段无线电
甚高频（VHF）	30～300MHz，10～1m	一般是直达波、流星余迹散射、电离层散射	调频和电视广播、视距通信、流星爆发通信、业余无线电、气象广播
特高频（UHF）	300MHz～3GHz，1m～10cm	直达波、对流层散射、不规则的对流层大气波导	电视广播、移动电话、无线局域网、全球导航卫星系统（GNSS）、RFID、卫星广播、业余广播、通用移动广播服务、家庭广播服务、对流散射通信、微波炉
超高频（SHF）	3～30GHz，10～1cm	直达波、对流层散射、不规则降雨散射；易被水蒸气吸收	卫星通信、RFID、无线局域网、有线和卫星广播电视、雷达、业余无线电、射电天文学

频　段	频率和波长	传　播　方　式	应　用　实　例
极高频（EHF）	30～300GHz，1cm～1mm	直达波；易被水蒸气和氧气吸收；存在雨水散射	太空和卫星通信、微波无线电中继、遥感、射电天文学、雷达、业余无线电、定向能武器、毫米波扫描仪
极极高频（THF）	300GHz～3THz，1mm～100μm	自由空间中的直达波；几乎无法穿透大气层	空间通信、遥感、业余无线电、医学成像、凝聚态物理、太赫兹时域光谱

　　无线电中继、流星猝发、电离层散射、对流层散射、光缆尤其是卫星通信等领域的发展，削弱了短波频段的作用。卫星通信逐渐成为主流，因为它能够实现极高的吞吐量，且不依赖电离层反射就能连接任何地理偏远地区的用户。然而，后来发现，卫星通信对于军事人员和其他一些用户而言还不够可靠，因为这种通信容易受到干扰和物理破坏。这重新激发了人们对短波频段的兴趣，该频段目前广泛用于国际广播、各种通信、超视距雷达和科学仪器。未来，短波频段还有望用于在其他有电离层的行星（例如，火星、金星）上为无人和有人值守站之间提供低成本通信。

　　尽管较低频段的无线电波带宽有限且噪声水平较高，而较高频段的无线电波带宽更宽，但较高频段的无线电波会存在能量容易被吸收（主要是氧气和水蒸气）和散射（通过雨滴和冰雹）等缺点。在数 GHz 的频率，能量吸收就变得很明显。吸收最严重的频率分别对应于氧气分子的共振频率（60GHz 和 119GHz）和水蒸气分子的共振频率（22GHz 和 183GHz）。尽管吸收峰由于分子碰撞而变宽，但是相邻峰之间的频率区间可用于信号发射。在极极高频（THF）频段，吸收变得非常严重，以至于大气几乎变得不透明。尽管如此，该频段仍可用于太空通信和雷达。该频段还可用于其他天基和地基场景。由于无线电频谱是一种宝贵但有限的资源，因此国际电信联盟（ITU）将其各频段分配给不同的应用和服务，以防止应用和服务之间的干扰或确保干扰最小化。这种分配和无线电波传播模式详见表 2.1 中。表中每个频段的最高频率是最低频段的 10 倍。表 2.2 所示为微波频段（通常用于雷达、导航和卫星通信）的另一种划分方式，即美国电气和电子工程师协会（IEEE）的频段划分。有关无线电波传播的更多信息，见参考文献[1-7]以及有关通信、导航和雷达的相关出版物。其中一些出版物还描述了射频干扰的特性。

表 2.2　IEEE 微波频段划分

频段	L	S	C	X	Ku	K	Ka	V	W	毫米波（mm）
频率（GHz）	1～2	2～4	4～8	8～12	12～18	18～27	27～40	40～75	75～110	110～300

　　自然现象对无线电波的应用而言是好是坏不能一概而论，因为其对于某些应用而言可能不利，但对其他应用则有益。例如，大气现象对于 UHF 和 SHF 频段的通信和传统雷达而言是一种有害现象，但促进了气象雷达的发展。与此类似，电离层的存在实现了在地球表面及其附近的无线电之间进行远距离短波通信，但同时也意味着短波频段无法用于地面与太空之间的通信。频段的使用取决于无线电波的传播模式、射频干扰情况和当代技术水平。前两个因素构成了射频环境。射频干扰源可以是自然的（闪电、太阳辐射），也可以是人为的（不需要的发射机、汽车点火系统、电焊）。干扰还可能是蓄意施放的干扰（jamming）或无意产生的

干扰，宽带干扰或窄带干扰。宽带干扰可以是脉冲干扰或连续波干扰。

　　射频干扰对信号接收的影响程度可以从接收质量下降到通信中断，乃至接收机受到损坏。处理射频干扰的方法包括法律法规层面的措施和技术层面的措施。法律法规措施包括为不同的用户分配单独的射频频谱，以及对工业、医疗、科学以及其他设备和装置产生和发射的无线电波进行限制。这些措施很重要，但往往不够用且难以执行。例如，尽管有相关规定，但电离层状态预测能力变差会导致短波无线电相互干扰。此外，在国际冲突中许多法规会被无视。因此，终归还要进行技术层面的保护，而这种保护提高了对数字化与重构电路的要求。射频频谱利用强度不断增加，因此有必要改进数字无线电的动态范围、自适应能力和可重构能力。而数字化与重构技术对这些能力会产生决定性影响。

2.3　无线电通信系统

2.3.1　概述

　　2.2 节概述了无线电系统的多样性，而无线电通信系统则是所有无线电系统中多样化最明显、类型数量最多的。它们可工作在所有频段和各种射频环境中，其应用、信源信号、功能、结构、工作模式、信号处理方法和实现方式的多样性比任何其他类型的无线电系统都要明显。这些系统在民用和军用领域内都有广泛应用。根据特定应用、频段、所需功能，无线电链路的通信距离可以从数厘米到数十亿千米，发射信号的功率可以从皮瓦到数百千瓦，信号的带宽可以从零点几 Hz 到数 GHz，天线尺寸可以从毫米到数千米。有些通信系统可独立运行，而另一些则可能是更复杂的大系统（例如，雷达或更高级别的通信系统）的一部分。通信系统的工作模式包括单工、半双工和双工（国际电联将半双工模式定义为单工模式的一种形式）。半双工和双工模式使用得最为广泛。单工模式则常用于广播系统和对潜通信系统，其中，潜艇仅能携带 VLF-ELF 接收天线（VLF-ELF 发射天线的尺寸非常大）。图 2.1 所示为一个单工无线电通信系统。它包括一个发射机、一个接收机和一个射频信道，该信道为信号发射提供了一种传输媒介，但同时也会减弱和扭曲信号并引入干扰。

图 2.1　单工无线电通信系统

　　第一次无线电报消息是在 19 世纪 90 年代中期发送的。第一次话音是在 20 世纪初期通过无线电信道发射的，而实验电视发射始于 20 世纪 20 年代中期。在第二次世界大战前期，频率选择电路、真空管、高效天线、新的调制技术和超外差接收机的发明和应用在通信和广播系统的发展中发挥了重要作用。最初，远程无线电通信主要使用 LF 频段。然而，在 20 世纪 20 年代中期的实验发现了电离层并由业余无线电爱好者成功建立远距离短波链路之后，短波频段就开始广泛用于商业和军用通信与广播。通信和广播系统的发展促进了电子工业的发展，电子工业为雷达、导航和电子战领域的发展以及贯穿整个第二次世界大战始终的通信领域后续发展奠定了基础。到第二次世界大战结束时，每架军用飞机、每辆坦克甚至每艘最小的海军舰艇都安装了无线电设备，其中很多设备可以在短波和 VHF 频段中发射话音和数据。VLF频段的无线电台可以将信息发射给水下的潜艇。此外，主要与军用通信和雷达系统发展有关的工作还催生出了一系列革命性概念，如信息论和检测理论。

在第二次世界大战期间发展起来的工业基础、技术和理论成果，以及在那段时期内接受过培训的大量专家，为随后无线电系统的快速发展及其在民用和军用领域的推广应用做出了巨大贡献。冷战期间的军事研发和太空探索则加速了这一发展，该时期的特点是迅速实施了创新，并在不同领域的研究人员和工程师之间进行了深入的思想交流。有两个因素简化了这种交流：第二次世界大战期间建立起来的理论研究人员与实际操作工程师之间的密切关系，以及大多数顶级专家都拥有共同的背景（与通信和/或广播系统有关）。当前使用的许多能量高效型调制技术、扩频（SS）信号、第一种有效的信道编码、最佳解调和分集组合技术、利用脉冲编码调制（PCM）的模拟信号发射技术，以及有效的采样、量化方法、信源编码和加密等技术，在第二次世界大战战后的前两个十年中陆续实现。晶体管的发明则加速了实现过程。

在此期间，引入了多种新型的通信系统，例如，流星余迹猝发通信系统、电离层散射通信系统、对流层散射通信系统，以及最重要的首套太空通信系统，并建立了大量微波中继点对点通信系统。在这些系统中广泛使用了定向天线。在该时期还提出了一些创新技术并研制了原理样机[例如，正交频分复用（OFDM）、自适应天线阵列、分组交换网络和许多基于数字信号处理器（DSP）的技术]，并于稍后使用较新的技术进行了工程实现。通信与采样理论、概率方法和形式优化方法的使用已成为一种常态。在那个时期开发的信道编码和调制方法变得更加面向特定通信信道。计算机开始在通信系统设计中崭露头角。这段时期内通信系统发展的一些主要趋势也非常明显：系统多样性和复杂度不断增加；吞吐量、可靠性和服务质量不断提高；对已经使用频段的应用更加广泛，并不断拓展新频段。

直到现在这些趋势仍然存在。但是随着一些最新科学技术成果的出现，又体现出了一些新的趋势。这些成果包括：集成电路（IC）；DSP 芯片和现场可编程门阵列（FPGA）；先进的航空航天技术；互联网及其应用；数字化、软件化、认知化无线电；自适应天线阵列；基于光子学、超声技术和微机电系统（MEMS）的新器件和系统；新型调制和编码技术；多输入多输出（MIMO）系统；计算机辅助设计（CAD）和相关软件。这些成果极大地提高了通信系统的吞吐量、多样性、灵活性和自组织性。过去的数十年也改变了研究人员和工程师的观念和技能，其如下能力获得了大幅提升：应对设计复杂度的能力；在研发中使用计算机仿真和在设计中使用 CAD 工具的能力；熟练地在专用集成电路（ASIC）、DSP 芯片和/或 FPGA 中实现技术解决方案的能力；为以前需要通过增加功耗才能解决的问题找到智能解决方案的能力。上述这些发展中有些变化是双刃剑。例如，使用计算机模拟有时会导致对基本理论的忽视。无线电系统多样性催生出的专业化在研究人员和工程师之间形成了信息鸿沟。

通信系统发展的一些未来趋势包括：软件重要性的提高；模拟信号处理的作用逐渐减弱，而 DSP 和混合信号处理的作用日益增强；系统和无线电的自适应能力、认知能力和自组织能力不断增强；广泛采用自适应编码和调制、动态带宽和资源分配、无线电动态范围和信号功率的智能管理；数字化与重构对无线电性能的影响越来越大；发射机数字化部分（TDP）、接收机数字化部分（RDP）和全集成数字无线电的功能和能力不断提升；混合信号现场可编程集成电路（FPIC）崭露头角；高能效、超低功率和能量收集型无线电快速扩展；具有智能硬件的无线电平台开始实现；系统地使用数字校正，以校正在模拟和混合信号域引入的失真；综合抑制模拟和数字域的强干扰；由于自适应天线阵列的广泛应用而催生出的频域、码域、空域选择性的联合运用；将感知和导航功能纳入无线电通信中；自组织和自配置的自组织网络，包括由大量微型无线电设备组成的自组织传感器网络，当与外部无线电设备或网络进行通信时，能够作为单个空域分布的无线电设备运行。通信系统发展趋势的多样性表明，数字无线电通信系统对数字化与重构电路、算法的要求比其他任何技术领域都更高。有关通信系统的更多信息，见参考文献[8～36]。

　　移动电话技术的发展展示了通信系统性能的不断提高。第一代（1G）商用移动电话系统分别于 1979 年、1981 年、1983 年开始在日本、北欧、北美开始部署。它们使用模拟技术传输话音。目前 1G 系统已不再使用。20 世纪 90 年代初投入使用的第二代（2G）移动通信采用了数字化体制。最初，2G 主要用于传输话音和低速率数据（数十千比特每秒）。后来演进式升级将其最大数据速率提高到单用户数百千比特每秒。最普遍的 2G 标准是全球移动通信系统（GSM）及其升级的通用分组无线业务（GPRS）和 GSM 数据速率增强演进（EDGE）。到 2017 年，GSM 成为唯一幸存的 2G 标准。GSM 使用高斯最小频移键控（GMSK）调制样式。它结合了用于信道分离的频分多址（FDMA）和用于在多个用户之间共享每个信道的时分多址（TDMA）。在 21 世纪初，第三代（3G）移动网络开始部署。主要有两种 3G 标准，即宽带码分多址（WCDMA）和 CDMA2000，它们都采用码分多址（CDMA）。通过后续升级，每位用户的数据速率也从最初的数兆比特每秒提升到数十兆比特每秒。

　　尽管如此，到 2009 年，3G 已无法再满足高数据速率应用的需求。为了从根本上提高数据速率并更有效地提供数据服务，人们开发出了第四代（4G）移动通信技术。该技术采用了长期演进（LTE）标准及其升级版高级 LTE（LTE-A）标准和专业 LTE（LTE-A Pro）标准。这些标准所能支持的数据速率可达每位用户数百甚至数千兆比特每秒。尽管 LTE 标准未达到某些 4G 基准，但 LTE-A 和 LTE-A Pro 满足了所有 4G 要求。尽管 4G 通信数据速率的提高部分得益于其信号频谱的扩展，但主要还是得益于使用带宽效率更高的信号。该标准采用了正交频分多址（OFDMA），该多址方式具备正交相移键控（QPSK）和正交调幅（QAM）子载波调制能力。在 4G 广域网标准高级 WiMAX（WiMAX Advanced）中使用了类似的多址和调制技术。第五代（5G）移动通信标准旨在提供如下能力：更高的数据速率，更低的延迟以及适应更高密度的移动宽带用户。移动通信吞吐量和通用性的提升速度非常惊人，这也是典型的无线电通信系统能力提升案例之一。

2.3.2　通信发射机和接收机

　　由于数字化与重构电路的要求受发射机和接收机结构以及信号处理操作的影响，因此在本节和下一节中将简要介绍该结构和操作。图 1.19 中的框图和本书中的大多数其他框图所描述的都是多用途和/或多标准无线电系统，因此其对数字化与重构电路的要求最具挑战性。由于现代技术的发展，DSP 在无线电系统中的优势也逐渐凸显，并解决了无线电系统所面临的诸多具体问题。

在图 2.2（a）所示的发射机中，其输入基带信号首先进行信源编码，以降低冗余度。冗余度对于恢复信号中的信息或将信号更可靠地传输到发射机输入端而言，可能是必要或有用的。然而，尽管冗余度具备上述用处，但应去掉那些无法有效用来改善发射质量的冗余度，以增加系统吞吐量。虽然数字输入信号的信源编码是在数字域内实现的，但模拟信号的部分信源编码（有时是很重要的部分）可以在其数字化期间（在模、数混合信号域中）实现。例如，若模拟输入信号具有较高的动态范围，且其不需要的分量（如噪声）可以忽略不计，则可以使用非均匀量化对其进行压缩。所获得的压缩信号在整个发射和接收过程中均以较少的比特数来表示。接收后，它们会在接收机重构电路（RC）中进行扩展[见图 2.2（b）]，以便最终用户正确恢复出信息。这种处理称为压扩。当输入信号的样本进行相关操作时，预测量化会减少其所需的表示比特数。此外，还有其他混合信号域信源编码方法。

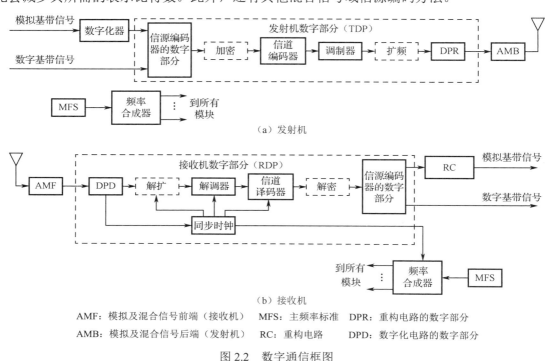

AMF：模拟及混合信号前端（接收机）　　MFS：主频率标准　　DPR：重构电路的数字部分
AMB：模拟及混合信号后端（发射机）　　RC：重构电路　　DPD：数字化电路的数字部分

图 2.2　数字通信框图

在某些无线电中，来自信源编码器的数字比特流会加密。由于加密是可选的，因此表示加密的方框用虚线显示。加密/解密与数字化与重构的相互影响可以忽略不计。相反，信道编码、调制、扩频（可选）、多路复用[可选，图 2.2（a）中未显示]则会影响发射机中的信号重构。实际上，信道编码、调制和扩频是同一过程的不同阶段，可以称为广义调制。以信息在通信信道上最佳传输为目标来调整载波信号参数。

最早的通信系统通常使用开关键控来传输由独立编码字母组成的可理解的文本。由于可理解的文本存在很高的冗余度，因此大多数错误可以被收件人检测、纠正。在此，有两种技术可用来提高传输的可靠性：其一，最重要的消息重复发送多次；其二，由于数字的冗余度不足，因此通常用相应的单词替代，例如，"26"以"twenty-six"的方式发送。从那以后，情况发生了巨大变化。现在，比起可理解的文本，具有较低冗余度的信道编码就可以提供比人类更好、更快、更低成本的纠错能力。因此，当前实际上在所有无线电中都使用信道编码和译码。下一节将讨论信道编码、调制、扩频（可选）等环节，并阐明把广义调制分成不同环节的原因。值得一提的是，通信系统中的扩频提高了抗压制干扰、窄带干扰和多径传播的能力，增加了安全性，降低信号检测概率和截获概率，和/或确保了 CDMA 的实现。

如 1.4 节所述，最好利用大多数无线电中发射机数字化部分和接收机数字化部分中数字基带复值等效项（复包络）的 I 和 Q 分量来表示用于无线信道发射的模拟带通实值信号。在这种情况下，应从发射机数字化部分输出端的等效信号生成模拟带通实值信号，并准备好在发射机模拟及混合信号后端（AMB）中发射。信号生成过程分为两步，包括：将数字信号转换为模拟信号；从模拟信号基带复值等效项生成带通实值信号。若首先执行数模转换，则是基带重构；否则是带通重构。基带重构过程中，与它有关的大多数操作都在发射机的发射机模拟及混合信号后端中执行。尽管如此，其中一些操作还是在重构电路的数字部分（DPR）中实现的。带通重构时，重构电路的数字部分中会形成数字带通实值信号，将实现与重构有关的大多数操作。然而，数字带通实值信号到模拟域的转换是在发射机模拟及混合信号后端中完成的。带通实值信号的数字形成详见 1.4.2 节。重构质量对发射机中信号生成的准确性起着决定性影响。无论哪种重构类型，都应在发射机模拟及混合信号后端产生功率足够大的模拟带通射频信号，并发送到发射天线。

数字无线电发射机和接收机中进行调谐和信号转换的过程中，需要内部产生多个频率。这些频率由频率合成器产生，并且通过从主频率标准（MFS）生成相关频率来确保准确性和稳定性（见图 2.2）。大多数 MFS 是高精度的晶体振荡器，目前正遭受来自微机电系统（MEMS）振荡器的激烈竞争。原子基准用作 MFS，可提供非常高的频率合成精度。

来自接收天线的信号[见图 2.2（b）]，即便在接收机模拟及混合信号前端（AMF）中进行滤波之后，除所需信号外，还包含比所需信号要强得多的噪声和干扰。因此，当不同无线电系统的接收机拥有相似的带宽并在相似的射频环境中运行时，其数字化电路的要求可以相同。接收到的模拟带通实值信号与接收机模拟及混合信号前端处理细节无关，它们在接收机数字化部分输入端转换为数字基带复值等效项，这是与发射机互逆的两级处理过程。若首先进行数字域转换，然后在数字化电路的数字部分（DPD）中形成数字基带复值等效项，则为带通数字化，如 1.4.2 节和图 1.23 所述。若首先将接收到的信号转换为模拟基带复值等效项，然后将等效项进行数字化，则为基带数字化。

广义上来看，数字化是信源编码的一个特例，它可减少模拟信号在进行数字处理之前的冗余度。实际上，抗混叠滤波环节抑制了大多数模拟信号的冗余频率分量，采样环节排除了大部分瞬时值并仅保留了模拟信号重构所需的样本，而量化则减少了信号表示所需的电平数量，如图 1.3（a）和 1.2.1 节所述。最后，后续的数字滤波和抽取环节消除了残余的、不必要的冗余度。因此，数字化在压缩时保留了模拟信号中所包含的基本信息。这种观点允许数字化设计人员与信源编码电路、算法共享技术思路和解决方案。

复用信号的解复用、扩频信号的解扩以及所有信号后续的解调和信道译码等操作，都在接收机数字化部分中进行。解扩、解调和信道译码都可视作广义解调的各个环节，它们都是对信号的基带复值等效项上进行处理。在加性高斯白噪声（AWGN）信道中，由相关器或匹配滤波器实现对数字信号的最佳解调。当噪声为高斯分布的非白噪声且功率谱密度为 $N(f)$ 时，要实现最佳解调，在相关器或匹配滤波器（t_0 是滤波器延迟）之前，还需要一个具有如下传递函数的线性滤波器：

$$H(f) = \frac{1}{N(f)} \exp(-\mathrm{j}2\pi ft_0) \tag{2.1}$$

当加性噪声为非高斯噪声时，最佳解调器会变得更加复杂，其结构取决于噪声分布，但仍包括相关器或匹配滤波器。解调的符号被发送到信道译码器以进行检错或纠错。尽管在概念上不同的广义调制和解调操作在图 2.2 中表示为单独的方框，但其中一些操作可以联合开展。若接收到的信息经过了加密，则需要在信道译码后进行解密。最后，通过信源译码将重新恢复的信息转换为便于接收者使用的形式。期望以模拟形式接收的信号在重构电路（RC）中重构。

接收机数字化部分中的大多数信号处理操作都需要同步，见参考文献[17、21~23、31~33]。在直接序列（DS）扩频系统中，接收到的伪随机（PN）序列和参考伪噪声序列应同步。跳频（FH）扩频系统也需要同步。为了在相关器或匹配滤波器中积累符号的全部能量，需要进行符号同步。字同步可以正确对分组码进行译码。当发送的信息按帧组织时，还需要帧同步。在某些情况下，可以将伪随机序列同步、符号同步、字同步、帧同步结合在一起，见参考文献[32]。大多数非相干解调器需要频率同步，而相干解调器还需要相位同步。尽管所有同步类型在图 2.2（b）中均用一个通用方框来表示，但实际的同步系统通常分布在各个接收模块之间，并且在这些模块中生成输入信号。在某些通信系统中，尤其是那些采用了自适应定向天线和/或 TDMA 的系统中，发射机也涉及同步，见参考文献[23、32]。注意，发射机和接收机中的数字化与重构环节之间不需要同步。

数字化与重构的复杂度取决于输入信号的统计特性（主要取决于信号的波峰因子、带宽和频谱位置）以及所需发射机信号生成精度和接收机处理精度。波峰因子定义为信号最大值与均方根值之比，该参数会影响所需的动态范围。通常来说，波峰因子越大、带宽越宽、信号中心频率越高，则所需数字化与重构过程就越复杂。有关信号统计特性的知识可用于改善或简化数字化与重构过程。接收机输入端的信号数字化复杂度要远高于发射机输入端，这是因为接收机的输入信号是带通信号，而发射机的输入信号是基带信号（通常，带通信号的数字化复杂度要高于基带信号），受多径传播和多径干扰的影响，接收机输入信号的波峰因子通常远高于发射机输入信号的波峰因子，此外，对于发射机输入信号统计特性的了解程度也要比接收机输入信号要高得多。出于类似原因，接收机输入信号的数字化过程也比发射机输出信号的重构过程更为复杂。

因此，数字无线通信系统需要对基带和带通信号都进行数字化与重构，而且无线电通信中的许多信号处理操作都与数字化与重构相关。可见，用无线电通信系统作为对数字化与重构电路、算法进行分析和进一步研究的对象非常合适。

2.3.3　信道编码、调制和扩频

如上所述，信道编码、调制和扩频是广义调制的不同环节。由于扩频是可选的，因此我们首先说明为什么尽管信道编码和调制有着共同的目的，但还是将其分为两个不同的环节。为此，请回忆一下，调制有两种类型：能量高效型和带宽高效型。能量高效型调制可最大限

度地降低发射每比特信息的能耗，但代价是所需信号带宽更宽。当能量和/或功率比带宽更受限时，可以使用这类调制。能量和功率受限于电池容量。此外，功率也可能受到无线电设备尺寸或功耗的限制。带宽高效型调制旨在实现带宽最小化，代价是传输每比特信息所需能耗更高。当带宽比能量和功率更受限制时，将使用这类调制样式。

大多数能量高效型调制都使用正交、双正交和单形（simplex）信号，见参考文献[21～23]。正交信号由诸如频移键控（FSK）、脉冲位置调制（PPM）或二进制相移键控（BPSK）序列产生，这些序列由 Walsh-Hadamard 函数调制。通过对每个信号取负数以扩展正交信号从而形成的双正交信号，可以在不增加带宽的情况下让信号能效在 M 进制基础上加倍。通过从正交信号中减去符号表平均值（alphabet mean value，质心），可生成单形（transorthogonal，超正交）信号。单形信号具有一致的负互相关性。BPSK 是最小的单形信号集，此时这些信号是对距的[见图 2.3（a）]。最小的双正交信号集对应于 QPSK[见图 2.3（b）]。回想一下，信号的 I 分量对应实部，而 Q 分量对应虚部。相干解调的 BPSK 和 QPSK 信号具有相同的能效，是相干解调的二进制频移键控（BFSK）信号的两倍。然而，当 M 值很大时，单形信号和双正交信号的能效将远远超过正交信号。尽管如此，双正交信号仍然是 M 较大时的最佳选择，因为尽管其能效仅有小幅提升，但带宽效率却是单形信号的两倍。

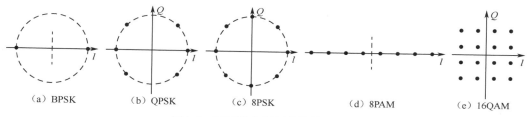

　（a）BPSK　　　　　（b）QPSK　　　　　（c）8PSK　　　　　（d）8PAM　　　　　（e）16QAM

图 2.3　不同数字调制的信号星座图

图 2.3（c）、（d）、（e）分别描述了最广泛应用的带宽高效型调制的信号星座图：MPSK、脉冲幅度调制（PAM）和 QAM，见参考文献[21～23]。这些调制样式仅在 M 足够大时才具备带宽高效特性，且其带宽效率随着 M 的增长而提高。当 $M=2$ 时，即为 BPSK；当 $M=4$ 时，MPSK 和 QAM 即为 QPSK。在带宽高效型调制中，QAM 在给定带宽、给定每个符号平均能量的情况下，提供最高的比特率，因为 QAM 与 MPSK 和 PAM 不同，它同时利用幅度和相位来增加 M。当所有符号的先验概率相同的情况下，每个符号的比特数由下式给出：

$$k=\log_2 M \tag{2.2}$$

在给定符号长度 τ_{sym} 的情况下，增加 k 会成比例地增加所有类型信号的比特率。然而，在平均符号能量 E_s 保持不变的情况下，这种增加对比特误码率 P_b 的影响对于能量高效型和带宽高效型信号而言是刚好相反的：增加 k 值会提升带宽高效型调制信号的比特误码率，而会降低能量高效型调制信号的比特误码率（在 $k=2$ 的情况下比特误码率 $P_b \le 10^{-1}$），见参考文献[23]。在不增加能量高效型信号中 E_s 的情况下，增加 k 值而获得的能量增益的代价就是提高了信号带宽。随着 k 值变大，此增益迅速降低。例如，对于双正交信号，从 $k=2$ 增加到 $k=4$ 的过程中所能获得的能量增益，要比从 $k=10$ 增加到 $k=20$ 的过程中所能获得的能量增益要高。若在给定比特率和单比特能量 E_b 的情况下，要想通过增加能量高效型信号的 k 值以使得误比特率 P_b 最低，则 τ_{sym} 的增加应与 k 值的增加成正比。对于相同的发射功率而言，增加 k 值同

样会要求 E_s 的增加应与 k 值的增加成正比。从式（2.2）中可以看出，k 增加到原来的 n 倍（E_s 也相应增加到原来的 n 倍），则需要 M 值也增加到原来的 N 倍，N 值由下式求出：

$$N=2^{(n-1)k} \tag{2.3}$$

随着 M 值的增加，所需带宽、相关器或匹配滤波器的数量也会成比例地增加。因此，k 值和 E_s 的线性增加对应于带宽和系统复杂度的指数性增加。鉴于此，仅当 k 值相对较小（$k \leqslant 5$）时，通过增加 M 值来提高通信可靠性才比较合理，因为在 $k>5$ 的情况下，以牺牲信号带宽和系统复杂度为代价来换取符号能量会很浪费。只有在某些特例下，才允许使用稍微大一点的 k 值，例如，若调制器之后还进行直接序列扩频并获得一定的处理增益的情况下。实际上，由于已经为信号扩频分配了带宽，因此通过提高带宽利用率来提高 E_s 的利用率（尽管效率可能较低）是可行的。除了增加 k 值会带来浪费以外，在某些情况下增加 E_s 通常也很难起效，例如，在多径信道中。

能量高效型调制的这些缺点可以通过使用信道编码来改善，信道编码采用了多样且更灵活的方法来提高通信可靠性。在能量或功率有限的系统中，信道编码可以用带宽来换取能量，这种方式比大 k 值调制更有效，并且允许在特定的通信信道上实现上述带宽与能量的互换过程。软判决解调和译码可防止在从解调到信道译码转变过程中信息丢失和抗噪声性能的降低。因此，在广义调制中信道编码和调制在概念上的分离，有助于实现旨在提高通信可靠性的不同方法和技术的结合。将扩频作为广义调制中的最后环节，也出于相同的原因。当信道编码与调制、调制与扩频可联合实现时，广义调制的各环节划分方式并不排除将这些环节组合在一起。

带宽高效型调制信号的情况与此类似。例如，在采用 QAM 的系统中，在给定每个符号平均能量的情况下，可以通过优化星座边界和这些边界内信号点的最密集填充度来提高通信可靠性。一种称为格状编码的信道编码技术，可以通过增加码字序列之间可允许的最小距离来实现通信可靠性提升的目标，而无须改变符号速率或每个符号的平均能量，见参考文献 [23]。与以增加带宽为代价以获得编码增益的能量高效型调制信号的编码相反，格状编码以增加编码和译码的复杂度为代价来获得编码增益。格状编码与调制结合在一起实现。

除了在给定 P_b 的情况下获得最小 E_b 之外，信号的高能效还要求以最大效率利用发射机功率。满足此要求的最简单方法是允许发射机在饱和模式下运行。乍看之下，具有恒定包络的能量高效型调制方法可以满足这一要求。然而，这类调制方法的频谱旁瓣较高，会干扰相邻信道。若相邻符号之间有 180° 的相位变化，则抑制旁瓣的滤波会增加信号的波峰因子。严格限制滤波后的信号可以恢复其近乎恒定的包络，但代价是旁瓣会再生。第 3 章介绍了几种最小化波峰因子的方法，这些方法可提高发射机功率利用率并简化信号重构过程。在带宽高效型调制信号中，只有 MPSK 能提供恒定包络，但当 $M>8$ 时，其效率低于 QAM，因为 PSK 调制过程不对幅度进行调制。然而，利用幅度调制又会导致 QAM 信号波峰因子过高，进而增加了发射机中重构和功率利用的复杂度。PAM、CDM、CDMA、FDM、FDMA、OFDMA 等调制方法也会产生具有高波峰因子的信号。这些信号中的许多信号也不能容忍星座失真。3.4.3 节中将会讨论解决这些问题的方法。

当 20 世纪 50 年代人们研制了第一套直接序列扩频（DSSS）通信系统时，专门引入了称为处理增益的参数 G_{ps} 来衡量其抗干扰（AJ）能力，见参考文献 [17,23]。由于扩频将低维调制

信号 $u_m(t)$ 分布在所得出的直接序列信号 $u_{ss}(t)$ 的高维空间中，因此 G_{ps} 定义为

$$G_{ps} = \frac{D_{ss}}{D_m} \qquad (2.4)$$

其中，D_{ss} 和 D_m 分别是 u_{ss} 和 u_m 的维数。在当时，式（2.4）足以描述直接序列扩频通信系统的抗干扰能力，因为调制和信道编码的影响可以忽略不计。后来又开发出了许多有助于提升系统抗干扰能力的有效调制/解调、编码/译码技术。此后，直接序列扩频系统的总处理增益可表达为

$$G_p = G_{pc} \cdot G_{pm} \cdot G_{ps} \qquad (2.5)$$

其中，G_{pc} 和 G_{pm} 分别是系统的编码增益和调制增益。因此，由式（2.4）所定义的 G_{ps} 仅仅是表征直接序列扩频系统抗干扰能力的因素之一。同样，该参数也是表征检测概率和截获概率、多径传播应对能力、所发射信息的安全性等能力的因素之一。由于信道编码、调制和扩频以不同方式解决了通信信道中的各种问题，因此可获得如下优势：对可用系统带宽进行自适应分配以便以最佳方式调整 G_{pc}、G_{pm}、G_{ps}。当热噪声是唯一的干扰源时，最好将大部分可用带宽用于实现 G_{pm} 和 G_{pc} 的最大化，同时还要实现 G_{ps} 的最小化，因为在这种情况下 G_{ps} 无法提高接收可靠性。在存在有意干扰的情况下，尽管如上所述，G_{pc} 和 G_{pm} 也有助于提升系统抗干扰能力，但这种情况下主要应大幅提高 G_{ps}。在具有多径传播的信道中，G_{ps} 和 G_{pc} 要比 G_{pm} 更能发挥作用。

式（2.4）中，u_{ss} 和 u_m 的维数 D_{ss} 和 D_m 还需要进一步阐述。原则上，信号 $u(t)$ 的维数 D 由离散时间表示所需的采样次数来确定。例如，带通信号通常由其瞬时值、I 和 Q 分量或包络和相位的采样来表示。根据采样定理，通常情况下，长度为 T 且带宽为 B 的信号 $u(t)$ 需要 $2BT$ 次采样来表示该信号。因此，$D = 2BT$。然而，某些调制和扩频技术会对信号 $u(t)$ 进行诸多限制，因此会减少所需采样数。例如，BPSK 信号的星座图可能会有如下几种设计方式：①沿 I 轴[见图 2.3（a）]；②沿 Q 轴；③在 I 轴和 Q 轴之间。因此，若用 I 和 Q 分量的采样表示 $u(t)$，则仅在前两种情况下需要 BT 次采样，而在第三种情况下则需要 $2BT$ 次采样。由于所有 PSK 信号的振幅都是恒定的[见图 2.3（b，c）]，因此只能用 $BT+1$ 次振幅和相位采样来表示该类信号，但是用 I 和 Q 分量表示仍需要 $2BT$ 次采样。

信号维数对调制和/或扩频类型、初始相位、坐标系的依赖性容易产生模糊性。然而，由于通信信道中存在相移，使得不可能对干扰相位进行校准和解决有用信号的模糊问题。实际上，有用信号的 I 和 Q 分量应该是受到了相同强度的干扰。类似地，通信信道中的失真、噪声、无意干扰使接收机输入信号不可能保持恒定幅度。因此，式（2.4）中的维数应根据下式计算：

$$D_{ss} = 2B_{SS}\tau_{sym}, \quad D_m = 2B_m\tau_{sym} \qquad (2.6)$$

其中，B_{ss} 和 B_m 分别是 u_{ss} 和 u_m 的带宽，则有：

$$G_{ps} = \frac{B_{ss}}{B_m} \qquad (2.7)$$

尽管信号降维不影响 G_{ps}，但可以应用于发射机数字化部分和接收机数字化部分中的 DSP 上。

2.4 其他无线电系统

2.4.1 广播系统

广播是单向发射无线电信号的方式。广播内容包括视频、音频和/或数据等，可供广泛且分散的观众使用。通常，广播站使用带有高效天线的高功率发射机来提供足够的接收质量和覆盖范围，让哪怕成本很低的接收机也能收到。话音和音乐广播发射于 20 世纪 20 年代开始流行，最初是在 LF 和 MF 频段内使用调幅调制方式进行的。随后使用 HF 频段极大地增加了广播电台的数量，受众也大幅增多。尽管实验性电视广播最早于 1925 年出现，但商用性广播始于 20 世纪 30 年代。电视和 FM 音频广播在第二次世界大战后变得很普遍，当时采用的频段是 VHF 和 UHF。后来，有线电视成为无线广播的竞争对手。自 20 世纪 20 年代和 30 年代开始，在广播和电视演播室以及欧洲的一些都市，人们分别用电缆来传输无线电信号和电视信号。从 20 世纪 50 年代起，人们用电缆将个人住房连接到了高效的共用天线，从而将无线电视接收范围扩展到了受地形影响或与电视台距离较远的区域。数十年来，有线电视用户数量增长缓慢。然而，随着电缆分发站之间实现了光纤干线连接、互联网的出现以及计算机的广泛应用，大大加速了有线电视用户数量的增长过程。电缆可传输数百个电视频道和高速数据流，提供上行链路和下行链路连接，且比无线传输的抗干扰性能更好。有线连接的主要局限性是无法支持移动平台。

卫星广播和电视广播则不受移动性限制，且覆盖范围比地面无线广播更大。1945 年，英国的克拉克（A.C.Clarke）证明了利用等距部署在地球静止轨道上的 3 颗卫星进行全球通信的可能性。欧洲与美国、美国与日本之间的第一个商业电视节目于 1962 年至 1963 年间进行了广播。在 20 世纪 60 年代和 20 世纪 70 年代后期，发射了多颗能够进行电视和调频（FM）广播的卫星系统。到 20 世纪 80 年代，卫星电视变得很普遍，但必须采用大天线的卫星电视的高成本仍然是一个障碍。20 世纪 80 年代，利用 Ku 频段实现了直播卫星电视，缩小了天线尺寸，降低了电视机的成本，并大大增加了卫星电视观众的数量。自 20 世纪 90 年代以来，直播卫星电视和音频的发展已与数字技术密切关联。已经实施了几种质量越来越高的数字卫星广播标准。例如，卫星电视标准 DVB-S2 规定了视频信号质量的 7 个等级。具有 6MHz 带宽的最低等级可提供 10.8Mbps 的数据速率，而具有 36MHz 带宽的最高等级可提供 64.5Mbps 的数据速率。该标准采用 8PSK 调制样式。

有线和地面无线广播也开始采用数字传输技术，允许通过互联网传输流视频和流音频节目。当前用于 VHF 和 UHF 频段地面广播的 3 个主要数字电视标准包括：在北美、韩国、大部分加勒比海地区和其他一些国家实施的高级电视系统委员会（ATSC）标准；在欧洲以及大多数亚洲、非洲和大洋洲国家实施的地面数字视频广播（DVB-T）标准；在日本、菲律宾、南美洲大部分地区和其他一些国家/地区使用的地面综合业务数字广播（ISDB-T）标准。ATSC 利用 8 级残留边带（8VSB）调制，其长度为 3 比特的符号通过两个数据比特的网格编码获得。因此，10.76Mbaud 的信道符号率分别对应于 32Mbps 和 19.39Mbps 的总比特率和净比特率。所得信号用奈奎斯特滤波器滤波以获得 6MHz 的信道带宽。DVB-T 采用编码型正交频分复用

（COFDM）方式，将数字数据流分散为大量较慢的数据流。这些慢速数据流可以对间隔紧密的子载波频率进行调制。DVB-T 允许选用 4kHz 或 1kHz 的 1705 或 6817 个子载波。子载波采用 QPSK、16QAM 或 64QAM 等调制样式，具体频道带宽（6～8MHz）取决于 DVB-T 的版本。内部编码采用删除卷积码，其编码率可为 1/2、2/3、3/4、5/6 或 7/8。可选的外部编码采用里德–所罗门（RS）编码（204，188）。ISDB-T 的调制、编码和带宽与 DVB-T 非常相似，但 ISDB-T 还具备时间交织功能。在多径效应不明显的农村地区，ATSC 的性能略优于其他标准。为了在多径严重地区获得与 DVB-T 和 ISDB-T 相同的性能，ATSC 接收机需要先进的均衡器。ISDB-T 对脉冲干扰的影响最小，并可提供最优的移动性。

数字接收机原则上可以处理数字信号和模拟信号，这些信号可携带任何种类的信息并可根据当前标准或旧标准进行调制。成本是普及性面临的主要障碍，并且该障碍对于量产型广播接收机影响尤其大。因此，数字广播接收机在某种程度上是专业设备。为降低接收机成本，设计人员必须将其数字化与重构电路的成本、尺寸和功耗降至最低。在大多数用于接收 6～8MHz 带宽视频、音频和数据信号的数字接收机中，当前主要在 I 和 Q 通道中采用具有 10Msps 采样速率、12 位 A/D 分辨率的基带数字化电路。带宽较宽的高端电视接收机则需要成比例地采用更高的采样速率，并且可以通过具有新型采样方式的带通数字化来提高接收质量，详见后续章节。尽管如此，其数字化与重构电路的要求仍未超出高级通信系统中所要求的范围。用于发射和接收全频段电缆或卫星信号的发射机和接收机，对数字化与重构电路提出了最高要求。然而，应将这些发射机和接收机视为通信，而不是广播。除此之外，大多数广播系统都在规范明确且良好的射频环境中运行。基于此，数字无线通信系统中的数字化与重构电路、算法的改进也解决了广播无线电中的数字化与重构问题。

2.4.2　无线电导航与定位系统

无线电导航与定位系统使用无线电信标确定导航对象的位置和速度。最初该类系统主要用于为船舶和飞机提供导航，但现在几乎已用于从手机、汽车到航天器的所有平台。它们的原理和用途与非协作定位系统、雷达（尤其是无源雷达）、电子战系统有些类似。自从第一次世界大战爆发之前，已经涌现出了多种无线电导航系统。以下简要介绍其中最重要的几类系统，而其工作原理与方法则在 2.4.3 节中讨论。

最早的无线电导航与定位系统的工作原理为：首先确定自身到位置已知的无线电信标的方位线，然后进行三角测量。最初采用的是非定向信标，并使用安装在导航车辆上的定向天线（可旋转小垂直环天线）来找到信标指向的方向。确定方向的过程通过寻找由于天线增益凹陷引起的所接收的电平急剧下降的方向来指示。地图上的方位线交叉点即是车辆位置。这些系统可以将高功率商业广播电台用作信标，以及专门为标记空中航线和进港通道而构建的低功率非定向信标。该方法的主要缺点是必须在飞机上安装旋转天线且机载电子设备的复杂度很高。为了避免这些情况，人们开发了几种导航系统，其信标带有可旋转的定向天线。当天线波束指向某个方向（例如，北方）时，每个信标都向其发射标识符。接收到两个标识符之间所用时间间隔，再结合信号电平下降程度，可以共同计算出信标方位。首套该类系统是在第一次世界大战之前引入的。在经过大幅改进以后，这种方法开始用于飞机无线电导航系统中，称为 VHF 全向无线电测距（"伏尔"，VOR）系统。

尽管旋转地面天线系统不断发展，但在 20 世纪下半叶，非定向信标的应用仍得到了发展，原因是技术取得了长足进展，实现了通过单个定向螺线管或通过便携式设备比较两个或多个小天线的信号相位来确定波前到达角。由于非定向信标的工作频率为 190～1750kHz（LF 和 MF 频段），其信号沿着地球表面传播，因此与 VOR 信号相比，可以在更远距离、更低高度接收。但这些频率的信号会受到电离层状态、地形以及工作于相同或相近频率的电台干扰的影响。这些不利影响中，部分可通过导航接收机来缓解。

VOR 工作在 VHF 频段（108～117.95MHz），其有效距离相对较近（实际上为 200km）。尽管早期采用旋转地面天线的系统只发射单个信号，而 VOR 站则通过 3 个信道发送 3 个不同的信号。话音信道发射 VOR 站的标识符和话音信号，其中可能包含 VOR 站名称、已记录飞行报告或实时飞行服务广播。第二个信道全向广播连续信号，而第三个信道则使用天线阵列发射高度定向性信号，该信号以 30rpm 的速度顺时针旋转。旋转信号的相位随着旋转同步变化，即若指向正北时相位为 0°，则指向正东时相位为 90°。可以通过将接收到的定向信号的相位与连续广播的全向信号的相位进行比较，以确定自身到 VOR 站的方位。军用 UHF 战术空中导航系统（TACAN）使用的方法与 VOR 系统类似。1937 年，美国开发出了 VOR 系统，并于 1946 年部署。此后的数十年间，VOR 系统已成为世界上应用最广泛的飞机无线电导航系统。然而，在 21 世纪，随着全球导航卫星系统的日益普及，VOR 站的数量一直在缩减。然而，这种缩减也有限度，因为考虑到全球卫星导航系统存在易受干扰和物理破坏等脆弱性，因此需要 VOR 站作为备用导航手段。机载 VOR 接收机的数字化电路应承受来自机场附近 FM 广播站的强烈干扰，因为 VOR 子频段与广播台子频段（87.5～108.0MHz）相邻。

在第一次世界大战和第二次世界大战之间，又建立了一些导航系统，它们使飞机始终处于无线电台波束的中心，这种方法使得仅需非常简单的机载接收机就能实现导航。然而，电子技术的进步让这一优势变得无关紧要，因此第二次世界大战后，由于该系统无法实现波束外导航，因此逐步被替换。未被替换的波束导航系统的功能也仅仅被用于控制飞机着陆。

在其他陆基无线电导航系统中，由多个信标构成的 LF 海事系统最为重要。第二次世界大战期间开发和部署的首套该类系统"德卡"（Decca，英国）已于 2001 年关闭。仍在使用的类似系统是"罗兰-C"（Loran-C，美国）和"恰卡"（Chayka，俄罗斯）。自 20 世纪 90 年代以来，由于越来越多的全球卫星导航系统投入使用，这些系统的数量也一直在下降。然而，由于担心全球卫星导航系统存在漏洞，因此目前正在计划对"罗兰-C"进行彻底升级，即"增强型罗兰"（eLoran）。

基于卫星的导航系统是最成功且应用最广泛的系统。最初该类系统主要用于军事、航空和海事领域，现在则已经无处不在。1973 年，美国开始开发首套全球卫星导航系统，称为全球定位系统（GPS）"导航星"（NAVSTAR）。最初，系统的名称是"导航星"，而 GPS 表示系统的用途，但现在已很少使用"导航星"，而 GPS 已成为系统名称。GPS 分别于 1993 年和 1995 年开始具备初始运行能力和完全运行能力。GPS 星座中的卫星采用圆形中轨，每颗卫星都有一个高精度原子钟并持续广播直接序列扩频（DSSS）信号，该信号携带有导航消息，即包含卫星的时间和轨道参数以及其他用于接收定位的数据。GPS 是一种双重功能系统，提供两种服务：向所有用户开放的非受限标准定位服务（SPS）和向美国政府授权用户提供的加密型受限精确定位服务（PPS）。最初，GPS 提供了一个工作在 1575.42MHz 频段的 SPS 信号和两个分别工作在 1575.42MHz 和 1227.60MHz 的完全相同的 PPS 信号。自 21 世纪初以来，GPS 一直在进行现代化改造，包括增加了 3 个分别工作于 1575.42MHz、1227.60MHz 和 1176.45MHz 的不同的 SPS 信号，以及两个工作在 1575.42MHz 和 1227.60MHz 的新的 PPS 信号。

　　GPS 已成为其他国家基于相同原理开发的全球卫星导航系统的事实上的标准制定者（见表 2.3），这些系统也都使用多个 L 频段的扩频信号发送导航消息，并提供开放式和受限式定位服务。通过调整其频率、波形和导航消息，所有全球卫星导航系统都朝着更好的互操作能力方向发展。除全球导航卫星系统外，印度和日本还使用静地轨道卫星和地球同步卫星开发了各自的区域导航卫星系统。

表 2.3　典型全球卫星导航系统的参数

全球导航卫星系统	国家/地区	多址方法	中心频率（MHz）	星座中的卫星数量	轨道半径（km）	轨道倾角	轨道周期	地面跟踪重复周期
GPS	美国	CDMA	1176.45、1227.60、1575.42	24～32 颗（截至 2018 年 10 月已发 31 颗）	26600	55°	11 小时 58 分钟	2 个轨道（1 恒星日）
"格洛纳斯"	俄国	FDMA、CDMA	1246.0 和 1602.0（FDMA），1202.025（CDMA）	24 颗或更多（截至 2018 年 10 月已发 24 颗）	25500	64.8°	11 小时 16 分钟	17 轨道（8 恒星日）
"伽利略"	欧洲联盟	CDMA	1191.795、1278.75、1575.42	30 颗	29600	56°	14 小时 5 分钟	17 轨道（10 恒星日）
"北斗 2 号"	中国	CDMA	1207.14、1268.52、1561.098、1589.742	27 颗中轨卫星外加 3 颗倾斜地球同步轨道卫星、5 颗静地轨道卫星	27800	55°	12 小时 52 分钟	13 轨道（7 恒星日）

　　具有理想时钟的全球卫星导航系统接收机可以使用来自至少 3 颗卫星的信号，通过三边测量来计算三维位置（x、y、z 坐标）。由于大多数用户的接收机时钟是不精确的，其定位需要来自至少四颗卫星的信号（多边）来求解 4 个未知数，即坐标 x、y、z 和接收时钟偏移量 τ。通常，接收机还计算速度分量和时钟漂移，即 $v_x=x'$、$v_y=y'$、$v_z=z'$、τ'。卫星数量的增加可改善定位和定时精度。现代的全球卫星导航系统接收机具有数十甚至数百个卫星跟踪通道，并且经常利用多个全球卫星导航系统的信号。独立的全球卫星导航系统接收机的典型定位误差为几米。

　　通常会用卡尔曼滤波器计算接收机位置，因为它们可以将先验的测量结果考虑进来，并将全球卫星导航系统测量结果与其他传感器的测量结果结合起来，从而提高准确性和可靠性。将全球卫星导航系统接收机与惯性测量单位（IMU）集成在一起可产生很大的优势，因为它们是互补的：全球卫星导航系统存在明显的随机误差，但几乎没有偏差；而 IMU 存在固有偏差，但是随机误差很低。两者的结合可弥补这些缺陷，并在信号接收中断期间确保导航持续性，当然，精度会逐渐降低。通常与全球卫星导航系统接收机集成在一起的传感器包括高度计、光电传感器和 Wi-Fi 定位系统。即便是平板电脑和手机之类的小型消费类设备，目前也都包含多星座全球卫星导航系统接收机、微型低成本 IMU 以及其他传感器。

若将本地、区域和/或全球增强系统的差分校正考虑进来，可提高全球卫星导航系统接收的准确性。本地系统通常是地面系统，可以支持大约 1cm 的定位精度。区域系统和全球增强系统（支持亚米级精度）主要基于卫星，通常称为基于卫星的增强系统（SBAS）。典型系统包括覆盖北美和夏威夷的美国运营的广域增强系统（WAAS）、欧盟运营的欧洲对地静止导航叠加服务（EGNOS）、日本的多功能卫星增强系统（MSAS）和印度的 GPS 辅助地理增强导航（GAGAN）系统。两类典型的全球商用 SBAS 包括 StarFire 和 OmniSTAR。

全球卫星导航系统接收机的前端带宽从数 MHz（足以满足大多数不受限制的信号）到 20～40MHz 不等，以接收更高精度的信号。一些接收机甚至具有更宽的前端通带，以接收来自多个全球卫星导航系统和/或 SBAS 星座的信号。由于接收机输入端的全球卫星导航系统信号功率远低于热噪声，因此在无干扰条件下全球卫星导航系统接收机的动态范围可能会很低。然而，无意和有意的干扰非常普遍，全球卫星导航系统或相邻频段内的任何强信号都可能导致意外干扰。1559～1610MHz 频段是专门用于卫星导航系统的，其他频段则不然。例如，1215～1240MHz 频段也是雷达的保留频段，而 1164～1215MHz 频段也是其他航空导航辅助设备的保留频段。此外，相邻频段的功率泄露以及其他频段强信号的非线性信号也会干扰全球卫星导航系统信号。全球卫星导航系统信号也会受到有意干扰。例如，出于隐私保护的目的，配备全球卫星导航系统跟踪器的车辆驾驶员有时会使用低功率干扰机来实施反跟踪。这种干扰通常会在几米之内影响全球卫星导航系统接收机，但是其中一些干扰机的功能足以中断数十或数百米之内的全球卫星导航系统信号的接收。对于民用用户而言，有意干扰是一个问题;但对于必须能够抵抗非常强烈和复杂干扰的军事用户全球卫星导航系统接收机而言，有意干扰则是一个更为严重的问题。这要求接收机及其数字化电路具有较高的动态范围。有关导航系统的其他信息，见参考文献[37～41]。

2.4.3　无线电自定位和非协作定位方法

由于无线电导航方法也可用于确定无线电波辐射源（例如发射机、移动电话、联网计算机）、测向系统、雷达、电子战系统的位置和速度，这里讨论将在 3.4.2 节中提到的三角测量、三边测量和多边测量以及相关的处理过程。三角测量通过在具有已知位置的参考对象到待测目标之间形成一个三角形来确定目标位置。在导航中，三角测量在导航车辆的接收机实现对已知位置的多个无线电信标测向之后完成。在非协作定位中，三角测量是从几个不同位置测量出辐射源方向之后完成的。三角测量本身是几何运算，而测向则是一种无线电领域的测量方法。非协作定位可以由单个平台通过自身移动来实现（单平台非协作定位），也可以由多个平台同时实现（多平台非协作定位）。第二种技术较为复杂且昂贵，可以定位移动辐射源和时敏辐射源。

接收天线方向性对测向而言很重要。有两种类型的定向接收天线：在感兴趣辐射源方向上提供最大增益的天线，以及在感兴趣辐射源方向上提供零点的天线。第二种类型更适合于测向，因为辐射源方向的变化在天线方向图零点附近所导致的天线输出信号的变化大于主瓣最大值附近的天线输出信号的变化。垂直小环天线（即直径为信号波长的十分之一或更小的环天线）即是最初为测向开发的上述第二类天线。它们具有"8"字形的天线方向图，在垂直于环平面的方向上具有尖锐的零点，这是由于在环路的相对两侧感应的电压抵消形成的。可以通过如下两种方式来消除方向模糊度：从第二个位置找到感兴趣辐射源方向，或将小型垂直环天线与鞭状天线组合在一起使用。组合天线的方向图在水平面上可形成一个心形图案，该图案尽管不如"8"字形零点那么清晰，但它只有一个零点。虽然心形图案只能给出初步的方向估计，但可以通过关闭鞭状天线并重启"8"字形图案的方式来对估计结果进行更精确估算。最初开发的测向环形天线需要进行机械旋转，后来人们开发出了带有电扫的天线系统。

在小环天线中，尖锐的天线方向图零点是由环路相对两侧感应的电压差产生的。该方法后来转变为了一种更为通用的方法，即对两部独立天线或两个反向偏转天线波束的输出信号进行相减或比较来实现。这种相对测量方法比绝对测量方法提供的测向精度更高，因为相减得到的差异反映了辐射源运动所导致的天线和波束的变化之和。在雷达中，此方法用于目标反射的信号。例如，相位比较单脉冲和幅度比较单脉冲技术都基于此。由于使用单个脉冲并同时比较接收到的信号，因此这些技术可以避免信号强度快速变化引起的问题。类似的技术对于截获突发信号也有效。有趣的是，差分方法也广泛用于通信和信号处理中，但出于完全不同的目的，详见参考文献[18,21～23,36]。

目前已经开发出了用于不同频率范围的多种类型测向天线。基于有意产生多普勒效应的天线就是其中之一。这种天线的最初形式在第二次世界大战期间和之后被用于导航和信号情报领域，见参考文献[42,43]。最初，这种效应是由单个天线在水平面内做圆周机械运动产生的，如图 2.4（a）所示。多普勒频移 f_d 的绝对值 $|f_{dmax}|$ 在 B 点和 D 点达到最大，其中天线速度矢量 $v(t)$ 与辐射源信号的方向平行。在 A 点和 C 点多普勒频移为零，此时 $v(t)$ 与辐射源信号的方向垂直。这种效应可用于确定感兴趣辐射源的方向。当通过依次切换固定均匀圆阵（UCA）的天线单元（AE）产生的虚拟天线旋转代替机械旋转时，可达到的多普勒频移和测向精度得到了本质提升，如图 2.4（b）所示。在此，均匀圆阵的天线单元通过一个电子循环开关（ECS）连接到接收机，该开关循环接通各个天线单元，从而产生旋转效果。

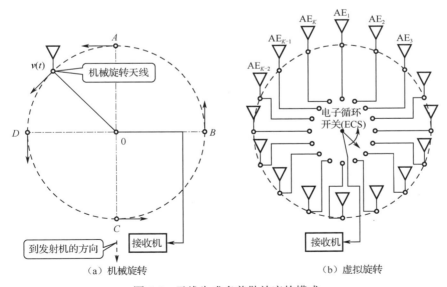

（a）机械旋转　　　　　　　　　　　（b）虚拟旋转

图 2.4　天线生成多普勒效应的模式

当前测向技术发展的主要特征是采用天线阵列和先进的 DSP 算法，主要目标是提高测向的角分辨率、速度和抗干扰性能，并提高其同时对多个辐射源的分辨、测向能力。

尽管三角测量基于到达角，但三边测量基于到达时间。将到达时间乘以无线电波传播速度即可得出发射机和接收机之间的距离。在二维定位和导航的情况下，三边测量可通过利用两个位置已知发射机的信号来确定接收机的位置。在非协作定位中，它可以使用两个位置已知的接收机来估计感兴趣辐射源信号的到达时间，进而确定其位置。三边测量的主要问题是必须在所有发射机和接收机之间实现精准同步。多边测量则通过使用到达时差来解决该问题。该方法需要至少 3 个参考站来进行二维定位，并且至少需要 4 个参考站来进行三维定位。尽管参考站的数量增加了，但由于对用户时钟的准确性和稳定性要求降低了，因此多边定位对于导航领域而言还是很有吸引力的。因此，该方法已用于大多数常用的导航系统（例如全球卫星导航系统、"罗兰-C"、"恰卡"）。非协作定位的主要优点是多边定位不需要辐射源任何协作。

除了能够测量到达时间或到达时差，还可以测量到达信号的相位差。尽管该方法需要精确了解信号载波频率，但它可以将所需的干涉仪天线和接收机放在同一个相对较小的平台上。

通过结合估计出的到达时差和到达频差，可以提高空基平台或天基平台的非协作定位精度。到达频差测量技术旨在估计平台接收到的多个信号副本的多普勒频移差异，该平台会以不同的径向速度接近感兴趣的辐射源。

从上文内容可知，原则上无线电导航、自定位、非协作定位并不需要比宽带通信接收机更宽的通带。一个例外是电子战非协作定位方案，其感兴趣信号的频率未知，需迅速确定。由于对接收机动态范围的要求主要取决于射频环境和接收机的带宽，因此导航、自定位和非协作定位接收机的这些要求与具有类似带宽并在相似射频环境下运行的其他类型的接收机相类似。

2.4.4　雷达和电子战系统

雷达和电子战系统技术领域太过广阔，在本节甚至无法简明地描述。幸运的是，已经出版了许多关于这些主题的优秀书籍，例如参考文献[44～66]。下面的内容提供了最广泛应用的雷达系统及其频段的示例，提到了其他技术文献中很少描述的几个事实，并概述了这些系统对数字化与重构电路的最高要求。

雷达通过导电物体对无线电波的反射或散射来确定其是否存在、位置和速度。"雷达"一词首次出现于 1940 年，是"无线电探测和测距"或"无线电方向和测距"的缩写。1904 年，C. Hülsmeyer（德国）在探索脉冲雷达原理方面做出了最大贡献，然而，当时的技术水平无法实现这些原理，因此这些原理被遗忘了一段时间。20 世纪 20 年代及以后，E. V. Appleton（英国）利用从导电介质反射无线电波的想法发现了电离层。20 世纪 30 年代，英国、美国、德国、苏联、法国、日本和其他一些国家开始大力发展雷达技术。第二次世界大战期间，雷达在包括不列颠之战在内的数次军事行动中都起到了决定性作用。之后，雷达系统的应用快速扩展到了大量军用和民用领域，如表 2.4 所示。雷达目前用于能见度较差时的飞机安全着陆以及船只通过；防止在道路上发生碰撞；天气预报；探索地球和其他行星；探测、定位和表征从动物和鸟类到卫星和小行星的各种物体。

表 2.4　雷达的类型和频段

雷 达 类 型	频 段
超视距雷达	VLF、LF、MF、HF
超远程雷达	VHF、UHF（<1GHz）
探地雷达（包括雷达天文学）	VHF、UHF（<1GHz）
植被穿透雷达	UHF（<1GHz）
机场雷达（远程空中交通管制和监视）	UHF（L 频段）
机场雷达（航站楼交通管制和中程监视）	UHF、SHF（S、X 频段）
机场雷达（短距离监视）	SHF、EHF（Ka 频段）
测绘雷达（包括雷达天文学）	UHF、SHF、EHF（S、C、X 频段）
船用雷达	UHF、SHF（S、X 频段）
气象雷达（中远程）	UHF、SHF（S、C 频段）
气象雷达（近程）	SHF（X 频段）
气象雷达（云雾探测）	SHF（K 频段）
穿墙雷达	UHF、SHF（S、C 频段）
跟踪雷达（远程）	SHF（C 频段）
跟踪雷达（近程）	SHF（X 频段）
跟踪雷达（高分辨率）	SHF（Ku 频段）
警用雷达枪	SHF（K 频段）
警用拍照执法雷达	EHF（Ka 频段）
导弹制导雷达和火控雷达	SHF（X 频段）
导弹制导雷达（主动寻的）和短程火控雷达	EHF（W、毫米波频段）

　　最早的雷达系统于 20 世纪 30 年代研制成功，它利用了先前通信、广播和测向系统的理论、组件和工业基础。然而，迫切的军事需求让雷达相关的理论和技术取得了快速发展，进而激发了诸多发现和创新。信号处理的统计方法、新型定向天线与天线阵列、新型电子设备、扩频信号、MIMO 技术以及许多其他新技术首先都用于雷达领域，后来逐渐扩展到其他无线电系统以及声呐、激光雷达、地震检测、医疗、测量和其他设备。集成电路和 DSP 技术的出现大大加速了雷达的发展。下述例子说明了电气工程中不同领域的相互影响。线性失真在发射机和接收机中的不利影响首先存在于电视领域，因此开发了成对回波方法来研究这种影响，见参考文献[67]。当有人注意到同样的失真可降低雷达的距离分辨率并导致出现虚假目标时，文献[68,69]对该方法进行了修改和完善，以确定雷达可接受的失真级别。在通信和测深系统中采用的扩频信号旨在抑制由窄带干扰带来的影响，该技术也存在类似线性失真的问题。为了解决这些问题，文献[70～74]将额外增强的成对回波方法与最优滤波理论相结合。因此，为解决特定领域中的特定问题而形成的思想在用于其他领域后会变得更加普适、高效。

　　目前雷达发射机和接收机是数字化的。如 2.2 节所述，对数字化与重构电路的动态范围、带宽的要求决定了其复杂度。由于雷达的距离分辨率取决于信号带宽，因此其信号带宽通常很宽。50～200MHz 的带宽在雷达中很常见，穿墙雷达的信号带宽甚至可达到数 GHz。然而，由于所需的动态范围不高，雷达发射机中的重构电路的复杂度仅算中等。但雷达接收机中的数字化电路的复杂度通常要高得多，因为除了要求其带宽必须很宽以外，还必须确保高动态范围和高灵敏度。在军用系统中，所需动态范围特别大，因为除了必须在强杂波（须在接收机数字化部分中将其抑制掉）环境下探测具有较小雷达散射截面积的目标之外，其接收机还有可能遭受强干扰。在这种情况下，80dB 的动态范围都不够用，并且所需的动态范围甚至没有上限。实际上，接收机动态范围受限于技术本身以及设备功耗、尺寸、重量和/或成本。因此，军用雷达中对数字化电路的要求可能与在敌对射频环境中运行的最先进的通信系统中的要求相同甚至更高。

电子战接收机可能会在各种条件下运行并执行不同的任务。其中有些小型化、简单的电子战接收机，专门用于快速识别预期、即时威胁，进而采取规避或消除措施。还有一些更复杂的多用途接收机，它们不仅能够完成即时威胁识别，还可以完成许多其他功能，包括情报收集等。通常来说，卓越功能的实现需要以更大尺寸、更大重量、功耗和成本为代价。尽管具备多种用途，但该类接收机仍然以通信或雷达信号为主要目标，因为这些信号的不同载波频率、带宽、用途和结构需要用到不同的处理方法。截获接收机和情报收集接收机的瞬时带宽应比其感兴趣信号的带宽要宽，因为这些信号的频率、带宽都可能是未知的。瞬时带宽和输入信号电平的不确定性使得这些接收机的动态范围很高。现代技术可以开发出具有约 4GHz 瞬时带宽的单通道高动态范围截获接收机，见参考文献[66,75]。这种接收机的模拟及混合信号前端和接收机数字化部分都很昂贵。

第 6 章将介绍的新型数字化电路的实现将降低成本并改善接收机模拟及混合信号前端的参数。DSP 和集成电路技术的共同发展将降低接收机数字化部分的成本。当前，成本效益分析表明，在某些情况下，采用多个并行的低成本接收机来实现约 4GHz 的组合瞬时带宽的成本效益更高。当截获接收机所需的瞬时带宽远大于 4GHz 时，必须采用并行结构。值得注意的是，截获接收机相对于其感兴趣的雷达、通信系统本身的接收能力而言，具有一些优势。例如，截获雷达信号的接收机输入端的信号功率，通常比雷达自身接收机输入端的雷达反射信号功率要高得多。对于截获通信信号的接收机而言，若它与感兴趣通信系统的发射机的距离，相比通信系统自身接收机与发射机的距离更近，则截获通信信号的接收机更具有优势。

2.5　小结

无线电波是频率介于 3Hz～3THz 之间的电磁波，目前用于传输能量和信息。数字化与重构电路主要用于传输信息的系统中，这样的系统种类繁多，而通信系统则又是其中最多样化的一类系统。

数字通信系统会用到所有类型的数字化与重构，且涉及与数字化与重构过程相关的最大数量的信号处理操作。无线电通信对数字化与重构的要求与大多数其他无线电系统一样高或更高。因此，无线电通信系统是分析和开发数字化与重构电路和算法的最佳研究案例。

射频频谱分为多个频段（见表 2.1 和表 2.2）。每个频段都有独特的优势，这些优势分别在不同应用中得到体现。由于频谱是一种宝贵但有限的资源，因此，国际电信联盟将其分配给了不同的应用和服务。

2.3 节描述了通信系统的主要发展趋势。许多趋势都会影响数字化与重构电路。实际上，所有无线电通信目前都是数字无线电设备，在大多数无线电设备中，其无线电信号可以表示为其数字基带复值等效项的 I 和 Q 分量。

发射机中的信源编码消除了无法有效用于提高无线电通信可靠性的冗余度，要实现这一点，在模拟信号数字化过程中实现部分信源编码通常比较有效。将数字化视作信源编码的一种特例，则可使得在数字化设计者与信源编码电路和算法之间共享技术解决方案。

数字化与重构的复杂度取决于其输入信号的属性（主要取决于信号的波峰因子、带宽和频率），以及所需的发射机信号生成精度和接收机处理精度。接收机输入端的数字化复杂度比发射机输入端的数字化、发射机输出端的重构的复杂度要高。

信道编码、调制和扩频实际上都可视作广义调制的不同环节，其目的是改变载波信号参数，使得信息在通信信道上以最佳方式进行传输。解扩、解调和信道译码也可视作广义解调的不同环节。广义调制和解调操作在概念上的分离，可以组合不同的方法和技术以实现共同的目标。

这种分离仍然可以联合实现信道编码与调制、调制与扩频，以及信道译码与解调、解调与解扩。当解调和信道译码分别实现时，更适合采用软判决解调和译码。

20 世纪 50 年代提出了处理增益的概念，仅用于表征扩频对系统抗干扰功能的影响。当前，处理增益则描述为信道编码、调制和扩频所能提供的增益之和。由于这些环节分别用于缓解通信信道中的各种不良效应，因此，有利于在它们之间自适应分配可用系统带宽。

从技术角度来看，广播系统可以被视为通信系统的一种特例。就其对数字化与重构电路和算法的要求而言，广播无线电完全符合其他通信系统要求。

自诞生以来，已经开发了多种无线电导航系统。全球卫星导航系统是其中最成功且使用最广泛的系统，已完全或部分取代了早期部署的许多系统。然而，由于对全球导航卫星系统脆弱性的有所担忧，因此这种替代并不彻底。

本章还概述了导航、自定位、非协作定位和测向的原理，因为它们与通信原理有很大区别。除了某些电子战场景外，所有这些系统中对数字化与重构电路、算法的要求均不高于通信系统的要求。雷达系统对数字化与重构电路、算法的最高要求也与电子战有关。

参考文献

[1] Boithais, L., *RadioWave Propagation*, New York: McGraw-Hill, 1987.

[2] Jacobs, G., T. J. Cohen, and R. B. Rose, *The New Shortwave Propagation Handbook*, Hicksville, NY: CQ Communications, 1997.

[3] Bertoni, H. L., *Radio Propagation for Modern Wireless Systems*, Upper Saddle River, NJ: Prentice Hall, 2000.

[4] Saakian, A., *Radio Wave Propagation Fundamentals*, Norwood, MA: Artech House, 2011.

[5] Picquenard, A., *Radio Wave Propagation*, New York: Palgrav, 2013.

[6] Poberezhskiy, Y. S., "On Conditions of Signal Reception in Short Wave Channels," *Proc. IEEE Aerosp. Conf.*, Big Sky, MT, March 1-8, 2014, pp. 1-20.

[7] Ghasemi, A., A. Abedi, and F. Ghasemi, *Propagation Engineering in Wireless Communications*, 2nd ed., New York: Springer, 2016.

[8] Lindsey, W. C., and M. K. Simon, *Telecommunication Systems Engineering*, Englewood Cliffs, NJ: Prentice Hall, 1973.

[9] Jakes, W. C. (ed.), *Microwave Mobile Communications*, New York: John Wiley & Sons, 1974.

[10] Spilker Jr., J. J., *Digital Communications by Satellite*, Englewood Cliffs, NJ: Prentice-Hall, 1977.

[11] Holmes, J. K., *Coherent Spread Spectrum Systems*, New York: John Wiley & Sons, 1982.

[12] Smith, D. R., *Digital Transmission Systems*, New York: Van Nostrand Reinhold, 1985.

[13] Korn, I., *Digital Communications*, New York: Van Nostrand Reinhold, 1985.

[14] Benedetto, S., E. Bigiliery, and V. Castellani, *Digital Transmission Theory*, Englewood Cliffs, NJ: Prentice Hall, 1987.

[15] Ivanek, F., *Terrestrial Digital Microwave Communications*, Norwood, MA: Artech House, 1989.

[16] Schwartz, M., *Information, Transmission, Modulation, and Noise*, 4th ed., New York: McGraw-Hill, 1990.

[17] Simon, M. K., et al., *Spread Spectrum Communications Handbook*, New York: McGraw-Hill, 1994.

[18] Okunev, Y., *Phase and Phase-Difference Modulation in Digital Communications*, Norwood, MA: Artech House, 1997.

[19] Garg, V. K., K. Smolik, and J. E. Wilkes, *Applications of CDMA in Wireless/Personal Communications*, Upper Saddle River, NJ: Prentice-Hall, 1997.

[20] Van Nee, R., and R. Prasad, *OFDM for Wireless Multimedia Communications*, Norwood, MA: Artech House, 2000.

[21] Xiong, F., *Digital Modulation Techniques*, Norwood, MA: Artech House, 2000.

[22] Proakis, J. G., *Digital Communications*, 4th ed., New York: McGraw-Hill, 2001.

[23] Sklar, B., *Digital Communications, Fundamentals and Applications*, 2nd ed., Upper Saddle River, NJ: Prentice Hall, 2001.

[24] Rappaport, T. S., *Wireless Communications*, 2nd ed., Upper Saddle River, NJ: Prentice Hall, 2002.

[25] Calhoun, G., *Third Generation Wireless Systems, Post-Shannon Signal Architectures, Vol. 1*, Norwood, MA: Artech House, 2003.

[26] Haykin, S., *Communication Systems*, 5th ed., New York: John Wiley & Sons, 2009.

[27] Kalivas, G., *Digital Radio System Design*, New York: John Wiley & Sons, 2009.

[28] Wyglinski, A. M., M. Nekovee, and Y. T. Hou (eds.), *Cognitive Radio Communications and Networks: Principles and Practice*, New York: Elsevier, 2010.

[29] Lathi, B. P., and Z. Ding, *Modern Digital and Analog Communication Systems*, 4th ed.,

Oxford, U.K.: Oxford University Press, 2012.

[30] Furman, W. N., et al., *Third-Generation and Wideband HF Radio Communications*, Norwood, MA: Artech House, 2013.

[31] Torrieri, D., *Principles of Spread-Spectrum Communication Systems*, 3rd ed., New York: Springer, 2015.

[32] Poberezhskiy, Y. S., I. Elgorriaga, and X. Wang, "System, Apparatus, and Method for Synchronizing a Spreading Sequence Transmitted During Plurality of Time Slots," U.S. Patent 7,831,002 B2, filed October 11, 2006.

[33] Poberezhskiy, Y. S, "Method and Apparatus for Synchronizing Alternating Quadratures Differential Binary Phase Shift Keying Modulation and Demodulation Arrangements," U.S. Patent 7,688,911 B2, filed March 28, 2006.

[34] Poberezhskiy, Y. S., "Alternating Quadratures Differential Binary Phase Shift Keying Modulation and Demodulation Method," U.S. Patent 7,627,058 B2, filed March 28, 2006.

[35] Poberezhskiy, Y. S., "Apparatus for Performing Alternating Quadratures Differential Binary Phase Shift Keying Modulation and Demodulation," U.S. Patent 8,014,462 B2, filed March 28, 2006.

[36] Poberezhskiy, Y. S., "Novel Modulation Techniques and Circuits for Transceivers in Body Sensor Networks," *IEEE J. Emerg. Sel. Topics Circuits Syst.*, Vol. 2, No. 1, 2012, pp. 96-108.

[37] Hofmann-Wellenhof, B., K. Legat, and M. Wieser, *Navigation: Principles of Positioning and Guidance*, New York: Springer, 2003.

[38] Dardari, D., M. Luise, and E. Falletti (eds.), *Satellite and Terrestrial Radio Positioning Techniques: A Signal Processing Perspective*, Waltham, MA: Academic Press Elsevier, 2012.

[39] Nebylov, A. V., and J. Watson (eds.), *Aerospace Navigation Systems*, New York: John Wiley & Sons, 2016.

[40] Betz, J. W., *Engineering Satellite-Based Navigation and Timing: Global Navigation Satellite Systems, Signals, and Receivers*, New York: John Wiley & Sons, 2016.

[41] Kaplan, E. D., and C. J. Hegarty (eds.), *Understanding GPS/GNSS: Principles and Applications*, 3rd ed., Norwood, MA: Artech House, 2017.

[42] Hansel, P. G., "Navigation System," U.S. Patent No. 2,490,050; filed November 7, 1945.

[43] Hansel, P. G., "Doppler-Effect Omnirange," *Proc. IRE*, Vol. 41, No. 12, 1953, pp. 1750-1755.

[44] Sherman, S., *Monopulse Principles and Techniques*, Norwood, MA: Artech House, 1984.

[45] Blake, L., *Radar Range Performance Analysis*, Norwood, MA: Artech House, 1986.

[46] Wehner, D., *High-Resolution Radar*, Norwood, MA: Artech House, 1987.

[47] Levanon, N., *Radar Design Principles*, New York: John Wiley & Sons, 1988.

[48] Brookner, E. (ed.), *Aspects of Modern Radar*, Norwood, MA: Artech House, 1988.

[49] Nathanson, F., *Radar Design Principles*, 2nd ed., New York: McGraw-Hill, 1991.

[50] Stimson, G. W., *Introduction to Airborne Radar*, Raleigh, NC: SciTech Publishing, 1998.

[51] Skolnik, M. I., *Introduction to Radar Systems*, 3rd ed., New York: McGraw Hill, 2001.

[52] Shirman, Y. D. (ed.), *Computer Simulation of Aerial Target Radar Scattering, Recognition, Detection, and Tracking*, Norwood, MA: Artech House, 2002.

[53] Sullivan, R. J., *Radar Foundations for Imaging and Advanced Concepts*, Edison, NJ: SciTech Publishing, 2004.

[54] Barton, D., *Radar System Analysis and Modeling*, Norwood, MA: Artech House, 2005.

[55] Willis, N. J., and H. D. Griffiths (eds.), *Advances in Bistatic Radar*, Raleigh, NC: SciTech Publishing, 2007.

[56] Skolnik, M. I. (ed.), *Radar Handbook*, 3rd ed., New York: McGraw Hill, 2008.

[57] Meikle, H., *Modern Radar Systems*, 2nd ed., Norwood, MA: Artech House, 2008.

[58] Richards, M. A., *Fundamentals of Radar Signal Processing*, 2nd ed., New York: McGraw- Hill, 2014.

[59] Budge Jr., M. C., and S. R. German, *Basic Radar Analysis*, Norwood, MA: Artech House, 2015.

[60] Schleher, D. C., *Electronic Warfare in the Information Age*, Norwood, MA: Artech House, 1999.

[61] Adamy, D. L., *EW 101: A First Course in Electronic Warfare*, Norwood, MA: Artech House, 2001.

[62] Adamy, D. L., *EW 102: A Second Course in Electronic Warfare*, Norwood, MA: Artech House, 2004.

[63] Adamy, D. L., *EW 103: Tactical Battlefield Communications Electronic Warfare*, Norwood, MA: Artech House, 2009.

[64] Poisel, R. A., *Modern Communications Jamming: Principles and Techniques*, 2nd ed., Norwood, MA: Artech House, 2011.

[65] Adamy, D. L., *EW 104: Electronic Warfare Against a New Generation of Threats*, Norwood, MA: Artech House, 2015.

[66] Tsui, J. B. Y., and C. H. Cheng, *Digital Techniques for Wideband Receivers*, 3rd ed., Raleigh, NC: SciTech Publishing, 2016.

[67] Wheeler, H. A., "The Interpretation of Amplitude and Phase Distortion in Terms of Paired Echoes," *Proc. IRE*, Vol. 27, No. 6, 1939, pp. 359-384.

[68] Di Toro, M. J., "Phase and Amplitude Distortion in Linear Networks," *Proc. IRE*, Vol. 36, No. 1, 1948, pp. 24-36.

[69] Franco, J. V., and W. L. Rubin, "Analysis of Signal Processing Distortion in Radar Systems," *IRE Trans.*, Vol. MIL-6, No. 2, 1962, pp. 219-227.

[70] Khazan, V. L., Y. S. Poberezhskiy, and N. P. Khmyrova, "Influence of the Linear Two-Port Network Parameters on the Spread Spectrum Signal Correlation Function" (in Russian), *Proc. Conf. Problems of Optimal Filtering*, Vol. 2, Moscow, Russia, 1968, pp. 53-62.

[71] Poberezhskiy, Y. S., "Statistical Estimate of Linear Distortion in the Narrowband

Interference Suppressor of the Oblique Sounding System Receiver" (in Russian), *Problems of Radio-Electronics, TRC*, No. 7, 1970, pp. 32-39.

[72] Poberezhskiy, Y. S., "Derivation of the Optimum Transfer Function of a Narrowband Interference Suppressor in an Oblique Sounding System" (in Russian), *Problems of Radio-Electronics, TRC*, No. 9, 1969, pp. 3-11.

[73] Poberezhskiy, Y. S., "Optimum Transfer Function of a Narrowband Interference Suppressor for Communication Receivers of Spread Spectrum Signals in Channels with Slow Fading" (in Russian), *Problems of Radio-Electronics, TRC*, No. 8, 1970, pp. 104-110.

[74] Poberezhskiy, Y. S., "Optimum Filtering of Sounding Signals in Non-White Noise," *Telecommun. and Radio Engineering*, Vol. 31/32, No. 5, 1977, pp. 123-125.

[75] Devarajan, S., et al., "A 12-Bit 10-GS/s Interleaved Pipeline ADC in 28-nm CMOS Technology," *IEEE J. Solid-State Circuits*, Vol. 52, No. 12, 2017, pp. 3204-3218.

第3章　数字发射机

3.1　概述

正如第 2 章所解释的，把数字通信无线电作为讨论和开发数字化与重构（D&R）电路和算法的个案开展研究，由于这些无线电对程序提出了非常高且各种不同的要求，因此所得的结论可以应用于几乎所有其他技术领域。第 1 章和第 2 章对数字通信无线电情况的讨论，是本章及下一章对其分析的铺垫。下文对数字发射机的研究与其他著述（例如，文献[1-18]）的研究有所不同，因为它侧重于数字化与重构（D&R）方法。发射机中的所有信号处理操作都从它们与数字化与重构（D&R）关系的角度进行讨论。本章介绍了发射机输入信号的数字化及其输出信号的重构，讨论了发射机的功率利用率和重构复杂度之间的关系，以及提高功率利用率和降低发射机重构电路要求的途径。

3.2 节表明，现代集成电路和 DSP 技术不仅支持多用途、多标准软件无线电（SDR）和认知无线电（CR）的发展，而且支持低价格、低功耗、单用途数字无线电的发展。两类发射机之间的差异已经讨论过了。尽管有这些差异，许多功能在大多数数字发射机中仍然是通用的。本章提出了一种多用途数字发射机的典型结构，阐述了在发射机的数字部分（TDP）中实现的操作对重构电路的影响，描述了非递归直接数字式合成器（DDS），其算法与一些用于数字化与重构（D&R）的数字加权函数发生器（WFG）的算法很大程度上是相似的，都是基于对采样定理（见第 6 章）的直接解释或混合解释。

3.3 节讨论和分析数字发射机中的数字化与重构（D&R）。3.3.1 节讨论了模拟输入信号的数字化。由于这些信号是基带信号，因此也给出了关于这些信号数字化的一般情况。3.3.2 节考虑了发射机输出信号的重构，并对基带和带通重构技术进行了详细的讨论。对这些技术的分析比较见 3.3.3 节；同时也分析了转换模块的架构，转换模块的作用是完成信号重构，并将重构信号转换为发射机功率放大器（PA）所需的格式。

3.4 节讨论了提高发射机功率利用率和简化输出信号重构的方法。结果表明，这些方法对于能量高效型信号和带宽高效型信号是不同的，而且功率利用率的改善并不总是能降低重构的复杂度。

3.2　数字发射机基础

3.2.1　不同种类的数字无线电发射机

所有与数字无线电有关的定义都是有条件的，并且概念有些模糊。术语"数字无线电"有时也指数字广播，特别是数字音频广播。然而，在大多数情况下以及本书中，它指无线通信，其主要的信号处理操作，如信道编码/译码，调制/解调，扩频/解扩和大多数的滤波处理，都是在发射机和接收机的数字部分完成。许多其他功能，如频率合成、同步、信源编码、自动控制操作和干扰抑制，完全或部分在数字域实现。尽管如此，即使是最先进的数字无线电也仍然包含模拟和混合信号部分。对于数字发射机来说尤其如此，因为其中最消耗能量的单元——功率放大器，仍然是模拟的。就此而言，称其为数字无线电是有条件的。在软件定义无线电中，应该由软件定义的功能的最小数目和重要性没有具体规定。认知无线电应该评估射频环境，并通过学习和记忆先前决策的结果来调整其操作，以适应环境和用户的需求。第一批此类无线电（还没使用术语"认知无线电"），是俄罗斯在 20 世纪 70 年代初为处理短波波段有意和无意干扰而发展起来的（见文献[19,20]）。这些无线电很难被认为是数字化的，但它们实现了许多认知功能。

尽管存在这些含糊不清之处，但所有多功能和/或多标准的数字无线电目前都是朝软件定义方向发展，许多软件无线电正在实现认知能力。认知接收机最初侧重于频谱感知以及频谱共享系统中的功率控制，在不影响其他用户的情况下利用其最佳可用频谱。现在它们还基于天线阵列利用信号的空间特性。认知网络允许认知无线电共享感知结果，优化频谱、空间和能源的集体使用。广播电台密度的提高、频谱和空间感知、动态接入以及数据速率的增加，要求提升软件无线电和认知无线电的动态范围、带宽和灵活性。数字发射机和接收机的这些特性直接影响对其数字化与重构（D&R）电路的要求。软件无线电和认知无线电是数字无线电的第一大类别。

现代集成电路和数字信号处理技术不仅支持软件无线电和认知无线电的发展，还支持低成本、低功耗、单用途数字无线电的快速发展和推广，应用于多个方向，包括个人领域和传感器网络。后一种无线电是数字无线电的第二大类。它们很少使用 DSP 的多功能性和灵活性，但仍然利用其他优势：信号处理精度高，且不受不稳定因素影响，从由传输、存储或处理过程造成失真的数字信号中恢复信息的可能性大，易于大规模集成和降低成本。这种小型化、专业、低成本的无线电无处不在，由于作用距离短或传输速率低，因此设备发射功率低，可能比具有复杂处理的接收机消耗的功率还低。有些接收机可以由天线截获的各种辐射源的射频辐射供电，但通常情况下它们是由小型电池供电，能够支持其运行数月或数年，无须充电或更换。第二类数字无线电主要由专用集成电路来实现。由于电池容量有限，因此需要使用能量高效型信号。低功率的发射信号可以将发射激励和功放置于同一芯片，这种无线电的小型化和低功耗使得其处理算法的复杂度和本地振荡器（LO）的稳定性受限。由于天线尺寸小限制了指向性，一些密集放置的传感器无线电台网络，会以相控天线阵列实现与远程无线电台或网络通信。

尽管多用途和/或多标准的软件无线电和认知无线电可以有不同的大小、重量、成本和功耗，但它们通常比单用途无线电更大、更重、更昂贵、更耗电，可以高数据吞吐率远距离传输更多信息。这类无线电一般由自备、外部电池或固定电源供电。由于需要大功率发射信号，使得功放技术不同于发射机激励，功放通常是发射机中单独的模块或单独的芯片。在这些无线电设备中，DSP 的复杂度受到的限制最小。因此，它们是自适应的，并采用最有效的加密、调制和编码算法，其发射机的数字部分和接收机的数字部分使用各种硬件平台。这部分以 ASIC 实现，具有嵌入式通用处理器（GPP）核，对可以大规模量产的软件无线电和认知无线电是最有利的。现场可编程门阵列（FPGA）是中等产量的无线电中发射机的数字部分和接收机的数字部分的理想平台。数字信号处理器（DSP）用于相对较小的软件定义无线电。独立的GPP 主要用于实验室中信号和处理算法的快速原型系统的开发和测试，在实验室中它们可以不用实时处理，大小、重量和功耗也无关紧要。GPP 和 DSP 或专门的处理单元（如图形处理单元 GPU）的联合操作提高了 TDP 和 RDP 的吞吐量并保持了其高通用性。在这些情况下，复杂度高但速度要求较低的处理由 GPP 进行，而 DSP 处理 TDP 的 D/A 输入、RDP 的 A/D 输出，以及 TDP 和 RDP 的其他高速处理环节。RDP 和 TDP 中最复杂的处理可能需要上面提到的所有类型的器件。

不同类型的发射机需要不同的方法来提高功率利用率。第二类无线电采用能量高效型信号，信号峰值因子的降低提高了发射机功率利用率，同时简化了信号重构过程。这种方法对于第一类无线电来说还不够，这类无线电通常不仅使用能量高效型的信号，而且使用带宽高效型的信号，其峰值因子不能显著降低。3.4 节讨论了提高两种类型发射机功率利用率的方法。

3.2.2 数字发射机的体系结构

虽然数字发射机的大部分处理是在 TDP 中进行的，但最后必须实现模拟带通实值信号的重构。随着技术的进步，越来越多的功能由 TDP 完成，信号重构更靠近天线，但最后的插值滤波、放大以及天线耦合，仍然是模拟的。大功率发射机包括两个功能不同的部分：发射机驱动（或发射激励）和功率放大。发射激励具有"智能"功能，如数字化与重构（D&R）、信源和信道编码、调制、扩频、复用、频率合成和变换，以及部分放大、大多数滤波、控制功能如自动电平控制（ALC）等。因此，它可以被认为是发射机的"大脑"，而功率放大实现最后的放大（消耗能量）、部分滤波和天线耦合，可以被认为是发射机的"肌肉"。

从数字化与重构（D&R）的观点来看，将发射机划分为发射激励和功率放大，与将输入模拟信号数字转换、发射机数字部分（TDP）、发射机模拟及混合信号后端（AMB），以及不包含在数字转换器或 AMB 中的模拟和混合信号模块之间的分离相比，不那么重要。图 3.1 所示方框图是对图 1.19（a）和图 2.2（a）的细化，这些模块是主频率合成器和主频率标准（MFS）。一些发射机输入信号（如数据、测量结果、语音或音乐）原本就是时间的函数；其他形式的输入，如图表和图片，则需要通过扫描转换成时间函数。输入信号经过信源编码，减少对提高传输可靠性毫无用处的冗余。对于模拟信号，这种编码的一部分工作可以在其数字转换过程中执行。虽然本章没有讨论此项内容，但第 7 章对此进行了讨论。

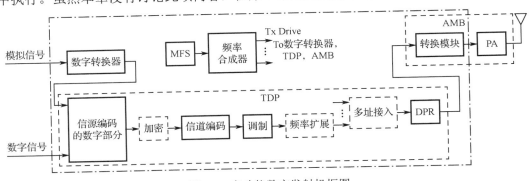

图 3.1　多功能数字发射机框图

虽然加密通常不影响发射机的信号重构，但信道编码带来的冗余会使发射机复杂化，结果是信号带宽变宽，或者（如网格编码）增大了发射机和接收机中信号星座图对失真的敏感度。信号星座图失真由误差矢量幅度（EVM）来表征。调制则通过带宽、波峰因子和误差矢量幅度要求等因素影响信号重构的复杂性。带宽高效型的信号（如 QAM）的波峰因子高，一些带宽效率低的信号（如 M 阶 PSK）有较低的波峰因子。带宽高效型信号的大星座图对失真相对敏感，需要较低的误差矢量幅度。能量高效型信号通常能够使得波峰因子最小化，其星座图更能容忍失真，但它们的带宽要比相同比特率的带宽高效型信号宽得多。对于这些信号，误差矢量幅度由成形及内插滤波所需的精度决定。通常情况下，带宽高效型信号的重构比能量高效型信号的重构要复杂得多。

频率扩展对重构的影响主要是增加了信号的带宽，但扩频信号的波峰因子也很重要（见 3.4 节）。多址接入对信号重构的影响随多址接入方式不同而不同。TDMA 增加了信号的带宽，而 CDMA 和 FDMA 增加了信号的带宽和波峰因子，以及信号星座的复杂性（CDMA 产生的星座与 QAM 相似）。重构前的符号成形滤波和数字插值滤波也影响重构的复杂性。由于任何一个操作环节产生的效果都可能补偿或抵消其他操作环节的效果，因此只有所有这些操作综合产生的结果才是重要的。例如，经信道编码、调制和扩频等一系列操作环节后产生的信号，如果不改变扩频信号的带宽，由信道编码和/或调制引起的带宽增加就不会影响信号的重构。

如 1.4.1 节和 2.3.2 节所述，在 TDP 中，信号通常用其等效数字基带复值表示，模拟带通信号可以由基带或带通重构。DPR 负责完成任何类型重构的数字操作。虽然这些操作在基带和带通重构方面有所不同，但它们都包括具有数字内插值滤波功能的上采样。如果内插滤波器和符号成形滤波器没有组合在一起，那么内插滤波器的通带应该比符号成形滤波器的通带更宽。除上采样外，DPR 还对信号进行预失真以补偿其随后的混合和/或模拟电路引起的失真。转换模块完成信号重构，并实现发射机功率放大之前的所有其他模拟操作。TDP 输出信号的重构在下一节讨论。

在发射机和接收机中，MFS 是精确和稳定频率的来源。所有其他频率都是由它合成的。目前，大多数 MFS 是高精度晶体振荡器，但它面临来自基于 MEMS 的振荡器的竞争，特别对低成本的无线电设备。由于原子基准的频率稳定度优于 10^{-9} ppm，原子基准也被用作 MFS。频率合成器采用倍频、分频、混合、DDS 和锁相环（PLL）等多种技术，大多数数字无线电的主要频率合成器最初以数字方式产生所需的频率。由于数字化产生的频率可能有不可接受的虚假成分，因此这个频率不发送到其他模块，而是应用于锁相环中的模拟电压控制振荡器（VCO），以滤除虚假成分和相位噪声。因此，VCO 的输出频率是"干净"的，并且具有由 MFS 决定的精度和稳定性。基于锁相环的频率合成器由于能在很宽的范围内以低成本产生准确、稳定和高纯度的频率而被广泛应用，产生的频率被送到数字转换器、TDP 和 AMB 转换模块中。在 TDP 中，这些频率不仅直接使用，而且作为产生其他所需频率的参考。虽然对频率合成器的分析超出了本书的范围，但是，由于 DDS 的算法，与用于基于对采样定理的直接解释和混合解释的数字化与重构（D&R）的加权函数发生器（WFG）算法相似，因此下文将讨论非递归 DDS（见第 6 章）。需要注意的是，上述相位噪声表示信号相位在频域中的短期随机波动，在数字化与重构电路的时域分析中，这些波动称为抖动。

3.2.3　直接数字式频率合成器

文献[21]中建议的，以及文献[2,9,21~24]在内的许多文献中考虑的非递归 DDS，主要模块是相位累加器和数字功能转换器（DFC），DFC 将相位累加器发送的数字字符转换为表示正弦波的数字字符[见图 3.2（a）]。通常，DFC 同时产生正弦波和余弦波。由于它们的产生是相似的，因此，为了简洁起见，在图 3.2 中只给出正弦波的产生方式。图 3.2（a）所示的 D/A 和随后的模拟插值 LPF 是可选的：它们只有当输出正弦波在模拟域中使用时才需要。

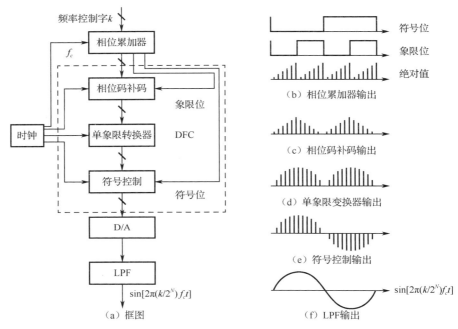

图 3.2　DDS 框图及其模块输出信号时序图

相位累加器包含一个 N 位寄存器，并在每个时钟脉冲的寄存器内添加一个频率控制码字 k。它以增量为 k（以 A 为模）的计数器形式工作，其中 A 原则上可以是区间 $[k,2^N]$ 内的任何整数。累加器输出的代码字表示由 DDS 产生的正弦波的相位。k 越大，相位累加器越早溢出，DFC 完成正弦波循环的速度越快，DDS 输出频率也越高。只有 $M<N$ 的高位（MSB）被发送到 DFC。频率调谐的最大精度由 N 决定，相位量化误差由 M 决定。相位量化误差是产生虚假频率的主要来源之一，另一个来源是由表示正弦波的字的位数有限引起的量化误差。

发送到 DFC 的 M 位的排列如图 3.2（b）的时序图所示。MSB 的两位确定当前正弦波象限。MSB 的最高位被指定为符号位，因为它控制 DDS 输出的正弦波半周期的符号。MSB 的次高位指定为象限位，因为它与符号位一起，指示象限。发送给 DFC 的其他 $M-2$ 位表示每个象限内的相位值。当 $A=2^N$ 且相位字是以 2^N 为模，在频率控制字 k 控制下以时钟频率 f_c 递增时，DDS 输出的正弦波频率为

$$f_{\text{out}} = \frac{k}{2^N} f_c \tag{3.1}$$

最小输出频率 f_{min} 和最小频率增量 f_{inc} 对应于 $k=1$。由式（3.1）可得

$$f_{\min} = f_{\text{inc}} = \frac{1}{2^N} f_c \qquad (3.2)$$

当需要模拟正弦波时，为了在 D/A 输出端得到足够的模拟插值滤波，最大 DDS 频率应满足以下条件

$$f_{\max} \leqslant 0.25 f_c \qquad (3.3)$$

回忆一下，正弦波（余弦波也一样）只在四分之一周期内映射关系是唯一的，因此，实际上相位值被转换成正弦值只在单象限内实现。其他 DFC 模块（即相位码补码和符号控制）将单象限转换的结果拓展到整个正弦波周期。如图 3.2（c）所示，如果正弦波相位处于第二或第四象限，信号波形由象限位控制的相位补码将-0.5π 相位值转换 0.5π。当相位值用二进制代码表示时，其补码是通过对相位字的所有 $M-2$ 个 MSB 取反而得到，如表 3.1 中的前四列所示。在有 DDS 的相位累加器中，使用偏移的二-十进制码更为方便。表 3.1 最后四列显示，所谓余 3 二-十进制（XS-3）码，也可以通过对其所有位数取反得到其补码字。虽然偏移二-十进制编码在算法上比无偏移二-十进制复杂一些，但它们的自互补特性使其在 DDS 中得到合理应用。当使用偏移二-十进制编码时，相位累加器输出字的两个 MSB 的作用保持不变。

表 3.1　二进制和余 3 二-十进制系统的补码

二 进 制	十 进 制	二进制位取反	十 进 制	XS-3	十 进 制	XS-3 位取反	十 进 制
0000	0	1111	15	—	—	—	—
0001	1	1110	14	—	—	—	—
0010	2	1101	13	—	—	—	—
0011	3	1100	12	0011	0	1100	9
0100	4	1011	11	0100	1	1011	8
0101	5	1010	10	0101	2	1010	7
0110	6	1001	9	0110	3	1001	6
0111	7	1000	8	0111	4	1000	5
1000	8	0111	7	1000	5	0111	4
1001	9	0110	6	1001	6	0110	3
1010	10	0101	5	1010	7	0101	2
1011	11	0100	4	1011	8	0100	1
1100	12	0011	3	1100	9	0011	0
1101	13	0010	2	—	—	—	—
1110	14	0001	1	—	—	—	—
1111	15	0000	0	—	—	—	—

在单象限变换器中，采用三种方法将相位值转换为相应的正弦值：①正弦值存储在只读存储器（ROM）或可编程 ROM（PROM）中，且以相位值作为地址，使用查表法；②利用泰勒幂级数展开（在某些情况下，可以使用 CORDIC 算法代替）等方式，通过相位值计算正弦值；③利用查表法和计算法结合的混合技术。

当需要快速转换时，采取第一种转换方式。考虑到它是一个更通用的布尔技术的特殊情

况，可以提高 DDS 速度并减少其尺寸及降低其功耗，如文献[25,26]所示。鉴于这种技术对 DDS 和 WFG 非常重要，因此将在下文进行解释。

不管单象限变换器采用什么技术，其输出正弦值[见图 3.2（d）]都发送到符号位所指向的符号控制器。如果图 3.2（e）所示的数字正弦波还需要形成模拟域信号，则将数字信号输入到 D/A。从 D/A 输出的离散时间信号，经 LPF 进行模拟插值滤波后成为模拟正弦波，如图 3.2（f）所示。由于余弦波是相同的正弦波形移动四分之一周期得到，因此增加余弦波合成是非常容易的。

依据布尔技术，将单象限变换器看作一个可以优化的逻辑结构。为此，代表变换器输出正弦值的码字中的位 q_1、q_2、$q_3\cdots$，被表示成输入相位字中的位 d_1、d_2、$d_3\cdots$的逻辑函数（在这里，q_i 和 d_j 的编号是从 MSB 开始的）。由于相位和正弦值在一个象限内高度相关，因此常规的 DDS 查找表具有很大的冗余度，通常表示相位和正弦值的码字长度相同。后面，字长设置为相同并缩短（$M-2=4$），以简化解释说明。

为了获得最大速度，逻辑结构应该具有最小深度，由以 d_1,d_2,d_3 和 d_4 为自变量的逻辑函数 q_1,q_2,q_3 和 q_4 的合取范式和析取范式（CNF 或 DNF）提供，这些范式还保证了所有 q_i 有相同的延迟。这些函数方程中的最小自变量数对应最小的内存大小和功耗。当 $M-2$ 很小时，可以使用卡诺图进行最小化各逻辑函数中的自变量数；当 $M-2>4$ 时，使用计算机化的 Quine-McCluskey 算法最小化各逻辑函数中的自变量。如果单象限相位正弦变换器输入的相位值是二进制编码的，那么最小的 DNF 是

$$
\begin{cases}
q_1 = d_1 \vee d_2 d_3 \vee d_2 d_4, \\
q_2 = d_1 d_3 \vee d_1 d_4 \vee d_2 \neg d_3 \neg d_4 \vee \neg d_2 d_3, \\
q_3 = d_1 d_2 \vee d_1 d_3 d_4 \vee d_1 \neg d_3 \neg d_4 \vee \neg d_1 \neg d_2 \neg d_3 d_4 \vee d_2 d_3 d_4 \vee d_2 \neg d_3 \neg d_4, \\
q_4 = d_1 d_2 d_4 \vee d_1 d_3 \neg d_4 \vee \neg d_1 d_2 d_3 d_4 \vee d_2 d_3 \neg d_4 \vee \neg d_2 \neg d_3 \neg d_4.
\end{cases}
\tag{3.4}
$$

方程组（3.4）反映了转换器各输出位的最小 DNF，但只有当方程组的所有独有合取范式子句的自变量的总数 L 达到联合最小化时，才能保证转换器内存最小。事实上，方程组中所有相同的合取范式子句，仅需要确定一个逻辑电路。因此，要实现联合最小化，应以增加相同合取范式子句的数量为代价来减少独有合取范式子句的数量。

文献[25]中介绍了一种有效的最小化启发式程序。首先，应建立如式（3.4）所示的最小化 DNF 的 $M-2$ 方程组。其次，对最小化 DNF 的 $m \leqslant M-2$ 方程组，应该识别出方程组 q_j 中那些包含大量相同自变量的合取范式子句 C_j，每个 C_j 用下面合取范式子句替代：

$$
C = \bigwedge_{j=1}^{m} C_j
\tag{3.5}
$$

如果所有 q_j 的逻辑函数保持不变，且替代后 L 变小，即

$$
\sum_{j=1}^{m} r_j > r
\tag{3.6}
$$

式中，r_j 和 r 分别是 C_j 和 C 中自变量的数量。这种替代应该尽可能迭代。由于最终的逻辑结构依赖于最小 DNF 和替代序列的原型系统，因此这个过程应该迭代几次，并选择 L 最小的方程组。这是一个联合最小的 DNF 系统或类似系统。

式（3.4）所示的联合最小化导致 q_1 中的 $d_2 d_3$ 由 q_4 中的 $d_2 d_3 \neg d_4$ 替代，q_2 中的 $d_1 d_3$ 由 q_4

中的 $d_2d_3\neg d_4$ 替代。因此，将式（3.4）重写为

$$\begin{cases} q_1 = d_1 \vee \underline{d_2d_3\neg d_4} \vee d_2d_4, \\ q_2 = \underline{d_1d_3\neg d_4} \vee d_1d_4 \vee \underline{\underline{d_2\neg d_3\neg d_4}} \vee \neg d_2d_3, \\ q_3 = d_1d_2 \vee d_1d_3d_4 \vee d_1\neg d_3\neg d_4 \vee \neg d_1\neg d_2\neg d_3d_4 \vee d_2d_3d_4 \vee \underline{\underline{d_2\neg d_3\neg d_4}}, \\ q_4 = d_1d_2d_4 \vee \underline{\underline{d_1d_3\neg d_4}} \vee \neg d_1\neg d_2d_3d_4 \vee \underline{d_2d_3\neg d_4} \vee \neg d_2\neg d_3\neg d_4. \end{cases} \tag{3.7}$$

在式（3.7）中，相同的合取范式子句加了下划线。式（3.7）表示的联合最小 DNF 的 L 比式（3.4）所表示的小约 10%。式（3.7）对应的转换器中，逻辑门数大约是非优化的单象限查找表中的逻辑门数的 1/3。

如果使用余 3 二-十进制代码，并且 $M-2=4$，那么联合最小 DNF 的系统是

$$\begin{cases} q_1 = d_1 \vee d_2d_3, \\ q_2 = \underline{d_1d_3} \vee d_1d_4 \vee d_2\neg d_3, \\ q_3 = \underline{d_1d_3} \vee \underline{\underline{d_1\neg d_3\neg d_4}} \vee d_2d_4, \\ q_4 = \underline{\underline{d_1\neg d_3\neg d_4}} \vee \neg d_2d_4. \end{cases} \tag{3.8}$$

与式（3.7）一样，式（3.8）中相同的合取范式子句也加了下划线。式（3.8）对应的转换器中逻辑门数大约是非优化的单象限查找表中的逻辑门数的 1/5。

类似的技术可用于形成联合最小 CNF 系统。因此，上面描述的联合最小化方法独立于 DDS 中使用的编码，对最小化 DNF 和最小化 CNF 都适用。当单象限转换器输入的相位字位数与输出的表示正弦波的字的位数不同时，它同样适用，详见文献[25]。

利用上述最小化方法得到的逻辑结构是基于"与门"和"或门"的。然而，大多数情况下，这些逻辑门比"与非门"和"或非门"的延迟时间更长，功耗更大。下面的表达式将从联合最小的 DNF 或 CNF 系统过渡到基于"与非门"和"或非门"的联合最小系统，如文献[26]所述：

$$\mathop{\vee}\limits_i C_i = \neg\mathop{\wedge}\limits_i\neg C_i \tag{3.9}$$

$$\mathop{\wedge}\limits_i D_i = \neg\mathop{\vee}\limits_i\neg D_i \tag{3.10}$$

式中，C_i 是 DNF 中的第 i 个合取范式子句，D_i 是 CNF 中的第 i 个析取范式子句。依据 De Morgan 定律，双重否定就是肯定，因此式（3.9）和式（3.10）是相同的。以下方程组是分别应用式（3.9）推导式（3.7）和式（3.8）的联合最小 DNF：

$$\begin{cases} \neg q_1 = \neg d_1 \wedge \neg(d_2d_3\neg d_4) \wedge \neg(d_2d_4), \\ \neg q_2 = \neg(d_1d_3\neg d_4) \wedge \neg(d_1d_4) \wedge \neg(d_2\neg d_3\neg d_4) \wedge \neg(\neg d_2d_3), \\ \neg q_3 = \neg(d_1d_2) \wedge \neg(d_1d_3d_4) \wedge \neg(d_1\neg d_3\neg d_4) \wedge \neg(\neg d_1\neg d_2\neg d_3d_4) \wedge \neg(d_2d_3d_4) \wedge \neg(d_2\neg d_3\neg d_4), \\ \neg q_4 = \neg(d_1d_2d_4) \wedge \neg(d_1d_3\neg d_4) \wedge \neg(\neg d_1\neg d_2d_3d_4) \wedge \neg(d_2d_3\neg d_4) \wedge \neg(\neg d_2\neg d_3\neg d_4) \end{cases} \tag{3.11}$$

$$\begin{cases} \neg q_1 = \neg d_1 \wedge \neg(d_2d_3), \\ \neg q_2 = \neg(d_1d_3) \wedge \neg(d_1d_4) \wedge \neg(d_2\neg d_3), \\ \neg q_3 = \neg(d_1d_3) \wedge \neg(d_1\neg d_3\neg d_4) \wedge \neg(d_2d_4), \\ \neg q_4 = \neg(d_1\neg d_3\neg d_4) \wedge \neg(\neg d_2d_4). \end{cases} \tag{3.12}$$

对应式（3.11）和式（3.12）的逻辑结构分别如图 3.3 所示。

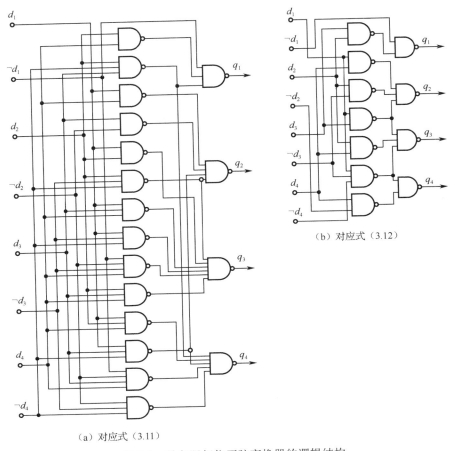

（a）对应式（3.11）

（b）对应式（3.12）

图 3.3　单象限相位正弦变换器的逻辑结构

将式（3.7）和式（3.8）与式（3.11）和式（3.12）进行比较可知，根据式（3.9）和式（3.10）进行的转换既不改变逻辑结构的深度，也不改变其 L 值。同时，用"与非门"和"或非门"代替"与门"和"或门"，可以降低转换器的时延和功耗，具体降低多少取决于 DDS 技术。在有些情况下延迟可以降低 2/3，功耗可以降低 1/2。式（3.11）和式（3.12）对应的逻辑结构的另一个优点是：这种结构下两级都需要相同类型的逻辑门，这与式（3.7）和式（3.8）对应的结构是不同的。

上述 DFC 的优化侧重于提高速度和最小化内存（即使得 DFC 大小、功耗、重量和成本最小化）。这些 DFC 参数对于 DDS 来说是很重要的，对于 WFG 来说更是不可或缺。为此，有必要以更通用的术语总结优化过程，同时考虑 DDS 和 WFG。它包括六个步骤。

应该首先确定能充分表征 DFC 输出信号的唯一重复部分。在相位正弦变换器中，正弦值只在四分之一周期内是唯一的，但依据四分之一周期能推断出整个输出信号。在 WFG 中，DFC 的简化程度取决于具体的权函数，权函数唯一部分的持续时间不能超过其长度的一半，因为所有权函数是关于中点对称的。第二步，应当计算权函数中唯一部分中的所有预定时刻的函数值。第三步，代表权函数值的码字的各位，应当表示为代表对应时刻的逻辑函数位的

CNF 或 DNF。第四步，这些 CNF 或 DNF 应该使用卡诺图或计算机化的 Quine-McCluskey 算法，独立进行最小化。第五步，独立最小化后获得的 CNF 或 DNF 还要经历上述联合最小化过程。最后，第六步，利用式（3.9）或式（3.10）转换联合最小化后的 CNF 或 DNF，以便用"与或门"或"或非门"替换"与门"和"或门"。

3.3　发射机中的数字化与重构（D&R）

3.3.1　TDP 输入信号的数字化

正如 3.2.2 节所述，后续将讨论的、以及图 3.4 的框图所反映的数字化，没有与信源编码相结合。它使用均匀的采样和量化，即以恒定的速率采样，量化的步进对所有的信号电平是相同的。这种方法对输入信号统计量具有最高的灵敏度，并对后续的 DSP 限制最小。然而，它对量化和处理速度及分辨率，相比结合信源编码初始部分的数字化方法，要求更高。

图 3.4 中的框图显示数字化包括模拟、混合信号和数字操作。

基于经典采样定理的均匀采样仅适用于带限信号。因此，它要求在产生样本之前或同时进行抗混叠滤波。由于发射机输入的通常是基带信号，因此抗混叠滤波一般是由低通滤波器完成的，其通带等于期望信号 $u(t)$ 的单边带宽 B。实际上，它一般比 B 宽，特别是如果输入信号有各种不同的带宽。当输入信号 $u_{in}(t)$ 的带宽大于 B 时，其频谱 $S_{in}(f)$ 除了 $u(t)$ 的频谱 $S(f)$，还可能包含干扰信号（IS）的频谱。LPF 通常有输入和输出缓冲放大器（BA）。采样值由采样器以 f_{s1} 的速率产生，周期为 $T_{s1}=1/f_{s1}$。目前，跟踪和保持放大器（THA）通常用作采样器，它们与量化器封装在同一个 A/D 器件中。

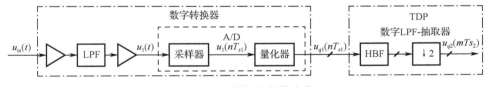

图 3.4　基带信号的数字化

虽然量化信号已经在 TDP 输入端以数字方式表示，但它们还需要进行若干与数字化相关的操作，这些操作通常包括用数字抽取滤波进行下采样，这是因为通常把 f_{s1} 选择得相对较高一些，以降低对抗混叠滤波器过渡带的要求并适应其过高的带宽。下采样提高了后续 DSP 的效率。正如附录 B 指出的，使用有限脉冲响应的数字 LPF 作为抽取滤波器简化了数字无线电的设计，因为有限脉冲响应数字 LPF 易于与下采样及上采样结合在一起，实现理想的线性相位频率响应（PFR），不存在无限脉冲响应（IIR）滤波器所固有的积累截位误差。在 FIR 滤波器中，当抽取倍数是 2 的幂时[27~35]，半带滤波器（HBF）（见 B.4 节）或其级联结构把降采样的计算强度降到最低。如有需要，TDP 输入级也可以校正由前面的模拟和混合信号电路引起的某些失真。

图 3.5 中的频谱图说明了数字化过程。因为三角形形式的频谱图可以显示可能的频谱反转，因此，这里和后续章节（与图 1.16 和图 1.21～图 1.23 类似），选择了三角形形式的频谱

图。模拟抗混叠低通滤波器$|H_{a,f}(f)|$和数字抽取低通滤波器$|H_{d,f}(f)|$的幅度频率响应（AFR）也显示在图中。与附录 B 不同的是：这里以及后续章节中抽取和内插滤波器的 AFR 具有相同的下标 d，表示是数字化响应。在图 3.5（a）中，频谱 $S_{in}(f)$ 对应的输入信号 $u_{in}(t)$ 除具有频谱为 $S(f)$ 的信号 $u(t)$ 外，还含有频谱分别为 $S_{i1}(f)$ 和 $S_{i2}(f)$ 的两个干扰信号（IS）$u_{i1}(t)$ 和 $u_{i2}(t)$。采样导致输入信号 $u_1(t)$ 的频谱 $S_1(f)$ 扩展。因此，采样器输出的离散时间信号 $u_1(nT_{s1})$ 的频谱 $S_{d1}(f)$ 为

$$S_{d1}(f) = \frac{1}{T_{s1}} \sum_{k=-\infty}^{\infty} S_1(f - kf_{s1}) \tag{3.13}$$

因此，$S_{d1}(f)$ 是频率的周期函数，由 $|S_1(f)|$ 的谱副本构成，周期为 f_{s1}，以 kf_{s1} 为中心，其中 k 是任意整数，每个 $|S(f)|$ 的副本占据的频谱区间为

$$\left[kf_{s1} - B, kf_{s1} + B \right] \tag{3.14}$$

如果对 $u_1(nT_{s1})$ 进行高精度均匀量化，则量化（即数字化）后信号 $u_{q1}(nT_{s1})$ 的频谱 $S_{q1}(f)$ 与 $S_{d1}(f)$ 几乎相同，因此，图 3.5（b）仅显示了 $S_{q1}(f)$。在图 3.5（a）中，$|H_{a,f}(f)|$ 显示抗混叠低通滤波器必须抑制 $u_{in}(t)$ 的这些频谱分量：在采样后其频谱 $S(f)$ 的重复频率出现在式（3.14）区间内，而出现在区间间隙的频谱分量可不必抑制，因为后者可以在稍后的 TDP 进行数字滤波时滤除。因此，这些间隙通常被称为"不关心"的频带。尽管如此，通过抗混叠滤波抑制不关心频带内的干扰信号，可能会降低量化器和后续 DSP 所需的分辨率。传统的模拟滤波无法利用这些不关心频带，但是基于对采样定理的直接和混合解释，这些频段可以提高抗混叠滤波和内插滤波的效率（见第 5 章和第 6 章）。图 3.5（a，b）显示抗混叠滤波器滤除 $u_{i2}(t)$ 时，只对 $u_{i1}(t)$ 略有衰减，因为 $S_{i1}(f)$ 位于它的过渡带内。最终，在利用 f_{s1} 的一半速率进行下采样时 $u_{i1}(t)$ 被数字抽取 LPF 滤除，降低了后续 DSP 所需的处理速度。$u_{q2}(mT_{s2})$ 的幅度谱 $|S_{q2}(f)|$ 如图 3.5（c）所示。

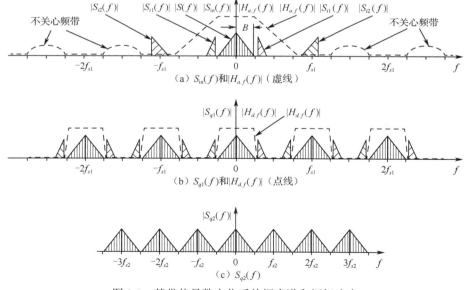

图 3.5　基带信号数字化后的幅度谱和幅相响应

3.3.2　TDP 输出信号的重构

下面将讨论模拟带通信号的基带和带通重构。图 3.6 中的方框图反映了基带重构，包括将

数字基带复值等效 $Z_{q1}(nT_{s1})$ 转换到模拟域，获得模拟基带复值等效 $Z(t)$，并从 $Z(t)$ 生成模拟带通实值信号 u_{out}。在进入 D/A 之前，以 $I_{q1}(nT_{s1})$ 和 $Q_{q1}(nT_{s1})$ 表示的 $Z_{q1}(nT_{s1})$ 通常利用数字插值滤波进行上采样（见附录 B）。之所以需要这种上采样，是因为大多数 TDP 信号处理是在尽可能低的采样速率下进行，以便有效利用数字硬件，但较宽的模拟插值 LPF 的过渡带，需要在 D/A 输入端提高输入速率。

在重构电路的数字部分（DPR）需要具有平坦幅频响应（AFR）、线性相频响应（PFR）的理想数字插值滤波器，这种复值滤波器因其系数为实值而简化为两个相同的实值 LPF。如果上采样因子是 2 的次幂，LPF 通常是半带滤波器（HBF）或 HBF 的级联结构（参见 B.4 节），如图 3.6 所示。当数字内插滤波器对信号进行预失真，以补偿发射机及模拟电路中的信号线性失真时，其系数往往为复值，内插滤波器由四个实值 LPF 构成。由于上变频，$I_{q2}(mT_{s2})$ 和 $Q_{q2}(mT_{s2})$ 的采样率 f_{s2} 要高于 $I_{q1}(nT_{s1})$ 和 $Q_{q1}(nT_{s1})$ 所对应的采样率 f_{s1}。

D/A 输出的相邻模拟样点之间的过渡部分，包含由 D/A 各比特之间的开关时间不一致以及开关切换引起的毛刺脉冲。脉冲整形器（PS）由门控脉冲发生器（GPG）控制，以选择 D/A 输出样本的未失真部分，如图 3.7 中的时序图所示。这里 Δt_s 是门控脉冲的宽度，Δt_d 是门控脉冲相对于 D/A 输出样点前沿的时间延迟。时间延迟要等于或宽于样点失真部分。样本中的选定部分由缓冲放大器（BA）放大，再由模拟 LPF 插值。这种插值将离散时间信号 $I(mT_{s2})$ 和 $Q(mT_{s2})$ 转化为模拟信号 $I(t)$ 和 $Q(t)$，它们是模拟基带复值信号 $Z(t)$ 的 I、Q 分量，然后将其转换为输出带通实值信号 $u_{\text{out}}(t)$，如图 3.6 所示。

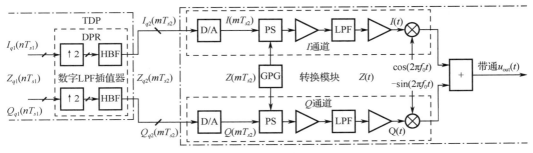

图 3.6　带通信号的基带重构

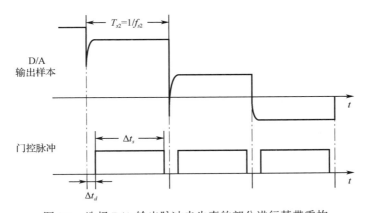

图 3.7　选择 D/A 输出脉冲未失真的部分进行基带重构

　　图 3.8 给出了在信号重构过程中的频谱变换以及插值滤波器所需的幅频响应（AFR）。信号重构电路数字部分（DPR）中，数字内插 LPF 的 $Z_{q1}(nT_{s1})$ 的幅度谱 $|S_{q1}(f)|$ 和幅频响应（AFR）$|H_{d,f}(f)|$ 如图 3.8（a）所示。频谱 $S_{q1}(f)$ 包括 $Z(t)$ 的频谱 $S_Z(f)$ 以 kf_{s1} 为中心的频谱重复，其中 k 是任意整数。

　　图 3.8（b）显示，当 D/A 精确时，$Z_{q2}(mT_{s2})$ 的幅度谱 $|S_{q2}(f)|$ 与离散复值信号 $Z(mT_{s2})$ 的幅度谱 $|S_{d2}(f)|$ 几乎相同。模拟插值滤波器所需的 AFR $|H_{a,f}(f)|$ 也显示在图 3.8（b）中。图 3.8（a，b）中的频谱图所反映的上采样率是采样率的两倍。模拟插值滤波器剔除 $S_{d2}(f)$ 中除基带频谱外的所有 $S_Z(f)$ 的频谱重复，并用基带信号来重构模拟 $Z(t)$。对于幅频响应（AFR）如图 3.5（a）所示的抗混叠滤波器，不关心频带没有被基于传统滤波技术、幅频响应（AFR）如图 3.8（b）所示的模拟内插滤波器所利用，而是基于对采样定理的直接解释和混合解释来提高插值滤波器效率。图 3.8（c,d）分别是 $Z(t)$ 的幅度谱 $|S_Z(f)|$ 和 $u_{out}(t)$ 的幅度谱 $|S_{out}(f)|$。需要注意的是，$B=2B_Z$。

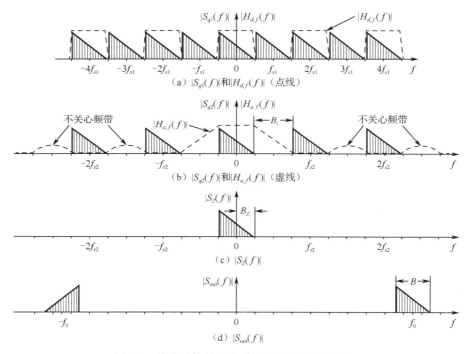

图 3.8　基带重构的幅度谱和幅频响应（AFR）

　　图 3.9 中的框图反映了带通重构，它包括从数字基带复值等效信号 $Z_{q1}(nT_{s1})$ 形成数字带通实值信号 $u_q(lT_{s3})$，将 $u_q(lT_{s3})$ 转换到模拟域，并将得到的 $u_{out}(t)$ 转换为发射机的射频信号（如果需要的话）。在 DPR 输入端，$I_{q1}(nT_{s1})$ 和 $Q_{q1}(nT_{s1})$ 所表示的 $Z_{q1}(nT_{s1})$ 具有最低的采样率 f_{s1}。DPR（见附录 B）中用数字内插滤波进行上采样提高了采样率，不仅使其满足模拟内插滤波器的过渡带要求，而且为带通重构所需的数字上变频留下空间。这种上采样通常分几个阶段进行。

　　在图 3.9 中，分两个阶段执行。每个阶段都使采样率提高一倍，并包含两个相同的半带滤波器（HBF）。第一阶段将 $Z_{q1}(nT_{s1})$ 转换为 $Z_{q2}(mT_{s2})$，第二阶段将 $Z_{q2}(mT_{s2})$ 转换为 $Z_{q3}(lT_{s3})$。数字基带复值等效信号 $Z_{q3}(lT_{s3})$ 被转换为数字带通实值信号 $u_q(lT_{s3})$ 并发送到 D/A。$Z_{q3}(lT_{s3})$ 转换

为 $u_q(lT_{s3})$ 的过程如图 1.22 所示（见 1.4.2 节）。DPR 除上采样并将 $Z_{q3}(lT_{s3})$ 转换为 $u_q(lT_{s3})$ 外，还可以对信号进行预失真，以补偿后续混合信号和模拟电路引起的失真。通常最好在采样率较低的阶段对信号进行预失真。

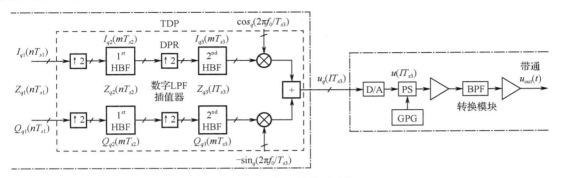

图 3.9 带通信号的带通重构

如图 3.10 所示，由 GPG 控制的脉冲成形（PS）电路只选择每个 D/A 输出样本中的一小段，因此失去了大部分能量，Δt_s 应该满足以下条件，以增加模拟插值 BPF 通带中的信号能量：

$$\Delta t_s \leqslant 0.5T_0 = \frac{0.5}{f_0} \tag{3.15}$$

在式（3.15）中，f_0 是 $u_{\mathrm{out}}(t)$ 的中心频率，$T_0 = 1/f_0$（比较图 3.7 和图 3.10 中的门脉冲宽度）。请注意，矩形门控脉冲不一定是最好的，在 BPF 通带内增加信号能量更有效的方法将在第 6 章描述。被选择的 D/A 输出样本片段由 BA 放大和模拟 BPF 插值，将离散时间 $u(lT_{s3})$ 转换为模拟 $u_{\mathrm{out}}(t)$。

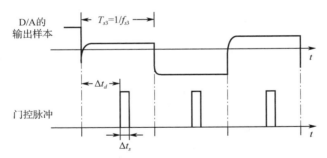

图 3.10 选择适当的 D/A 输出脉冲段用于带通重构

图 3.11 中的频谱图显示了带通重构。图 3.11（a）给出了 $Z_{q1}(nT_{s1})$ 的幅度谱 $|S_{q1}(f)|$ 和第一级 HBF 的幅频响应 $|H_{df1}(f)|$，图 3.11（b）给出了 $Z_{q2}(mT_{s2})$ 的幅度谱 $|S_{q2}(f)|$ 和第二级 HBF 的幅频响应 $|H_{df2}(f)|$。图 3.11（c）是经上采样后得到的 $Z_{q3}(lT_{s3})$ 的幅度谱 $|S_{q3}(f)|$。在图 3.11（d）中，在假定 D/A 转换精度足够的情况下，$u_q(lT_{s3})$ 的幅度谱 $|S_{q3\mathrm{BP}}(f)|$ 也代表离散时间带通实值信号 $u(lT_{s3})$ 的幅度谱 $|S_{d3\mathrm{BP}}(f)|$。

$|H_{af}(f)|$ 为模拟插值 BPF 的幅频响应（AFR），如图 3.11（d）所示。前面关于不关心的频带在抗混叠和插值滤波器中的作用的结论也适用于本图中的 $|H_{af}(f)|$。BPF 选择的 $u_{\mathrm{out}}(t)$ 的幅度谱 $|S_{\mathrm{out}}(f)|$ 如图 3.11（e）所示。比较图 3.11（a，e）中的频谱图，表明 $S_{\mathrm{out}}(f)$ 相对于 $S_{q1}(f)$ 是反转的。这种反转可以使发射机调制器的输出和接收机解调器的输入匹配，也可以简化发

射机中的信号变换。在后一种情况下，反转可以通过改变信号基带复值等效信号的 Q 分量的符号而方便地得到校正。图 3.8（a,b）和图 3.11（a,b）中的信号频谱是相同的，但其后的频谱则不同，表明基带和带通重构之间的差异以及可能存在信号频谱的反转。

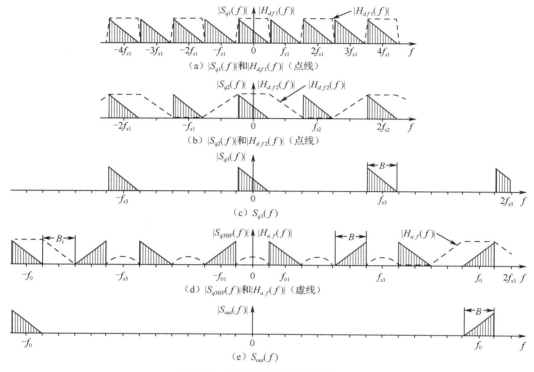

（a）$|S_{q1}(f)|$ 和 $|H_{df1}(f)|$（点线）

（b）$|S_{q2}(f)|$ 和 $|H_{df2}(f)|$（点线）

（c）$S_{q3}(f)$

（d）$|S_{q3BP}(f)|$ 和 $H_{af}(f)$（虚线）

（e）$S_{out}(f)$

图 3.11　带通重构的幅度谱及 AFR

带通重构对 f_0、f_s、B 和过渡带 B_t 之间的关系有一定的限制。首先看一下为什么有这种关系

$$f_s = \frac{f_0}{|k \pm 0.25|} \quad (3.16)$$

当 k 为整数时，f_0 和 f_s 之间被认为是最优的。在图 3.11（d）所示的频谱图中，f_0 和 f_s 满足式（3.16），表明式（3.16）使 $|S_{d3BP}(f)|$ 中所有相邻 $|S_{out}(f)|$ 的频谱重复之间具有相等的距离。这个距离给出了在给定 f_s 和 B 时，模拟插值 BPF 允许的最大过渡带，可以假定这些过渡带是相同的，等于 B_t。实际上，它们可以有所不同，但通常并不重要。增大 B_t，可以简化 BPF 的实现，降低成本。频谱重复的等距位置也减小了 $|S_{out}(f)|$ 中偶数阶互调产物（IMP）的数量和功率。具体而言，当 $f_s/B \geqslant 6$ 时，可防止在 $|S_{out}(f)|$ 中出现二阶互调产物（IMP）。此外，它们简化了 $Z_{q3}(lT_{s3})$ 到 $u_q(lT_{s3})$ 的转换过程。实际上，如果满足式（3.16），则数字频谱 $\cos_q(2\pi f_0 lT)$ 和 $\sin_q(2\pi f_0 lT)$ 在最低频率的频谱重复位于

$$f_{01} = 0.25 f_s \quad (3.17)$$

在这种情况下，余弦值和正弦值为

$$\cos_q(2\pi f_0 lT_s) = \cos_q(0.5\pi l), \quad \sin_q(2\pi f_0 lT_s) = \sin_q(0.5\pi l) \quad (3.18)$$

式中，l 是整数，它们只能等于 +1、0 和 −1，如图 3.12 所示。

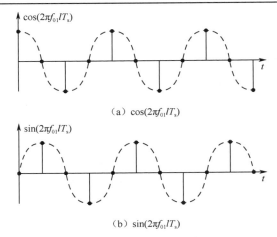

（a）$\cos(2\pi f_{01}lT_s)$

（b）$\sin(2\pi f_{01}lT_s)$

图 3.12　$f_{01}=0.25f_s$ 的余弦和正弦信号样本

对于图 3.9 所示的 DPR，这意味着将 $\cos_q(2\pi f_0lT_{s3})$ 乘以 $I_{q3}(lT_{s3})$，可以通过将 $I_{q3}(lT_{s3})$ 的奇数点置零，并交替变换其偶数点的符号来简化实现。同样地，$Q_{q3}(lT_{s3})$ 乘以$-\sin_q(2\pi f_0lT_{s3})$，可以通过将 $Q_{q3}(lT_{s3})$ 的偶数点置零，并交替变换其奇数点的符号来简化实现，被置零的点不再计算。因此，式（3.16）简化了数字基带复值等价信号变换为相应的数字带通实值信号的过程。由于这些优势，f_s 满足式（3.16）时被称为最优，尽管它有一个缺点：它使信号频谱中的奇数阶互调 IMP 功率最大。需要注意的是，根据式（3.16），同一个 f_s 对于中心频率 f_0 为下列值时的所有信号都是最优的：

$$0.25f_s, 0.75f_s, 1.25f_s, 1.75f_s, 2.25f_s, 2.75f_s, 3.25f_s, \cdots \tag{3.19}$$

即，f_s 对于所有位于 Nyquist 区中间的 f_0 都是最优的。这些 Nyquist 区的正频率部分，位于 $0.5(m-1)f_s$ 和 $0.5mf_s$ 之间，m 为任意正整数。因此，第一 Nyquist 区是从直流（dc）到 $0.5f_s$，第二 Nyquist 区是从 $0.5f_s$ 到 f_s，等等（见图 3.13）。在图 3.11（d）中，$S_{q3BP}(f)$ 和 $S_{d3BP}(f)$ 中的每个频谱重复都位于一个独立的 Nyquist 区中，且 B_t 选择最大宽度以简化 BPF 的实现。在这种情况下，$B+B_t=0.5f_s$，且 f_0 在 Nyquist 区中的任何变化，都会使带宽重构变为不可能。如果在偏离式（3.16）一定的频率区间内改变 f_0，只有满足以下条件才能实现重构：

$$B + B_t < 0.5f_s \tag{3.20}$$

确定这个区间的边界，首先假设两个 BPF 过渡带都等于 B_t。在图 3.13（a）中，时间离散信号频谱 $S_{dBP}(f)$ 中，模拟带通信号的理想频谱重复位于 f_0 附近。它位于第二个 Nyquist 区域中最左边的位置，该区域可以通过 AFR 为 $|H_{a,f}(f)|$（虚线）的模拟插值 BPF 把它滤出来，而抑制所有其他频率上的频谱重复。在这种情况下，$f_0=0.5(f_s+B+B_t)$。因此，第 m 个 Nyquist 区中最左边的 f_0 是

$$f_0 = 0.5[(m-1)f_s + B + B_t] \tag{3.21}$$

图 3.13（b）中的频谱重复占据 Nyquist 区最右的位置，这可以让 BPF 发挥作用。在这种情况下，$f_0=f_s-0.5(B+B_t)$，第 m 个 Nyquist 区中最右边的 f_0 是

$$f_0 = 0.5[mf_s - (B + B_t)] \tag{3.22}$$

因此，当且仅当满足下面的条件，模拟插值 BPF 才能起作用：

$$0.5(B + B_t) \leqslant f_0 \bmod (0.5f_s) \leqslant 0.5[f_s - (B + B_t)] \tag{3.23}$$

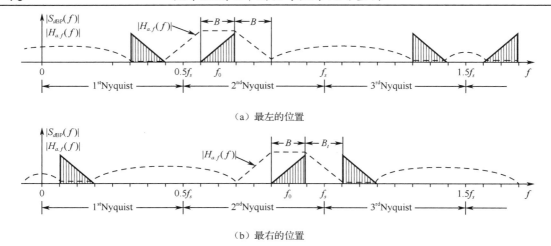

（a）最左的位置

（b）最右的位置

图 3.13　期望频谱重复在第二个 Nyquist 区中的位置

$f_0 \bmod(0.5f_s)$ 是 f_0 除以 $0.5f_s$ 的余数。从式（3.23）和图 3.13 可以得到，当且仅当满足以下条件时，上、下过渡带分别为 $B_{t,l}$ 和 $B_{t,u}$ 的内插 BPF 的可以起作用：

$$0.5(B + B_{t,l}) \leq f_0 \bmod(0.5f_s) \leq 0.5[f_s - (B + B_{t,u})] \qquad (3.24)$$

不等式（3.23）和式（3.24）决定数字频率调谐的边界 $f_{\min}$ 和 $f_{\max}$。在大多数情况下，$|B_{t,l} - B_{t,u}| \ll 0.5(B_{t,l} + B_{t,u})$。因此，式（3.23）对于理论分析来说足够准确，而式（3.24）是特定的滤波器，因此更适合于特定的设计。如下面的式（3.23）所示，如果满足下式，则 f_0 可以在每个 Nyquist 区内有更宽的频率调谐范围。

$$B + B_t \ll f_s \qquad (3.25)$$

因此，f_s 越高，拥有的调谐范围越大，但它也提高了所需的 DPR 和 D/A 速度。在这个范围内，不同部分选择不同的 f_s 可以降低最大 f_s。对于给定的最大 f_s，满足调谐要求所需的不同 f_s 的数量，不仅取决于 $f_{\max} - f_{\min}$ 的范围，而且取决于它在频率轴上的位置。

3.3.3　重构技术与转换模块架构比较

由于基带重构和带通重构都用于同样的目的，因此对它们进行比较是很重要的。图 3.8 和图 3.11 中的频谱图显示，D/A 输入信号带宽以及模拟插值滤波器的过渡带 B_t 越宽，则要求 D/A 速度越高。这一速度不取决于输入信号的中心频率（但动态范围如此）。由于带通实值信号的带宽 B 是其基带复值等效信号带宽 B_z 的 2 倍，因此当模拟插值滤波器的 B_t 相同时，用于带通重构的 D/A 速度应是基带重构的两个 D/A 中每一个 D/A 速度的 2 倍[比较图 3.8（b，c）中的频谱图与图 3.11（c,d）中的频谱图]。

图 3.7 和图 3.10 中的时序图显示，传统脉冲成形（PS）在基带重构时比带通重构能更有效地利用 D/A 输出样本的能量。而且随着信号中心频率 f_0 的增加，带通脉冲成形（PS）的能量利用率会降低。模拟插值 LPF 的 IC 实现比模拟插值 BPF 简单，且 LPF 更易于调整。最有效的 BPF，如晶体、机电、陶瓷、表面声波（SAW）和体声波（BAW）滤波器，是不可调节且不适合集成电路实现的。这些事实反映了基带重构相比带通重构的优势。

图 3.8 和图 3.11 中的频谱图以及图 3.6 和图 3.9 中的框图也显示了带通重构相比基带重构

的优势。如图 3.8（c）所示，重构的模拟复值等效信号 $Z(t)$ 的频谱 $S_Z(f)$ 在基带位置。在这个位置，直流偏移、闪烁噪声，以及数量最多和功率最大的偶次 IMP 出现在 $u_{out}(t)$ 信号的频谱 $S_{out}(f)$ 中。在带通重构中[见图 3.11（d,e）]，时间离散信号和模拟信号的频谱不包含基带成分，因此，$S_{out}(f)$ 不受直流偏移和闪烁噪声的影响。同理，通过选择最佳的 f_s，可以最小化由同样的非线性引起的 $S_{out}(f)$ 中的偶数阶 IMP。图 3.6 和图 3.9 中的框图显示，在时间离散和模拟域中，基带重构需要独立的 I、Q 通道，而带通重构需要一个单独通道。I 和 Q 通道之间的幅值和相位不平衡（通常称为 I、Q 不平衡）仅在时间离散和模拟电路中是个问题。在数字域，它们可以很容易地予以忽略。因此，仅基带重构存在这个问题。

I、Q 不平衡，直流偏移，闪烁噪声和 IMP 制约了发射机动态范围和调制精度。尤其是直流偏移量，会产生或改变发射信号中的载波。基于此点，当调制精度要求较高时，更偏向于选择带通重构。直流偏移引起的载波在军事应用中是不希望出现的。闪烁噪声的幅度和频谱分布依赖于所采用的半导体技术。原则上，可以通过数字域的预失真来降低 IMP，同时可以采取自适应数字预补偿降低直流偏移和 I、Q 不平衡。然而，这些措施增加了发射机的复杂性和成本。

基带重构相比带通重构的优势，主要是以 D/A 数量增加一倍为代价换取所需速度减半，其他优点都不是主要的。它们部分是由于技术的局限性造成的，但大部分是由于对采样理论所提供的技术机遇不完全了解造成的。事实上，如第 5 章和第 6 章所示，基于对采样定理混合或直接解释基础上的重构技术，一定程度上或完全克服了产生缺陷的根本原因（例如，D/A 输出样本能量利用率低、传统模拟 BPF 缺乏灵活性以及与集成电路兼容性低）。由于这些原因，目前在许多廉价发射机中广泛使用的基带重构，可能会被带通重构取代。

虽然在数字发射机中并不总是需要转换模块，但在类似于图 3.1 所示的发射机中，转换模块完成重构并完成功率放大器（PA）之前所需的其他操作。后续操作包括额外的模拟滤波，放大和模拟带通信号变频，中频重构后送到射频。因此，如果有转换模块，则其架构依赖但并非完全取决于发射机的重构技术。直接上变频[见图 3.14（a）]、基带重构的偏移上变频[见图 3.14（b）]、带通重构的偏移上变频[见图 3.14（c）]和直接射频重构[见图 3.14（d）]的结构反映了 4 种不同的转换模块设计方法。这里没有讨论低中频架构，因为它没有为数字发射机带来显著的优势。图 3.14 所示是简化框图，例如，发射机电平控制电路仅以一个可变增益放大器（VGA）表示，而实际上这种控制通常更为复杂。

图 3.14（a）所示的直接上变频架构，自 20 世纪 20 年代以来就以模拟发射机而广为人知，到 20 世纪 80 年代在技术上更为可靠，也更为经济。它的主要优点是能更好地兼容 IC 技术，可以在芯片上实现发射机激励，以及相比其他架构更高的灵活性和更低的成本。然而，它不仅继承了所有的基带重构的缺陷（如 I、Q 不平衡，直流偏移，闪烁噪声和偶数阶互调产物数量最多），而且还使很多缺陷更加恶化。例如，最小化发射频率范围内的 I、Q 不平衡比单一频率更困难。I、Q 不平衡和通路反馈导致出现本振（LO）毛刺，并且信号的反转镜像落入发射信号频谱中。此外，发射机的 VCO 容易受到功率放大器（PA）输出的牵引也是个问题。补偿或减少这些现象所采取的措施会使发射机复杂化，并使其成本更高。直接上变频结构也增加了发射机功耗，因为放大增益主要由射频放大器提供，这比中频放大器更消耗功率。射频级的高增益也增加了辐射噪声。

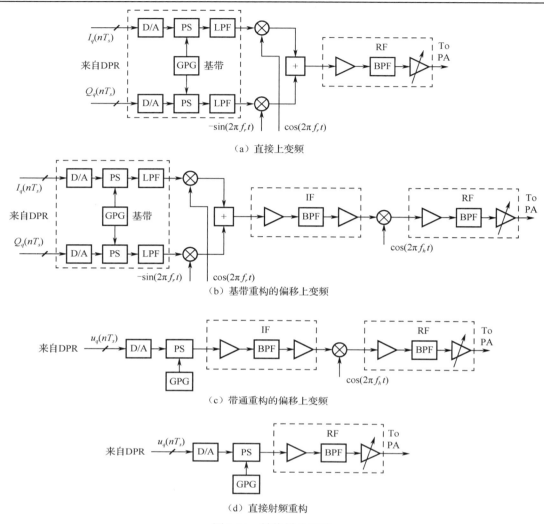

（a）直接上变频

（b）基带重构的偏移上变频

（c）带通重构的偏移上变频

（d）直接射频重构

图 3.14 转换模块架构

图 3.14（b）所示的带有基带重构的偏移上变频架构从根本上减少了通路反馈和 VCO 被牵引的概率，因为发射机的输出频率不同于发射机 VCO 的频率。由于使用了有效的带通滤波器（晶体、机电、陶瓷、SAW、BAW 等），它提供了比以前的结构更好的重构滤波。然而，这些改善是以降低灵活性和减少集成规模为代价的，原因是有效的中频带通滤波（BPF）不能改变参数，并且与集成电路技术不兼容。由于带通信号在恒定的中频上形成，因此这种架构与以前的架构相比，调制精度稍有提高。与直接上变频架构相比，它可以在一定程度上降低发射机功耗，因为主要放大部分在中频上，而不是在射频上。然而，由于与集成电路技术兼容性较低，造成发射机的器件数量增加，从而削弱了其优势。

图 3.14（c）所示的架构保留了偏移上变频所具有的所有优势。此外，由于采用了带通重构，它减少了偶数阶互调产物（IMP）在信号频谱中的数量和功率，消除了直流偏移，闪烁噪声和 I、Q 不平衡。因此，它与此前的架构相比，提高了调制精度和动态范围。通过选择一个最佳的 f_s，这种架构不但可以使得信号频谱中的偶数阶 IMP 最少，并降低对模拟插值 BPF 的

要求，而且简化了数字插值滤波，在 DPR 中进行数字带通信号形成。因此，这种架构的各种不同形式在高质量的数字发射机中都得到了应用。其中，基于两级频率变换的形式更为常用。在该形式中，第一级中频通常选择得足够低，以简化重构和相关的模拟插值滤波，而第二级中频选择得足够高，以便更好地抑制镜像和减少虚假响应数量。然而，这种架构仍存在模拟插值 BPF 不灵活、与 IC 技术不兼容，以及使用传统技术时 D/A 输出样本能量利用率低等问题。这些问题可以通过基于对采样定理的直接或混合解释来解决。因此，可以预期该体系架构的应用领域将在未来变得更加广泛。

在图 3.14（d）所示的直接射频重构架构中，由时间离散带通信号构成的频谱重复中，其中一个频谱重复位于发射机的发射频率上，信号经过 D/A 转换后，通过模拟内插滤波器把发射频率滤出来。图 3.11（d）中的频谱图可以说明这一点，f_0 对应于发射机发射频率。这种架构的明显优点是，几乎所有的信号处理都是在数字域进行，因此提供了最高的精度和灵活性。然而，与图 3.14（c）中的架构相比，它显著提高了对 DPR、D/A、脉冲成形（PS）和模拟插值 BPF 的要求。由于需要在数字领域进行发射机频率调谐，以及可调谐的模拟插值射频 BPF 具有更宽（有时非常显著）的过渡带 B_t，因此提高了对 DPR 和 D/A 的要求。此外，由模拟 BPF 选择的频谱重复的 f_0 高，会降低每个信号样本的能量。在发射机射频中设计一个足够小、技术上可靠的可调模拟 BPF，并且阻带抑制足够大、过渡带 B_t 相对窄，是比较困难的。当发射机频率的中值大大超过频带宽度时（如式 3.26 所示），模拟插值 BPF 可以设计一个比发射机频率范围稍宽的恒定带宽。

$$\frac{0.5(f_{\min} + f_{\max})}{f_{\max} - f_{\min}} \gg 1 \tag{3.26}$$

这简化了 BPF 的设计和发射机频率调谐，但可能要显著提高 f_s，使 DPR 和 D/A 复杂化。一般来说，技术进步的主要趋势有利于直接射频架构，基于对采样定理的直接和混合解释也可以解决其中的许多问题。尽管存在所有这些因素，图 3.14（d）中的架构在某些情况下将无法与图 3.14（c）中的架构竞争，包括高频段的发射机，以及可以多频段工作的发射机。

3.4 发射机的功率利用改善

3.4.1 高能效调制发射机的功率利用

2.3.3 节已经解释：（a）对于给定的误比特率 P_b，信号的能量效率最高要求最大化利用发射机功率，且最小化每比特能量 E_b；（b）允许发射机在饱和模式下工作的调制可以使发射机功率利用率最大化；（c）许多高能效信号不能在这种模式下工作。对于大多数能量高效型信号，最大限度利用发射机功率的方法是在不重新产生频谱旁瓣的情况下最小化信号的波峰因子。3.4.2 节将分析一种名为交替正交 DBPSK（AQ-DBPSK）的能量高效型调制样式。3.4.3 节将讨论高带宽利用率调制技术的发射机功率利用率提升方法。

发射机数字部分（TDP）中的数字数据处理，如图 3.15 中的框图所示，用来分析能量高效型信号的发射机能量利用。这里，TDP 中信源编码器输出的比特流，被分配到 I 和 Q 通道中。在每个通道，部分比特流经过信道编码、调制和直接序列（DS）扩频。为简单起见，不考虑信道编码，只分析二进制和四进制调制与扩频技术，I、Q 通道中的信号独立调制。

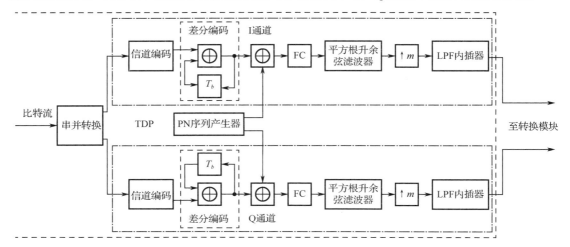

图 3.15　具有双路独立直接序列扩频 DBPSK 的 TDP

由于代码冗余，信道编码器输出的比特速率比输入的比特速率高。如 2.3.3 节所述，BPSK 是加性高斯白噪声（AWGN）信道中抗噪能力最强的二进制调制类型，因为它的信号是正好相对的，因此具有最大的欧几里得距离[36~38]。例如，对于给定的 P_b，BPSK 需要的 E_b 是 BFSK 的一半。BPSK 和 BFSK 解调器都是振幅恒定的，这种特性在快速衰落信道中具有重要意义。早在 20 世纪 50 年代，N.T.Petrovich 提出用差分 BPSK（DBPSK）解决 BPSK 最主要的初始相位模糊问题[36]。相比 BPSK 以绝对相位值（例如 0° 和 180°）携带数据，DBPSK 通过相邻符号间的相位差来传输数据。这就消除了相位模糊问题。尽管也有了其他的方法来处理相位模糊，但由于 DBPSK 简单且相比 BPSK 能量损失不大，仍然得到广泛应用。实际上，当 $P_b \leqslant 10^{-4}$ 时，DBPSK 的非相干解调比 BPSK 相干解调需要增加的 E_b 不到 1dB。值得注意的是，差分 QPSK（DQPSK）较少见，因为它相比 QPSK，复杂性高且能量损失较大。

BPSK、DBPSK、QPSK 和许多其他能量高效型信号，如 M 元正交和双正交信号，都有恒定的包络。然而，由于相邻符号之间 180° 相位跃迁（对于给定的 P_b，这些相位跃迁提供了最低的 E_b）造成了高频谱旁瓣以及相邻通道之间的干扰，应当通过增加信号波峰因子的滤波来抑制，而波峰因子的增加会降低发射机功率利用率。如果对滤波后的信号进行硬限幅，可以保持其包络的近似恒定，但代价是产生很多旁瓣。对 QPSK 调制而言，解决这个问题的一个有效方式是使其 I 和 Q 分量之间偏移半个符号，即偏移 QPSK（OQPSK）调制，这种调制将每次相位变化的绝对值限制在 90° 以内，这可以显著降低波峰因子，提高发射机功率利用率。对独立的 BPSK 或 DBPSK 信号，对其 I 和 Q 通道进行半个符号的偏移也可以产生同样的效果。最小相移键控（MSK）提供了更小的波峰因子，因此被广泛应用，也可以认为它是具有余弦符号加权的 OQPSK 或 BFSK[37]的另一种形式。对 MSK 的后一种理解，可知其可以进行非相干解调，尽管这样能量损失很大。与 OQPSK 相比，MSK 的缺点是频谱更宽，并且符号速率更容易被非合作接收机截获。

然而，当调制后再进行直接序列（DS）扩频时（如图 3.15 所示），则发射机输出信号的波峰因子不由调制决定，而是由扩频信号决定。I 和 Q 通道之间的半个码片的偏移降低了许多信号的波峰因子，包括 BPSK、DBPSK，以及基于 Walsh 函数的正交和双正交信号。图 3.15 没有反映这种偏移情况。这里，来自信道编码器的比特在两个通道中进行差分编码。每个差分编码器包括一个具有延时等于比特持续时间 T_b 的存储单元，和一个异或（XOR）门，其运算规则操作如下：

$$0 \oplus 0 = 0, 0 \oplus 1 = 1, 1 \oplus 0 = 1, 1 \oplus 1 = 0 \tag{3.27}$$

差分编码将信道编码器中的比特序列 $\{a_k\}$ 的各比特 a_1，a_2，a_3，$\cdots$，a_k，$\cdots$ 依据下面的准则转换为序列 $\{b_k\}$ 的各比特 b_1，b_2，b_3，$\cdots$，b_k，$\cdots$：

$$b_1 = a_1 和 b_k = a_k \oplus b_{k-1}, k \geq 2 \tag{3.28}$$

差分编码器的输出比特位，使用异或运算在 I 和 Q 通道中调制扩频 PN 序列。PN 序列的码片速率是比特速率的整数倍，其比值决定了扩频处理增益 G_{ps}。相位调制和扩频共同由异或门在 I 和 Q 通道差分编码器的输出中实现。当使用 BPSK 扩频时，相同的 PN 序列被发送到 I 和 Q 通道。对于 QPSK 扩频，会为这些通道产生不同的 PN 序列。请注意，没有扩频的双路独立 DBPSK 需要相干解调。在 I 和 Q 通道中使用正交 PN 序列进行直接序列（DS）扩频，可以进行非相干解调。此外，即使 I 和 Q 通道之间的半个码片偏移降低了发射机输出信号的波峰因子，但仍可以对 $G_{ps}>16$ 的信号进行非相干解调，因为信号仍然是准正交的。

用 1 和 0 表示的二进制符号可以使用 XOR 门进行调制和扩频，但是这种格式对于数字滤波器是无法使用的。因此，格式转换器（FC）在每个通道进行滤波之前，先将 1 转换为-1，将 0 转换为+1。在没有扩频的情况下，在调制器输出端进行符号整形滤波，以限制信号带宽，以使得码间干扰（ISI）最小。如果在接收机解调器输出端的每个符号的采样瞬间，所有其他所有符号的电平都接近零，那么这个码间干扰（ISI）就可以避免（参见附录 B）。有几种类型的符号成形滤波器，例如升余弦、高斯和平方根升余弦。最后一个类型的滤波器应该共同应用于通信系统的发射机和接收机，以产生升余弦滤波器的效果。在扩频情况下，码片成形滤波也是有用的。在数字插值滤波之前，或与其同时，要进行符号或码片成形滤波。

因此，半符号或半码片偏移是减少高能效信号波峰因子的有效方法。这种（波峰因子）降低不仅提高了发射机功率利用率，而且也简化了信号的重构。对于给定的信号带宽，当高能效信号的波峰因子足够小时，所要求的符号或码片成形和插值滤波精度决定了重构复杂度。

3.4.2 AQ-DBPSK 调制

小型单用途数字无线电由微型电池供电，广泛用于各种传感器网络中低吞吐量的短距离通信（例如文献[39]）。为了达到节能的目的，这些无线电的调制技术不仅应该实现给定 P_b 条件下的 E_b 最小化，使发射机功率利用率最大化，而且还应该满足三个额外的要求。第一个要求是发射机简单化，尤其是接收机电路的简单化，因为发射的信号的功率与接收机的功耗相同。第二个要求是接收机与相应发射机之间频率偏移的容差，这是由于这些无线电难以实现高频稳定。第三个要求是快速同步，这会为有效载荷数据的传输节省更多的能量，尤其是当数据是以突发形式传输时。

3.4.1 节讨论的高能效调制样式没有一项满足所有这些要求。因此，在文献[40～42]中提出了一种称为交替正交 DBPSK（AQ-DBPSK）的调制方法，它保留了 DBPSK 的优点（如给定 P_b 时的低 E_b 和调制解调简单），同时消除了其缺陷（如发射机功率利用率低，接收机和相应发射机之间的频率偏移容差性能不足，尽管这种容差高于其他相位调制技术）。AQ-DBPSK 发送的奇数符号与偶数符号正交，将所有相邻符号间的相位变化降低到±90°。因此，AQ-DBPSK 的峰值因子与 OQPSK 相似，但 AQ-DBPSK 可以采用非相干解调。同时，通过奇偶校验符号间的相位差 0° 或 180° 实现数据传输。AQ-DBPSK 和 DBPSK 在加性高斯噪声（AWGN）信道中对给定的 P_b 具有相同的 E_b，由于 AQ-DBPSK 可以更好地利用发射机功率，因此比 DBPSK 具有更高的能量效率。AQ-DBPSK 适用于各种解调技术。其中的两种解调方法：在 AWGN 信道中的最佳解调以及无变频解调，将在 4.5.2 节中阐述，那里会全面解释 AQ-DBPSK 的优点。AQ-DBPSK 调制的两种不同具体实现描述如下：第一种方式是在 I 和 Q 通道中对奇偶校验符号进行单独的差分编码，而第二种方式是对这些符号进行联合差分编码。

AQ-DBPSK 调制器的第一个具体实现如图 3.16（a）中的框图、图 3.16（b）中的信号星座和图 3.16（c）中的时序图所示（时序图中的数字由它们的模拟等效值描述）。在格式转换器（FC）中，来自信道编码器的长度为 T_b 的调制器输入比特，按照以下规则映射为长度相同的 2 比特的数字符号：1 至-1，0 至+1[见图 3.16（c）的前两个时序图]。以符号和幅度表示的 2 比特符号（11 代表-1，01 代表 1）被送到串并转换器。在这里，由模 2 计数器（MTC）的直接输出 O 和反向输出 $\overline{O}$ 控制切换 S_1 和 S_2，由此实现在不同的通道中分配奇数和偶数符号。模 2 计数器（MTC）O 输出的二进制序列和 S_1（I 通道）的两比特符号流分别显示在图 3.16（c）的第三和第四个时序图中。在后面的图表中，空格对应被 S_1 移除的偶数 2 比特符号的位置。模 2 计数器（MTC）$\overline{O}$ 输出的二进制序列和 S_2（Q 通道）的 2 比特符号流分别显示在图 3.16（c）的第六和第七个时序图中。在第七幅图中，空格对应被 S_2 移除的奇数 2 比特符号的位置。

在信道中，2 比特符号分别进行奇偶校验符号的差分编码。每个差分编码器，由具有 $2T_b$ 延迟的数字内存和数字乘法器组成，将 2 位符号的输入序列 $\{a_k\}$ 的符号 a_1, a_2, a_3, $\cdots$, a_k, $\cdots$，转换成 2 比特符号序列 $\{b_k\}$ 的符号 b_1, b_2, b_3, $\cdots$, b_k, $\cdots$，转换规则如下：

$$b_1 = a_1, b_2 = a_2 \text{和} b_k = a_k \times b_{k-2}, k \geqslant 3 \tag{3.29}$$

在初始化时，每个编码器的内存应该写入两个 1。

差分编码器在 I 和 Q 通道中的输出符号分别显示在图 3.16（c）的第五和第八个时序图中。由于奇偶符号在不同的通道上传输，相邻符号间的相位变化只能为±90°。在两个通道中，差分编码器的输出符号通过平方根升余弦（或升余弦）滤波器进行数字符号成形滤波。符号成形滤波器输出的多比特数字信号 $V_{Iq}(nT_s)$ 和 $V_{Qq}(nT_s)$，分别是 AQ-DBPSK 调制器数字复值基带输出信号的 I 和 Q 分量。发射机的符号成形滤波器以及其后的数字和模拟滤波器，可以依据下式：抑制由 $V_I(t)$ 和 $V_Q(t)$ 重构得到的模拟带通调制信号 $u_{out}(t)$ 的频谱旁瓣：

$$u_{out}(t) = V_I(t)\cos(2\pi f_0 t) - V_Q(t)\sin(2\pi f_0 t) \tag{3.30}$$

式中，f_0 是 $u_{out}(t)$ 的中心频率。由于相邻符号间相位变化的绝对值不超过 90°，因此抑制频谱旁瓣所导致的 $u_{out}(t)$ 幅度波动并不大。同时，用于数据传输的奇偶校验符号之间的相移仅为 0°～180°[见图 3.16（b）]，这为通信提供了较高的抗噪声能力。

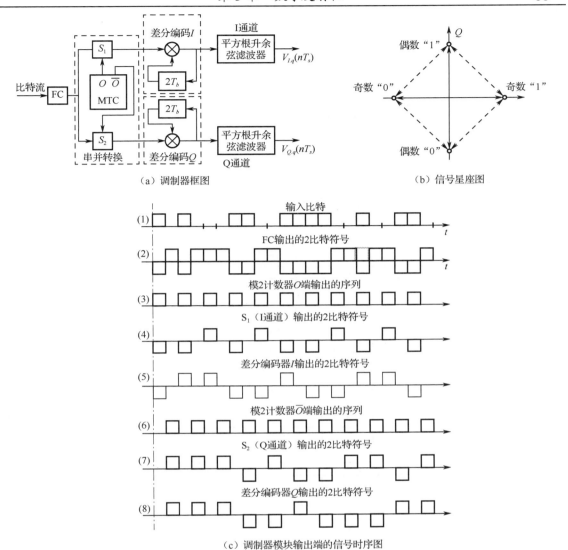

（a）调制器框图　　　　　　　　　　　　　（b）信号星座图

（c）调制器模块输出端的信号时序图

图 3.16　AQ-DBPSK 调制器的第一种实现方式

　　AQ-DBPSK 调制器的第二种具体实现如图 3.17（a）中的框图、图 3.17（b）中的信号星座和图 3.17（c）中的时序图所示。所有输入的 1 比特符号都经过奇偶校验符号的联合差分编码，该差分编码器由具有 $2T_b$ 延迟的存储单元和 XOR 门组成。当差分编码器的输入和输出符号分别表示为 c_k 和 d_k 时，则编码规则为

$$d_1 = c_1, d_2 = c_2 \text{和} d_k = c_k \oplus d_{k-2}, k \geqslant 3 \tag{3.31}$$

　　初始化时应将两个 0 写到编码器内存中。调制器输入的 1 比特符号和经过差分编码的 1 比特符号分别显示在图 3.17（c）的第一和第二个时序图中。经过编码的符号同时输入 I 和 Q 通道。在 I 通道中，这些符号与来自 MTC 直接输出口 O[见图 3.17（c）的第三个时序图]输出的 0 和 1 序列进行 XOR 操作，得到的符号[见图 3.17（c）的第四个时序图]被送到格式转换器（FC）中。在 Q 通道中，差分编码后的符号直接输入它的格式转换器（FC）。格式转换器（FC）是相同的，将 1 比特符号映射为长度同为 T_b 的 2 比特符号，如图 3.17（c）的第五和第六个时

序图所示。在这两个通道中，2 比特符号输入到符号成形滤波器。滤波后的信号是调制器输出数字复值基带信号的 I 和 Q 分量。

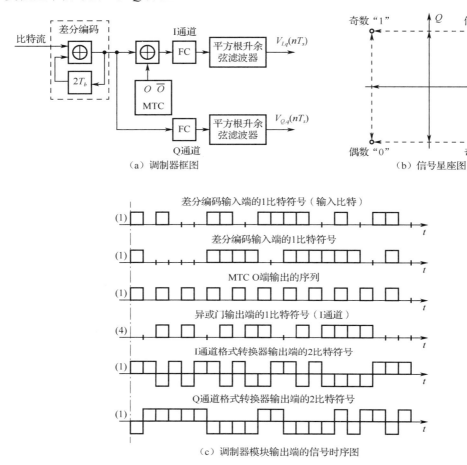

（a）调制器框图　　　　　　　　　（b）信号星座图

（c）调制器模块输出端的信号时序图

图 3.17　AQ-DBPSK 调制器的第二种实现方式

　　请注意，在 AQ-DBPSK 调制的第一种实现方式中，数字符号依次出现在 I、Q 通道的输出端，但在第二种实现方式中它们一起出现（分别比较图 3.16（c）的第五和第八个时序图与图 3.17（c）的第五和第六个时序图）。因此，第一种实现方式在相邻符号之间总是具有±90°的相移，而第二种实现方式仅在$|V_I(t)|=|V_Q(t)|$时才如此[见图 3.17（b）中的信号星座图]。因此，尽管第二种实现方式显著简化了差分编码，但它比第一种实现方式对 I、Q 不平衡更敏感。第二种实现方式在发射机的带通重构中有优势。类似于 AQ-DBPSK 调制，AQ-BPSK 扩频可用于降低高能效信号的波峰因子。

　　上述展示的多种能够最大限度地减少能量高效型信号的波峰因子的有效技术，几乎所有类型的发射机都可以从中选择最适合的一种。由于这些技术在数字域实现，因此不仅提高了发射机的功率利用率，而且简化了信号重构。当能量高效型信号的波峰因子最小时，对发射机重构电路的要求取决于发射机带宽和符号成形及插值滤波所需精度。

3.4.3　带宽高效调制发射机的功率利用

降低信号波峰因子以提高发射机功率利用率，既适用于能量高效型信号，也适用于带宽高效型信号。然而，总的来说，功率利用率的改善方法及其对重构的影响，因信号不同而有所不同。对于能量高效型信号，波峰因子降低的数字方法多种多样，可以提升发射机的功率利用率和重构性能。对于带宽高效型信号，还应该考虑提高发射机功率利用率的模拟方法，因为降低这些信号波峰因子比较复杂，而且存在不降低波峰因子而提高发射机功率利用率的可能性。在这种情况下，功率利用率的改善不一定简化重构。

TDP 中的信号预失真能有效改善功率放大（PA）的线性度，但不能显著提高发射机功率利用率[43,44]。Doherty 放大器通过将作为载波放大器的 AB 类放大器与作为峰值放大器的 C 类放大器结合在一起使用，来提高发射机功率利用率[45]。然而，Doherty 放大器用于发射机的功率放大器（PA）中，并不影响信号重构的复杂度。这种情况类似于包络消除与恢复技术[46]。

利用非线性分量技术的线性放大用于提高发射机能量效率（例如，文献[47]）会严重影响发射机的信号重构。这种技术基于适当调制相位，将变包络信号 $s(t)$ 转换成两个恒包络信号 $s_1(t)$ 和 $s_2(t)$。经过独立的功率放大器（PA）放大后，把经过放大的 $s_1(t)$ 和 $s_2(t)$ 相加，得到放大后的原始信号 $s(t)$。产生 $s_1(t)$ 和 $s_2(t)$ 所需的对 $s(t)$ 的相位调制，可以近乎理想地在 TDP 中完成。由于 TDP 输出信号具有恒定的包络，波峰因子最小，因此重构过程得以简化。这种简化仍然受到 $s_1(t)$ 和 $s_2(t)$ 的带宽以及其星座图对畸变的敏感性的限制[与 $s(t)$ 相比，带宽及星座图对畸变的敏感性通常都由于相位调制而增加]。在饱和状态下工作的独立功率放大器（PA）可以实现最大的功率效率，尽管需要努力才能使它们的参数几乎相同。这项技术的主要问题是如何将两个功率放大器（PA）输出的信号合成起来。这种合成可能会降低发射机的效率，或限制它的线性。

数字发射机设计的一个有趣的方法是数字生成两级模拟射频信号，不仅可以代表二进制符号，还可以代表 TDP 输出的多比特符号[17,48~52]。这就消除了 D/A 转换器的需求，减少了发射机用于滤波、放大和天线耦合的模拟和混合信号处理。其结果是发射机功率放大器（PA）工作于开关模式，提供了最高的功率效率。有两种主要的技术来实现这种方法。第一种利用带通 $\Sigma\text{-}\Delta$ 调制在发射机射频部分产生二进制信号。第二种是采用脉宽调制（PWM）。在这两种情况下射频信号都可以在数字域合成。原则上，这种方法大大简化了发射机的信号重构，但其总体实现并不那么简单，尽管做出了巨大努力，但其发展仍处于研究阶段。

基于采样定理直接解释的重构技术（见 6.4.2 节），能够提高发射机功率利用率及其自适应性和可重构性，不能降低波峰因子或简化重构电路。反过来，应该使用更复杂却更有效的重构电路来提高总的发射机性能和功率效率。功率效率的提高不是由于信号波峰因子的减小，而是由于重构电路电源电压的变化，以及放大器对信号电平成比例的放大。这是可能的，因为基于采样定理直接解释的重构需要时间交织结构，其中每个通道的相邻样本之间的时间间隔比采样间隔长得多。需要注意的是，原则上，许多改善带宽高效型信号的发射机功率利用率的方法也适用于能量高效型信号。

3.5 小结

现代集成电路（IC）和数字信号处理（DSP）技术支持范围广泛的数字无线电，从多用途/多标准的软件定义无线电（SDR）和认知无线电（CR），到无处不在的低成本、低功耗单一用途的设备。这些无线电利用大多数 DSP 的优势，但只有 SDR 和 CR 可以全部利用所有这些优势。

大功率数字发射机由两个功能不同的部分组成：一个发射机激励（它的"大脑"）和一个功率放大器（它的"肌肉"）。从数字化与重构（D&R）的观点来看，可以认为发射机分为四个部分：输入模拟信号的数字化、TDP、AMB 以及包含其余的模拟和混合信号模块的部分。

TDP 输入信号通常进行信源编码，以减少不必要的冗余。对于模拟信号，一部分编码工作可以在数字化时完成。对数字信号和数字化后的模拟输入信号，需要进行包括信道编码和调制在内的进一步处理。还可以包括加密（信道编码前），扩频（调制之后或与调制同时），以及多址（在调制或扩频之后）。模拟带通信号，通过射频信道传输信息，通常由 TDP 中的数字基带复值等效来表示，也应当在 TDP 输出端进行重构。重构可以是带通或基带的信号，在 TDP 中执行的操作决定了重构的复杂性。

在数字无线电中，频率合成器从主频率基准（MFS）中得到准确和稳定的频率，其中使用了各种 DDS。本章讨论了非递归 DDS 算法，由于非递归 DDS 应用广泛，同时由于其算法与在直接解释和混合解释采样定理基础上，用于数字化与重构（D&R）的加权函数生成（WFG）的算法相似。数字功能转换器（DFC）是 DDS 和 WFG 的主要模块，它采用布尔代数方法进行优化。

本章考虑的输入信号的数字化，包括抗混叠滤波、采样、量化和数字运算（例如用抽取滤波进行下采样），不包含信源编码。带通信号的基带和带通重构包括数字运算（例如用数字插值滤波进行上采样）、D/A 转换和模拟插值滤波。对这些重构技术的比较表明，基带重构的大多数缺陷是根本性的，而带通重构的缺陷是暂时性的，会随着技术进步而消除。

在转换模块架构中，最有希望的是带通重构的偏移上变频架构和直接射频重构架构。

能量高效型信号降低波峰因子的数字方法多样且有效。它们可以提高发射机功率利用率和简化重构。对于带宽高效型信号，提高发射机功率利用率更为复杂。它不是总能在数字域实现，并不总能简化重构，也不总是需要降低波峰因子。然而，为带宽高效型信号开发的方法也适用于能量高效型信号。

参考文献

[1] Eassom, R. J., "Practical Implementation of a HF Digital Receiver and Digital Transmitter Drive," *Proc. 6th Int. Conf. HF Radio Syst. & Techniques*, London, U.K., July 4-7, 1994,pp. 36-40.

[2] Sabin, W. E., and E. O. Schoenike （eds.）, *Single-Sideband Systems and Circuits*, 2nd ed., New York: McGraw-Hill, 1995.

[3] Mitola, J. III, *Software Radio Architecture*, New York: John Wiley & Sons, 2000.

[4]　Reed, J. H., *Software Radio: A Modern Approach to Radio Engineering*, Inglewood Cliffs, NJ: Prentice Hall, 2002.

[5]　Johnson, W. A., *Telecommunications Breakdown: Concept of Communication Transmitted via Software Defined Radio*, New York: Pearson Education, 2004.

[6]　Poberezhskiy, Y. S., and G. Y. Poberezhskiy, "Sampling and Signal Reconstruction Structures Performing Internal Antialiasing Filtering and Their Influence on the Design of Digital Receivers and Transmitters," *IEEE Trans. Circuits Syst. I*, Vol. 51, No. 1, 2004, pp. 118-129.

[7]　Poberezhskiy, Y. S., and G. Y. Poberezhskiy, "Flexible Analog Front-Ends of Reconfigurable Radios Based on Sampling and Reconstruction with Internal Filtering," *EURASIP J. Wireless Commun. and Netw.*, No. 3, 2005, pp. 364-381.

[8]　Kenington, P., *RF and Baseband Techniques for Software Defined Radio*, Norwood, MA: Artech House, 2005.

[9]　Vankka, J., *Digital Synthesizers and Transmitters for Software Radio*, New York: Springer, 2005.

[10]　Mitola, J. III, *Cognitive Radio Architecture: The Engineering Foundations of Radio HML*, New York: John Wiley & Sons, 2006.

[11]　Fette, B. A. （ed.）, *Cognitive Radio Technology*, 2nd ed., New York: Elsevier, 2009.

[12]　Grebennikov, A., *RF and Microwave Transmitter Design*, New York: John Wiley & Sons, 2011.

[13]　Hueber, G., and R. B. Staszewski （eds.）, *Multi-Mode/Multi-Band RF Transceivers for Wireless Communications: Advanced Techniques, Architectures, and Trends*, New York: John Wiley & Sons, 2011.

[14]　Johnson, E. E., et al., *Third-Generation and Wideband HF Radio Communications*, Norwood, MA: Artech House, 2013.

[15]　Grayver, E., *Implementing Software Defined Radio*, New York: Springer, 2013.

[16]　Bullock, S. R., *Transceiver and System Design for Digital Communications*, 4th ed., Edison, NJ: SciTech Publishing, 2014.

[17]　Nuyts, P. A. J., P. Reynaert, and W. Dehaene, *Continuous-Time Digital Front-Ends for Multi-standard Wireless Transmission*, New York: Springer, 2014.

[18]　Lechowicz, L., and M. Kokar, *Cognitive Radio: Interoperability Through Waveform Reconfiguration*, Norwood, MA: Artech House, 2016.

[19]　Goot, R., and M. Minevitch, "Some Indicators of the Efficiency of an Extreme Radio Link in Group Operation," *Telecommun. and Radio Engineering*, Vol. 32, No. 11, 1974, pp. 126-128.

[20]　Goot, R., "Group Operation of Radiocommunication Systems with Channels Selection by Sounding Signals," *Telecommun. and Radio Engineering*, Vol. 35, No. 1, 1977, pp. 77-81.

[21]　Tierney, J., C. Rader, and B. Gold, "A Digital Frequency Synthesizer," *IEEE Trans. Audio Electroacoust.*, Vol. 19, No. 1, 1971, pp. 48-57.

[22] Rabiner, L. R., and B. Gold, *Theory and Application of Digital Signal Processing*, Englewood Cliffs, NJ: Prentice-Hall, 1975.

[23] Rohde, U. L., J. Whitaker, and T. T. N. Bucher, *Communications Receivers*, 2nd ed., New York: McGraw Hill, 1997.

[24] Cordesses, L, "Direct Digital Synthesis: A Tool for Periodic Wave Generation," *IEEE Signal Process. Mag.*, Part 1: Vol. 21, No. 4, 2004, pp. 50-54; Part 2: Vol. 21, No. 5, 2004, pp. 110-112, 117.

[25] Poberezhskiy, Y. S., and M. N. Sokolovskiy, "The Logical Method of Phase-Sine Conversion for Digital Frequency Synthesizers," *Telecommun. and Radio Engineering*, Vol. 38/39, No. 2, 1984, pp. 96-100.

[26] Poberezhskiy, Y. S., "Method of Optimizing Digital Functional Converters," *Radioelectronics and Commun. Systems*, Vol. 35, No. 8, 1992, pp. 39-41.

[27] Crochiere, R. E., and L. R. Rabiner, *Multirate Digital Signal Processing*, Upper Saddle River, NJ: Prentice Hall, 1983.

[28] Poberezhskiy, Y. S., and M. V. Zarubinskiy, "Analysis of a Method of Fundamental Frequency Selection in Digital Receivers," *Telecommun. and Radio Engineering*, Vol. 43, No. 11, 1988, pp. 88-91.

[29] Poberezhskiy, Y. S., and S. A. Dolin, "Analysis of Multichannel Digital Filtering Methods in Broadband-Signal Radio Receivers," *Telecommun. and Radio Engineering*, Vol. 46, No. 6, 1991, pp. 89-92.

[30] Poberezhskiy, Y. S., S. A. Dolin, and M. V. Zarubinskiy, "Selection of Multichannel Digital Filtering Method for Suppression of Narrowband Interference" (in Russian), *Commun. Technol., TRC*, No. 6, 1991, pp. 11-18.

[31] Vaidyanathan, P. P., *Multirate Systems and Filter Banks*, Englewood Cliffs, NJ: Prentice Hall, 1993.

[32] Harris, F. J, *Multirate Signal Processing for Communication Systems*, Englewood Cliffs, NJ: Prentice Hall, 2004.

[33] Vaidyanathan, P. P., S. -M. Phoong, and Y. -P. Lin, *Signal Processing and Optimization for Transceiver Systems*, Cambridge, U.K.: Cambridge University Press, 2010.

[34] Lin, Y. -P., S. -M. Phoong, and P. P. Vaidyanathan, *Filter Bank Transceivers for OFDM and DMT Systems*, Cambridge, U.K.: Cambridge University Press, 2011.

[35] Dolecek, G. J. （ed.）, *Advances in Multirate Systems*, New York: Springer, 2018.

[36] Okunev, Y., *Phase and Phase-Difference Modulation in Digital Communications*, Norwood, MA: Artech House, 1997.

[37] Sklar, B., *Digital Communications, Fundamentals and Applications*, 2nd ed., Upper Saddle River, NJ: Prentice Hall, 2001.

[38] Middlestead, R. W., *Digital Communications with Emphasis on Data Modems*, New York: John Wiley & Sons, 2017.

[39] Poberezhskiy, Y. S., "Novel Modulation Techniques and Circuits for Transceivers in Body Sensor Networks," *IEEE J. Emerg. Sel. Topics Circuits Syst.*, Vol. 2, No. 1, 2012, pp. 96-108.

[40] Poberezhskiy, Y. S., "Alternating Quadratures Differential Binary Phase Shift Keying Modulation and Demodulation Method," U.S. Patent 7,627,058 B2, filed March 28, 2006.

[41] Poberezhskiy, Y. S., "Apparatus for Performing Alternating Quadratures Differential Binary Phase Shift Keying Modulation and Demodulation," U.S. Patent 8,014,462 B2, filed March 28, 2006.

[42] Poberezhskiy, Y. S, "Method and Apparatus for Synchronizing Alternating Quadratures Differential Binary Phase Shift Keying Modulation and Demodulation Arrangements," U.S. Patent 7,688,911 B2, filed March 28, 2006.

[43] Boumaiza, S., et al., "Adaptive Digital/RF Predistortion Using a Nonuniform LUT Indexing Function with Built-In Dependence on the Amplifier Nonlinearity," *IEEE Trans. Microw. Theory Tech.*, Vol. 52, No. 12, 2004, pp. 2670-2677.

[44] Woo, Y. Y., et al., "Adaptive Digital Feedback Predistortion Technique for Linearizing Power Amplifiers," *IEEE Trans. Microw. Theory Tech.*, Vol. 55, No. 5, 2007, pp. 932- 940.

[45] Kim, B., et al., "The Doherty Power Amplifier," *IEEE Microw. Mag.*, Vol. 7, No. 5, 2006, pp. 42-50.

[46] Kahn, L. R., "Single-Sideband Transmission by Envelope Elimination and Restoration," *Proc. IRE*, Vol. 40, No. 7, 1952, pp. 803-806.

[47] Birafane, A., et al., "Analyzing LINC System," *IEEE Microw. Mag.*, Vol. 11, No. 5, 2010, pp. 59-71.

[48] Keyzer, K., et al., "Digital Generation of RF Signals for Wireless Communications with Bandpass Delta-Sigma Modulation," *Dig. IEEE MTT-S Int. Microw. Symp.*, Phoenix, AZ, May 20-24, 2001, pp. 2127-2130.

[49] Park, Y., and D. D. Wentzloff, "All-Digital Synthesizable UWB Transmitter Architectures," *Proc. IEEE Int. Conf. UWB*, Hannover, Germany, Vol. 2, September 10-12, 2008, pp. 29-32.

[50] Wurm, P., and A. A. Shirakawa, "Radio Transmitter Architecture with All-Digital Modulator for Opportunistic Radio and Modern Wireless Terminals," *Proc. IEEE CogART*, Aalborg, Denmark, February 14, 2008, pp. 1-4.

[51] Hori, S., et al., "A Watt-Class Digital Transmitter with a Voltage-Mode Class-S Power Amplifier and an Envelope ΔΣ Modulator for 450 MHz Band," *Proc. IEEE CSICS*, La Jolla, CA, October 14-17, 2012, pp. 1-4.

[52] Cordeiro, R. F., A. S. R. Oliveira, and J. Vieira, "All-Digital Transmitter with RoF Remote Radio Head," *Dig. IEEE MTT-S Int. Microw. Symp.*, Tampa, FL, June 1-6, 2014, pp. 1-4.

[53] Poberezhskiy, Y. S., and G. Y. Poberezhskiy, "Impact of the Sampling Theorem Interpretations on Digitization and Reconstruction in SDRs and CRs," *Proc. IEEE Aerosp. Conf.*, Big Sky, MT, March 1-8, 2014, pp. 1-20.

第 4 章　数字接收机

4.1　概述

数字通信接收机的基础知识已经在第 1 章和第 2 章介绍过。典型多用途接收机的信号流如图 1.19（b）所示，并在第 1.4.1 节中进行了概述。复值信号的数字变频和接收机数字部分基带等效复值信号的数字产生方式已经在第 1.4.2 节中讨论，并分别在图 1.21 和图 1.23 中描述。2.3.2 节介绍了数字接收机信号处理的几个方面。由于通信中的数字接收机和数字发射机是协同工作的，因此本章内容与前一章内容紧密相关。例如，不分析本章中相关的解调技术，就无法评估第 3 章中讨论的各种调制技术的优缺点。接收机和发射机进行数字化与重构过程中所使用的相似技术途径和通用方法也让这两章紧密联系。

4.2 节给出了数字接收机的基本情况，描述了数字接收机发展的萌芽阶段，包括存在的问题、问题的初步解决方案以及这些解决方案对数字无线电通信后续发展的影响。还解释了为什么只用几个接收机特性，而不是已经实际存在的通用特性就能确定接收机性能。分析了与数字接收机输入信号数字化相关的接收质量特性。讨论了数字接收机和收发信机的结构与细节。

4.3 节讨论了数字接收机的动态范围，该参数反映了存在非期望强信号时获取期望弱信号的能力。分析了动态范围的各种定义和限制动态范围的各种因素。讨论了互调分量参数及其对接收可靠性的影响。导出了确定短波接收机最小动态范围的计算公式。

4.4 节介绍了数字接收机输入信号的数字化。讨论了基带和带通数字化技术，并用框图和频谱图进行了说明。由于这些技术会显著影响模拟及混合信号前端（AMF）的架构，所以本节还介绍了模拟及混合信号前端架构。

4.5 节描述了几个能量高效型信号的解调，其调制技术已在 3.4 节讨论。这样，对其分析就完整了，还举例说明了接收机数字部分的信号处理过程。

4.2　数字接收机基础

4.2.1　数字无线电发展的萌芽阶段

数字无线电中的数字信号处理、数字化与重构的复杂度取决于带宽与动态范围对数值的乘积（数字化与重构的复杂度还取决于信号的载频）。因此，第一台数字无线电是为水下潜艇通信而设计的，因为其上述乘积和载频都最小。数字无线电发展接下来最重要的一步是数字短波接收机的出现，它不仅需要更宽的带宽，而且比低频接收机的动态范围高得多。除了自身的使用价值，第一台短波接收机也是用数字技术实现无线电的最好试验平台。短波信号的接收会遇到其他频段可能存在的所有不利影响：伴随多普勒频移和频率扩展的多径传播，电离层条件的可预测性差所导致的互干扰以及短波传播的昼夜和季节变化。数字信号处理的灵活性和准确性能够有效地应对这些现象。数字短波接收机为数字信号处理在更高频段无线电中的应用铺平了道路。

虽然第一个实验性数字短波接收机是由 TRW 公司（美国）在 20 世纪 70 年代早期[1]开发的，但实用的短波数字无线电是在 20 世纪 80 年代中期出现 DSP 芯片和具有足够速度与分辨率的 A/D 芯片后才开始设计的。此后新一代的 DSP、A/D 和 D/A 促进了数字无线电的快速发展。FPGA 是在 20 世纪 80 年代中期才上市的，它在 20 世纪 90 年代后期被证明是复杂无线电的接收数字处理和发射数字处理的最佳平台。在 20 世纪 90 年代中期，数字无线电的量产使得用专用集成电路（ASIC）进行接收数字处理和发射数字处理变为现实。20 世纪 80 年代末出现的流水线型 A/D 和 20 世纪 90 年代出现的 Σ–Δ A/D 和 D/A 使得数字无线电（和其他应用）中的数字化与重构质量得到显著改善（尽管 Σ–Δ 调制原理自 1954 年就为人所知）。从 20 世纪 70 年代到 20 世纪 90 年代初发展起来的数字无线电为目前这一领域所取得的进展奠定了基础。他们澄清了无线电的基本设计原则，但也产生了一些阻碍其发展的错误认识。因此，在下面将讨论上述数字无线电。

在第一个实验性的短波数字接收机中[1]，信号在射频进行数字化，预选器带宽为 1.5MHz。采用小于 14Msps 的 4 种不同采样率来进行射频采样。数字化是由一个集成了采样保持放大器（SHA）的 9 位 A/D 完成的。采用数字带通滤波器，其参数可以随信号的带宽和中心频率调节。文献[1]清楚地表明了对于给定信号中心频率 f_0，采样频率受到一定的约束且存在最优采样频率 f_s。该文献指出需要更先进的硬件并解决该问题需要更多的认知。随着技术进步与研发水平的提高，这两方面都有所突破。文献[2]考虑了在接收机中频进行信号数字化的实用性以及将频率范围从短波频段扩大到 500MHz 的方法。文献[1]中提出的多信道数字化接收在文献[2]中得到了全面的讨论。

文献[3]给出了设计数字接收机所需的几个公式，如式（3.16）和式（3.23）所示，并给出了模拟射频前端所需增益公式和 A/D 分辨率公式。A/D 分辨率取决于接收机动态范围，而接收机动态范围受干扰信号统计特性影响。短波频段干扰信号的统计特性及与接收机带宽相关的动态范围公式在文献[4]中进行了推导。在文献[5]中，这些公式用于计算短波接收机在不同射频环境中的动态范围，并且讨论了几种多通道数字接收机。文献[6]对不同射频环境下接收失效的概率进行了估计。后来，文献[7]导出了更精确的估计值，不仅考虑了三阶互调分量，还考虑了五阶互调分量。

在 20 世纪 70 年代和 80 年代，研究了与数字无线电相关的三个相互关联的选择：采用基带数字化与重构还是带通数字化与重构？采用采样保持放大器还是跟踪保持放大器？采用数字信号的瞬时特征表示信号还是采用 I、Q 分量表示信号？这些成果对随后的发展产生了重大影响，具体概述如下。

基带数字化与重构与带通数字化与重构的比较，得出了如下结论：虽然带通数字化与重构能提供更好地接收和传输质量，但其比基带数字化与重构更复杂昂贵且适应性更差。这一结论基于当时的技术水平，原则上是正确的，但由于缺乏对带通采样和脉冲成形的了解，夸大了带通数字化与重构的复杂度。自 20 世纪 90 年代以来，大多数高端数字无线电使用带通数字化与重构，大多数低端无线电使用基带数字化与重构。

当时在采样保持放大器与跟踪保持放大器之间选择了跟踪保持放大器，该选择是不正确的。该结论源于这样一个错误假设，即带通采样需要采样保持放大器积分时间 $T_i \ll 1/f_0$，其中 f_0 是带通信号的中心频率。实际上，1974 年已经证明了 T_i 只需要满足一个宽松得多的条件即可：$T_i < 0.5/f_0$。虽然这一结果后来在一份国际上可以查阅的杂志[8,9]上发表，但它被忽视了。此外，还证明了采样保持放大器的加权积分可以消除与 f_0 相关的限制，这就允许进一步增加积分时间，从而可以从根本上改善接收机的动态范围[11,12]，但这一证明最初也被忽视了。

在比较"用数字信号的瞬时特征表示信号"还是"用 I、Q 分量表示信号"的过程中，证明了后者的优越性。文献[10，13～15]给出了形成 I、Q 分量的有效数字方法。这些方法以及相应地由 I 和 Q 分量以数字方式生成带通信号的方法已经很普遍。

首台实用型数字短波接收机（HF-2050）是罗克韦尔·柯林斯公司于 1984 年开发的。它具有二次变频的超外差结构，可以在 14kHz～30MHz 的频率范围内以 10Hz 的步进调谐。一中频和二中频分别为 99MHz 和 3MHz。在二中频处，用 7 位分辨率和采样速率为 12Msps 的并行 A/D（flash A/D）进行带通数字化。在接收机的数字部分，瞬时信号的采样值转化为其 I 和 Q 分量，经 FIR 抽取滤波后降低采样率，每个分量的采样率降低到 48ksps。接收机数字部分还进行了 0.3kHz～6kHz 带宽的可变带宽滤波，解调了几种模拟信号和数字信号，生成了接收机模拟及混合信号前端（AMF）所需的自动增益控制（AGC）信号。接收机带内双音动态范围为 40dB，功耗为 100W。HF-2050 的研制成功显示了数字信号处理在无线电通信领域的优势，是一项重大技术成就。这一成果获得的部分经验反映在文献[16～20]中。

HF-2050 的主要缺点是由于数字化电路的一中频晶体滤波器存在非线性而导致没有足够高的动态范围。尽管采用高中频简化了镜频抑制，减少了虚假响应的数量，特别是 $f_{IF1} = 99MHz$ 的一中频，消除了输入信号中频率为 $(1/2)f_{IF1}$ 和 $(1/3)f_{IF1}$ 的虚假响应，但当频率大于等于 65MHz 时晶体滤波器表现出明显的非线性。这需要降低中频或使用其他类型的滤波器。这两种方法后来都在数字无线电中进行过尝试。

20 世纪 80 年代中期，苏联开发了一些短波数字接收机，聚焦于提供足够高的动态范围以提高短波信号接收的可靠性。其中有些是多通道接收机，信道带宽分别为 4kHz 和 8kHz，可实现空间干扰抑制和分集合并。一种带宽为 40kHz 的接收机用于扩频信号接收和无线电监测。这些接收机的模拟及混合信号前端（AMF）都使用了一中频 $f_{IF1} = 62MHz$ 和 f_{IF2} 的二次变频方案。二中频有用于窄带接收的 $f_{IF21} = 128kHz$ 和接收带宽为 40kHz 的 $f_{IF22} = 540kHz$。模拟及混合信号前端的带内双音动态范围略大于 70dB。采用带通数字化，产生 I 和 Q 分量。采用量产的 12 位 A/D 以及定制设计的集成采样保持放大器进行数字化。采样保持放大器的设计基于文献[8～10]提出的理论，其实验研究成果后来在文献[21～23]中进行了描述。选择采样保持放大器积分时间 $T_i < 1/(3f_0)$ 以降低三阶互调分量。不包括 A/D 的带内双音动态范围在 f_{IF21} 可大于 85dB，在 f_{IF22} 可大于 73dB。包括 A/D 时，在 f_{IF21} 动态范围大于 73dB，在 f_{IF22} 动态范围大于 72dB。统筹考虑 f_{IF}、f_s 以及接收机数字处理带宽，可确保带内没有二阶互调分量。加权积分的采样保持放大器[10～12]没有在这些接收机中使用，直到 20 世纪 90 年代才被用于实验研究。

随着数字通信接收机的发展，数字广播接收机的研究也随之展开。因此，用于通信接收机的集成采样保持放大器也在广播接收机的中频设计中进行了测试[23]。针对上述数字通信和广播接收机的研发，提出并研究了几种数字滤波和解调方法[24～29]。在 20 世纪 70 年代和 80

年代，数字无线电导航、雷达和电子战也进行了密集的研发。在 20 世纪 80 年代，许多国家开发了基带数字化的数字短波接收机，主要用于无线电监测[30]。其带内双音动态范围不超过 40dB，但具有足够的带宽。

20 世纪 80 年代获得的数字无线电设计经验和整个时期的技术进步使得在 20 世纪 90 年代初能够开发出高动态范围的数字甚低频至短波频段的接收机（主要用于通信、无线电监测和测向）。最著名的是 Cubic 通信（美国）、马可尼（英国）和罗德·施瓦茨（德国）的相关产品。这些接收机采用多次变频的超外差体制和带通数字化方式。H2550 （马可尼）和 EK895/EK896（罗德·施瓦茨）接收机分别采用了不同方法来提供高动态范围。

H2550 采用二次变频，其中，$f_{IF1} = 62.5\text{MHz}$ 和 $f_{IF2} = 2.5\text{MHz}$ [31]。为获得较好的线性，f_{IF1} 采用双腔螺旋谐振器代替晶体滤波器，用带通 $\sum-\Delta$ A/D 进行数字化，采样速率 $f_{s1} = 10\text{Msps}$。f_{s1} 和 f_{IF1} 之间采用最佳比例关系简化了 I、Q 分量的形成，而抽取 FIR 滤波将采样率降低到 $f_{s2} \approx 40\text{ksps}$，显著提高了 A/D 分辨率。EK895/EK896 采用 3 次变频结构，其中，$f_{IF1} = 41.44\text{MHz}$，$f_{IF2} = 1.44\text{MHz}$，$f_{IF3} = 25\text{kHz}$ [32]。可以通过降低 f_{IF1} 来消除一中频处晶体滤波器的非线性，而采用极低的 f_{IF3} 使得可以选择具有足够分辨率的 A/D。

在 20 世纪 90 年代，由于技术进步以及对数字信号处理和数字无线电知识的增加，无线电的能力显著提高，尺寸、重量、功耗和成本都大大降低，扩展到更高频段，应用更多样化。在那十年中，提出了软件定义无线电（SDR）、认知无线电（CR）和采用内置抗混叠滤波器采样的概念。到 21 世纪，数字接收机的研发取得了更显著进步，数字无线电的数量也迅猛增长。

4.2.2 接收机的主要特性

接收机的性能由大量特性来反映。下面仅讨论与接收质量相关的特性。请注意，接收质量可以由接收机引起的信道容量降低程度来完整描述[33]。事实上，一部理想的接收机不会影响信道容量，但任何一部实际接收机都会因为引入了噪声、干扰和失真导致信道容量的降低。信道容量降低越小则说明接收质量越好。尽管仅使用一个特性来表征接收机的品质很具有吸引力，但这不切实际，因为接收条件的巨大差异使得统计意义上的可靠性测量过程复杂而漫长。此外，信道容量的降低并不能反映出现该问题的原因，因而无法确定改进方法。因此，必须采用多个特性来描述接收质量。其中，灵敏度、选择性、动态范围、倒易混频和虚假输出等特性与接收机中的数字化有关。

4.2.2.1 灵敏度

接收机的灵敏度由其内部噪声决定，定义为在给定质量下，接收特定信号所需的最小射频输入电平，或者定义为独立于特定接收模式的某个更通用测量值达到要求时，所需的最小射频输入电平。下面讨论两种通用方法：①噪声因子（F），当以分贝（$\text{NF} = 10\log_{10} F$）表示时称为噪声系数；②最小可检测信号（MDS）。噪声因子是实际接收机输出噪声功率与具有相同增益和带宽但没有内部噪声的理想接收机输出噪声功率的比值，即总的输出噪声功率 $P_{N.T}$ 与由输入噪声引起的输出噪声功率 $P_{N.I}$ 的比值

$$F = \frac{P_{N.T}}{P_{N.I}}, \quad \text{NF} = 10\log_{10} P_{N.T} - 10\log_{10} P_{N.I} \tag{4.1}$$

因此，对于理想接收机，$F=1$ 和 NF=0dB；而对于真实接收机，$F>1$，NF>0dB。

众所周知，接收机线性部分的噪声因子是其输入信噪比与输出信噪比的比值。因此，其噪声系数（NF）为

$$NF = 10\log_{10}\left(\frac{SNR_{in}}{SNR_{out}}\right) \tag{4.2}$$

因此，对于无噪声放大器和无损的无源电路，NF=0dB；对于非理想电路，NF>0dB。接收机的总噪声因子可以用阻抗完全匹配的每级噪声因子 F_n 和增益 G_n 来表示[34]：

$$F = F_1 + \frac{F_2 - 1}{G_1} + \frac{F_3 - 1}{G_1 G_2} \cdots + \frac{F_n - 1}{G_1 G_2 \cdots G_{n-1}} + \cdots \tag{4.3}$$

式中，n 是级号。接收机输入级的内部噪声包括几个部分：半导体的散粒噪声、闪烁噪声以及阻抗电阻部分 R 的热噪声，还有由磁性物质导致的巴氏（Barkhausen）噪声。散粒噪声是内部噪声的主要组成部分，可以认为是白噪声且为高斯分布。闪烁噪声只在低频处才明显，其功率谱密度大致与频率成反比。由电阻产生的热噪声为白噪声且是高斯分布。奈奎斯特方程允许计算其在接收机噪声带宽 B_N（赫兹）中的均方电压：

$$\overline{V}_N^2 = 4k_B T R B_N \tag{4.4}$$

式中，k_B 是玻尔兹曼常数（1.38×10^{-23} J/K），T 是电阻的绝对温度。由于热噪声源的奈奎斯特模型是具有开路均方根电压（式（4.4））噪声源，因此从噪声源耦合到接收机的最大噪声功率 P_N 为

$$P_N = k_B T B_N \tag{4.5}$$

其功率谱密度 $N(f)$ 为

$$N(f) = N = k_B T \tag{4.6}$$

最小可检测信号指信号功率等于接收机噪声带宽内的噪声功率：

$$MDS = k_B T B_N F \tag{4.7}$$

根据式（4.7）定义的 MDS 也被称为接收机噪底，在温度 $T = T_0 = 290K$（被 IEEE 采用为标准）的情况下，用 dBm 表示的 MDS 为

$$MDS_{dBm} = -174 + 10\log_{10} B_N + NF \tag{4.8}$$

式中，-174dBm 是 290K 时每赫兹的热噪声功率。

在设计合理的数字接收机中，数字化对输入模拟级的灵敏度的恶化应降到最低程度。将式（4.3）应用于接收机的数字电路部分（见图 4.1），得到以下结果：

$$F = F_A + \frac{F_D - 1}{G_A} \tag{4.9}$$

式中，F_A 和 F_D 分别是模拟输入级和数字化电路的噪声系数，G_A 和 G_D 分别为其增益。根据式（4.9），减少 F_D 和增加 G_A 都能将灵敏度的恶化程度最小化，虽然实践中这两种方法都在使用，但第二种方法不太可取，因为它限制了接收机的动态范围（见 4.3 节）。在任何情况下，都应确定所需的最小 G_A。

图 4.1　数字接收机中的电路顺序

非理想的抗混叠滤波、采样和量化都会产生噪声、干扰和失真，可以用其功率谱密度之和来描述。在设计合理的数字化电路中，该功率谱密度的主要成分是 A/D 的量化噪声，而其他成分可以忽略。因为量化噪声和模拟输入级的内部噪声的功率谱密度可以分别认为是功率谱密度为 N_q 和 N_A 的白噪声，所需要的最小 G_A 应该使 $N_q \ll N_A$。在确定最小 G_A 的值时，实际上忽略了非高斯的量化噪声，但必须记住，这种简化取决于 A/D 输入信号电平。对于均匀量化，如果 $\Delta < \sigma_{\text{in}}$

$$N_q \approx \frac{\Delta^2}{6f_s} \qquad (4.10)$$

式中，Δ 是 A/D 量化步进，σ_{in} 是 A/D 输入信号的均方根值。如果接收机外部噪声必定超过其内部噪声，则满足条件 $N_A/N_q \geqslant 12$ 时就足以认为 $N_q \ll N_A$。考虑 $N_A = N_0 G_A^2$，其中 N_0 是以输入为参考位置的接收机内部噪声，我们得到[3,5]：

$$G_A \geqslant \frac{\Delta}{(0.5 f_s N_0)^{0.5}} \qquad (4.11)$$

由式（4.11）可知，增加 f_s 可允许减少 G_A。然而，这种操作应该小心使用，因为 G_A 的降低可能会使条件 $\Delta < \sigma_{\text{in}}$ 不成立。为避免这种情况，式（4.11）可改为限制性更强的不等式：

$$G_A \geqslant \frac{\Delta}{(B_{\text{a.f}} N_0)^{0.5}} \qquad (4.12)$$

式中，$B_{\text{a.f}}$ 是抗混叠滤波器带宽。当 $f_s = 2B_{\text{a.f}}$ 时，不等式（4.11）和式（4.12）是相同的。由于在实际情况下，$f_s > 2B_{\text{a.f}}$，式（4.12）中需要更高的 G_A。

当接收机内部噪声是总噪声的主要成分时，最好假设 $N_A/N_q \geqslant 24$。这样，式（4.11）和式（4.12）的不等式分别被替换为

$$G_A \geqslant \frac{2\Delta}{(f_s N_0)^{0.5}} \text{ 和 } G_A \geqslant \frac{\Delta}{(0.5 B_{\text{a.f}} N_0)^{0.5}} \qquad (4.13)$$

A/D 前通过 AGC 进行信号衰减可能使不等式（4.11）至式（4.13）失效。数字接收机设计的重要任务是确保任何情况下都有一个合适的 N_A 电平。

4.2.2.2　选择性

接收机的频率选择性表征了接收机在通带内避免衰减和失真以及在阻带内抑制非期望信号的能力。选择性用分贝表示，通过比较接收机输入相同信号电平时，通带和阻带内输出信号的强度来测量。选择性指标通常包括通带和过渡带的宽度、通带内可接受的幅频响应失真和阻带的最小抑制。在理想数字接收机中，所有这些参数都是由其数字部分的数字滤波器决定的。在一个实际的数字接收机中，它们取决于接收机的结构，并且受模拟滤波器、数字化电路和数字滤波器特性的影响。

接收机的所有功能单元（如模拟和数字滤波器、放大器、混频器、采样器、量化器和本振）在完成预定功能时都会产生非理想效应（如线性和非线性失真、噪声和虚假输出）。通常，每种非理想效应都会影响接收机的多个特性。例如，非线性失真会降低灵敏度、选择性和动态范围，并产生虚假响应。因此，每个接收机特性都会受到一些非理想效应的影响。例如，线性和非线性失真、虚假响应和倒易混频都会恶化接收机选择性。

非理想效应影响降低了接收机的性能，并且由于反映特定特性的参数增加，使得不仅要确定整个接收机的参数，还要确定其零部件的参数，这使接收机特性测量更加复杂。对于选择性来说，这些影响使得不仅要测量邻信道抑制，还要测量虚假信道抑制，大多数情况下不仅要测量整个接收机，还必须测量其模拟输入级、数字化电路和数字处理部分。在测量接收机大多数特性（包括选择性）时，应禁用接收机工作所需的某些功能（如 AGC）。数字化电路可通过模拟抗混叠和数字抽取滤波提高接收机选择性。为避免这些电路中的线性和非线性失真、虚假输出和噪声所引起的接收机性能下降，这些负面影响要在数字处理中最小化或进行补偿。

4.2.2.3 动态范围

在接收机特性中，动态范围，尤其是带内动态范围尤其重要，原因有二：其一，它反映了当接收机预选器中存在非期望强信号时获取期望微弱信号的能力，进而决定了在拥挤频段内接收信号的可靠性；其二，尽管所有接收机特性都相互影响，但动态范围影响的特性数量最多，包括灵敏度、选择性、虚假响应的个数和电平。由于数字信号处理具有灵活性，因此只要受模拟及混合信号前端所限的接收机动态范围足够大，那么接收机所需的几乎任何适应能力和重构能力都能实现。4.3 节将详细讨论动态范围。

4.2.2.4 倒易混频

当强带外干扰信号与本振的相位噪声部分混频而变频为中频时，就会发生倒易混频。尽管相位噪声电平较低，但它与强干扰信号混频后会降低接收机的实际灵敏度和动态范围。当射频滤波对带外信号抑制不足时，倒易混频会在第一级混频处出现。改善射频滤波性能和降低本振相位噪声可减少倒易混频现象的出现。在采用射频数字化的数字接收机中，如果抗混叠滤波器不能充分抑制带外信号，则采样抖动也会引起倒易混频。

4.2.2.5 虚假输出

接收机中有两类虚假输出：虚假信号和虚假响应。虚假信号是指输入端没有任何信号输入时接收机输出端出现信号；虚假响应是指当信号不在接收机的调谐频率上但产生了输出信号。这两种类型的虚假输出将在下面进行简要描述。

接收机内部信号窜入主信号路径就会产生虚假信号。模拟接收机的内部信号包括主标频、频率合成器的输出信号及其谐波、放大器中的寄生振荡、电源的谐波以及中频的分谐波（在中频高于工作频段的接收机中）。在数字接收机中，同一时刻产生的内部信号比模拟接收机多，其中有一部分信号用于采样和量化。即便如此，只有数字接收机的模拟及混合信号前端（AMF）容易窜入内部信号。适当的布局、接地和屏蔽可减少虚假信号的数量和电平。

一个具有理想混频器的模拟超外差接收机有两种虚假响应：中频和镜频。事实上，理想的混频器是一个乘法器，只在两个频率 $f_{in} \pm f_{LO}$ 上有输出，其中 f_{in} 和 f_{LO} 分别是输入信号频率和本振频率。由于现实世界中的混频器不是一个完美的乘法器，它在频率 $mf_{in} \pm nf_{LO}$ 上都会输出信号，其中 m 和 n 都是整数，它们可以都是正的，也可以有正有负，但其产生的频率必须是正的。当产生的频率在中频带宽内或离中频带宽很近时，就会产生一个虚假的响应。由于射频选择性通常较差，因此大量的虚假响应会存在于一中频处。一中频处选择性往往很高，所以二中频的虚假响应就几乎不存在。在采用射频数字化的数字接收机中，如果不能保证抗混叠滤波器具有足够的抑制能力，将会产生很多虚假信号。

4.2.3　数字接收机和数字发射机

虽然进入数字接收机的射频信号先在模拟及混合信号前端（AMF）中进行预处理并数字化，但大部分处理是在数字部分进行的。技术的进步增加了在数字部分中所完成功能的数量，并使数字化更加接近天线。天线耦合、预放大和/或衰减、初始滤波（包括抗混叠滤波）、采样和量化等环节仍在模拟及混合信号前端（AMF）中实现。大多数数字部分输出信号是以数字形式传递给用户的，但是那些必须以模拟形式传递的信号将被转换到模拟域，如图 4.2 中的框图所示，图 4.2 是图 1.19（b）和图 2.2（b）中框图的更详细形式。模拟及混合信号前端（AMF）可能有不同的架构，这将在 4.4.3 节讨论。

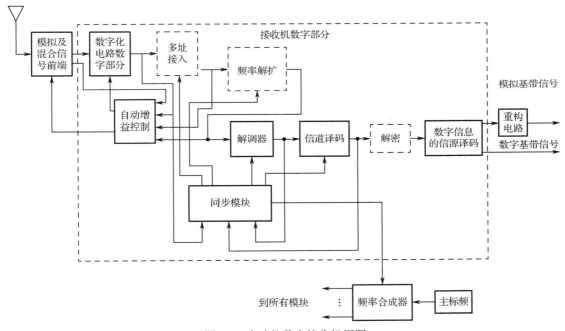

图 4.2　多功能数字接收机框图

模拟及混合信号前端（AMF）的通带带宽通常比期望信号的带宽宽（期望信号的信道滤波是在数字部分中进行的），这与模拟及混合信号前端的架构无关，因为目前来看，与数字部分的信道滤波器相比，模拟及混合信号前端要自适应地改变通带带宽更加困难和昂贵。模拟及混合信号前端中数字化的信号是期望信号、干扰信号和噪声之和。过宽的模拟及混合信号前端带宽往往使干扰信号的数量大大超过期望信号。即使模拟及混合信号前端的通带带宽稍大于期望信号的带宽，但在存在人为干扰或在规划不合理的频段中工作时，强干扰信号会在期望信号的频谱中出现。在多信道接收机中，每个信道通常将其他信道中的信号当作干扰信号。因此，数字接收机对数字化电路的要求更多地取决于干扰信号的统计特性而不是所需信号的参数。动态范围足够大时，可以使用频域滤波和/或空间滤波或其他技术来抑制干扰信号。

　　模拟及混合信号前端的输入电路通常包括天线耦合器、预选器和低噪声放大器（LNA），可能还包含一个自动衰减器（在干扰信号阻塞接收机时能减少低噪声放大器输入信号）。输入电路前面还可以设置一个开关自动切断接收机与天线，以防止接收机受到极强干扰信号而损坏。模拟及混合信号前端的频率选择性由各级来共同实现。通常情况下，预选器的通带带宽最宽、阻带抑制能力最低，而抗混叠滤波器的通带带宽最窄、阻带抑制能力最高。在预选器和抗混叠滤波器之间通常还有其他滤波器。模拟及混合信号前端的通带中存在干扰信号要求有大的动态范围和高质量的自动增益控制（AGC）。虽然接收机的动态范围及其影响因素将在下一节讨论，但应该注意的是数字化电路是限制其性能提高的瓶颈，原因是功率最大的模拟信号在数字化电路的输入端，而且开发前级模拟电路比开发数字化电路具有更多的经验，并且数字部分可支持几乎任何所需的动态范围。先考虑第一个原因，它在 4.2.2 节中已经提到，为了降低量化噪声、非理想抗混叠滤波与采样所引起的干扰的功率谱密度之和，不能在数字化电路前的那些级中采用大大超过式（4.11）～式（4.13）所确定的最小所需增益 G_A。表 4.1 中的计算结果证实了该结论。

　　在数字接收机中，AGC 自动调整接收机各级的增益以最大限度地利用其动态范围，并在输入信号电平变化时使数字化和解调电路的输入端保持适当的信号电平。接收机的选择性不仅与模拟及混合信号前端有关，也与数字部分有关。在模拟及混合信号前端和数字部分中，比前一级通带带宽窄的滤波器可以抑制部分噪声并抑制或削弱部分干扰信号。因此，AGC 必须在这些滤波器输出端调整信号电平。这样，这类滤波器的数量越多，AGC 功能就越复杂。当自动衰减器安装在低噪声放大器输入端时，AGC 也必须与它交互。因此，AGC 结构和算法在很大程度上取决于接收机的体系架构和用途。

　　数字化电路在很大程度上决定了整个接收机的性能。它们包括模拟及混合信号前端中的模拟和混合信号部分以及接收机数字部分（RDP）的数字化电路的数字部分（DPD）。如上所述，这些电路的需求更多地取决于可能在通信信道导致信号失真的干扰信号参数而不是期望信号参数。如 2.3.2 节所述，考虑到数字化是一种特殊的信源编码，它降低了被数字处理前的模拟信号的冗余，并丰富了数字化和信源编码理论与技术。接收机的数字化可以在基带或带通进行，详见 4.4 节。为了提高接收质量，除要求数字化电路具备高动态范围外，还应具有高灵活性且与集成电路技术兼容，但目前最佳带通抗混叠滤波器的集成电路技术还存在局限性。如第 6 章所述，基于采样定理的直接解释进行采样，可以同时改善动态范围和灵活性。

　　大多数接收机的数字部分将接收到的模拟带通实值信号转换为等效数字基带复值信号，这与所采用的数字化方式无关。在接收机数字部分的输入端，即使信号经过非线性变换，通常也需要很高的动态范围。这些非线性变换的一个例子是用人为的变换来补偿模拟及混合信号前端的非线性失真。另一个例子是鲁棒的抗干扰算法，它要求在相关器或匹配滤波器之前有一个无记忆的非线性化[35]。文献[35]中所讨论的自适应鲁棒算法所需的精度和灵活性只有在接收机的数字部分才能实现。接收机数字部分的处理取决于对应的发射机数字部分的处理：发射机数字部分中的复用信号被解复用，扩频信号被解扩，所有接收的信号被解调和译码。解扩、解调和信道译码是广义解调中的一个环节，可以单独或联合实现。如果信号经过加密还需要解密。最后，信源译码器将恢复的信息转换为方便接收者的形式，期望以模拟形式接收的信号在重构电路中进行重构。5.3.3 节将描述在接收机输出端重构基带信号的方法。4.5

节将讨论高能效信号的解调。

如 2.3.2 节和图 4.2 所示，解复用、解扩、解调、信道译码和在接收机数字部分中执行其他操作都需要各类同步（例如，帧、码、字、符号、频率和相位同步）。注意，接收机的数字化不需要与发射机的信号重构同步。虽然接收机中的所有同步过程在图 4.2 中都用专用模块象征性地表示，但实际上它们通常分布在接收机数字部分的不同模块中。数字发射机也是类似情况（见图 3.1）。数字接收机需要多个内部生成的频率来进行调谐和信号变换，这些频率是由频率合成器用主标频合成的。3.2 节中关于数字发射机频率合成器和主标频的内容也适用于数字接收机。唯一不同的是，由于接收机数字部分的复杂度较高，可能需要更多的频率。

根据接收机的用途和使用条件，接收机数字部分的硬件平台既有原型接收机使用的基于通用处理器（GPP）的平台，也有量产接收机使用的专用集成电路（ASIC）（见 3.2.1 节）。在大多数软件定义无线电和认知无线电中，这些平台联合使用现场可编程门阵列（FPGA）、通用处理器（GPP）和专用处理单元（SPU）。今后，接收机数字部分采用现场可编程 ASIC 的比例将大幅增加。由于接收机中数字信号处理的复杂度通常比发射机高得多，同一通信系统的接收机数字部分和发射机数字部分可以使用不同的硬件平台。然而，在收发信机中，它们通常共用平台。除了上面提到的数字接收机的文献外，有关这一主题的信息可以在文献[36～53]和其他一些书籍和论文中找到。

在低至中功率的双工或半双工通信系统中，发射机和接收机通常合并为收发信机，它们共享电路和机箱，且通常有共用的电源单元、主标频、频率合成器、多种控制电路和内置测试设备。在半双工收发信机中，发射机和接收机的发射和接收模式可以使用同一个中频部件。因此，收发信机的成本、体积、重量和功耗都低于具有相同电气特性的独立的发射机和接收机。收发信机的模式用于目前几乎所有的手持式电台、背负式电台以及许多车载和业余电台。

数字收发信机具有模拟收发信机无法实现的特性和模式。典型例子是数字收发信机可实现全双工模式（同频、同时、同一副天线收发）。模拟收发信机通常采用时分双工或频分双工。在时分双工模式下，发射机和接收机同频、同一副天线工作，但工作在不同的时间。在频分双工模式下，发射机和接收机同时、同一副天线工作，但工作频率不同。全双工模式提高了通信系统的吞吐量，但发射信号会泄露到接收端进而阻碍接收。然而在收发信机内，这种泄露理论上是可补偿的，因为其接收机知道其发射机所发射的信号。由于模拟处理不准确、不稳定，因此在模拟收发信机中进行这种补偿不实际，但在数字收发信机中可行[54,55]。

图 4.3 中的框图说明了补偿发射信号泄露的可能方法。在此，输入三端口环形器的发射机输出信号进入天线，而从天线接收的信号进入接收机。虽然理想环行器可完全隔离发射机和接收机，但实际的环行器只能提供大约 20dB 的衰减。为了消除这种自干扰，应该从接收机输入信号中减去一个经过适当缩放和延迟的发射机输出信号的副本。减法分两个阶段进行。第一阶段（模拟级）不够准确，主要作用是避免模拟及混合信号前端电路（AMF）过载。残余的自干扰在第二阶段（数字的）用经过缩放与延迟后的更精确副本通过相减进行补偿，且该副本经过与模拟电路中自干扰信号失真相匹配的预失真。然而，目前在实现所需自干扰抵消能力方面还存在一些障碍（例如，卫星通信约需 130dB 抵消能力）。因此，全双工模式仍处于研发阶段。但由于其频谱利用率优势仍吸引研究人员不断努力。

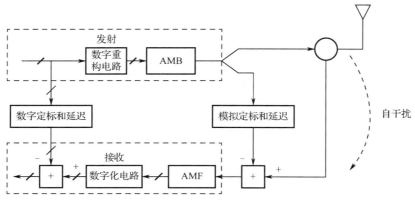

图 4.3　全双工收发信机两级自干扰抵消框图

过去几十年里，超导技术已经足够成熟，可以应用于先进的数字无线电（例如，文献[56～58]）。这项技术主要基于约瑟夫森结（Josephson junctions）、超导量子干涉器件和快速单通量量子逻辑器件，这些基于不同原理的器件前景广阔。超导 A/D、D/A 和 DSP 单元可工作于数十甚至数百 GHz 频段，它们具有低功耗和高灵敏度的特点。最佳的技术参数在约 4K 温度时获得。在约 60K 温度下工作的数字和混合信号超导器件也取得了重大进展（工作于该温度的 LNA 早已为人所知）。然而，超导电台相对较高的成本、技术复杂度、某些脆弱性使其目前仅用于更关注接收质量而非设备成本的领域。

4.3　数字接收机的动态范围

4.3.1　接收机动态范围的限制因素

大多数被称为"动态范围"的接收机特性都不能完备表征动态范围的本质。一方面，没有考虑自动增益控制适应（例如，慢衰落引起的）输入信号电平变化的能力，低估了实际的动态范围；另一方面，没有考虑倒易混频和/或虚假输出引起的动态范围下降。此外，与动态范围定义相符的测量值实际上是多个特性的综合效应。例如，带外动态范围实际上综合表征了接收机的动态范围和选择性。因此，接收机制造商很乐意向其客户提供这种夸大了的性能参数。

下文所定义的带内动态范围最大限度地反映了接收机非线性对接收机预选器通带内的期望信号与干扰信号之和的影响。该动态范围仍然取决于接收机各级之间选择性的分布以及决定其接收电平下界的接收机灵敏度。它也因倒易混频或虚假输出而降低。尽管存在这些局限性，但带内动态范围主要受非线性的影响，因此对其开展的理论分析可得到一些重要的实用结论。考虑到现代接收机的复杂度和工作模式的多样性，即便带内动态范围也需要用几个参数来描述。有些参数是比较通用的，而另一些参数是某种架构和/或工作模式所特有的。本节主要讨论两个最通用的参数。由于不同文献中使用的术语存在差异，首先给出其定义。

接收机在一个强干扰信号下的工作特性用单音动态范围（也称为截止或 1dB 增益压缩）来描述。下文将单音动态范围用 D_1 或 $D_{1,\,dB}$ 来表示，单位为 dB。它通常被定义为 1dB 压缩点与最小可检测信号之比。回想一下，1dB 压缩点是指输出信号比期望的线性响应值低 1dB 时的输入信号电平。目前，有几种技术能够在所需信号频谱完全被大干扰信号频谱覆盖时，实现可靠接收。实际上就是干扰抑制，如通过空域零陷的方式。然而，只有 D_1 足够大时，空域零陷和其他干扰抑制技术才能实现。

然而在大多数情况下，在宽带模拟及混合信号前端（AMF）中可能出现多个强干扰信号。即使其频谱与期望信号的频谱没有重叠，干扰信号可以通过模拟及混合信号前端非线性产生的互调产物，降低接收机的抗噪声能力。这样接收机性能用双音动态范围才能充分反映出来，双音动态范围是指输入两个相同电平的正弦信号接收机产生的互调产物电平等于接收机最小可检测信号时，其中一个正弦信号电平与接收机最小可检测电平之比。通常用三阶互调产物进行测量，用这种测量方法确定的双音动态范围用分贝表示时记为 D_3 或 $D_{3,\mathrm{dB}}$。如果使用二阶互调产物测量，双音动态范围用分贝表示时记为 D_2 或 $D_{2,\mathrm{dB}}$。在这两种情况下，双音动态范围可以等效地由三阶截点和二阶截点来描述。在基带数字化的数字接收机中，二阶和三阶互调产物都必须考虑。在带通数字化的接收机中，二阶互调产物的作用减弱，特别是当 f_s 最优，即满足式（3.16）时。当最优 f_s 满足 $f_s \geq 6B$ 时，其中 B 是信号带宽，二阶互调产物可忽略。

所有接收机动态范围的定义都是输入信号电平上下界的比值（通常以分贝表示）。下界由接收机灵敏度确定，该灵敏度等于或正比于接收机最小可检测信号。使用单音动态范围 D_1 时，文献[33]用几个数值例子澄清了限制上界的因素。让我们假设一个干扰信号在接收机预选器通带内但不在信道通带内，接收机输入阻抗、最小可检测信号电压和最小可检测信号功率分别为 $R_{\mathrm{in}} = 50\Omega$，$V_{\mathrm{MDS}} = 0.7\mu\mathrm{V} = 0.7 \times 10^{-6}\,\mathrm{V}$，$P_{\mathrm{MDS}} = \dfrac{V_{\mathrm{MDS}}^2}{R_{\mathrm{in}}} \approx 1 \times 10^{-14}\,\mathrm{W}$，此时接收机和 A/D 输入端的最大可接受干扰信号功率分别为

$$P_{\mathrm{ISmax}} = P_{\mathrm{MDS}} \cdot D_1 \text{ 和 } P_{\text{干扰信号maxA/D}} = P_{\mathrm{ISmax}} \cdot G_A = P_{\mathrm{MDS}} \cdot D_1 \cdot G_A \qquad (4.14)$$

式中，G_A 是接收机 A/D 前的模拟级的增益。对 $P_{\mathrm{MDS}} = 1 \times 10^{-14}\,\mathrm{W}$，表 4.1 给出了几个 $G_{A,\mathrm{dB}} = 10\log_{10} G_A$ 值时，作为 $D_{1,\mathrm{dB}}$ 函数的 P_{ISmax} 和 $P_{\mathrm{ISmaxA/D}}$。模拟及混合信号前端的功耗必须至少大于 $P_{\mathrm{ISmaxA/D}}$，并且接收机数字部分的计算负载可能也取决于 $P_{\mathrm{ISmaxA/D}}$，表 4.1 显示出对输入信号上界的最终限制是所允许的接收机功耗（或损耗）。对于给定上界，可以通过降低接收机最小可检测信号（即提高灵敏度）和/或 G_A 来提高动态范围。

表 4.1　干扰信号最大功率是动态范围的函数（$P_{\mathrm{MDS}} = 1 \times 10^{-14}\mathrm{W}$）

$D_{1,\mathrm{dB}}$	60	70	80	90	100	110	120	130	140
P_{ISmax},W	10^{-8}	10^{-7}	10^{-6}	10^{-5}	10^{-4}	10^{-3}	10^{-2}	10^{-1}	10^{0}
$P_{\mathrm{ISmaxA/D}}$, W($G_{A,\mathrm{dB}}$=20dB)	10^{-6}	10^{-5}	10^{-4}	10^{-3}	10^{-2}	10^{-1}	10^{0}	10^{1}	10^{2}
$P_{\mathrm{ISmaxA/D}}$, W($G_{A,\mathrm{dB}}$=40dB)	10^{-4}	10^{-3}	10^{-2}	10^{-1}	10^{0}	10^{1}	10^{2}	10^{3}	10^{4}
$P_{\mathrm{ISmaxA/D}}$, W($G_{A,\mathrm{dB}}$=60dB)	10^{-2}	10^{-1}	10^{0}	10^{1}	10^{2}	10^{3}	10^{4}	10^{5}	10^{6}

有种观点认为只有当接收机的内部噪声大于外部噪声时，提高接收机灵敏度才是合理的。这是不正确的。当接收机内部噪声低于外部噪声时，可以对接收机输入信号和外部噪声之和进行衰减，从而扩大动态范围（代价是信噪比会轻微下降）。如 4.2.2 节所述，G_A 应足以使

$N_q \ll N_A$，其中 N_q 和 N_A 分别是量化噪声和输入模拟级噪声的功率谱密度。不等式（4.11）～式（4.13）表明，f_s 和 $B_{a,f}$ 给定时，降低 G_A 会要求减少 A/D 量化步进 Δ。正如后文所述，这反过来需要减少抖动和其他由采样引起的负面效应。G_A 和 Δ 的下降还必须增加 A/D 位数来改善动态范围。

上述决定接收机动态范围主要限制因素的场景都很极端，因为假定了预选器通带内的干扰信号不能在采样器前被抑制或削弱。然而，接收机的抗混叠滤波器（通常也包括其他滤波器）的带宽比预选器窄。它们可以抑制或削弱一部分干扰信号，降低后续电路对动态范围的需求。

4.3.2　互调

在规划不合理的频段（例如短波频段），许多窄带干扰信号随期望信号进入模拟及混合信号前端。高干扰信号电平让模拟及混合信号前端的非线性效应更明显，引起多种效应导致信号接收质量下降，尤其是产生的互调产物是最主要因素。正如文献[6，7]的理论证明和实践应用所示，当模拟及混合信号前端的双音动态范围不够时，即使少量干扰信号在模拟及混合信号前端通带内也会产生很多互调产物，它们会产生一个互调产物的基底。事实上，尽管干扰信号的平均数量是随着预选器带宽的增加而线性增长的，但其组合产生的互调产物数量增长得更快，后文将详述。将互调产物基底与噪声基底相比较，噪声基底的功率谱密度在模拟及混合信号前端的通带内是均匀的，而互调产物基底的功率谱密度中间高而两边低。如图 4.4（a）所示，当模拟及混合信号前端的动态范围足够时，干扰信号的频谱与期望信号的频谱不重叠，因此可被接收机数字部分中的信道滤波器所抑制。当动态范围不够时[见图 4.4（b）]，互调产物会降低接收质量，使得弱信号无法接收。图 4.4（b）还显示，高互调产物基底使得模拟及混合信号前端通带内无法用射频频谱分析和识别方法来寻找未使用频率，从而让认知无线电无法工作。全景接收机中，高互调产物基底会阻碍低功率信号和扩频信号的检测。由于各个干扰信号的电平大小可以相差几个数量级，因此图 4.4 中使用对数坐标，后面的图也都如此。

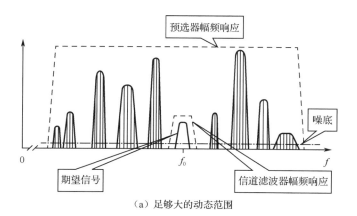

（a）足够大的动态范围

图 4.4　存在窄带干扰信号时接收窄带信号

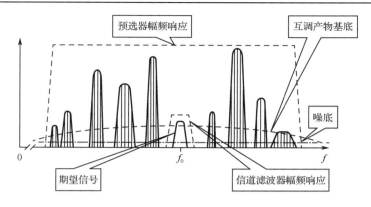

（b）动态范围不够

图 4.4　存在窄带干扰信号时接收窄带信号（续）

　　图 4.5 说明了存在窄带干扰信号时接收扩频信号必须有足够大的动态范围。图 4.5（a）中显示了期望的直序列扩频信号和 4 个窄带干扰信号的频谱，当模拟及混合信号前端动态范围足够大时，抑制干扰信号可以提高信号解调质量。图 4.5（b）表示由于动态范围不够大，高互调产物基底降低了解调质量，因为接收机可能识别不出全部干扰信号（如本例中的干扰信号 3），甚至被抑制的干扰信号也可能通过产生互调使解调质量下降。图 4.5 稍微进行了简化，主要是为了最佳解调只抑制了非常强的干扰信号。如果干扰信号的功率谱密度与期望信号相差不多时，需要根据信号类型、接收模式和干扰信号功率谱密度估计精度等因素通过一定的加权系数进行抑制。

4.3.2.1　接收机动态范围足够情况下的干扰信号抑制

　　假设干扰信号与内部噪声之和形成非白的高斯噪声（见附录 C），可推出干扰信号抑制滤波器在不同场景下传输函数的闭式表达式。如果非白高斯噪声和期望信号的功率谱密度在 1Ω 电阻时分别表示为 $N(f)$ 和 $|S(f)|^2$，线性滤波器的传输函数为 $H_1(f)$，置于解调器相关器或匹配滤波器前，其目的是最大化输出信噪比并最小化解调器的误码率[59]，则该传输函数为

$$H_1(f) = \frac{c}{N(f)} \exp(-j2\pi f t_0) \tag{4.15}$$

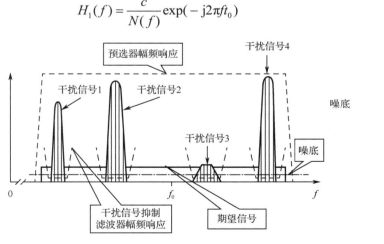

（a）足够的动态范围

图 4.5　存在窄带干扰信号时接收一个宽带直接序列扩频信号

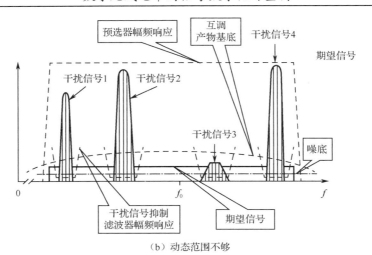

（b）动态范围不够

图 4.5　存在窄带干扰信号时接收一个宽带直接序列扩频信号（续）

在式（4.15）～式（4.17）中，c 是比例系数，t_0 是滤波器延迟；特定接收机和滤波器的这两个参数不尽相同。式（4.15）等价于式（2.1）。非白高斯噪声情况下，对功率谱密度为 $|S(f)|^2$ 的信号进行最小二乘平滑的线性滤波器传递函数 $H_2(f)$[60]为

$$H_2(f) = \frac{c|S(f)|^2}{|S(f)|^2 + N(f)} \exp(-\mathrm{j}2\pi f t_0) \tag{4.16}$$

比较式（4.15）和式（4.16）可知，式（4.16）的干扰抑制需求低于式（4.15）。其原因是对每个干扰信号的抑制也会使与它重叠的那部分信号频谱失真，当由干扰信号和抑制干扰信号所引起的失真达到平衡时，总的信号失真最小。

在直接序列扩频解调器中，码捕获跟踪时的干扰信号抑制最佳，与最优符号解调时的干扰信号抑制最佳，是有所不同的。$H_1(f)$ 是符号解调的最佳选择，但其干扰信号抑制使互相关函数过度失真，这样就降低了码捕获和跟踪的性能。基于文献[61，62]的结果，用于码捕获或跟踪的线性滤波器最优传递函数 $H_3(f)$ 为

$$H_3(f) = \frac{c|S(f)|^2}{G_{\mathrm{ps}}|S(f)|^2 + N(f)} \exp(-\mathrm{j}2\pi f t_0) \tag{4.17}$$

式中，G_{ps} 是码捕获或跟踪模式下的处理增益。由于 G_{ps} 减少了干扰信号引起的信号失真，但不能减少抑制干扰信号引起的失真，因此，$H_3(f)$ 对干扰信号的抑制甚至比 $H_2(f)$ 还小。这种方法对于声呐听水器和雷达接收机也是最佳的。只有当这些功能在时间上分离或者在不同信道并行实现时，同步和解调才能进行不同的滤波。否则，滤波器的传递函数将是折中的结果。

式（4.15）～式（4.17）对应于干扰信号和期望信号的功率谱密度准确已知的情况。然而，在实际情况下，它们是变化的（如由衰落引起），因此需要进行实时信道估计和自适应。当衰落比符号速率慢时，信道估计比解调更准确。很容易得到信道估计增益 G_e 等于信道相干时间与信道时延扩展之比。在式（4.15）中，$H_1(f)$ 并不取决于期望信号的频谱，但必须将具有此传递函数的滤波器放置在相关器或匹配滤波器之前，而其传递函数是由受通信信道影响的信号频谱决定的。当参数已知时，根据式（4.15）得到的干扰信号抑制参数是最佳的。然而，估

计这些参数需要在低信噪比的频率区间内进行更强的抑制，以消除它们对估计结果的影响[63]。当 $G_e > 10$ 时，不需要更强的抑制[64]。

接收机的数字部分中的干扰信号抑制滤波器可以有不同的实现方式。少数强窄带干扰信号可以用几个自适应 IIR 陷波器抑制。抑制宽带干扰信号和信道均衡可以用自适应 FIR 滤波器。通常选用具有自适应增益的滤波器组。任何实现方式都需要滤波器有足够的频率分辨率且模拟及混合信号前端具有足够大的动态范围。

4.3.2.2　非线性产物的类型

图 4.6 中的非线性信号接收路径的数学模型是最简单的（有时称为 Wiener-Hammerstein 模型），但基于此模型的分析结果与短波频段的实验数据很吻合。该模型中，宽带线性滤波器可以对应于预选器或抗混叠滤波器，这取决于信号路径中的哪个部分的非线性占主导作用。窄带线性滤波器对应于接收机数字部分中的信道滤波器。事实上，在接收机中可能有一个以上的信道滤波器，其通带可以位于宽带滤波器通带的任何位置。

图 4.6　接收机信号通道的简化数学模型

为了确定无记忆非线性元件对其输出电压 $V_{s2}(t)$ 的影响，让我们将 $V_{s2}(t)$ 展开为关于输入电压 $V_{s1}(t)$ 的幂级数：

$$V_{S2}(t) = \sum_{k=1}^{\infty} a_k V_{s1}^k(t) \tag{4.18}$$

式中，a_k 是幂级数的系数。当宽带线性滤波器的通带远大于干扰信号的平均带宽时，$V_{s1}(t)$ 可以近似为不同幅值 V_m、频率 f_m、相位 φ_m 的 M 个正弦波之和。

$$V_{s1}(t) = \sum_{m=1}^{M} V_m \sin(2\pi f_m t + \varphi_m) \tag{4.19}$$

这种近似可以看作是在一定的时间间隔内 $V_{s1}(t)$ 的傅里叶级数展开。从式（4.18）和式（4.19）得：

$$V_{S2}(t) = \sum_{k=1}^{\infty} a_k \left[\sum_{m=1}^{M} V_m \sin(2\pi f_m t + \varphi_m) \right]^k \tag{4.20}$$

$$a_1 \sum_{m=1}^{M} V_m \sin(2\pi f_m t + \varphi_m) \tag{4.21}$$

$$a_k \left[\sum_{m=1}^{M} V_m \sin(2\pi f_m t + \varphi_m) \right]^k, \quad k = 2, 3, \cdots \tag{4.22}$$

因此，除了式（4.21）是期望的线性输出项外，式（4.20）包含的其他项，即式（4.22）中的项都是非期望的非线性分量。动态范围越大，式（4.22）中的系数 a_k 就越小。理想的线性接收机中，当 $k \geq 2$ 时，$a_k = 0$。三角恒等式表明，式（4.22）中的每个产生互调产物的项，其频率是原始正弦波频率的组合，k 决定互调产物的最高阶数。k 越高，互调产物生成的信号种类就越多。通常，系数 a_k 随着 k 的增加而迅速减小。由于接收机只能容忍很小的非线性，低阶互调产物用于确定双信号动态范围，将在下面进行详细的分析。然而，高阶互调产物可以对接收机在恶劣射频环境中的性能进行更精确的评估，五阶互调产物已用于此目的[7]。

有两种具有正频率的二阶互调产物

$$f_{21} = f_i - f_j \text{和} f_{22} = f_i + f_j \tag{4.23}$$

其中 f_i 和 f_j 是原始正弦波的频率，i 和 j 是正整数，且满足下列条件：$1 \leqslant i \leqslant M$，$1 \leqslant j \leqslant M$ 和 $i \neq j$，式（4.22）中的二次指数项产生频率为 $2f_i$ 的二次谐波和直流分量。确实，$\sin^2(2\pi f_i t) = 0.5\{1 - \cos[2(2\pi f_i t)]\}$。二次谐波和直流分量可以认为是二阶互调分量在 $i=j$ 时的特例。二次互调分量的数量和幅度见表 4.2。

表 4.2　$M \geqslant 2$ 时二阶互调产物的特性

类型	$f_{21} = f_i - f_j$	$f_{22} = f_i + f_j$	直流分量	二次谐波
数量	$0.5M(M-1)$	$0.5M(M-1)$	M	M
幅度	$a_2 v_i v_j$	$a_2 v_i v_j$	$0.5a_2 v_i^2$	$0.5a_2 v_i^2$

有 4 种具有正频率的三阶互调产物：

$$f_{31} = 2f_i - f_j,\ f_{32} = f_i + f_j - f_1,\ f_{33} = 2f_i + f_j \text{和} f_{34} = f_i + f_j + f_1 \tag{4.24}$$

其中 f_i，f_j 和 f_1 是原始正弦波的频率，I、j 和 l 是正整数，且满足下列条件：$1 \leqslant i \leqslant M$，$1 \leqslant j \leqslant M$，$1 \leqslant l \leqslant M$ 和 $i \neq j \neq l$。前两类是差频的三阶互调产物，而后两类是和频的三阶互调产物。具有频率 f_{31} 的三阶互调产物可以看成是频率为 f_{32} 的三阶互调产物在 $i=j$ 时的特例。类似地，频率为 f_{33} 的三阶互调产物可以看成是频率为 f_{34} 的三阶互调产物在 $i=j$ 时的特例。

除 4 种三阶互调产物外，式（4.20）中的三次指数项项产生频率为 $3f_i$ 的三次谐波和与原正弦波频率相同的非线性产物（即初始频率失真（OFD））。确实，$\sin^3(2\pi f_i t) = 0.25\{3\sin(2\pi f_i t) - \sin[3(2\pi f_i t)]\}$。三次谐波和初始频率失真可以看成是三阶互调产物在 $i=j=l$ 时的特例。各种类型三阶互调产物的数量和幅度在表 4.3 中给出。

表 4.3　$M \geqslant 3$ 时三阶互调产物的特性

类型	$f_{31} = 2f_i - f_j$	$f_{32} = f_i + f_j - f_1$	$f_{33} = 2f_i + f_j$	$f_{34} = f_i + f_j + f_1$	三次谐波	初始频率失真
数量	$M(M-1)$	$M(M-1)(M-2)/2$	$M(M-1)$	$M(M-1)(M-2)/6$	M	M
幅度	$0.75a_3 v_i^2 v_j$	$1.5a_3 v_i v_j v_1$	$0.75a_3 v_i^2 v_j$	$1.5a_3 v_i v_j v_1$	$0.25a_3 v_i^3$	$0.75a_3 v_i^3$

通常，偶数阶非线性（k 是偶数）产生阶数不超过 k 的偶次互调产物的差频与和频、所有原始正弦波的偶次谐波（频率为 $2f_i, 4f_i, \cdots, kf_i$）和直流分量，而奇次非线性（k 是奇数）产生阶数不超过 k 的奇次互调产物的差频与和频、所有原始正弦波的奇次谐波（频率为 $3f_i, 5f_i, \cdots, kf_i$）和初始频率失真。如上所述，直流分量、谐波和初始频率失真可以被认为是互调产物的特例。表 4.2 和表 4.3 显示，当干扰信号数量不太多时，互调产物的数量大大超过干扰信号的数量，这验证了模拟及混合信号前端动态范围不够时互调产物基底的概念的正确性。

4.3.2.3　宽带滤波器通带内的互调产物

既然图 4.6 所示的窄带滤波器的通带可以位于宽带滤波器通带内的任何位置，因此根据带

宽 B_w 和中心频率 f_{w0} 之间的关系，确定哪些类型的互调产物会落在宽带滤波器的通带内是非常重要的。当 $f_{w0}/B_w > 1.5$ 时，任何阶的和频互调产物和谐波，以及二阶互调产物的差频项不会落在宽带滤波器通带内。f_{w0}/B_w 的进一步增加将防止高偶数阶互调产物的差频分量出现在通带内。具体来说，当 $f_{w0}/B_w > 2.5$ 时，四阶互调产物的差频项不会落在通带内，而当 $f_{w0}/B_w > 3.5$ 时，六阶互调产物的差频项就不会落在通带内。然而，奇数阶互调产物的差频项落在通带且与 f_{w0}/B_w 无关。满足条件 $f_{w0} \gg B_w$ 就仅仅需要考虑奇数阶互调产物的差频项。模拟及混合信号前端的差分结构可以显著抑制偶数阶互调产物。对于此类模拟及混合信号前端，条件 $f_{w0}/B_w > 3.5$ 通常足以忽略所有偶数阶的互调产物，仅需考虑采样前的奇数阶互调产物的差频项。当差分级平衡性很好时，满足条件 $f_{w0}/B_w > 1.5$，就只需考虑采样前的奇数阶互调产物的差频项。

抗混叠滤波可以抑制在其之前所产生的带外互调产物，而不能抑制在其之后产生的带外互调产物。通过采样，这些互调产物会落在所需的信号频谱内。的确，采样将模拟信号 $-\infty < f < \infty$ 的整个频率轴映射到离散时间的 $-0.5f_s < f < 0.5f_s$ 内。该映射将模拟信号具有频率 f_i 的频谱分量变换到频率

$$f_{i1} = f_i - f_s \mathrm{floor}\left(\frac{f_i}{f_s} + 0.5\right) \tag{4.25}$$

将无限的频率轴映射到相对小的区域会增加互调产物的密度。幸运的是，只需要考虑低阶互调产物。根据式（4.25），频率为 f_i 的模拟正弦波的第 k 次谐波的频率经采样后为

$$f_{ki1} = kf_i - f_s \mathrm{floor}\left(\frac{kf_i}{f_s} + 0.5\right) \tag{4.26}$$

根据式（4.26），二阶和三阶互调产物的频率经采样后变为

$$f_{211} = (f_i - f_j) - f_s \mathrm{floor}\left(\frac{f_i - f_j}{f_s} + 0.5\right) \tag{4.27}$$

$$f_{221} = (f_i + f_j) - f_s \mathrm{floor}\left(\frac{f_i + f_j}{f_s} + 0.5\right) \tag{4.28}$$

$$f_{311} = (2f_i - f_j) - f_s \mathrm{floor}\left(\frac{2f_i - f_j}{f_s} + 0.5\right) \tag{4.29}$$

$$f_{321} = (f_i + f_j - f_l) - f_s \mathrm{floor}\left(\frac{f_i + f_j - f_l}{f_s} + 0.5\right) \tag{4.30}$$

$$f_{331} = (2f_i + f_j) - f_s \mathrm{floor}\left(\frac{2f_i + f_j}{f_s} + 0.5\right) \tag{4.31}$$

$$f_{341} = (f_i + f_j + f_l) - f_s \mathrm{floor}\left(\frac{f_i + f_j + f_l}{f_s} + 0.5\right) \tag{4.32}$$

所有其他类型互调产物的公式也可用类似方法得到。

因此，在抗混叠滤波前，能落入宽带滤波器通带内的互调产物的种类和数量是由比值 f_{w0}/B_w 决定的，能落入宽带滤波器通带内的互调产物的种类和数量取决于抗混叠滤波后 f_{w0}、B_w 和 f_s 之间的关系。当 f_s 最佳[即满足式（3.16）]且采样由采样保持放大器实现时，则奇数

阶互调产物的和频和差频项都落入接收机数字部分的通带，符合式（4.29）～式（4.32）。基于采样定理直接解释的采样过程（见第 5 章）可避免或减少通带内的奇数阶互调产物的和频项。通带内偶数阶互调产物的数量随着下列约束条件的增加而减少：$f_{w0}/B_w > 6$ 可以阻止二阶互调产物出现在接收机数字部分的通带内，$f_{w0}/B_w > 10$ 阻止二阶和四阶互调产物出现在接收机数字部分的通带内，$f_{w0}/B_w > 14$ 阻止二阶、四阶和六阶互调产物出现在接收机数字部分的通带内。

4.3.3　短波接收机所需的动态范围

在文献[4]之前，在规划不合理的频段内选择接收机动态范围的唯一建议就是"动态范围越大越好"。虽然这一说法没问题，但更大的动态范围需要更高成本。显然，干扰信号的强度越大，接收机模拟及混合信号前端的带宽越大，所需动态范围就越大。由于多数实际情况下互调产物是降低接收机性能的主要因素，因此我们的目标是推导出最小所需双音动态范围的闭式公式。文献[4]解决了短波接收机的这一问题，文献[6, 7, 10]给出了动态范围不足时，给定预选器带宽和干扰信号统计特征情况下三阶和五阶互调产物的电平，文献[33]建议将文献[4]中的方法推广到其他频段。

下面，我们简要讨论确定最小所需双音动态范围的方法。为此，首先选择接收信号通道与干扰信号的数学模型以及动态范围的充分性准则。数字接收机的结构多级、架构多类和干扰信号的多样，使得确定动态范围成为一个复杂的问题。因此，只有简化数学模型和准则才能得到闭式解。简化会让得到的公式不精确。然而，如果使用得当，对于确定接收机指标和估计其在不同射频环境中的性能而言，精度足够。此外，闭式的近似可以更容易地通过仿真来获得特定架构接收机性能的更精确结果与运行条件。

图 4.6 中的接收机信号通道模型是反映选择性和非线性的最简单模型。接收机各模块中的选择性和非线性有各种不同的分配方法，使得模型的精度取决于能否正确识别出主要引起非线性的那一级。在数字接收机中，数字化电路的非线性通常占主导地位。这样，宽带滤波器表示模拟及混合信号前端级前的总选择性（软件定义无线电和认知无线电中的模拟及混合信号前端通常是宽带的），窄带滤波器表示接收机数字部分的数字滤波的总选择性，它主要由信道滤波器决定（它也可能取决于用来寻找未使用频率和/或最强干扰信号频率的频谱分析仪的选择性）。由于期望信号是模拟及混合信号前端通带中的众多信号中的一个，因此假设窄带滤波器带宽等于干扰信号平均带宽 B_a 是合理的。简单起见，假定宽带和窄带滤波器都具有矩形幅频响应和线性的相频响应。

如前节所述，近似非线性成分的幂级数系数 a_k 随 k 的增大而减小。由于动态范围的上限对应于一个相对较小的非线性，非线性成分可以近似为一个相当短的幂级数。当 f_s 最优，$f_s/B_w \geqslant 4$，$f_{w0}/B_w > 3.5$，并且模拟及混合信号前端具有差分结构时（大多数带通数字化的接收机满足这些条件），只有一次项和三次项很大。如果在采样过程中抑制三阶互调产物的和频项（例如，由采样器根据采样定理的直接解释进行采样），只有频率 f_{311} 和 f_{321} [见式（4.29）和式（4.30）]互调产物落入窄带滤波器的通带内。这些互调产物用于计算短波接收机最小所需的动态范围[4]。

若宽带滤波器的通带比干扰信号平均带宽宽得多（即 $B_w \gg B_a$），则通带内干扰信号的功

率谱密度是频率 f 和时间 t 的二维随机函数 $N(f,t)$，在短时间间隔内（短波频段为 ～200ms）$N(f,t)$ 可视为具有频率相关带宽 B_a 的时不变平稳随机函数 $N(f)$。由于 $N(f)$ 在任何频率上的值是由许多独立或弱相关且具有相似方差的乘性因子决定的，如发射机的功率差异、与接收机的距离、干扰信号带宽、传播条件和发射天线的种类及方向图，根据中心极限定理（见附录 C），$N(f)$ 的概率分布接近对数高斯分布。短波频段 $N(f)$ 的实验测量结果与该假设相符。

后面的假设进一步简化了干扰信号的统计模型。我们将宽带滤波器通带 B_w 划分为 n 个基本频率区间，每个区间的带宽等于干扰信号平均带宽 B_a。这些区间可以视作窄带滤波器通带的潜在位置。进一步假设干扰信号可视作正弦波，因为 $B_a \ll B_w$，每个区间只能出现一个干扰信号，出现概率为 P_0，在不同区间的干扰信号相互独立，如上所述，其功率分布是对数高斯分布的，因此，电压为：

$$W(V_{\mathrm{IS,\,dB}}) = \frac{\exp\left[-(V_{\mathrm{IS,\,dB}} - \mu)^2/2\sigma^2\right]}{\sqrt{2\pi}\sigma} \qquad (4.33)$$

其中，$W(V_{\mathrm{IS,\,dB}})$ 是干扰信号用相对于 $1\,\mu\mathrm{V}$ 的分贝表示时的概率密度函数，而 μ 和 σ 也是用分贝表示的概率密度函数的参数。当干扰信号具有对数高斯分布时，其互调产物也具有对数高斯分布，分布的参数可以根据表 4.2 和表 4.3 第三行的公式计算。干扰信号的简化模型如图 4.7 所示。

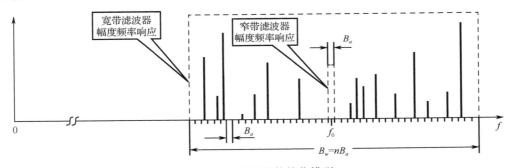

图 4.7　干扰信号的简化模型

显然，当动态范围足够大时，干扰出现在某个基本区间的概率仅取决于干扰信号的统计特性。同时，如上文及图 4.4 和图 4.5 所示，若动态范围明显高于期望信号、干扰信号与噪声之和（通常干扰信号是该和的主要项），则即使有较多干扰信号，也只会在模拟及混合信号前端通带内产生互调产物基底。这样，互调产物出现在所有基本区间内。当干扰达到上限时，互调产物只出现在几个基本区间。这样，有一种情况是超过接收机最小可检测电平的差频三阶互调产物的个数是模拟及混合信号前端通带内干扰信号平均个数的一小部分 θ 时，表示干扰信号超过了动态范围的上限。θ 越小，实际接收机越接近理想的线性接收机。虽然 θ 的选择好像是主观的，但当在 $0.05 < \theta < 0.25$ 的范围内选择时并无明显差别。此时可从该不等式导出所需的最小双音动态范围 D_3 或 $D_{3,\,\mathrm{dB}}$（见 4.3.1 节）的闭式解：

$$p_{31}n_{31} + p_{32}n_{32} \leqslant \theta n_{\mathrm{IS}} \qquad (4.34)$$

式中，n_{IS}、n_{31} 和 n_{31} 分别是模拟及混合信号前端带宽内的平均干扰信号个数（频率为 f_{31} 和 f_{32} 的差频三阶互调产物），p_{31} 和 p_{32} 是频率为 f_{31} 和 f_{32} 的三阶互调产物超过接收机最小可检测电平（设 $V_{\mathrm{MDS}}=1\mu\mathrm{V}$）的概率，从文献[4]可知：

$$n_{\mathrm{IS}}=np_0, \quad n_{31}=0.5n(n-1)p_0^2, \quad n_{31}=\frac{n(n-1)(n-2)p_0^3}{3} \tag{4.35}$$

$$p_{31}=0.5\left\{1-\Phi\left[\frac{1.34(D_{3,\mathrm{dB}}-\mu)}{\sigma}\right]\right\}$$

$$p_{32}=0.5\left\{1-\Phi\left[\frac{1.73(D_{3,\mathrm{dB}}-\mu-2)}{\sigma}\right]\right\} \tag{4.36}$$

式中，

$$\Phi(x)=\frac{2}{\sqrt{2\pi}}\int_0^x \exp\left(\frac{-t^2}{2}\right)\mathrm{d}t \tag{4.37}$$

将式（4.35）～式（4.37）代入式（4.34），可得

$$\frac{[4(p_{31}-2p_0p_{32})-21.3(0.667p_0^2p_{32}-0.5p_0p_{31}-\theta)p_{32}]^{0.5}+4p_0p_{32}-2p_{31}}{2.67p_{32}p_0}\geq n \tag{4.38}$$

式（4.38）取等号时得到最小所需的 $D_{3,\mathrm{dB}}$。用式（4.35）～式（4.38）对不同 n、p_0 和 μ 进行计算，得到的 $D_{3,\mathrm{dB}}$ 如图 4.8 所示[5]。

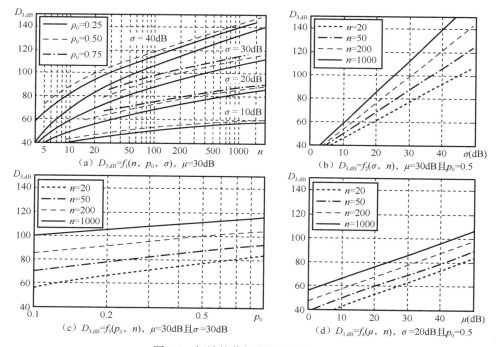

图 4.8　短波接收机所需的最小 $D_{3,\mathrm{dB}}$

即使经过上述所有简化，$D_{3,\mathrm{dB}}$ 的闭式表达式作为 n、p_0 和 μ 的函数仍太过复杂。仅在 $n>40$ 且 $p_0>0.1$ 时，可获得足够精确的 $D_{3,\mathrm{dB}}$ 闭式解近似值[5]。当 $\theta=0.2$ 时，该近似值为

$$D_{3,\mathrm{dB}}=\{[0.72-0.185\log_{10}(10p_0)]\log_{10}n+0.14+\log_{10}(10p_0)\}\sigma+\mu+2 \tag{4.39}$$

虽然式（4.36）～式（4.39）是针对 $V_{\mathrm{MDS}}=1\mu\mathrm{V}$ 时推导出的，但对其他 V_{MDS} 可以重新校准。注意，接收机所需动态范围多数情况下取决于 $n\geq5$ 时的互调产物。当 $n<5$ 时，取决于模拟及

混合信号前端通带内出现的强干扰信号。

若二阶互调产物未落在模拟及混合信号前端通带内，则只需确定 $D_{3,\mathrm{dB}}$。否则，需计算 $D_{3,\mathrm{dB}}$ 和 $D_{2,\mathrm{dB}}$。该方法可以求取最小所需 $D_{2,\mathrm{dB}}$，$D_{2,\mathrm{dB}}$ 的表达式比 $D_{3,\mathrm{dB}}$ 的简单。由文献[32]可知：

$$\mathrm{IP}_{n,\mathrm{dBm}} = \frac{nD_{n,\mathrm{dB}}}{n-1} + \mathrm{MDS}_{\mathrm{dBm}} \tag{4.40}$$

将 $D_{3,\mathrm{dB}}$ 和 $D_{2,\mathrm{dB}}$ 表示成对应的截点：

$$\mathrm{IP}_{2,\mathrm{dBm}} = 2D_{2,\mathrm{dB}} + \mathrm{MDS}_{\mathrm{dBm}} \tag{4.41}$$

$$\mathrm{IP}_{3,\mathrm{dBm}} = 1.5D_{3,\mathrm{dB}} + \mathrm{MDS}_{\mathrm{dBm}} \tag{4.42}$$

虽然用三阶幂级数近似接收机的非线性足以确定所需的最小 $D_{3,\mathrm{dB}}$ 和 $D_{2,\mathrm{dB}}$，但对给定动态范围的接收机的性能估计需要更高阶幂级数。例如，文献[7]中使用了五阶幂级数来估计。

上述方法可在干扰信号统计特性已知时用于确定工作于其他过度拥挤频段的接收机所需的最低动态范围。然而，尽管没有精确的计算，但本节证实了接收机所需的最小动态范围至少与模拟及混合信号前端带宽和干扰信号的强度近似成正比。

4.4　数字接收机中的数字化

4.4.1　基带数字化

下文介绍接收机输入信号的基带数字化，4.4.2 节将讨论其带通数字化。图 4.9 中框图所示的基带数字化包括：①将输入带通实值信号 $u_{\mathrm{in}}(t)$ 转换为零频率，同时形成模拟基带等效复数信号 $Z_{\mathrm{in}}(t)$ 的 I、Q 分量 $I_{\mathrm{in}}(t)$，$Q_{\mathrm{in}}(t)$；②分别采样 $I_{\mathrm{in}}(t)$、$Q_{\mathrm{in}}(t)$ 得到 $I_1(nT_{s1})$、$Q_1(nT_{s1})$，将 $Z_{\mathrm{in}}(t)$ 表示为离散时间形式 $Z_1(nT_{s1})$；③分别量化 $I_1(nT_{s1})$、$Q_1(nT_{s1})$ 得到 $I_{q1}(nT_{s1})$、$Q_{q1}(nT_{s1})$，用 $I_{q1}(nT_{s1})$、$Q_{q1}(nT_{s1})$ 生成 $U_{\mathrm{in}}(t)$ 的数字基带复数等效表示 $Z_{q1}(nT_{s1})$；④用抽取滤波器（见附录 B）降低 $I_{q1}(nT_{s1})$、$Q_{q1}(nT_{s1})$ 的采样率得到用 $I_{q2}(mT_{s2})$、$Q_{q2}(mT_{s2})$ 表示的 $Z_{q2}(mT_{s2})$。前 3 步在模拟及混合信号前端中进行，第 4 步在数字处理部分中执行。需要降采样是因为模拟抗混叠滤波器的过渡带较宽，通道 A/D 的采样率 $F_{s1} = 1/T_{s1}$ 会选得较高，但是数字处理部分要在尽可能小的采样率下进行信号处理以更有效地使用数字处理部分的硬件。

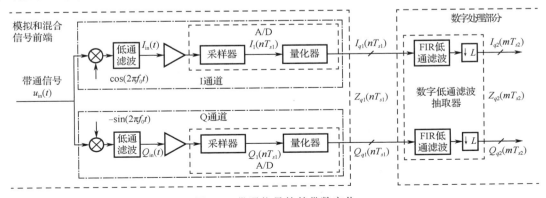

图 4.9　带通信号的基带数字化

当接收机数字部分中数字抽取滤波器期望采用具有平坦幅频响应和线性相频响应时，通常采用实值系数的 FIR 滤波器进行降采样，将复值抽取滤波器简化为两个完全相同的实值 FIR 滤波器。如果降采样因子 $L = f_1/f_2$ 等于 2 或 2 的幂，则可以用半带滤波器或级联的半带滤波器进行抽取滤波（见式 B.4）。当采用数字抽取滤波器也用于补偿模拟及混合信号前端中信号的线性失真时，其系数也可以是复值，由 4 个实值低通滤波器组成。

图 4.10 显示了在基带数字化过程中的信号频谱变换以及抗混叠和抽取滤波器所需的幅频响应。图 4.10（a）描绘了 $U_{in}(t)$ 的幅度谱 $|S_{in}(f)|$。除中心频率为 f_0 的期望信号 $u(t)$ 的频谱 $|S(f)|$ 外，还包含 3 个干扰信号的幅度谱。图 4.10（b）中的 $Z_{in}(t)$ 的幅值谱 $|S_{Zin}(f)|$ 包括 $u(t)$ 的模拟基带复值等效 $Z(t)$ 和这些干扰信号的幅值谱。当 $Z(t)$ 的幅度谱 $|S_Z(f)|$ 位于具有幅频响应 $|H_{a.f}(f)|$ 的抗混叠滤波器通带内时，两个干扰信号的谱位于滤波器过渡带内且第三个干扰信号的谱在滤波器的阻带内。

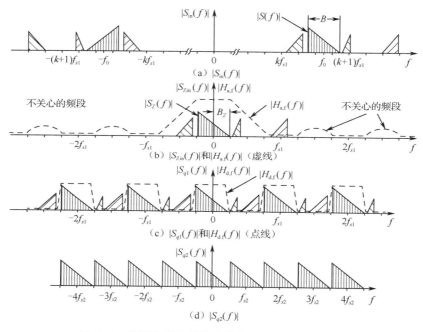

图 4.10 带通信号基带数字化的幅度谱和幅频响应

如 3.3.1 节所述，基带信号（如 $S_{Zin}(t)$）的采样导致其谱 $|S_{Zin}(f)|$ 出现重复，根据式（3.13），采样器输出端的离散时间信号 $Z_1(nT_{s1})$ 的谱 $SS_{d1}(f)$ 是频率的周期函数，周期为 f_{s1}。因此，$|H_{a.f}(f)|$ 必须抑制 $S_{Zin}(f)$ 采样后会重复出现的频率区间内的噪声和干扰信号，该频率区间为

$$[kf_{s1} - B_Z, \quad kf_{s1} + B_Z] \tag{4.43}$$

式中，$B_Z = 0.5B$（见图 4.10），k 是任意非 0 整数。式（4.43）中各频率区间之间的缝隙是"不关心"频带（见 3.3 节），理论上说，没有必要抑制这些频带中的噪声和干扰信号，它们可以在数字处理部分被抑制。然而，用抗混叠滤波器削弱这些频带内的干扰信号可以降低量化器和随后的数字信号处理对量化器分辨率的要求。传统的模拟滤波器不利用这些不关心频带，但基于直接和混合使用采样原理（见第 5 章和第 6 章），这些频带可增加抗混叠滤波器和内插滤波器的效率。

图 4.10（c）显示了 $Z_{q1}(nT_{s1})$ 的幅度谱 $|S_{q1}(f)|$ 和数字抽取 FIR 滤波器的幅频响应 $|H_{d.f}(f)|$。图中，位于抗混叠滤波器阻带的干扰信号已经被抑制且处于过渡带的干扰信号被减弱。当 A/D 精确量化时，$|S_{q1}(f)|$ 几乎与离散时间复值等效信号 $Z_1(nT_{s1})$ 的幅度谱 $|S_{d1}(f)|$ 是一致的。数字抽取滤波器抑制降采样后 $S_{zin}(f)$ 重复出现的那些频率区间的噪声和干扰信号。$Z_{q2}(nT_{s2})$ 的幅度谱 $|S_{q2}(f)|$ 如图 4.10（d）所示。很容易注意到 $L=2$ 和 $|H_{d.f}(f)|$ 对应图 4.10 中的半带滤波器的幅频响应。如 B.4 节所示，半带滤波器显著减少了抽取滤波器的运算负担。

4.4.2　带通数字化

在数字接收机中，带通信号的带通数字化可以在射频或中频进行。如图 4.11 所示，它包括以下步骤：①用带通滤波器对输入的带通实值信号 $u_{in}(t)$ 进行抗混叠滤波；②采样得到离散时间信号 $u(nT_{s1})$；③对 $u(nT_{s1})$ 进行量化，产生实值的数字带通信号 $u_q(nT_{s1})$；④将 $u_q(nT_{s1})$ 变换到零频率的同时得到等效数字基带复信号 $Z_{q1}(nT_{s1})$ 的 I、Q 分量 $I_{q1}(nT_{s1})$ 和 $Q_{q1}(nT_{s1})$；⑤用抽取滤波器（见附录 B）对 $I_{q1}(nT_{s1})$ 和 $Q_{q1}(nT_{s1})$ 降采样得到用 $I_{q2}(mT_{s2})$、$Q_{q2}(mT_{s2})$ 表示的 $Z_{q2}(mT_{s2})$。步骤④和步骤⑤实际上是结合在一起的，因为 $Z_{q1}(nT_{s1})$ 和降采样都用了抽取低通滤波器。带通数字化比基带数字化需要更多的数字处理。模拟及混合信号前端处理的主要挑战是采样，带通信号比基带信号的采样更复杂。在图 4.11 中，由于需要具有平坦的幅频响应和线性相频响应，复值抽取低通滤波器被简化为两个完全一样的实值 FIR 低通滤波器。

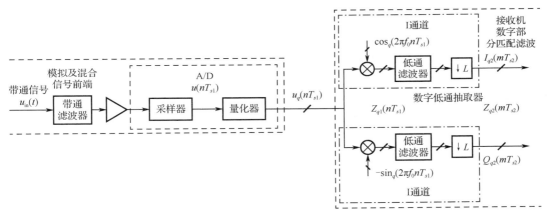

图 4.11　带通信号的带通数字化

图 4.12 显示了在带通数字化期间的信号频谱变换以及抗混叠和抽取滤波器所需的幅频响应。图 4.12（a）给出了 $u_{in}(t)$ 的幅度谱 $|S_{in}(f)|$ 和抗混叠带通滤波器的幅频响应 $|H_{a.f}(f)|$。除了中心频率为 f_0 的期望 $u(t)$ 信号的频谱 $|S(f)|$ 外，$|S_{in}(f)|$ 还包括两个在抗混叠带通滤波器阻带内的干扰信号的幅度谱，因此它们会被抗混叠带通滤波器抑制。抗混叠带通滤波器的作用是抑制有用信号的频谱 $|S(f)|$ 经采样后重复出现的那些频率区间内的噪声和干扰信号。$u_q(nT_{s1})$ 的幅度谱 $|S_q(f)|$ 如图 4.12（b）所示。如果 A/D 的量化精确，它几乎与离散时间信号 $u(nT_{s1})$ 的幅度谱 $|S_d(f)|$ 相同。图 4.12（c）给出了 $Z_{q1}(nT_{s1})$ 的幅度谱 $|S_{q1}(f)|$ 和数字抽取低通滤波器的幅频响应 $|H_{d.f}(f)|$。$Z_{q2}(mT_{s2})$ 的幅度谱 $|S_{q2}(f)|$ 在图 4.12（d）中给出。如最后的频谱图所示，$Z_{q2}(mT_{s2})$ 可进一步被抽取。

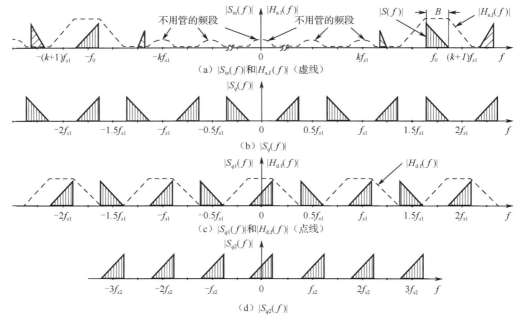

图 4.12　带通信号带通数字化的幅度谱和幅频响应

图 4.12 中的频谱图对应于满足式（3.16）的最佳采样频率 f_s。这样，如果 $\cos_q(2\pi f_0 nT_{s1})$ 和 $\sin_q(2\pi f_0 nT_{s1})$ 采用合适的初相，则其值可以只等于 $+1$、0 和 -1，如图 3.12 所示。对于图 4.11 中的框图，这意味着 $u_q(nT_{s1})$ 乘以 $\cos_q(2\pi f_0 nT_{s1})$ 和 $-\sin_q(2\pi f_0 nT_{s1})$ 可以简化为在 I 通道对于 $u_q(nT_{s1})$ 的奇数采样点置 0 而偶数采样点改变符号。在 Q 通道偶数采样点置 0 而奇数采样点改变符号。该运算在图 4.13 用符号切换器和多路分配器完成，它表示了 4.11 的框图在采用最佳采样频率 f_s 且 $L=2$ 时的正交变换。符号切换器周期性地（周期 $4T_{s1} = 2T_{s2}$）改变数字采样序列对（由奇数采样点和偶数采样点组成）的符号，而多路分配器将偶数采样点送入 I 通道，将奇数采样点送入 Q 通道，这样，进入每个通道采样点的采样频率为 $f_{s2} = 0.5f_{s1}$。

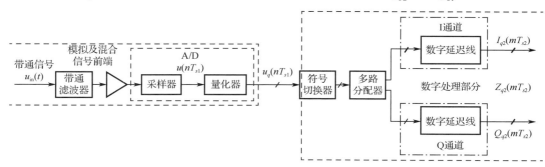

图 4.13　采用最佳 f_s 的带通信号带通数字化

此时，Q 通道的采样相对 I 通道的采样延迟 $T_{s1} = 0.5T_{s2}$。将采样对表示成同一时刻的 I、Q 分量可以简化数字处理部分的处理过程。这可以在 I、Q 通道的低通滤波器的输出得到。当低通滤波器的是半带滤波器（见 B.4），I 通道的半带滤波器变成了与其中心抽头对应的数字延迟线，这是因为其他非零抽头处的采样送入了 Q 通道，而 Q 通道的半带滤波器则变成了内插 FIR

低通滤波器，它包括了原始半带滤波器中除了中心抽头外的所有非零系数。

　　在本节的频谱图中，抗混叠滤波器的通带等于期望信号的带宽，并且在期望信号的带宽内没有干扰信号。实际情况往往不是这样。例如，在频率复用的接收机中，抗混叠滤波器的通带可以比任何信号的信道宽得多。许多干扰位于期望信号的频谱内，特别是扩频信号。这意味着不仅在抗混叠滤波器前需要高动态范围，在其后亦需要。

4.4.3　数字化技术与模拟混合及信号前端（AMF）架构的比较

　　由于接收机数字部分输入端的带通信号数字化可以使用基带或带通技术进行，因此必须对其进行比较。在图 4.9、图 4.11 和图 4.13 中的框图显示，在模拟域和时间离散域中，基带数字化需要单独的 I、Q 通道，而在这些域中，带通数字化只需要一个通道。具体而言，基带数字化需要两个 A/D，而带通数字化只需要一个。然而，如果抗混叠滤波器的过渡带相同，则用于带通数字化的 A/D 的采样率是用于基带数字化的 A/D 的采样率的两倍。实际上，带通信号的单边带宽是复值等效信号带宽的两倍（见图 4.10 和图 4.12）。此外，使用传统的采样保持放大器在高的 f_0 很难获得精确的采样，并且最好的抗混叠滤波器（例如，晶体滤波器、机电滤波器、陶瓷滤波器、声表面波滤波器、体声波滤波器）缺乏灵活性且不能与集成电路技术兼容。基于混合或采样定理直接解释（见第 5 章）的采样方法可以减少或消除带通数字化的这些缺陷。

　　基带数字化的缺陷有许多的根本原因。首先，模拟信号频谱的基带位置[比较图 4.10（b）中的 $|S_z(f)|$ 和图 4.12（a）中的 $|S(f)|$）位置]使得直流偏置、闪烁噪声以及更大功率和更多数量的互调产物不可避免。其次，在模拟域和时间离散域中分离的 I 和 Q 通道（见图 4.9）无法避免 I、Q 失衡。自适应补偿可以降低直流偏置和 I、Q 失衡，但增加了接收机的复杂度和成本。

　　因此，带通数字化与重构（见 3.3.3 节）在数字无线电方面更有前途。这也符合数字无线电发展的主要趋势：增加在数字域的功能，而减少模拟域的功能（分别将图 3.6 和图 4.9 与图 3.9 和图 4.11 比较）。

　　如 4.2.3 节所述，数字接收机中的模拟及混合信号前端必须实现：天线耦合、预放大和/或衰减、预滤波（包括抗混叠滤波）、采样和量化。它们通常完成与 AGC 相关的功能，并且可以根据其体系架构完成其他操作（如变频）。这些架构取决于接收机数字化技术，但并非完全由其决定。模拟及混合信号前端的主要目的是为接收机输入信号数字化创造最佳条件。最广泛使用的模拟及混合信号前端架构的简化框图如图 4.14 所示。

　　在直接变换（零中频）模拟及混合信号前端架构中（见图 4.14（a）），射频链将接收机输入信号进行预滤波和放大后，然后变换到基带同时形成 I 和 Q 分量。本振产生的对应于信号射频频率 f_r 的 $\cos(2\pi f_r t)$ 和 $-\sin(2\pi f_r t)$ 可以在接收机射频频率范围内调谐。低通滤波器提供了信号 I 和 Q 分量的抗混叠滤波，而 A/D 完成采样和量化功能，信道滤波在数字处理部分中进行。

　　该架构（与图 4.14 中的其他架构相比）的主要优点是：便于集成电路实现，对 A/D 要求低，低通滤波器带宽可调整。因此，采用这种模拟及混合前端架构的接收机具有更高的灵活性，更小的尺寸、重量和更低的成本。然而，零中频结构不仅保留了基带数字化的所有缺点（如 IQ 失衡、直流偏置、闪烁噪声以及最大数量和功率的互调产物），而且它们中的许多缺点更加恶化。例如，在接收机的整个工作频率范围内实现 I、Q 失衡最小化比在单一频率下实现更困难。另一个问题是通过天线的本振泄露造成对其他接收机的干扰，并且会造成模拟及混合信号前端的直流偏置。

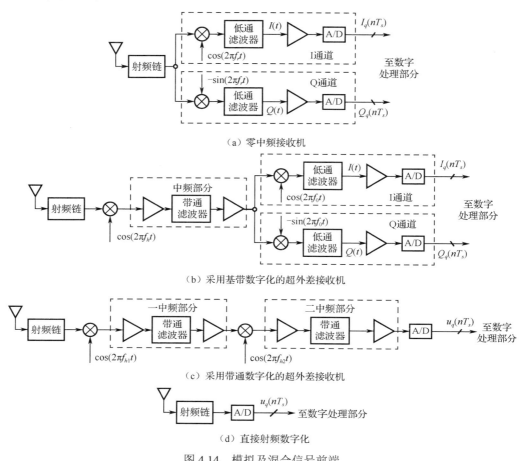

图 4.14   模拟及混合信号前端

    图 4.14（b）所示采用基带数字化的超外差模拟及混合信号前端架构中，输入信号在射频链中进行镜频抑制和预放大后被变换到中频 f_0。抗混叠滤波器工作在 f_0 可以使用高选择性的带通滤波器。然后信号变换到基带并形成其 I 和 Q 分量。由于本振频率与射频频率不同，这种架构解决了本振泄露的问题。由于采用了高选择性的带通滤波器，如晶体滤波器、机电滤波器、陶瓷滤波器、声表面波滤波器、体声波滤波器，它可以提供更好的抗混叠滤波性能。然而，抗混叠性能的提高是以牺牲灵活性和降低集成规模为代价的，因为带通滤波器不能改变其参数且与集成电路技术也不兼容。这种结构还稍微降低了闪烁噪声和直流偏置的影响，因为在零频处的增益较低。还可缓解 I、Q 失衡，因为信号的 I 和 Q 分量由在一个恒定频率 f_0 处得到。互调产物仍然功率很高和数量很大。

    图 4.14（c）显示了采用带通数字化的超外差模拟及混合信号前端架构的一个例子。在这个例子中，模拟及混合信号前端有两次变频。第一中频选择得足够高，以简化镜频抑制并减少虚假响应的数量，而第二中频（更低）主要旨在简化数字化过程。两次变频还将模拟及混

合信号前端的第一中频链和第二中频链的增益进行了分配。将接收信号变换到基带并形成等效复值在接收机数字部分实现。如第 4.2.1 节所述，这种架构从罗克韦尔·柯林斯的 HF-2050 开始就用于绝大多数短波数字接收机中，且第一中频选择在高于短波频段处。虽然晶体滤波器和螺旋谐振器（用于马可尼 H2550 中）最初使用在第一中频处，后来出现的声表面波谐振滤波器更适合。超外差模拟及混合信号前端架构的带通数字化消除了 I、Q 失衡，直流偏置和闪烁噪声。它也最小化了在信号频谱中的互调产物的功率和数量。

最初，该架构存在的主要问题是在相对高的最后一级中频进行数字化比较困难，因此提出了低中频架构以降低对 A/D 的需求。然而，使用低中频很难抑制镜频。虽然就后一个问题提出了若干解决办法（例如使用双正交变换器），但 A/D 技术的进步让这种架构的优势大打折扣。基于采样定理的混合或直接解释实现的采样（见第 5 章）消除了对低中频架构需求。目前，采用超外差模拟及混合信号前端架构进行带通数字化的主要缺点是其灵活性低和与集成电路技术不兼容。然而，基于采样定理混合或直接解释的采样可以消除或减少这些缺点。

图 4.14（d）中直接射频数字化架构的明显优势是几乎所有的信号处理都在接收机数字部分执行，它提供了最高的精度和灵活性。然而，与图 4.14（c）中的架构相比，该架构大大提高了对模拟抗混叠带通滤波器、A/D 和数字处理设备的需求。的确，目前很难设计具有阻带抑制足够大和过渡带足够窄的集成可调谐抗混叠带通滤波器。如前所述，更宽的带通滤波器通带需要更高的接收机动态范围（相应地包括 A/D 动态范围）。由于要在数字域进行调谐频率，对数字处理设备的要求也提高了。虽然基于采样定理的混合或直接解释进行采样有助于解决该架构中的许多问题，但它并不能完全取代带通数字化的超外差架构。后者对于更高频段或多频段工作的接收机来说，可能是最好的选择。

4.5　高能效信号的解调

4.5.1　采用直接序列扩频的 DBPSK 信号解调

正如 3.4 节所述，减少发射机数字部分中信号的峰均比可以简化这些信号的重构，并提高了数字发射机的功率利用率。并在 3.4.1 节对几种这样的调制技术进行了描述和分析。下文介绍和仔细分析 3.4.1 节所述信号的解调，并在 4.5.2 节讨论 3.4.2 节所述 AQ-DBPSK 信号的解调。该部分内容还阐述了在 4.2.3 节概述过的接收机数字部分的信号处理。

如 3.4.1 节所述，BPSK 作为一种二进制调制，在加性高斯白噪声信道中，对于给定的 P_b，有一个最小的 E_b 需求值。其主要问题是初相模糊，这可以通过采用 DBPSK 和其他几种技术来解决。DBPSK 简单，并且 DBPSK 采用非相干解调代替 BPSK 相干解调所引起的能量损失不大，因而得到广泛应用。在四进制调制技术中，QPSK 在给定 P_b 下有一个最小的 E_b 需要值。由于 DQPSK 的相对复杂，且 DQPSK 采用非相干解调代替 QPSK 相干解调会带来较高的能量损失，因此 DQPSK 使用的较少。因此，当可以采用相干解调时，在 I、Q 通道中使用 QPSK 或两个独立 BPSK 代替 DQPSK。

QPSK 和双 BPSK 信号发射机功率利用率较低，这是因为其在抑制频谱的旁瓣后产生了高峰均比。在信号 I 和 Q 分量之间偏移半个符号可以降低峰均比，简化了信号的重构并提高了发射机的功率利用率。当调制后采用直接序列扩频时，发射机的功率利用率不再取决于调制而取决于扩频，因此，在 I 通道和 Q 通道中的信号之间应偏移半个码片而非半个符号。图 3.15 所示是具有直接序列扩频的双独立 DBPSK 调制器的输出信号，当发射的 I 通道和 Q 通道所采用的伪随机序列是正交或准正交时，可采用相干和非相干解调。

在解调器的输入端，加性高斯白噪声信道中的接收信号的数字基带复值等效信号 $Z_{rq}(nT_s)$ 可以用其 I 和 Q 分量表示：

$$Z_{rq}(nT_s) = V_{Irq}(nT_s) + jV_{Qrq}(nT_s) \tag{4.44}$$

式中，$V_{Irq}(nT_s)$ 和 $V_{Qrq}(nT_s)$ 是多比特数字，其下标 r 和 q 分别表示接收和量化后的值。DBPSK 根据第 k 和第（$k-1$）个符号的相位差来发射数据，相位差等于 0 度时发射 0，相位差等于 180 度时发射 1。公式为：

$$s_1(t) = \begin{cases} s_0 \sin(2\pi f_0 + \Psi_0) & 0 < t \le T_b \\ s_0 \sin(2\pi f_0 + \Psi_0) & T_b < t \le 2T_b \end{cases} \text{和}$$

$$s_2(t) = \begin{cases} s_0 \sin(2\pi f_0 + \Psi_0) & 0 < t \le T_b \\ s_0 \sin(2\pi f_0 + \Psi_0 \pm \pi) & T_b < t \le 2T_b \end{cases} \tag{4.45}$$

式中，Ψ_0 是初相。

图 4.15 显示了具有两个具有直接序列扩频的双独立 DBPSK 信号相干解调器的框图。它由两个相同通道的解调器组成，一个通道处理 $V_{Irq}(nT_s)$，另一个通道处理 $V_{Qrq}(nT_s)$。两个通道共用的模块只有伪随机序列产生和同步模块（该模块在图 4.15 中没有描述）。I 和 Q 通道的根升余弦滤波器和图 3.15 中调制器中的根升余弦滤波器联合使用减少了符号间干扰（ISI）。采样选择器在每个码片中间进行采样，乘法器和后续的积分器使用相应的伪随机序列对 $V_{Irq}(nT_s)$ 和 $V_{Qrq}(nT_s)$ 进行解扩。每个差分译码器由延迟 T_b 的多比特数字存储器和数字乘法器组成，用如下规则进行运算：

$$\alpha_1 = \beta_1, \quad \alpha_k = \beta_k \times \beta_{k-1}, \quad k \ge 2 \tag{4.46}$$

初始化时应该在每个译码器的存储器中写入 1。需注意，本节的公式和图中，n 是采样值的序号，而 k 是符号的序号。每个解调器通道的判决级在软判决时既使用正负号也使用 α_k 的幅度，而硬判决时只使用正负号。如果调制器中 I、Q 通道的信号引入的半个码片的偏移，则在解调器中需要进行补偿（图 4.15 中未反映该补偿）。

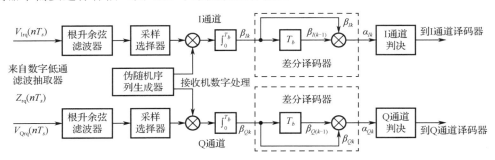

图 4.15　两路独立的具有直接序列扩频的 DBPSK 相干解调

如第 3.4.1 节所述，在调制器的 I 和 Q 通道中使用正交伪随机序列可以用两路独立 DBPSK 进行非相关解调。此外，当扩频因子 $G_{ps} \ge 16$ 时，I、Q 通道间的半个码片偏移不会明显降低正交性。确实，偏移后每半个码片的正交性也得以保留，在另半个码片内，序列间的互相关很低。应此，当每个符号内的码片数足够大时，I、Q 通道间的信号是准正交的。

图 4.16 为两路独立的具有直接扩频的 DBPSK 非相干解调框图。类似于图 4.15 的相干解调器，它包括两个相同的解调器，分别处理所发射的 I 和 Q 通道的信号。输入信号 $V_{\mathrm{Irq}}(nT_s)$ 和 $V_{\mathrm{Qrq}}(nT_s)$ 进入两个解调器。由于送到不同的解调器是正交或准正交的本地伪随机序列（是发射 I 和 Q 通道所用序列的拷贝），因此每个解调器在解扩过程中会选出其所需的发射信号。每个解调器中差分译码器输出信号之和与图 4.15 中解调器的差分译码器输出信号以同样方式处理。

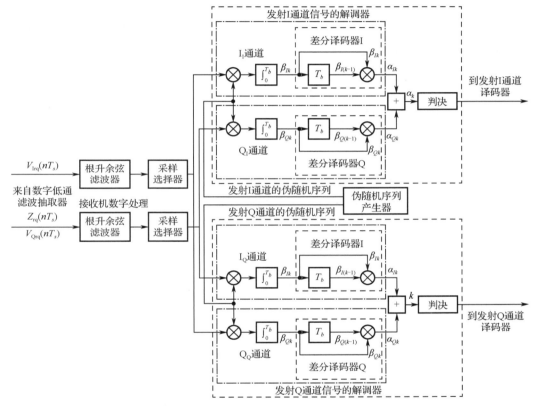

图 4.16 两路独立的具有直序列扩频的 DBPSK 非相干解调

通常，无扩频调制的 I、Q 信号分量偏移半个符号和具有直序列扩频调制的 I、Q 信号分量偏移半个码片，是能量高效型信号降低峰均比的有效方法。选择具有直序列扩频的两个独立 DBPSK 来解释和说明发射机和接收机数字处理部分的信号处理运算是因为其相对简单。

4.5.2 AQ-DBPSK 信号的解调

如 3.4.2 节所述，由于 AQ-DBPSK 信号相邻符号间相位变化只有 ±90°，因此比 BPSK、DBPSK 和 QPSK 信号具有更低峰均比。减小峰均比可提高发射机的功率利用率并简化发射机的信号重构[65~68]。给定 P_b 情况下，AQ-DBPSK 和 DBPSK 所需 E_b 相同，因为其都根据相位差等于 0° 或 180° 来传输数据。更好地利用发射机功率使 AQ-DBPSK 比 DBPSK 的能量更高效。相对于相干解调（与 OQPSK、MSK、GMSK 和其他具有低峰均比、高能效信号相比）和频率不变解调（对于接收机和对应发射机之间有较大频率偏移的信道这很重要），AQ-DBPSK 能够以最小能量损失实现非相干解调，并且比其他技术能更快捕获信号。

下面，首先讨论高斯加性白噪声信道的 AQ-DBPSK 解调，然后讨论接收机和发射机之间信道的频率偏移。

AQ-DBPSK 信号中，二进制 0 和 1 分别表示为：

$$s_1(t) = \begin{cases} S_0 \sin(2\pi f_0 t + \Psi_0) & 0 < t \leqslant T_b \\ S_0 \sin(2\pi f_0 t + \Psi_0) & 2T_b < t \leqslant 3T_b \end{cases}$$

$$s_2(t) = \begin{cases} S_0 \sin(2\pi f_0 t + \Psi_0) & 0 < t \leqslant T_b \\ S_0 \sin(2\pi f_0 t + \Psi_0 + \pi) & 2T_b < t \leqslant 3T_b \end{cases} \tag{4.47}$$

式中，Ψ_0 是初相，由于 DBPSK 和 AQ-DBPSK 承载数据的符号持续时间分别是 T_b 和 $2T_b$，与 DBPSK 相比，图 4.17 中的高斯加性白噪声信道 AQ-DBPSK 最佳非相干解调器仅仅是在差分译码器的延迟较大。此处，数字基带复值等效 $Z_{rq}(nT_s)$ 用其 I 和 Q 分量 $V_{Irq}(nT_s)$ 和 $V_{Qrq}(nT_s)$ 表示，它们是接收到的 AQ-DBPSK 信号与噪声之和。这里假设每个符号的采样点数是一个常整数。

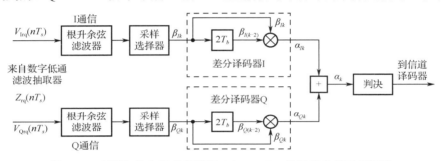

图 4.17　高斯加性白噪声信道下 AQ-DBPSK 的最优非相干解调器

AQ-DBPSK 调制器[见图 3.16（a）和 3.17（a）]联合使用根升余弦滤波器和根升正弦滤波器来降低符号间干扰并对接收信号进行匹配滤波。采样选择器在每个符号的中间提取样本并将其发送到相同奇偶符号的差分译码器。每个译码器由具有 $2T_b$ 延迟的多比特数字存储器和数字乘法器组成。译码器根据如下规则将序列 $\{\beta_{Ik}\}$ 和 $\{\beta_{Qk}\}$ 分别转换为 $\{\alpha_{Ik}\}$ 和 $\{\alpha_{Qk}\}$

$$\alpha_1 = \beta_1, \quad \alpha_2 = \beta_2, \quad \text{和} \quad \alpha_k = \beta_k \times \beta_{k-2}, \quad \text{对于} \ k \geqslant 3 \tag{4.48}$$

在初始化时，应该将两个 1 写到每个译码器的存储器中，乘法器的输出为

$$\alpha_k = \alpha_{Ik} + \alpha_{Qk} \tag{4.49}$$

对于软判决，解调器的判决级使用 α_k 的正负号和幅度，对于硬判决只使用正负号。因为 AQ-DBPSK 和 DBPSK 都用相位变化 0° 或 180° 来传输信息，对于每个给定能量的每个符号，信号间的欧氏距离相同，其解调器本质上一样。差分译码器的不同延迟仅是补偿了编码器的不同时延（将图 3.15 中的差分编码器与图 3.16 和图 3.17 中的差分编码器进行比较）。但 AQ-DBPSK 比 DBPSK 具有更高的抗噪声能力，因为它更好地利用了发射机的功率。

最佳非相干 AQ-DBPSK 解调器与最佳非相干 DBPSK 解调器相比，对接收机与发射机之间频率偏差的容忍度更低，这是因为其数据传输符号之间的延迟是 DBPSK 的两倍（但其对频率偏差的容忍度仍然高于 DQPSK）。虽然这在描述解调技术时是一个缺点，但 AQ-DBPSK 在接收机与发射机存在大频率偏差的信道内，可采用最快信号捕获和可靠接收的频率不变解调。

它采用的方法类似于 Y. Okunev 在 20 世纪 60 年代初[69]提出并随后在许多文献中（[69,70]）深入讨论的二阶 DBPSK。二阶 DBPSK 和 AQ-DBPSK 的频率不变解调器在补偿接收机和发射机之间频率偏差上同样有效，但 AQ-DBPSK 信号更好地利用了发射机功率。这种补偿包含每三个连续的符号。当信息仅由第一和第三符号之间的相位差承载时，第一与第二符号以及第二与第三符号之间的相位差也用于频率偏移补偿和消除第二符号对解调结果的影响。

AQ-DBPSK 所有相邻符号之间的相移都满足 $\xi = \pm 90°$，使其频率不变解调比二阶 DBPSK 更复杂。以下 4 个假设简化了 AQ-DBPSK 频率不变解调的解释且不失一般性：①解调器输入信号的初相在中心频率 f_0 处为零；②所有相位的运算都以 360° 取模；③ $f_0 T_b = m$，其中 m 为整数；④本振不稳定和/或多普勒频移引起的调制器和解调器之间的频率偏移 Δf 至少在三个连续符号期间是常数。第一个假设对于对信号初相不敏感的解调器是合乎逻辑的，第二个假设是合理的，因为对任何三角函数 $F(\theta)$，都有 $F(\theta \pm 2\pi) = F(\theta)$，最后两个假设符合大多数实际情况。第一个假设允许将三个连续的 AQ-DBPSK 符号写为

$$\begin{cases} \theta_k = 2\pi f_0 t + \varphi_k \\ \theta_{k+1} = 2\pi f_0 (t + T_b) + \varphi_{k+1} + \zeta \\ \theta_{k+2} = 2\pi f_0 (t + 2T_b) + \varphi_{k+2} \end{cases} \tag{4.50}$$

式中，k 是符号序号，φ_k、φ_{k+1} 和 φ_{k+2} 的值决定于所发射的数据，只能等于 0° 或 180°。ζ 的符号不重要，因为其对 θ_{k+1} 的影响在解调结果中已消除：

$$\theta_{k+2} - \theta_k = 4\pi f_0 t + \varphi_{k+2} - \varphi_k \tag{4.51}$$

根据第二和第三个假设，式（4.51）可以写为

$$\theta_{k+2} - \theta_k = \varphi_{k+2} - \varphi_k \tag{4.52}$$

在存在频率偏差 Δf 时，3 个相同连续带通符号的相位为

$$\begin{cases} \theta_k = 2\pi (f_0 + \Delta f) t + \varphi_k \\ \theta_{k+1} = 2\pi (f_0 + \Delta f)(t + T_b) + \varphi_{k+1} + \zeta \\ \theta_{k+2} = 2\pi (f_0 + \Delta f)(t + 2T_b) + \varphi_{k+2} \end{cases} \tag{4.53}$$

式（4.53）中第（$k+2$）和第 k 个符号间的相位差为

$$\theta_{k+2} - \theta_k = 4\pi \Delta f T_b + \varphi_{k+2} - \varphi_k \tag{4.54}$$

比较式（4.54）和式（4.52）表明，当奇数和偶数符号像图 4.17 那样分别处理时，Δf 会引起解调结果的失真。下面讨论几种解调算法，它们使用偶数符号来补偿 Δf 对奇数符号的影响或用奇数符号补偿 Δf 对偶数符号的影响。

第一种算法包括 3 个步骤。第一步，第（$k+1$）个符号的相移 $\xi = \pm 90°$。如果被连续使用，则 ζ 的符号并不重要。这样，式（4.53）中的 θ_{k+1} 转换为：

$$\theta_{k+1} = 2\pi (f_0 + \Delta f)(t + T_b) + \varphi_{k+1} + \zeta + \xi \tag{4.55}$$

第二步，分别用式（4.53）和式（4.55）计算相位差 $\Delta\theta_{k+1}$ 和 $\Delta\theta_{k+2}$：

$$\Delta\theta_{k+1} = \theta_{k+1} - \theta_k = 2\pi \Delta f T_b + (\varphi_{k+1} + \zeta + \xi) - \varphi_k \tag{4.56}$$

$$\Delta\theta_{k+2} = \theta_{k+2} - \theta_{k+1} = 2\pi \Delta f T_b + \varphi_{k+2} - (\varphi_{k+1} + \zeta + \xi) \tag{4.57}$$

虽然式（4.56）和式（4.57）仍然包含有 Δf 的项，但在二阶差分中会消除：

$$\Delta\theta^{(2)} = \Delta\theta_{k+2} - \Delta\theta_{k+1} = \varphi_{k+2} + \varphi_k - 2(\varphi_{k+1} + \zeta + \xi) \tag{4.58}$$

第三步，由于 φ_k、φ_{k+1}、φ_{k+2} 和 $\zeta + \xi$ 只能等于 0° 或 ±180°，且相位运算是以 360° 为模

（这意味着+180°和-180°相等），因此：

$$\Delta\theta^{(2)} = \Delta\theta_{k+2} - \Delta\theta_{k+1} = \varphi_{k+2} + \varphi_k = \varphi_{k+2} - \varphi_k \tag{4.59}$$

此结果不受 Δf 和 φ_{k+1} 影响。

第一种算法在第一步将每第（$k+1$）个符号移相 $\xi = \pm 90°$，第二种算法是每个延迟符号移相。因此，第二步计算的相位差为

$$\Delta\theta_{k+1} = \theta_{k+1} - \theta_k = 2\pi\Delta f T_b + \varphi_{k+1} - \varphi_k + \zeta - \xi \tag{4.60}$$

$$\Delta\theta_{k+2} = \theta_{k+2} - \theta_{k+1} = 2\pi\Delta f T_b + \varphi_{k+2} - \varphi_{k+1} - \zeta - \xi \tag{4.61}$$

第三步得到的二阶差分为

$$\Delta\theta^{(2)} = \Delta\theta_{k+2} - \Delta\theta_{k+1} = \varphi_{k+2} + \varphi_k - 2\varphi_{k+1} - 2\zeta = \varphi_{k+2} - \varphi_k \pm \pi \tag{4.62}$$

比较式（4.59）和式（4.62）可知，第二种算法输出信号的符号与第一种算法输出信号的符号相反。第二种算法如图 4.18（a）中的框图所示。解调器输入端的数字带通信号 $u_{rq}(nT_s)$ 是期望信号和噪声的加性混合物。框图显示，加减带通实值信号的相位需要将这些信号相乘并将乘积积分。这里 I、Q 通道积分器的输出值 $V_{Irq}(nT_s - 2T_b)$ 和 $V_{Qrq}(nT_s - 2T_b)$ 分别是差分译码器的输入样本 $\beta_{I(k-2)}$ 和 $\beta_{Q(k-2)}$。

将 90°移相器从具有延时 T_b 的第一个数字存储器输入端移到其输出端，则可将第二种算法转换为第三种算法，其框图如图 4.18（b）所示。该算法省略了第一步，在第二步中，计算相邻符号的一阶相差的同时用自相关从 $u_{rq}(nT_s)$ 生成 I 和 Q 分量。

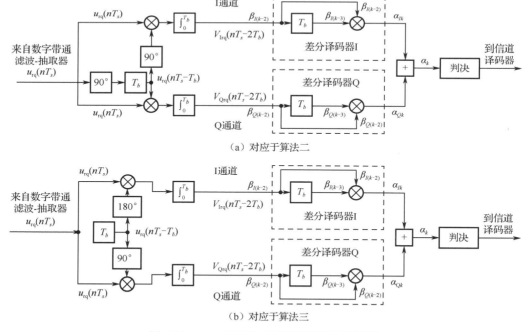

（a）对应于算法二

（b）对应于算法三

图 4.18　AQ-DBPSK 的带通频率不变解调器

在大多数接收机数字处理部分中，解调器输入端信号与噪声之和已等效为复值基带 $Z_{rq}(nT_s)$ [见式（4.44）]。为了推导出实现第二种算法的 AQ-DBPSK 基带频率不变解调器结构。我们先确定 $Z_{rq}(nT_s)$ 几种运算的结果。$Z_{rq}(nT_s)$ 一个符号的延迟可生成：

$$Z_{rq}(nT_s - T_b) = V_{Irq}(nT_s - T_b) + jV_{Qrq}(nT_s - T_b) \tag{4.63}$$

每个延迟符号的 $\pm90°$ 相移等于将 $Z_{rq}(nT_s - T_b)$ 乘以 $\pm j$:

$$\pm jZ_{rq}(nT_s - T_b) = \pm[-V_{Qrq}(nT_s - T_b) + jV_{Irq}(nT_s - T_b)] \tag{4.64}$$

在算法的第二步计算一阶相位差需要将乘积 $[\pm jZ_{rq}(nT_s - T_b)]^* Z_{rq}(nT_s)$ 在区间 $[t, t+T_b]$ 进行积分，也就是将序号从 n_1 到 $n_2 = n_1 + n_b - 1$ 的所有采样点相加，其中 n_1 是在 $[t, t+T_b]$ 的第一个采样点，$n_b = T_b/T_s$。因此:

$$\beta_{k-2} = \sum_{n=n_1}^{n_2} \{(\pm jZ_{rq}[(n-n_b)T_s])^* Z_{rq}(nT_s)\}$$

$$= \mp j\sum_{n=n_1}^{n_2} \{Z_{rq}^*[(n-n_b)T_s]Z_{rq}(nT_s)\} = \beta_{I(k-2)} + j\beta_{Q(k-2)} \tag{4.65}$$

式中，

$$\beta_{I(k-2)} = \mp \sum_{n=n_1}^{n_2} \{V_{Qrq}[(n-n_b)T_s] \cdot V_{Irq}(nT_s) - V_{Irq}[(n-n_b)T_s] \cdot V_{Qrq}(nT_s)\} \tag{4.66}$$

$$\beta_{Q(k-2)} = \mp \sum_{n=n_1}^{n_2} \{V_{Irq}[(n-n_b)T_s] \cdot V_{Irq}(nT_s) + V_{Qrq}[(n-n_b)T_s] \cdot V_{Qrq}(nT_s)\} \tag{4.67}$$

由于 β_{k-2} 的相位是第 $(k-1)$ 和第 $(k-2)$ 个输入符号的一阶相位差，因此，β_{k-2} 和 β_{k-3} 的二阶相位差如下计算:

$$\beta_{k-3}^* \beta_{k-2} = [\beta_{I(k-3)}\beta_{I(k-2)} + \beta_{Q(k-3)}\beta_{Q(k-2)}] + j[\beta_{I(k-3)}\beta_{Q(k-2)} - \beta_{Q(k-3)}\beta_{I(k-2)}] \tag{4.68}$$

式（4.68）中乘积的相位是二阶相位差，在没有噪声和失真时只能取 $0°$ 或 $180°$，因此，只需计算乘积的实部即可:

$$\alpha_k = \beta_{I(k-3)}\beta_{I(k-2)} + \beta_{Q(k-3)}\beta_{Q(k-2)} \tag{4.69}$$

图 4.19 所示为基带频率不变 AQ-DBPSK 解调器框图。在此每个延迟符号的相移为 $\pm90°$，将 $\pm jZ_{rq}(nT_s - T_b)$ 的复共轭变换可以简化为将 $V_{Irq}(nT_s - T_b)$ 和 $V_{Qrq}(nT_s - T_b)$ 进行交换，这是因为，根据式（4.62），式（4.66）和式（4.67）中求和前的符号可忽略。解调器中包括积分器和右边全部模块都与图 4.18 的解调器一样。

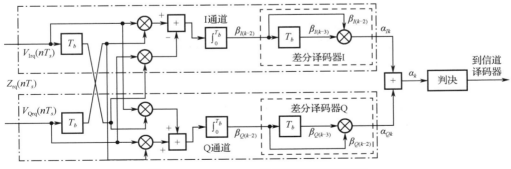

图 4.19 AQ-DBPSK 基带频率不变解调器

图 4.18 和图 4.19 中的 AQ-DBPSK 解调器相比图 4.17 的解调器的频率不变性是以牺牲在加性高斯白噪声信道中的噪声抑制能力为代价的，这是由于算法对这些信道而言非最优且增

加了输入滤波器带宽所致。频率偏移和加性高斯白噪声信道中，$\Delta f \geq 1/(6T_b)$ 时，频率不变解调器比无频率同步的最优非相干解调器具有更高的抗噪声能力。

在加性高斯白噪声信道中，最好在调制器和解调器之间分配符号成形滤波，如图 3.16（a）、图 3.17（a）和图 4.17 中所示的根升余弦滤波器。在发射机和接收机频率偏差较大的信道中，如果不使用频率同步，这种滤波就会失真。这样，符号成形滤波应该只在调制器中进行。特别是，图 3.16（a）和图 3.17（a）所示 AQ-DBPSK 调制器中的根升余弦滤波器应该替换为升余弦滤波器。数字信号处理的灵活性可以为不同的应用场景调整符号成形滤波。AQ-DBPSK 相比 DBPSK 的峰均比降低程度取决于 AQ-DBPSK 调制器中符号成形滤波器的类型和参数。当采用滚降系数在 0.1～0.25 之间的根升余弦或升余弦滤波器时，峰均比降幅略大于 3dB，使发射机的功率利用率提高一倍。从扩频 BPSK 变为扩频 AQ-BPSK 也是如此。

由于没有相位同步，非相干解调器的同步比相干解调器更快、更简单。然而在无线电通信的本振稳定性不够和/或多普勒频移很大的情况下非相干解调器仍需要频率同步。频率不变解调器即使在这种情况下也不需要频率同步。同时，由于符号间转换具备规律性、高速率的特点，AQ-DBPSK 可实现最快的符号捕获。同样，扩频 AQ-BPSK 的伪码捕获速度最快。符号或码片之间转换的规律性和最高速率的负面影响在于，非授权接收机更容易确定符号和码速率。

4.6　小结

数字无线电发展最重要的第一步是出现相对较宽带宽和高动态范围的短波数字接收机。射频信号数字化与重构的主要原理、接收机数字部分和发射机数字部分中的处理方法，以及最初为这些无线电系统开发的许多数字信号处理程序，后来也用于了通信、广播、导航、雷达和电子战等其他领域。

在 20 世纪 70 年代和 20 世纪 80 年代，研究了与数字无线电有关的三个相互联系的选择：①选择基带数字化与重构还是选择带通数字化与重构；②选择采样保持放大器（SHA）还是选择跟踪保持放大器（THA）；③用数字信号的瞬时值还是用其 I、Q 分量来表示信号。数字无线电的进步正是由于正确地选择①和③而得到快速发展，但是错误地选择②中的采样保持放大器而阻碍了数字无线电的发展。

技术的进步增加了在接收机数字部分中可实现的功能的数量，并使信号数字化更加接近天线。然而，天线耦合、预放大和/或衰减、初始滤波（包括抗混叠滤波）、采样和量化仍在模拟及混合信号前端中完成。

在具有中低传输功率的双工或半双工通信系统中，将发射机和接收机合并成收发信机可催生许多优势，这是因为可以共享电路和机柜。数字收发信机具有模拟收发信机不具备的一些能力和工作模式。例如，它能实现全双工模式，即同频、同时、使用同一天线进行收发。

接收机的性能体现在几个特征上，尽管通用特征是接收机引起的信道吞吐量降低。虽然这种降低充分反映了接收质量，但没有使用，因为其统计意义上的可靠测量实际上是不可能的，并且不能说明吞吐量降低的原因，因此无法确定改进的方法。

接收机的灵敏度、选择性、动态范围、倒易混频和虚假输出直接或间接地受到数字化质量的影响。

实现接收机灵敏度最大化的必要条件包括：降低接收机输入级噪声系数；由非理想抗混叠滤波和干扰引起的量化噪声和干扰的总功率密度；模拟及混合信号前端增益在各级之间的合理选择和分配。

模拟及混合信号前端通带内存在干扰信号，这就要求高动态范围和高品质 AGC。动态范围反映了接收机在存在非期望强干扰信号时获取弱信号的能力。带内动态范围最大限度地反映了存在期望信号和干扰信号时接收机的非线性特性。

当模拟及混合信号前端带宽接近干扰信号平均带宽时，在干扰信号较强的情况下，单音动态范围是可靠接收的最好特征。当模拟及混合信号前端带宽显著超过干扰信号平均带宽时，双音动态范围更充分地体现出这种可靠性。

对输入信号上限的最终限制是可允许的接收机功耗（或耗散）。对于给定的上界，可以通过提高接收机灵敏度来提高动态范围。

了解干扰信号的统计特性可以导出计算最小所需动态范围的公式。这种用于短波接收机的公式表明，该动态范围至少与模拟及混合信号前端的带宽和干扰信号的强度成正比。

数字化电路是限制接收机动态范围的瓶颈，因为其输入端模拟信号的功率最大，开发接在它前面的模拟电路比开发数字化电路的经验更多，并且接收机数字部分几乎可以支持任何所需的动态范围。

除了高动态范围外，接收机的数字化电路应该具有高灵活性和与集成电路技术的兼容性，目前集成电路技术还无法集成最佳带通抗混叠滤波器。许多射频信道中，对接收机数字化电路的要求更多的是取决于干扰信号的统计参数，而非所需信号。

为了提高接收机动态范围，数字化电路前各级不能明显超过式（4.11）～式（4.13）所确定的最小所需增益，并且最好能降低量化噪声、非理想抗混叠滤波和采样所引起干扰的总功率谱密度。

接收机输入信号的带通数字化比基带数字化优势明显，基于采样定理混合或直接解释的采样扩大了这些优势。超外差（带通数字化）和直接射频数字化的模拟及混合信号前端架构优势最明显且最符合当前技术发展趋势。

本章所讨论的高能效信号解调对所有调制技术（见第 3 章）进行了阐述，这些调制技术简化了信号重构并提高了数字发射机的功率利用率。本部分还阐述了接收机数字部分的信号处理方法。

参考资料

[1] Stephenson, A. G., "Digitizing Multiple RF Signals Requires an Optimum Sampling Rate," *Electronics*, Vol. 45, No. 7, 1972, pp. 106-110.

[2] Chiffy, F. P., and B. E. Bjerede, "Communication Receivers of the Future," *Signal*, Vol. 30,No. 3, 1975, pp. 16-21.

[3] Poberezhskiy, Y. S., "Equations for HF Receiver with Digital Heterodyning" (in Russian), *Commun. Technol.*, TRC, No. 2, 1975, pp. 3-15.

[4] Poberezhskiy, Y. S., "Determining the Relationship Between Preselector Bandwidth and Required Dynamic Range of an HF Receiver" (in Russian), *Commun. Technol.*, *TRC*, No. 6, 1976, pp. 56-65.

[5] Poberezhskiy, Y. S., "Digital Short-Wave Radio Receivers," *Telecommun. and Radio Engineering*, Vol. 32/33, No. 5, 1978, pp. 72-78.

[6] Poberezhskiy, Y. S., and M. N. Sokolovskiy, "Influence of Intermodulation Noise on Reception Noise Immunity in the SW Band," *Telecommun. and Radio Engineering*, Vol. 33/34, No. 12, 1979, pp. 91-93.

[7] Poberezhskiy, Y. S., and M. N. Sokolovskiy, "The Effect of Fifth-Order Intermodulation Interference on Reception Noise Immunity in the Decameter Band," *Telecommun. And Radio Engineering*, Vol. 47, No. 11, 1992, pp. 119-123.

[8] Poberezhskiy, Y. S., "Gating Time for Analog-to-Digital Conversion in Digital Reception Circuits," *Telecommun. and Radio Engineering*, Vol. 37/38, No. 10, 1983, pp. 52-54.

[9] Poberezhskiy, Y. S., "Digital Radio Receivers and the Problem of Analog-to-Digital Conversion of Narrow-Band Signals," *Telecommun. and Radio Engineering*, Vol. 38/39, No. 4, 1984, pp. 109-116.

[10] Poberezhskiy, Y. S., *Digital Radio Receivers* (in Russian), Moscow, Russia: Radio & Communications, 1987.

[11] Poberezhskiy, Y. S., and M. V. Zarubinskiy, "Sample-and-Hold Devices Employing Weighted Integration in Digital Receivers," *Telecommun. and Radio Engineering*, Vol. 44, No. 8, 1989, pp. 75-79.

[12] Poberezhskiy, Y. S., and G. Y. Poberezhskiy, "Optimizing the Three-Level Weighting Function in Integrating Sample-and-Hold Amplifiers for Digital Radio Receivers," *Radio and Commun. Technol.*, Vol. 2, No. 3, 1997, pp. 56-59.

[13] Rader, M., "A Simple Method for Sampling In-Phase and Quadrature Components," *IEEE Trans. Aerosp. Electron. Syst.*, Vol. AES-20, No. 6, 1984, pp. 821-824.

[14] Zarubinskiy, M. V., and Y. S. Poberezhskiy, "Formation of Readouts of Quadrature Components in Digital Receivers," *Telecommun. and Radio Engineering*, Vol. 40/41, No. 2, 1986, pp. 115-118.

[15] Mitchell, R. L., "Creating Complex Signal Samples from a Band-Limited Real Signal," *IEEE Trans. Aerosp. Electron. Syst.*, Vol. 25, No. 3, 1989, pp. 425-427.

[16] Anderson, T., and J. W. Whikohart, "A Digital Signal Processing HF Receiver," *Proc. Third Int. Conf. Commun. Syst. & Techn.*, London, U.K., February 26-28, 1985, pp. 89-93.

[17] Groshong, R., and S. Ruscak, "Undersampling Techniques Simplify Digital Radio," *Electronic Design*, No. 10, 1991, pp. 67-78.

[18] Groshong, R., and S. Ruscak, "Exploit Digital Advantages in an SSB Receiver," *Electronic Design*, No. 11, 1991, pp. 89-96.

[19] Frerking, M. E., *Digital Signal Processing in Communication Systems*, New York: Van

Nostrand Reinhold, 1994.

[20] Sabin, W. E., and E. O. Schoenike (eds.), *Single-Sideband Systems and Circuits*, 2nd ed., New York: McGraw-Hill, 1995.

[21] Poberezhskiy, Y. S., M. V. Zarubinskiy, and B. D. Zhenatov, "Large Dynamic Range Integrating Sampling and Storage Device," *Telecommun. and Radio Engineering*, Vol. 41/42, No. 4, 1987, pp. 63-66.

[22] Poberezhskiy, Y. S., et al., "Design of Multichannel Sampler-Quantizers for Digital Radio Receivers," *Telecommun. and Radio Engineering*, Vol. 46, No. 9, 1991, pp. 133-136.

[23] Poberezhskiy, Y. S., et al., "Experimental Investigation of Integrating Sampling and Storage Devices for Digital Radio Receivers," *Telecommun. and Radio Engineering*, Vol. 49, No. 5, 1995, pp. 112-116.

[24] Poberezhskiy, Y. S., and M. V. Zarubinskiy, "Analysis of a Method of Fundamental Frequency Selection in Digital Receivers," *Telecommun. and Radio Engineering*, Vol. 43, No. 11, 1988, pp. 88-91.

[25] Poberezhskiy, Y. S., and S. A. Dolin, "Analysis of Multichannel Digital Filtering Methods in Broadband-Signal Radio Receivers," *Telecommun. and Radio Engineering*, Vol. 46, No. 6, 1991, pp. 89-92.

[26] Poberezhskiy, Y. S., S. A. Dolin, and M. V. Zarubinskiy, "Selection of Multichannel Digital Filtering Method for Suppression of Narrowband Interference" (in Russian), *Commun. Technol.*, *TRC*, No. 6, 1991, pp. 11-18.

[27] Khvetskovich, E. B., and Y. S. Poberezhskiy, "Analysis of a Method of Demodulating Frequency-Modulated Signals in a Digital Radio Receiver," *Telecommun. and Radio Engineering*, Vol. 48, No. 6, 1993, pp. 96-102.

[28] Poberezhskiy, Y. S., and S. A. Dolin, "The Design of an Optimal Incoherent Demodulator of Frequency-Shift Keyed Signals in a Digital Receiver," *Telecommun. and Radio Engineering*, Vol. 49, No. 6, 1995, pp. 14-19.

[29] Poberezhskiy, Y. S., and G. Y. Poberezhskiy, "The Effect of Binary Quantization of the Reference Oscillations on the Noise Immunity of Digital Demodulation of Frequency Shift Keying Signals," *Telecommun. and Radio Engineering*, Vol. 49, No. 11, 1995, pp. 28-31.

[30] Tsui, J. B., *Digital Microwave Receivers: Theory and Concepts*, Norwood, MA: Artech House, 1989.

[31] Eassom, R. J., "Practical Implementation of a HF Digital Receiver and Digital Transmitter Drive," *Proc. 6th Int. Conf. HF Radio Syst. & Techn.*, London, U.K., July 4-7, 1994, pp. 36-40.

[32] Rohde, U. L., J. C. Whitaker, and T. T. N. Bucher, *Communications Receiver: Principles and Design*, 2nd ed., New York: McGraw-Hill, 1996.

[33] Poberezhskiy, Y. S., "On Dynamic Range of Digital Receivers," *Proc. IEEE Aerosp. Conf.*, Big Sky, MT, March 3-9, 2007, pp. 1-17.

[34] Friis, H. T., "Noise Figures of Radio Receivers," *Proc. IRE*, Vol. 32, No. 7, 1944, pp. 419-422.

[35] Poberezhskiy, Y. S., and G. Y. Poberezhskiy, "On Adaptive Robustness Approach to Anti-Jam Signal Processing," *Proc. IEEE Aerosp. Conf.*, Big Sky, MT, March 2-9, 2013, pp. 1-20.

[36] Mitola, J. III, *Software Radio Architecture*, New York: Wiley-Interscience, 2000.

[37] Reed, J. H., *Software Radio: A Modern Approach to Radio Engineering*, Inglewood Cliffs, NJ: Prentice Hall, 2002.

[38] Poberezhskiy, Y. S., and G. Y. Poberezhskiy, "Sampling and Signal Reconstruction Structures Performing Internal Antialiasing Filtering and Their Influence on the Design of Digital Receivers and Transmitters," *IEEE Trans. Circuits Syst. I*, Vol. 51, No. 1, 2004, pp. 118-129.

[39] Poberezhskiy, Y. S., and G. Y. Poberezhskiy, "Flexible Analog Front-Ends of Reconfigurable Radios Based on Sampling and Reconstruction with Internal Filtering," *EURASIP J. Wireless Commun. Netw.*, No. 3, 2005, pp. 364-381.

[40] Mitola, J. III, *Cognitive Radio Architecture: The Engineering Foundations of Radio HML*, New York: John Wiley & Sons, 2006.

[41] Bard, J., *Software Defined Radio: The Software Communications Architecture*, New York: John Wiley & Sons, 2007.

[42] Abidi, A. A., "The Path to the Software-Defined Radio Receiver," *IEEE J. Solid-State Circuits*, Vol. 42, No. 5, 2007, pp. 954-966.

[43] Fette, B. A. (ed.), *Cognitive Radio Technology*, 2nd ed., New York: Elsevier, 2009.

[44] Venosa, E., F. J. Harris, and F. A. N. Palmieri, *Software Radio: Sampling Rate Selection, Design and Synchronization*, New York: Springer, 2012.

[45] Bullock, S. R., *Transceiver and System Design for Digital Communications*, 5th ed., London, U.K.: IET, 2014.

[46] Betz, J. W., *Engineering Satellite-Based Navigation and Timing: Global Navigation Satellite Systems, Signals, and Receivers*, New York: John Wiley & Sons, 2016.

[47] Das, S. K., *Mobile Terminal Receiver Design: LTE and LTE-Advanced*, New York: John Wiley & Sons, 2017.

[48] Rouphael, T. J., *Wireless Receiver Architectures and Design: Antennas, RF, Synthesizers, Mixed Signal, and Digital Signal Processing*, Waltham, MA: Academic Press, 2018.

[49] Grayver, E., *Implementing Software Defined Radio*, New York: Springer, 2013.

[50] Jamin, O., *Broadband Direct RF Digitization Receivers*, New York: Springer, 2014.

[51] Poisel, R. A., *Electronic Warfare Receivers and Receiving Systems*, Norwood, MA: Artech House, 2014.

[52] Lechowicz, L., and M. Kokar, *Cognitive Radio: Interoperability Through Waveform Reconfiguration*, Norwood, MA: Artech House, 2016.

[53] Tsui, J. B., and C. H. Cheng, *Digital Techniques for Wideband Receivers*, 3rd ed., Raleigh, NC: SciTech Publishing, 2016.

[54] Choi, J. I., et al., "Achieving Single Channel, Full Duplex Wireless Communication," *Proc. MobiCom*, Chicago, IL, September 20-24, 2010, pp. 1-12.

[55] Grayver, E., "Full-Duplex Communications for Noise-Limited Systems," *Proc. IEEE Aerosp. Conf.*, Big Sky, MT, March 3-10, 2018, pp. 1-10.

[56] Fujimaki, A., et al., "Broadband Software-Defined Radio Receivers Based on Superconductor Devices," *IEEE Trans. Appl. Supercond.*, Vol. 11, No. 1, 2001, pp. 318-321.

[57] Gupta, D., et al., "Digital Channelizing Radio Frequency Receiver," *IEEE Trans. Appl. Supercond.*, Vol. 17, No. 2, 2007, pp. 430-437.

[58] Mukhanov, O. A., et al., "Hybrid Semiconductor-Superconductor Fast-Readout Memory for Digital RF Receivers," *IEEE Trans. Appl. Supercond.*, Vol. 21, No. 3, 2011, pp. 797-800.

[59] Kotelnikov, V. A., *The Theory of Optimum Noise Immunity*, New York: McGraw-Hill, 1959.

[60] Bode, H., and C. Shannon, "A Simplified Derivation of Linear Least Square Smoothing and Prediction Theory," *Proc. IRE*, Vol. 38, No. 4, 1950, pp. 417-425.

[61] Poberezhskiy, Y. S., "Derivation of the Optimum Transfer Function of a Narrowband Interference Suppressor in an Oblique Sounding System" (in Russian), *Problems of Radio-Electronics*, TRC, No. 9, 1969, pp. 3-11.

[62] Poberezhskiy, Y. S., "Optimum Filtering of Sounding Signals in Non-White Noise," *Telecommun. and Radio Engineering*, Vol. 31/32, No. 5, 1977, pp. 123-125.

[63] Poberezhskiy, Y. S., "Optimum Transfer Function of a Narrowband Interference Suppressor for Communication Receivers of Spread Spectrum Signals in Channels with Slow Fading" (in Russian), *Problems of Radio-Electronics*, TRC, No. 8, 1970, pp. 104-110.

[64] Poberezhskiy, Y. S., "Comparative Analysis of Methods of Narrowband Interference Suppression in Wideband Receivers" (in Russian), *Problems of Radio-Electronics*, TRC, No. 1, 1974, pp. 44-50.

[65] Poberezhskiy, Y. S., "Alternating Quadratures Differential Binary Phase Shift Keying Modulation and Demodulation Method," U.S. Patent 7,627,058 B2, filed March 28, 2006.

[66] Poberezhskiy, Y. S., "Apparatus for Performing Alternating Quadratures Differential Binary Phase Shift Keying Modulation and Demodulation," U.S. Patent 8,014,462 B2, filed March 28, 2006.

[67] Poberezhskiy, Y. S, "Method and Apparatus for Synchronizing Alternating Quadratures Differential Binary Phase Shift Keying Modulation and Demodulation Arrangements," U.S. Patent 7,688,911 B2, filed March 28, 2006.

[68] Poberezhskiy, Y. S., "Novel Modulation Techniques and Circuits for Transceivers in Body Sensor Networks," *IEEE J. Emerg. Sel. Topics Circuits Syst.*, Vol. 2, No. 1, 2012, pp. 96-108.

[69] Okunev, Y., *Phase and Phase-Difference Modulation in Digital Communications*, Norwood, MA: Artech House, 1997.

[70] Simon, M. K., and D. Divsalar, "On the Implementation and Performance of Single and Double Differential Detection Schemes," *IEEE Trans. Commun.*, Vol. 40, No. 2, 1992, pp. 278-291.

第5章 采样的基本原理

5.1 概述

本章的内容进一步阐述第 3 章和第 4 章描述的数字无线电中数字化与重构（D&R）的一些情况。正如这两章所述，尽管数字化与重构技术在过去几十年里取得了显著的进步，但它仍然是无线电设计中一直存在的瓶颈。这些进展主要归功于新的集成电路技术，以及信号量化和码字模拟译码的新方法（后者是 D/A 转换的主要部分）。由于人们对采样和内插（S&I）技术的理论基础不完全了解，导致该类技术的进步还不够大。

数字无线电中的采样和内插技术基于经典的采样定理，该定理可以用不同的方式来解释。然而，只有一种解释（本书中称为间接解释）在技术文献有清晰的说明，而这种解释已成为发展采样和内插技术的一个障碍。本章阐述了该定理可能的解释、它的构造特性以及拓宽 S&I 技术和电路的理论基础的必要性。同时也表明：本章的研究所需数学方法简单，理论结果与工程直觉很吻合。

5.2 节简要介绍采样定理的历史，解释了其技术需求以及该定理出现和后续发展所需的技术和数学前提。本节还概述了数字无线电最重要的理论成果。

5.3 节介绍基带信号的均匀采样定理，在某种程度上展示了其构造特性。推导出了与直接解释、间接解释和混合解释相对应的理论公式的不同形式。除了第 3 章和第 4 章提供的内容外，本节还介绍了一些关于基带信号采样和内插的内容。

5.4 节在第 3 章和第 4 章内容基础上补充了基于间接解释采样定理的带通信号 S&I 的内容。

为简化对本章内容的理解，避免冲淡采样和内插（S&I）的物理实质，几种形式的均匀采样定理的正式证明已经移至附录 D 中。

5.2 采样和内插（S&I）的发展历程

5.2.1 在电子通信萌芽期的 S&I 需求

在通信中，采样和内插问题的出现与电报和电话中的时分复用（TDM）有关。在 P.Schilling（1832）和 S.Morse（1837）发明电磁电报后，很快就开始尝试实现电报信号时分复用。F. Bakewell（1848）、A. Newton（1851）、M. Farmer（1853）、B. Meyer（1870）和 J. Baudot（1874）以及 P. Lacour 和 P.Delany（1878）[1,2]成功尝试了用这种多路技术，在一根电线上同时发射几个电报信号。对于电报信号的时分复用，用经验方法确定每个符号的样本数相对容易。由于是最简单的内插技术，台阶式内插是可行的，这种经验方法对于具有高信噪比（SNR）的接收符号进行重构是有效的。

在电信领域，TDM 和其他信号的传输中，最紧迫的理论问题是确定无失真传输时的最大速率。该问题首先由奈奎斯特[3,4]解决，稍后由 K. Küpfmüller[5,6]解决。他们证明了在单边带宽为 B 的通信信道中，符号速率为 R_t 时，满足下列条件情况下的符号可以实现无失真传输：

$$R_t \leqslant 2B \tag{5.1}$$

因此，无失真传输的最大速率是

$$R_{t\max} = 2B \tag{5.2}$$

如今，式（5.1）和式（5.2）的物理实质即使对大学生来说也很容易理解。确实，符号长度应该由信道的建立时间决定，这个时间在一个线性时不变（Linear Time Invariant，LTI）系统中，与其带宽 B 成反比。如文献[4, 7]所述，奈奎斯特和另一位伟大的研究员 R.Hartley 在 20 世纪 20 年代后期清楚地认识到，$R_{t\max}$ 不会限制数据传输速率，因为后者可以通过增加符号的进制数来提高。

在没有 S&I 方法的理论证明的情况下，电报领域中使用 TDM 是成功的，与电报相比，电话领域中实施 TDM 由于缺乏这种证明而被严重拖延。第一项关于 TDM 的电话专利由 W.Miner 获得（1903）[8]。他使用机电设备，采样用旋转换向器实现。Miner 试验了不同的采样率，并在每秒 4300 个样本（sps）的采样率下获得了最高的可懂度。回溯来看，该频率对应于截止频率 2.15kHz。然而，在当时，Miner 认为采样率应该近似等于语音分量的最高频率。

像 20 世纪初的 Miner 一样，在 20 世纪 40 年代后期[1,2]之前，大多数的工程师和研究人员对采样速率要求的理解都非常模糊。同时，关于采样定理的资料自 1915 年起就已经出现了。这意味着迫切需要的理论成果被忽视了，因此被工程师们遗忘几十年。对现有理论的不了解，严重延缓了 TDM 在电话领域的使用，为具有 FDM 的系统提供了技术和经济上的不合理优势，而 FDM 系统更为复杂和昂贵。

5.2.2　经典采样定理的发现

在一些出版物中，采样定理的起源可以追溯到 18 世纪。本书认为该定理于 1915 年由 E.Whittaker 发现并证明，他推导出了从采样的样本中重构连续带限函数的插值方程[9]。W.Ferrar 和 J.Whittaker 从数学角度对其工作成果进行了后续研究，主要研究工作是 J.Whittaker 完成的[10~12]。从通信理论层面来讲，这个关于带限信号的定理是 V.Kotelnikov 在 1933 年首次用公式形式表示并独立证明的[13]。因为文献[13]直到很久以后才得以在国际上公开发表，所以很长时间以来该研究成果并不为人所知；而 H.Raabe 在 1939[14]年又再次推导出了这个定理。W.Bennett 在其关于 TDM[15]的出版物中引用了资料[14]。由于采样定理是在插值理论领域内出现的，后来又从近似理论的角度开展研究，因此下面先对这些理论的实质进行概述。

在实际活动和科学研究中，连续函数的测量结果通常用离散值（样本）来表示，这些离散值用于重构原始函数或确定未知的样本。在已知样本的位置区间内的重构称为内插，在区间外的重构称为外插。确定自变量 t 的最大增量 T_s 的插值问题在许多领域都存在，它还可以使得从样本 $s(nT_s)$ 中重构出具有给定精度的函数 $s(t)$。这个问题可根据各种应用，用不同的公式表示。例如，应该多长时间对测量环境温度和/或湿度测试一次，以在没有损失大量有价值信息的情况下重构这些过程？此外，应该多久对一个运动物体的位置和/或速度测定一次，以恢复出满足所需精度的轨迹？如上所述，在通信中，需要确定准确重构语音和其他信号所需的最低采样速率。插值理论针对确定性函数和随机函数研究了这些问题。

近似理论是一种不同的数学方法，通常把内插和外推两种方法相结合。它通常被理解为用较简单的等式描述的函数取代由相对复杂的等式描述的函数。这不可避免地降低了函数表示的精度，但是，若简化所获得的优势超过了由于精度损失而造成的劣势，则采用近似理论就很合适。将近似方法和插值方法相结合可能有多种原因。在采样理论中，将二者结合起来有两个原因：需要用精度不高但物理上可实现的插值函数取代精度高但物理上无法实现的内插（采样）函数，以及已知样本的评估精度有限。

为满足内插精度要求，需要对被内插的函数和用于内插的函数施加一定的约束。然而，在可能的应用中，这些约束不应妨碍所有或大多数函数的内插。文献[9]的成功主要应该归功于 E.Whittaker 选择了合适的约束条件。一个或多个变量的许多类型函数（如分段、线性、多项式、样条、三角、小波）目前都可用于内插。本书中，主要关注在均匀采样定理中使用的内插函数。

尽管有文献[9～14]，但采样定理在工程和科学界实际上几乎仍然不为人所知，直到香农在 1948 年至 1949 年间，在其革命性论文[16,17]中进行了介绍。他熟悉文献[9, 15]但不熟悉文献[13，14]，并指出数学家已经以不同的形式证明了该定理，并把它作为"通信技术中的常识"提出，"尽管它的重要性显而易见，但在通信理论文献中似乎没有明确出现。"香农还提到，奈奎斯特[4]和 D.Gabor[18]已经提到了用 $2BT$ 个样本来表示带宽为 B、持续时间为 T 的信号的可能性。奈奎斯特研究表明：最小可接受的采样速率与最大无失真传输速率[见式（5.2）]相等，创造了"奈奎斯特采样间隔"一词。1949 年，I.Someya[19]和 J.Weston[20]也讨论了采样定理。现在人们认识到，香农在 20 世纪 40 年代末把采样定理说成是"通信技术中的常识"的说法过于乐观了。事实上，只有上面提到的少数人或多或少清楚地了解该定理。然而，在他的著作发表后不久，情况就发生了巨大变化。

一些杰出的科学家独立或几乎独立地导出了带限信号的均匀采样定理，Whittakers、V. Kotelnikov 和香农对其发现做出了最大的贡献。因此，如文献[21]里那样用 WKS 采样定理来命名该定理似乎很公平。然而，有时它被称为奈奎斯特-香农采样定理。很多人将奈奎斯特视作该定理的原创者，而非其他科学家。这关系到对该定理本质的正确理解。

奈奎斯特是一位杰出的科学家和工程师。他撰写了关于热噪声、反馈放大器的稳定性以及信道容量初步研究等经典著作。作为一名工程师，他为电报、传真、电视和其他通信分支的发展做出了极大贡献。现在，奈奎斯特稳定性准则已被纳入所有关于反馈控制理论的教科书中。然而，奈奎斯特没有参与采样定理的起始或随后的研究。尽管他清楚地知道一个具有持续时间 T 和带宽 B 的信号即使在 20 世纪 20 年代也可以用 $2BT$ 个离散值来表示，但他的理解是基于这样一个事实，即这样的信号可以用三角傅里叶级数的 $2BT$ 个系数来表示。这种理解可以追溯到 19 世纪晚期，它与取样定理没有直接关系。

采样定理的发现者清楚地认识到，奈奎斯特等人的理论具有积极的作用，因为它提供了用样本 $u(nT_s)$ 或其函数 $y(t)=y[u(t)]$ 的样本表示 $u(t)$ 的方法，$u(nT_s)$ 和 $y(nT_s)$ 是最小二乘意义上的最优插值算法。没有证据表明，在香农发表论文之前，奈奎斯特知道如何通过它的时域样本来表示模拟信号或者由这些样本重构模拟信号。同时，"奈奎斯特采样间隔"或"奈奎斯特采样速率"这两个词是公正的，因为他推导出最大无失真传输速率[见式（5.2）]等于最小采样速率，这些速率有一个共同的物理起因：有限的信号或信道带宽。因此，作者认为，"奈奎斯特-香农采样定理"一词不适当，而"奈奎斯特采样间隔"和"奈奎斯特采样速率"这两个词是合乎逻辑的。

目前，所有的通信工程师都知道采样定理确定了用样本表示带限函数的方法。许多人也认识到这个定理提供了最佳的内插方式。然而，极少数工程师知道它也揭示了最佳采样方式，认为最优的采样和内插（S&I）方式依赖于对采样定理解释的工程师则更是少之又少。这种情况严重阻碍了 D&R 技术的发展。

5.2.3　香农之后的采样理论

香农的出版物吸引了许多研究人员和工程师对采样定理的关注，大家很快认识到该理论和实践的重要性。对始于 20 世纪 40 年代末期的采样理论的深入研究，以及 S&I 技术的发明和随后的演进，最初是 TDM 通信、控制和测量设备的发展起了推动作用。20 世纪 50 年代末开始，PCM 和 DSP 的实现，大大拓宽了 S&I 电路的应用范围。数字音频、超声波、无线电和视频系统加速了它们的发展。尽管第一台实验性数字无线电是在 20 世纪 70 年代早期开发的，但它们在通信、广播、导航、雷达、测向和监视方面的应用直到 20 世纪 80 年代才开始。这一应用的速度令人惊讶：几乎所有在 20 世纪 90 年代开发的无线电装置都已经实现了数字化。在这些年里，关于采样理论和电路的出版物数量增长很快，反映了该领域的重大进展。对这些出版物的分析可以在文献[1,21~26]中找到。下面只概述与本书讨论的主题直接相关的采样理论方面的情况。

从采样定理出现之日起，研究人员们就付出了极大的努力去扩展、推广并进一步证明采样定理。有趣的是，它的第一次扩展和推广者是它的创始人 Kotelnikov，他不仅针对基带信号证明了该定理，而且对带通信号[13]也进行了证明。香农也提出了另外两种时间离散信号表示方法[17]：其中一种是通过非均匀间隔的样本来表示信号；另一种是通过信号样本及其信号导数的样本来表示信号，香农甚至将这种方法推广到高阶导数。他预测，在所有这些情况下，表示带宽为 B 和持续时间为 T 的信号所需的样本总数应等于 $2BT$。由于最初不知道 Kotelnikov 的结果，香农没有证明其发现，他们提出的采样方法后来被其他研究人员重新发现和/或证明。

除这些扩展外，还证明了随机过程的采样定理。这很重要，因为在应用中，实现 S&I 的多数函数是随机的（例如，信息信号、噪声以及在数字无线电中的干扰）。采样定理还推广到了多个变量（多维情况）的函数。它被证明是时变的系统，包括具有时变带宽的系统。它的若干扩展涉及从过去的样本预测带限过程。基于积分变换的采样定理也得到了证明，积分变换比傅里叶变换更通用。

早在 1949 年，香农就开展了对非均匀采样（NonUniform Sampling，NUS）的研究，从那时起，多方面因素使其研究数次重新得到重视。有时是因为发现了新理论，其他情况下是由技术需求推动的。对于均匀和非均匀采样，文献[27]证明了平稳条件下最小可接受的平均采样率必须是期望信号频谱占用带宽的两倍，如果频谱位置已知则采样速率与频谱位置无关。如文献[28]所述，由于缺乏信号频谱位置的信息，使最小采样率至少增加一倍。后者的结果是在压缩采样（或感知）的范围内得出的。至于技术需求，NUS 的目的是希望通过结合电压和时间量化技术，降低模拟抗混叠滤波和电压量化的要求[29-33]。时域上信号稀疏的无线电系统（例如超宽带无线电和某些类型的传感器网络），以及具有自适应传输速率系统的存在，推动了各类 NUS 的发展。

压缩采样可以利用频域信号的稀疏性，这是采样理论发展的一个新方向（例如，文献[28,34~41]）。对于频谱稀疏的信号，它可以将采样速率降低到 $2B$ 以下。不需要知道整个带宽 B 中的信号频谱分布。由于缺乏这种先验知识所付出的代价是：压缩采样只有当信号频谱的占用带宽不到 B 的三分之一时才有效。一般来说，压缩采样可以通过利用某些域上的稀疏性来减少信号和图像表示所需的平均样本数量。

文献[42]提出的方法引入了新的综合 S&I 方式的信噪比最优性判别准则，根据这一准则，重新注入采样器的重构信号应产生与原始输入信号相同的样本。这种方法将约束的要求从输入信号转移到用于 S&I 的采样或加权函数。如果加权函数可灵活产生，这就很方便了。在数字无线电的 S&I 中使用可调加权函数，这是在文献[43, 44]中首次提出的，并且后来在文献[45~55]中进行了发展。如文献[46~55]所述，采样定理不仅为内插提供了最优算法，也为采样提供了最优算法。

在香农发表论文后的 20 年间，理论家们积极参与了 S&I 技术的实现。上面提到的一些采样定理扩展是对行业需求的响应。例如，与随机过程和多变量函数的 S&I 相关的扩展需求，几乎是在 S&I 实现的初期就有的。

其他急需解决的理论问题涉及这样一个情况：已经证明的定理是对于带宽严格限制和持续时间无限的信号，使用物理上不可能实现的采样函数，并假定样本是在预期的采样时刻精确确定和生成的。为解决这些问题，采取了两种办法。第一种方法是在更宽松的假设下，证明扩展的采样定理；第二种方法是研究 S&I 的非理想实现引起的误差。具体而言，后一种方法分析了由于不可能实现完美限幅引起的混叠误差、用有限长信号表示无限长持续函数引起的时域截断误差、实际采样时刻偏离预期时刻引起的抖动误差以及样本值估计不准确引起的截断误差。

与 S&I 技术的实际实现相关的研究极大地加深了对采样定理的本质、能力和局限性的理解。研究人员也可以从不同的角度考虑 S&I，其中一些方法被证明是非常方便和有效的。例如，将采样解释为短脉冲序列的双边带抑制载波（DSB-SC）调制，极大地简化了对采样信号的频谱分析。

到 20 世纪 50 年代后期，S&I 的主要方法变得很清晰，而完成这些操作的基本电路到 60 年代后期达到了很高的成熟度。大约在那个时候，大多数理论家开始认为这个领域已经没有研究潜力，他们把科学研究方向转移至其他领域。后来的 S&I 算法和电路开发是由应用工程师完成的，且一开始也取得了成功。然而，由于缺乏理论指导，直到在 20 世纪 70 年代中期 IC 技术和数字收音机出现之后，S&I 技术才崭露头角。在那个时候，作出了一些概念上不正确的判断，涉及带通信号的 S&I。与其他主题一起，这些判断在本章和随后的章节中进行分析。

上述发展历程明确表明，理论家和应用工程师之间的隔阂延迟了 20 世纪上半叶的 TDM 和 S&I 技术的发展。这种情况发生在通信和广播等领域的发展相对弱小的时候，而电视、雷达、声呐、导航和测向刚刚萌芽的阶段。目前，许多理论家从事电气工程的各个领域研究。

然而，采样理论及其应用被许多技术领域所采用，这些技术领域已经变得庞大，需要研究人员和工程师高度专业化。由于专业化而形成的隔阂阻碍了采样理论和 S&I 技术的进步。这本书旨在弥合这些隔阂。

5.3　基带信号的均匀采样定理

5.3.1　采样定理及其可构造性

虽然本章讨论了基带信号和带通信号的 WKS 采样定理，但是由于基带采样定理相对简单，且它有可能把带通信号的 S&I 简化为双通道基带实现，因此首先考虑基带采样定理。

5.3.1.1　定理说明和解释

根据基带采样定理，单边带宽为 B 的模拟基带实值信号 $u(t)$，采用周期为 $T_s = 1/(2B)$ 的均匀采样，可以用其瞬时值 $u(nT_s)$ 表示 $u(t)$，并可通过下式从 $u(nT_s)$ 中重构出原信号。

$$u(t) = \sum_{n=-\infty}^{\infty} u(nT_s)\varphi_{nBB}(t) = \sum_{n=-\infty}^{\infty} u(nT_s)\varphi_{0BB}(t - nT_s) \tag{5.3}$$

式中，n 是整数，并且 $\varphi_{nBB}(t)$ 是基带采样函数：

$$\varphi_{nBB}(t) = \operatorname{sinc}[2\pi B(t - nT_s)] = \frac{\sin[2\pi B(t - nT_s)]}{2\pi B(t - nT_s)} \tag{5.4}$$

（见 D.1 节。）当 $n=0$ 时，从式（5.4）得出

$$\varphi_{0BB}(t) = \operatorname{sinc}(2\pi Bt) = \frac{\sin(2\pi Bt)}{2\pi Bt} \tag{5.5}$$

函数 $\varphi_{nBB}(t)$ 是相互正交的，它们的平方范数[即耗散在 1Ω 电阻中的 $\varphi_{nBB}(t)$ 能量]是

$$\|\varphi_{nBB}(t)\|^2 = \int_{-\infty}^{\infty} \frac{\sin^2[2\pi B(t - nT_s)]}{[2\pi B(t - nT_s)]^2} \mathrm{d}t = T_s \tag{5.6}$$

矩形信号的谱密度是 sinc 函数，见式（1.50）。因此，根据傅里叶变换的时频对偶性（参见 1.3.3 节以及 A.1 节），$\varphi_{nBB}(t)$ 的频谱密度为

$$S_{\varphi nBB}(f) = \begin{cases} T_s \exp(-\mathrm{j}2\pi f nT_s) & f \in [-B, B] \\ 0 & f \notin [-B, B] \end{cases} \tag{5.7}$$

因此，$\varphi_{nBB}(t)$ 在频率区间 $[-B, B]$ 内，具有恒定的幅度 $|S_{\varphi nBB}(f) = T_s|$ 以及线性相位谱 $-\mathrm{j}2\pi f nT_s$。在这个频率区间之外，$S_{\varphi nBB}(f) = 0$。对于 $n = 0$，则有

$$S_{\varphi 0=BB}(f) = |S_{\varphi nBB}(f)| = \begin{cases} T_s & f \in [-B, B] \\ 0 & f \notin [-B, B] \end{cases} \tag{5.8}$$

$\varphi_{0BB}(t)$ 和 $S_{\varphi 0BB}(f)$ 如图 5.1 所示。

在图 5.2 中，模拟基带信号 $u(t)$（虚线）用其采样信号 $u(nT_s)$（实线）表示。采样函数 $\varphi_{nBB}(t)$（点线）在 $t = nT_s$ 时，有 $\varphi_{nBB}(t) = 1$；在 $t = (n \pm m)T_s$ 时，有 $\varphi_{nBB}(t) = 0$，其中 m 为非零整数。因此，在任何 $t = nT_s$ 时刻，式（5.3）成立。如果 $u(t)$ 在 $[-B, B]$ 外没有任何频谱分量，则式（5.3）对任何 t 也是成立的（见 D.1 节）。这种理论结果对于平滑的信号直观上是可以接受的，类似于图 5.2，但对于突然变化的信号是有疑问的。为了澄清这种情况，回忆一下，$u(t)$ 的有限带

宽使其不可能突变。此外，这一限制对 $u(t)$ 中变化速度的约束与 $\varphi_{nBB}(t)$ 一样。确实，带宽 B 越大，$u(t)$ 的变化可以越陡峭，$\varphi_{nBB}(t)$ 波瓣也越小。

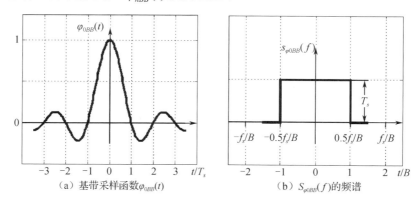

（a）基带采样函数 $\varphi_{0BB}(t)$　　　　　（b）$S_{\varphi0BB}(f)$ 的频谱

图 5.1　基带采样函数与频谱

在对 $u(t)$ 进行采样后得到的时间离散信号 $u_d(t)$ 是一组样本序列 $u(nT_s)$，理想情况下，这个序列应该是 $u(t)$ 与一组均匀的 δ 函数 $\delta_{Ts}(t)$ 的乘积（见 A.2 节）：

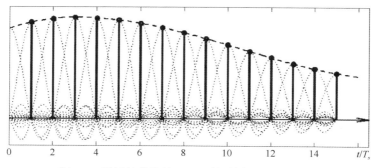

图 5.2　模拟基带信号 $u(t)$ 及其采样后序列 $u(nT_s)$

$$u_d(t) = u(t)\delta_{T_s}(t) = u(t)\sum_{n=-\infty}^{\infty}\delta(t-nT_s) = \sum_{n=-\infty}^{\infty}u(t)\delta(t-nT_s)$$
$$= \sum_{n=-\infty}^{\infty}u(nT_s)\delta(t-nT_s) \tag{5.9}$$

根据傅里叶变换的频率卷积性质，式（5.9）中的时域积 $u(t)\delta_{T_s}(t)$ 对应于频域中的卷积 $S(f)*S_{\delta T_s}(f)$（见 1.3.3 节和 A.2 节）：

$$S_d(f) = S(f)*S_{\delta T_s}(f) = \frac{1}{T_s}\sum_{k=-\infty}^{\infty}S(f-kf_s) \tag{5.10}$$

式中，$S_d(f)$、$S(f)$ 和 $S_{\delta T_s}(f)$ 分别是 $u_d(t)$、$u(t)$ 和 $\delta_{T_s}(t)$ 的频谱密度，而 $f_s = 2B = 1/T_s$ 为采样速率。因此，$S_d(f)$ 是一个以 f_s 为周期的周期函数，这意味着采样会导致原始信号 $u(t)$ 的频谱 $S(f)$ 的折叠，如图 5.3 所示。这解释了式（3.13）的来源。

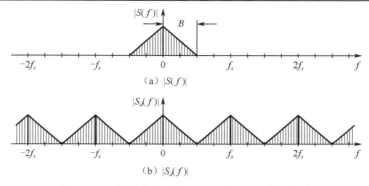

图 5.3　理想的基带采样，$u(t)$ 和 $u_d(t)$ 的幅度谱

5.3.1.2　采样定理的可构造性

如 5.2.2 节所述，采样定理具有可构造性的性质，因为它提供了用 $u(t)$ 的样本 $u(nT_s)$ 或其函数 $y(t)=y[u(t)]$ 的样本 $y(nT_s)$ 来表示带限信号的方法，以及在最小二乘（least square）意义下的最优插值算法。可构造性的这两个分量是从定理的描述中得出的。确实，$u(t)$ 可以用它的样本 $u(nT_s)$ 来表示，并用内插方程式（5.3）重构它们。从下文描述可知，定理体现出的可构造性还包括第三个分量：最优采样算法。

为了从采样定理推导出最优采样算法，回忆一下，采样是 $u(t)$ 关于采样函数集 $\{\varphi_{nBB}(t) = \varphi_{0BB}(t-nT_s)\}$ 的广义傅里叶级数展开，其中采样值 $u(nT_s)$ 是该级数的系数。当这些系数按下式计算时，采样的均方根（rms）误差最小（见 1.3.1 节）：

$$u(nT_s) = \frac{1}{\left\|\varphi_{nBB}(t)\right\|^2} \int_{-\infty}^{\infty} u(t)\varphi_{nBB}^*(t)\mathrm{d}t \qquad (5.11)$$

式中，$\varphi_{nBB}^*(t)$ 是 $\varphi_{nBB}(t)$ 的复共轭。由于 $\varphi_{nBB}(t)$ 是实值，有 $\varphi_{nBB}^*(t) = \varphi_{nBB}(t)$。如式（5.6）所示，所有 $\varphi_{nBB}(t)$ 都具有相同的平方范数 $\left\|\varphi_{nBB}(t)\right\|^2$。因此，式（5.11）可以改写为

$$u(nT_s) = \frac{1}{T} \int_{-\infty}^{\infty} u(t)\varphi_{nBB}(t)\mathrm{d}t = c \int_{-\infty}^{\infty} u(t)\varphi_{0BB}(t-nT_s)\mathrm{d}t \qquad (5.12)$$

式中，$c=1/T_s$ 为常数。根据式（5.12），对于第 n 个样本用权值 $\varphi_{nBB}(t)$ 加权后，实现各样本的最优累积。它还进行内在的抗混叠滤波。实际上，在式（5.12）中，用输入信号 $u_{\text{in}}(t)$ 来替代 $u(t)$，其中，$u_{\text{in}}(t)$ 的频谱 $S_{\text{in}}(f)$ 包含了 $S(f)$，但带宽比 $[-B,B]$ 要宽；$u(t)$ 的频谱 $S(f)$ 位于区间 $[-B,B]$ 内。这并不改变 $u(nT_s)$ 的计算结果，因为式（5.12）中用 $S_{\text{in}}(f)$ 乘以了 $\varphi_{nBB}(t)$ 的频谱 $S_{\varphi nBB}(f)$ [见图 5.1（b）]，详见 1.3.5 节。该乘法器抑制了 $S_{\text{in}}(f)$ 在 $[-B,B]$ 以外的所有频谱分量，实现了抗混叠滤波。这可以以更通用的形式重写式（5.12）：

$$u(nT_s) = c \int_{-\infty}^{\infty} u_{\text{in}}(t)\varphi_{nBB}(t)\mathrm{d}t = c \int_{-\infty}^{\infty} u_{\text{in}}(t)\varphi_{0BB}(t-nT_s)\mathrm{d}t \qquad (5.13)$$

因此，采样定理不仅显示了模拟信号的时间离散表示方法，而且通过式（5.13）和式（5.3），为相对应的 S&I 提供了最小二乘算法。基带采样定理证明了其具有可构造性，也可以证明带通采样定理具有可构造性。尽管采样算法（式 5.13）的优势在于有效积累信号能量和内在的抗混叠滤波，但它仍然没有引起研究人员和工程师的足够重视。

在许多出版物中，采样仍然被描述为由乘法器完成的操作，即通过把原始模拟信号 $u(t)$ 乘以均匀的短脉冲序列 $u_{s.p}(t)$ 或由 $u_{s.p}(t)$ 控制的电子开关来实现，分别如图 5.4（a，b）所示。如果 $u_{s.p}(t)$ 相同，那么这两种方法会产生相同的结果。因此，图 5.4（c）中的定时图可同时用于这两种方法。请注意，这种采样采用的是 PAM，因此浪费了 $u(t)$ 的大部分能量。

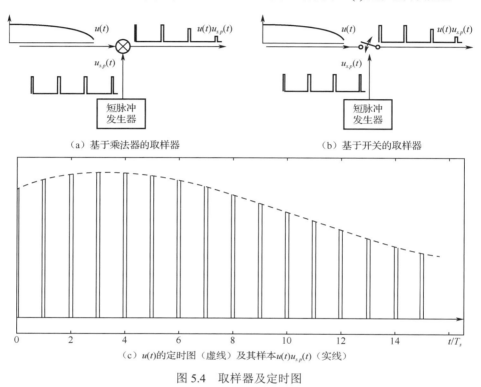

（a）基于乘法器的取样器　　　　　　　（b）基于开关的取样器

（c）$u(t)$ 的定时图（虚线）及其样本 $u(t)u_{sp}(t)$（实线）

图 5.4　取样器及定时图

5.3.1.3　抗混叠滤波

由于抗混叠滤波很重要，因此下文将对其进行简要讨论。在通信和信号处理中，混叠是指以下现象：不同的信号经过采样或畸变后完全重叠，使得对原始信号样本内插后，引起内插后信号与原信号不一致的现象。在数字无线电中，混叠通常是时间性的（即与时域采样有关）。

图 5.5 展示了三个不同频率余弦信号的混叠，这三个信号用相同的样本数量表示。第一个信号（点线）、第二个信号（虚线）和第三个信号（实线）的频率分别为：$f_1 = (1/3)f_s$，$f_2 = f_1 + f_s$，$f_3 = f_1 + 2f_s$，其中 f_s 是采样速率。很显然，所有余弦信号都具有相同的振幅和初始相位，其频率为 $f_k = f_1 + (k-1)f_s$，如果 k 是自然数，就会产生相同的样本。一个余弦样本序列可以代表无数个有着合适频率关系的余弦信号，由于采样，造成余弦信号序列与混叠的模拟信号具有相同的频谱特性（见图 5.3）。回到图 5.5，很容易注意到无数个与余弦信号不同的周期信号也可以由相同的样本来表示。然而，如果只选择频谱位于频率区间 $[-0.5f_s, 0.5f_s]$ 内的信号，经过适当的滤波，那么，该样本序列仅代表频率为 $f_1 = (1/3)f_s$ 的余弦信号，图中以点线表示。

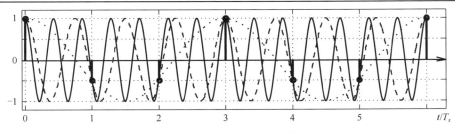

图 5.5　三个不同频率余弦信号的混叠

混叠引起内插后信号与原始信号不一致而导致的失真，如图 5.6 所示。图 5.6（a）中 $u_{in}(t)$ 的频谱 $S_{in}(f)$ 包含所需信号 $u(t)$ ，其频谱 $S(f)$ 位于区间 $[-B,B]$ ，带外频谱成分位于区间 $[-f_1,-f_2]$ 和 $[f_1,f_2]$ 。在以 $f_s=2B$ 速率采样后，带外频谱分量以 $S_{in}(f)$ 折叠的形式落入 $S(f)$ 内，如图 5.6（b）所示。图 5.6 表明，混叠引起的危害性影响，预防比补偿更容易。

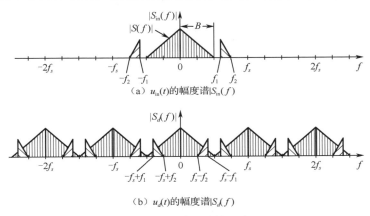

（a）$u_{in}(t)$ 的幅度谱 $|S_{in}(f)|$

（b）$u_d(t)$ 的幅度谱 $|S_d(f)|$

图 5.6　频域混叠的影响

在对 $u_{in}(t)$ 进行采样之前或采样过程中，抗混叠滤波可抑制所有不期望的带外频谱分量，如图 5.7 所示。理想的抗混叠滤波器的 AFR $|H_{a.f}(f)|$ 在图 5.7（a）中用虚线示出。因此，如图 5.7（b）所示，借助 $u_d(t)$ 的幅度谱 $|S_d(f)|$ ，可以精确地重构出所期望的信号 $u(t)$ 。理想的抗混叠滤波器的传输函数应该是一个截止频率为 $0.5f_s=B$ 的矩形 AFR 并具有线性 PFR：

$$H_{a.f}(f)=\begin{cases} H_0\exp(-j2\pi ft_0) & f\in[-B,B] \\ 0 & f\notin[-B,B] \end{cases} \tag{5.14}$$

式中，t_0 是群时延。式（5.14）和式（5.7）的比较表明，式（5.13）可实现理想的抗混叠滤波。

为了说明抗混叠滤波的一些具体性能，让我们来考虑对 Tx 输入端的音乐信号进行采样的情形。如果 $f_s=16\text{kHz}$ ，截止频率为 $0.5f_s=8\text{kHz}$ ，超过 8kHz 的信号谱分量将会折叠至低频信号分量上，造成混叠。如果不进行抗混叠滤波（见图 5.8 中的频谱图），信号就会被两种类型的失真所破坏：第一种是由超过 8kHz 的频谱分量的损失引起的，第二种是由混叠引起的。

图 5.9 给出了 $u_{in}(t)$ 经过抗混叠滤波后的情况。图 5.9（a）显示了其幅值谱 $|S_{in}(f)|$ 和抗混叠滤波器的 AFR $|H_{a.f}(f)|$ 。经过滤波后的 $u_{in}(t)$ 的幅度谱 $|S_{in}(f)|$ 如图 5.9（b）所示。时间离散信号 $u_d(t)$ 的幅度谱 $|S_d(f)|$ 如图 5.9（c）所示。图 5.9 表明，抗混叠滤波可消除第二类失真，

但不能改变第一类失真。第一类失真可以通过提高 f_s 得以减少。当 f_s 超过音乐信号中最高可听频率至少 2 倍时，第一类失真就会消失。

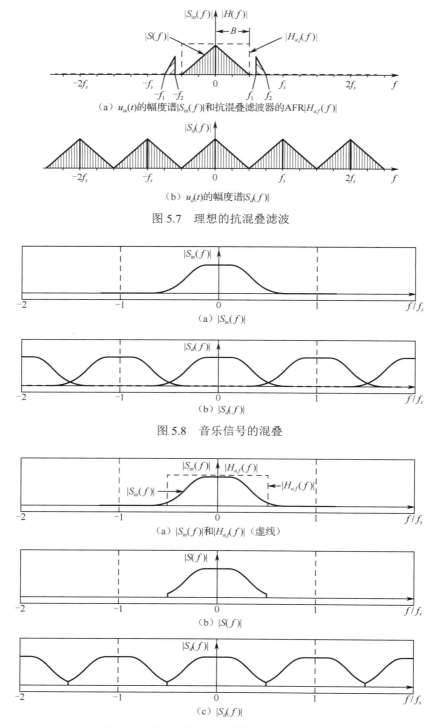

（a）$u_{in}(t)$的幅度谱$|S_{in}(f)|$和抗混叠滤波器的AFR$|H_{af}(f)|$

（b）$u_d(t)$的幅度谱$|S_d(f)|$

图 5.7   理想的抗混叠滤波

（a）$|S_{in}(f)|$

（b）$|S_d(f)|$

图 5.8   音乐信号的混叠

（a）$|S_{in}(f)|$和$|H_{af}(f)|$（虚线）

（b）$|S(f)|$

（c）$|S_d(f)|$

图 5.9   有抗混叠滤波时的音乐信号的幅度谱

如果 $f_s \geqslant 32\text{kHz}$，则满足此条件。即使使用此 f_s 也需要抗混叠滤波，因为音乐可能具有高于听得见的范围的频谱分量。虽然 $f_s \geqslant 32\text{kHz}$（结合抗混叠滤波）消除了这两类失真，但 f_s 的提高会扩展传输的信号带宽，并要求更高的发射功率，以提供相同的抗噪声传输能力。带宽和功率都是宝贵的资源。因此，f_s 和抗混叠滤波器参数的选择需要透彻的分析，要考虑到所需的传输质量、信源编码的类型以及可利用的带宽和功率。在大批量生产的设备中，这些因素应事先予以考虑。

5.3.2 采样定理的解释

如上所述，根据式（5.13）对基带信号进行采样并按照式（5.3）进行插值，实现了一种最小二乘意义下实现 S&I 的最优方法。同时，还很容易注意到目前众所周知的另一种不同的 S&I 实现方法。确实，A.2 节清楚地表明，将 δ 函数序列的筛选特性应用于信号 $u(t)$ 中，可以在抗混叠滤波器的输出端对信号进行采样，图 5.4 说明了用短脉冲取代 δ 函数的可能性。由图 5.3 和图 5.7 明显可知：在 $S_d(f)$ 中滤除频率区间 $[-B, B]$ 以外的频谱折叠，可重构出 $u(t)$。

下面的分析将证明，尽管后一种 S&I 方法似乎是启发式的，但其实也遵循采样定理，因此具有最小的均方根误差。这两种方法对应于采样定理的不同解释。从逻辑上来讲，可将基于原始定理的式（5.3）和式（5.13）的第一种解释称为直接解释。而其他所有基于变换后等式的解释都是间接解释。然而，本书中"间接解释"一词仅指完全基于使用传统模拟抗混叠和内插滤波器的解释。

5.3.2.1 采样定理间接解释的推导

接下来证明，要发送的 $u_{\text{in}}(t)$ 经过脉冲响应为 $h(t) = c\varphi_{0BB}(-t)$ 的滤波器滤波，并将 δ 函数的筛选性质应用于滤波器输出端之后，可得到与式（5.13）相同的结果。既然 $\varphi_{0BB}(t)$ 是偶函数，则

$$h(t) = c\varphi_{0BB}(-t) = c\varphi_{0BB}(t) \tag{5.15}$$

由式（1.79）、式（5.15）和式（A.14），可得到：

$$u(nT_s) = \int_{-\infty}^{\infty} \left[\int_{-\infty}^{\infty} u_{\text{in}}(\tau)h(t-\tau)\mathrm{d}\tau \right] \delta(t-nT_s)\mathrm{d}t = \int_{-\infty}^{\infty} u_{\text{in}}(\tau)h(nT_s-\tau)\mathrm{d}\tau$$

$$= c\int_{-\infty}^{\infty} u_{\text{in}}(t)\varphi_{0BB}(t-nT_s)\mathrm{d}t \tag{5.16}$$

由于式（5.13）和式（5.16）产生相同的结果，所以根据式（5.16）进行采样也降低了均方根误差。图 5.10（a）说明了这种采样，其中具有带宽 B 的理想抗混叠 LPF 抑制了 $u_{\text{in}}(t)$ 的所有带外频谱分量，而使得 $u(t)$ 不失真，然后 $u(t)$ 与 $\delta(t-nT_s)$ 序列进行相乘。后续电路隐含实现了式（5.16）的第二部分的最外层积分。

为表明式（5.3）等效于通过脉冲响应为 $h(t) = \varphi_{0BB}(t)$ 的理想内插 LPF 发送 $u_d(t)$，回看式（1.79）。根据式（5.9）对式（1.79）进行变化，得到：

$$u_{\text{out}}(t) = \int_{-\infty}^{\infty} \left\{ \sum_{n=-\infty}^{\infty} u(nT_s)\delta(\tau - nT_s) \right\} h(t-\tau)\mathrm{d}\tau$$

$$= \sum_{n=-\infty}^{\infty} u(nT_s) \int_{-\infty}^{\infty} h(t-\tau)\delta(\tau - nT_s)\mathrm{d}\tau \qquad (5.17)$$

$$= \sum_{n=-\infty}^{\infty} u(nT_s)\delta(t - nT_s)$$

由于 $h(t) = \varphi_{0BB}(t)$，式（5.17）可以重新写为

$$u_{\text{out}}(t) = \sum_{n=-\infty}^{\infty} u(nT_s)\varphi_{0BB}(t - nT_s) = \sum_{n=-\infty}^{\infty} u(nT_s)\varphi_{nBB}(t_s) = u(t) \qquad (5.18)$$

该式与所要证明的结果相符。因此，采样函数 $\varphi_{0BB}(t - nT_s)$ 与等于样本 $u(nT_s)$ 的权值相加，等效于理想的内插滤波。图 5.10（b）显示了对应于采样定理的间接解释的内插结构，其中，具有脉冲响应 $h(t) = \varphi_{0BB}(t)$ 的理想内插 LPF 可抑制 $u(t)$ 相对应的频谱 $S(f)$ 之外所有频谱在 $S_d(f)$ 中的折叠。

采样定理的直接解释和间接解释之间的中间情况，由 5.3.2.4 节中导出的混合解释来说明。

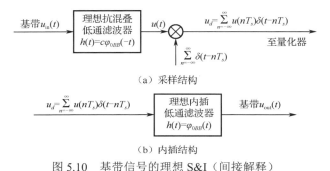

（a）采样结构

（b）内插结构

图 5.10　基带信号的理想 S&I（间接解释）

5.3.2.2　理想和非理想 S&I

基于直接解释和间接解释的理想 S&I 在物理上是无法实现的，因为 WKS 采样定理基于许多实际上无法满足的假设。第一，严格带限信号的持续时间是无限长的，而所有实际信号都是时间有限的。第二，由式（5.4）定义的采样函数 $\varphi_{nBB}(t)$ 和拥有脉冲响应 $h(t) = c\varphi_{0BB}(-t)$ 的滤波器与因果原理相抵触，因此在物理上是不可实现的。第三，δ 函数 $\delta(t - nT_s)$ 和无穷小持续时间的信号样本无法生成。上述原因导致只能实现非理想的 S&I。

基于间接解释的 S&I 非理想实现，意味着用短选通脉冲代替 δ 函数，用物理可实现的非理想滤波器代替理想滤波器。非理想滤波器的 AFR 在通带内是不平坦的，在阻带内的抑制能力有限，其 PFR 可能是非线性的，会引入损耗并具有非零过渡带，要求 $f_s > 2B$。对带外干扰的足够抑制能力和通带内具有可容忍的失真，使其可以满足实际应用。基于直接解释的非理想 S&I 的实现，需要用可实现的加权函数 $w_{nBB}(t) = w_{0BB}(t - nT_s)$ 代替式（5.3）和式（5.13）中的物理不可实现的 $\varphi_{nBB}(t) = \varphi_{0BB}(t - nT_s)$，同样要求 $f_s > 2B$。

除物理可实现性外，S&I 电路的实现还需要考虑线性和非线性畸变、抖动和干扰，在此前环节和后续环节中也要考虑这些情况。它还需要考虑 S&I 电路的自适应性和可重构性，以及它们与 IC 技术的兼容性。因此，虽然从采样定理的原始等式导出的所有解释在理想情况下

都是最优的，但它们所提供的性能不同，在实际情况中遇到的实现挑战不同（见 5.3.2.5 节的初步比较）。由于 S&I 电路非理想实现的最优性不能在采样定理的范围内确定，因此其理论基础除采样理论外，还应包括线性和非线性电路理论、最佳滤波等。

5.3.2.3 创新实现

S&I 技术说明了决定实现创新方式和时间的三个要素：实际需求、技术水平和理论基础。缺乏其中一个以上的因素，就无法实现。虽然由于缺乏理论基础（因为关于采样定理的出版物最初被忽略了）而极大推迟了 TDM 的实施，然而，即便从当代技术和应用的角度来看，早期 TDM 系统选择这一定理的间接解释却是非常正确的。毫无疑问，产生直接解释所需的适当 $w_{nBB}(t)$ 实际上几乎是不可能的，而具备可接受 $h(t)$ 的滤波器则是可实现的。同时，由于使用短脉冲进行采样而造成的大部分信号能量损失并不重要，如下文所述。

在最早的 TDM 通信系统中（见图 5.11），对来自 K 个信息源 S_k（$k=1,2,\cdots,K$）的模拟信号进行抗混叠滤波和采样（通常与时间复用相结合）。时间复用的脉冲幅度调制样本经过放大并通过远距离链路，传输到系统的 Rx 侧，衰减的群信号被再次放大和解复用。然后，对每个接收方 R_k 分别插入部分通道的信号。该系统中，所有信道都采用相同的 f_s，并且为每个信道分配一个固定的时隙。这种系统相比单通道系统把设备应用得更好一些，因为最昂贵的部件是由所有通道共同使用的。

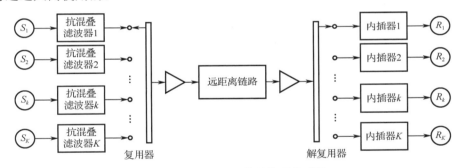

图 5.11　具有 TDM 的早期通信系统

在所考虑的系统中使用的采样结构如图 5.12 所示。对于语音传输，抗混叠滤波器抑制～3.0kHz 以上的频谱分量，因为这部分频谱对语音的可懂度影响很小且可能降低 f_s。抗混叠滤波器输出端的采样是由一系列均匀的短脉冲 $u_{s.p}(t)$ 控制的电子开关完成的。虽然部分通道的采样有损，但系统总体的能效很高，因为大部分能量都分布于远距离链路上并以高占空比用于群信号的传输。

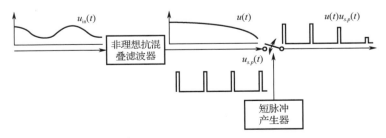

图 5.12　采用 TDM 的早期通信系统中的采样

在下一代 TDM 系统中，由于 PPM 具有较高的抗噪声能力，幅度恒定带来的脉冲再生更简单，以及可实现 PWM 和 PPM 所需的足够精确的同步精度，因此 PAW 被 PWM 和 PPM 所取代。最终，TDM 系统中的 PWM 和 PPM 被 PCM 所取代，其中脉冲经过数字化并以二进制代码的方式传输。PCM 的高抗噪声性能，通过纠错编码可进一步提高，几乎可以实现任何所需的通信可靠性。此外，它还提供了前所未有的选择调制/解调和编码/解码技术的灵活性。

PCM 的历史是证明"任何创新的实现都需要同时具备三个要素（实际需求、技术水平和理论基础）"的另一个例子。PCM 是由 A.H.Reeves 在 1937 年[56,57]发明的。发明家和他的同事们清楚地了解其理论和优势。对这种技术的需求在当时即已经存在。此外，尽管还出现了许多与 PCM 相关的发明，但直到 20 世纪 50 年代末，在基于晶体管技术的数字电路、A/D 和 D/A 已经足够成熟的情况下，它才开始广泛应用。因此，PCM 由于缺乏合适的技术而推迟了大约 20 年才实现，而 TDM 则由于理论知识不足而推迟实现。正如本书所示，理论知识不足也极大地延迟了新型数字化与重构（D&R）技术的实现。

5.3.2.4　采样定理混合解释的推导

上述采样定理的混合解释的正式推导，要求将采样函数 $\varphi_0(t)$ 表示成两个函数的卷积：

$$\varphi_0(t) = \tilde{\varphi}_0(t) * \hat{\varphi}_0(t) = \int_{-\infty}^{\infty} \tilde{\varphi}_0(\tau)\hat{\varphi}_0(t-\tau)\mathrm{d}\tau = \int_{-\infty}^{\infty} \tilde{\varphi}_0(t-\tau)\hat{\varphi}_0(\tau)\mathrm{d}\tau \tag{5.19}$$

式（5.19）及之后，采样函数标记为 $\varphi_0(t)$ 意味着后续推导的结果既适用于基带采样函数 $\varphi_{0BB}(t)$ 也适用于带通采样函数 $\varphi_{0BP}(t)$。利用卷积的平移等价性，$\varphi_n(t)$ 可以表示为

$$\varphi_n(t) = \varphi_0(t-nT_s) = \tilde{\varphi}_0(t) * \hat{\varphi}_0(t-nT_s) = \int_{-\infty}^{\infty} \tilde{\varphi}_0(t-\tau)\hat{\varphi}_0(\tau-nT_s)\mathrm{d}\tau \tag{5.20}$$

基于式（5.20），式（5.13）可以改写为

$$\begin{aligned}
u(nT_s) &= c\int_{-\infty}^{\infty} u_{\mathrm{in}}(t)\varphi_n(t)\mathrm{d}t = c\int_{-\infty}^{\infty} u_{\mathrm{in}}(t)[\tilde{\varphi}_0(t) * \hat{\varphi}_0(t-nT_s)]\mathrm{d}t \\
&= c\int_{-\infty}^{\infty} u_{\mathrm{in}}(t)\left[\int_{-\infty}^{\infty} \tilde{\varphi}_0(t-\tau)\hat{\varphi}_0(\tau-nT_s)\mathrm{d}\tau\right]\mathrm{d}t \\
&= c\int_{-\infty}^{\infty} \left[\int_{-\infty}^{\infty} u_{\mathrm{in}}(t)\tilde{\varphi}_0(t-\tau)\mathrm{d}t\right]\hat{\varphi}_0(\tau-nT_s)\mathrm{d}\tau \\
&= c\int_{-\infty}^{\infty} [u_{\mathrm{in}}(\tau) * \tilde{\varphi}_0(-\tau)]\hat{\varphi}_0(\tau-nT_s)\mathrm{d}\tau \\
&= c\int_{-\infty}^{\infty} [u_{\mathrm{in}}(t) * \tilde{\varphi}_0(-t)]\hat{\varphi}_0(t-nT_s)\mathrm{d}t
\end{aligned} \tag{5.21}$$

式（5.21）的最后一部分反映了与混合解释相对应的两个阶段的采样过程。

实际上，$\varphi_0(t)$ 的物理不可实现性要求用物理可实现的加权函数 $w_0(t)$ 来替代，$w_0(t)$ 用卷积 $w_0(t) = \tilde{w}_0(t) * \hat{w}_0(t)$ 来表示。

$$u(nT_s) \approx c\int_{nT_s-0.5T_{\hat{w}}}^{nT_s+0.5T_{\hat{w}}} [u_{\mathrm{in}}(t) * \tilde{w}_0(-t)]\hat{w}_0(t-nT_s)\mathrm{d}t \tag{5.22}$$

式中，$T_{\hat{w}}$ 是 $\hat{w}_0(t)$ 的长度。如式（5.22）所述，在第一阶段，脉冲响应为 $\tilde{h}(t) = c\tilde{w}_0(-t)$ 的预滤波器开始对 $u_{in}(t)$ 进行抗混叠滤波，如括号中的卷积部分所示。然后，在第二阶段，预滤波输出与权重 $\hat{w}_0(t - nT_s)$ 进行积分，完成滤波，积累信号能量，产生 $u(nT_s)$。

为了推导出内插的采样定理的混合解释，比较方便的是用与式（5.20）不同的卷积平移等效来表示 $\varphi_0(t)$：

$$\varphi_n(t) = \varphi_0(t - nT_s) = \tilde{\varphi}_0(t - nT_s) * \hat{\varphi}_0(t) = \int_{-\infty}^{\infty} \tilde{\varphi}_0(t - nT_s)\hat{\varphi}_0(t - \tau)\mathrm{d}\tau \tag{5.23}$$

关于式（5.23）重写式（5.3），得到：

$$\begin{aligned}
u(t) &= \sum_{-\infty}^{\infty} u(nT_s)\varphi_n(t) = \sum_{n=-\infty}^{\infty} u(nT_s)\varphi_0(t - nT_s) \\
&= \sum_{n=-\infty}^{\infty} \left[u(nT_s) \int_{-\infty}^{\infty} \tilde{\varphi}_0(\tau - nT_s)\hat{\varphi}_0(t - \tau)\mathrm{d}\tau \right] \\
&= \int_{-\infty}^{\infty} \sum_{n=-\infty}^{\infty} \left[u(nT_s)\tilde{\varphi}_0(\tau - nT_s) \right] \hat{\varphi}_0(t - \tau)\mathrm{d}\tau
\end{aligned} \tag{5.24}$$

把物理不可实现的 $\varphi_0(t)$ 用合适的 $w_0(t)$ 来替代之后，又表示为 $w_0(t) = \tilde{w}_0(t) * \hat{w}_0(t)$，式（5.24）可以用下式替代：

$$u(t) \approx \int_{-\infty}^{\infty} \sum_{n=-\infty}^{\infty} \left[u(nT_s)\tilde{w}_0(\tau - nT_s) \right] \hat{w}_0(t - \tau)\mathrm{d}\tau \tag{5.25}$$

根据式（5.25），对应于混合解释的内插，在第一阶段，对 D/A 输出样本 $u(nT_s)$ 与 $\tilde{w}_0(t - nT_s)$ 之积求和，把大部分能量集中在 $u(t)$ 的带宽内，并开始内插滤波。在第二阶段，具有脉冲响应 $\hat{h}(t) = \hat{w}_0(t)$ 的后置滤波器完成此滤波。

5.3.2.5　不同解释的初步比较

本部分证实采样定理的可构造性，并针对不同形式的理论公式描述了采样定理的解释，不同的理论公式也分别展示了特定 S&I 算法。尽管在第 6 章中将讨论这些算法的实现，但本部分先对这些解释进行简要比较。由于直接解释和间接解释描述的都是极端情况，因此每种解释只有一种描述（但可以有不同的实现）。相比之下，由于对于同一个加权函数 $w_0(t)$，满足 $w_0(t) = \tilde{w}_0(t) * \hat{w}_0(t)$ 的 $\{\tilde{w}_0(t), \hat{w}_0(t)\}$ 的对有无限个，所以原则上混合解释有无限种描述。

20 世纪 50 年代后期 PCM 和 DSP 的实现以及 20 世纪 70 年代数字无线电的出现，从根本上改变了对 S&I 技术的需求。因此，可以根据满足这些需求的能力来比较这些解释。第一，所有解释都需要在量化期间对样本进行保持，这激发了人们用 SHA 和 THA 取代简单的电子开关。第二，在采样过程中大部分信号能量的损失不利于新的应用，基于直接解释的电路可避免这种情况，而基于间接解释的电路则无法避免。第三，有效的内插要求将 D/A 输出样本的大部分能量集中在重构的模拟信号带宽内，直接解释可以实现该目标，间接解释则无法实现。第四，在新的应用中非常期望 S&I 的集成电路实现，直接解释可行，而间接解释往往不可行，因为最好的带通抗混叠和内插滤波器与集成电路技术不相容。第五，新应用要求 S&I 电路具备高灵活性，直接解释可以实现，但间接解释并非总能实现，原因在于上述带通滤波器不具备可伸缩性。

尽管基于直接解释的 S&I 电路具有优势，然而，即便这种解释很久以前[46~50]就已有所讨论，但相关电路仍处于研发阶段。之所以实现起来很慢，部分原因是需要解决一些技术问题，但更主要的原因则是对其实质和益处缺乏了解。至于混合解释，则优于间接解释，但可能劣于直接解释。它是在 20 世纪 80 年代[43~45]提出的，尽管在当时也不存在技术障碍，但其实际执行起步缓慢，因为其概念偏离了根深蒂固的模式。

DSP 和数字无线电的出现尽管带来了新的挑战，但也带来了简化 S&I 实现的新机遇。例如，有可能在数字领域补偿模拟和混合信号电路产生的某些失真（见第 3 章和第 4 章）。

5.3.3　对应于间接解释的基带 S&I

第 3 章和第 4 章所述的所有数字化与重构（D&R）过程中的 S&I 都是基于对采样定理的间接解释。因此，对应于这一解释的非理想基带采样，可以分别用图 3.4 和图 3.5 所示的框图和频谱图加以说明（见 3.3.1 节）。下面着重介绍 3.3.1 节提出的一些基本情况以及与基带信号采样有关的情况。

非理想采样不仅与后续的量化有关，而且与后续的 DSP 有关，因为在发射机的数字部分（TDP）中可以抵消和/或补偿非理想采样所产生的问题。输入信号 $u_{in}(t)$ 的频谱 $S_{in}(f)$ 中除了期望信号 $u(t)$ 的频谱 $S(f)$，还可能包含 IS 的频谱。例如，在发射机中，IS 可以是不想要传输的相邻信道信号。如 3.3.1 节所述以及在 5.3.1.1 节中所进行的解释[见式（5.9）和式（5.10）]，采样导致采样器输入信号频谱的折叠，这一点可以从图 5.3 和图 3.5 可以看出：图 5.3 所示的是理想采样速率 $f_s = 2B$，而图 3.5 所示的实际采样速率为 $f_{s1} = 1/T_{s1} > 2B$。之所以选择这个 f_{s1}，是因为抗混叠滤波器有较宽的过渡带，它的通带可能大于 B。因此，有些 IS 信号能够通过抗混叠滤波器，它们被 TDP 中的数字滤波器滤除，如图 3.5（a，b）所示。

正如 3.3.1 节所讨论的，抗混叠滤波器必须抑制 $u_{in}(t)$ 频谱中对应于 $k \neq 0$ 的分量[在式（3.14）区间内]，经过采样后，$S(f)$ 会出现折叠。我们不需要非得抑制这些区间之间的空隙（"不关心"的频带）中 $u_{in}(t)$ 频谱分量，因为这些分量可以在 TDP 中滤除。虽然传统的抗混叠滤波器没有利用"不关心"频带，但这些频带可以提高基于直接和混合解释的采样定理的抗混叠和内插滤波的效率，如第 6 章所述。回顾图 3.5（b）中量化（即数字化）后信号 $u_{q1}(nT_{s1})$ 的频谱 $S_{q1}(f)$，在精确量化时，其与离散信号 $u_1(nT_{s1})$ 的频谱 $S_{d1}(f)$ 几乎相同（另见图 3.4）。量化后用数字抽取滤波进行下采样，提高了 TDP 中 DSP 的效率。抽取滤波器还滤除了抗混叠滤波器没有完全抑制的 IS 信号，如图 3.5（b、c）所示。

如上所述，非理想采样而引起的许多问题都可以在 TDP 中得到解决。实际上，TDP 中数字抽取滤波的下采样，抵消了非理想抗混叠滤波器的过渡带宽造成的负面影响。该滤波器通带内的线性和非线性失真在 TDP 中至少可以进行部分补偿。然而，该滤波器的阻带内抑制不足是无法补偿的。因此，这种抑制能力决定了有效抗混叠滤波的可能性。

3.3.1 节所述的采样以及基于对采样定理的间接解释，在实际中得到了广泛应用。传统的模拟抗混叠滤波器和 THA 是其典型应用。虽然这种解释不如现实世界中的直接解释和混合解释，但它在基带 S&I 方面比带通 S&I 方面更具优势。

与采样理论的间接解释相对应的基带信号的理想内插如图 5.10（b）中的框图和图 5.13 的频谱图所示。

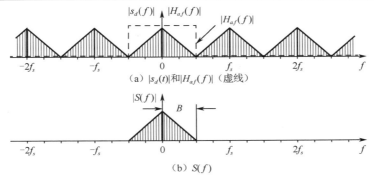

图 5.13 $u_d(t)$ 和 $u(t)$ 的幅度谱，以及理想基带内插滤波器（间接解释）的 AFR

这种插值在物理上是无法实现的，而实际的内插总是非理想的。图 5.14 中的框图反映了后者作为基带信号重构的一部分的内插的情况。这种类型的重构常常用于数字接收机的输出端。在输入 D/A 之前，数字信号 $u_{q1}(nT_{s1})$ 通常用数字内插滤波进行上采样（见附录 B）。

之所以需要这种上采样，是因为大多数的接收机数字部分（RDP）的信号处理是尽可能以最小的 $f_s = f_{s1} = 1/T_{s1}$ 来实现的，以有效地利用 RDP 的硬件。但是，模拟内插 LPF 的过渡带 B_t 较宽，需要提高 D/A 输入端的 f_s。由于我们期望数字插值滤波器具有平滑 AFR 和线性 PFR，通常采用 FIR LPF 用于这种插值。当上采样因子等于 2（如图 5.14 所示）或为 2 的幂时，LPF 分别为 HBF 或 HBF 的级联结构（见 B.4 节）。D/A 转换把数字样本 $u_{q2}(nT_{s2})$ 转换为模拟样本，但相邻的模拟样本之间有一个脉冲毛刺，这是由于 D/A 各位之间的切换时间不一致和开关之间的切换时间不一致所引起的。由 GPG 控制的 PS 选择 D/A 输出样本中无失真的部分输出，如图 3.7 中的时序图所示。其中，Δt_s 是选通脉冲的宽度，而 Δt_d 是选通脉冲相对于 D/A 输出样本前沿的延迟时间，后者必须等于或超过样本失真部分的宽度。样本中的选定部分用模拟 LPF 进行插值。这种插值将样本序列 $u(mT_{s2})$ 转化为模拟信号 $u(t)$。

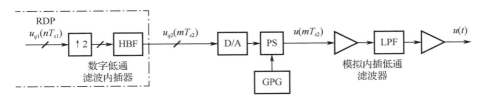

图 5.14 基带信号的重构（间接解释）

图 5.15 显示了在该重构中的信号频谱变化以及内插滤波器所需的 AFR。$u_{q1}(nT_{s1})$ 的幅度谱 $|S_{q1}(f)|$ 以及数字内插 LPF 的 AFR 的 $|H_{d.f}(f)|$ 如图 5.15（a）所示。频谱 $|S_{q1}(f)|$ 包括以 kf_{s1} 为中心的 $u(t)$ 的频谱 $S(f)$ 的折叠，其中 k 是任意整数。图 5.15（b）给出了 $u_{q2}(nT_{s2})$ 的幅度谱 $|S_{q2}(f)|$，当 D/A 精确时，其与时间离散复值信号 $u(nT_{s2})$ 的幅度谱 $|S_{d2}(f)|$ 实际上是相同的。模拟内插滤波器所需的 AFR $|H_{a.f}(f)|$ 也显示在图 5.15（b）中。图 5.15（a，b）中的频谱图所反映的上采样值是两倍的 f_s。模拟插值滤波器通过滤除 $S_{d2}(f)$ 中除基带信号以外的所有 $S(f)$ 的折叠信号，以重构出模拟信号 $u(t)$。与第 3 章和第 4 章中的抗混叠和插值滤波器的情况一样，传统滤波技术没有使用图 5.15（b）所示的具有 AFR 的模拟插值滤波器的"不关心"频

带，但可以根据采样定理的直接解释和混合解释提高插值滤波器的效率。图 5.15（c）所示为 $u(t)$ 的幅度谱 $S(f)$。

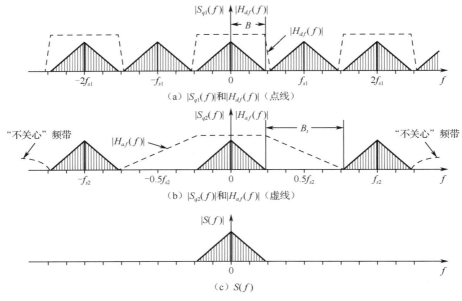

（a）$\left|S_{q1}(f)\right|$ 和 $\left|H_{df}(f)\right|$（点线）

（b）$\left|S_{q2}(f)\right|$ 和 $\left|H_{af}(f)\right|$（虚线）

（c）$S(f)$

图 5.15　基带信号重构（间接内插）的幅度谱和 AFR

与抗混叠滤波类似，非理想模拟插值 LPF 的 B_t 较宽的问题由 RDP 的上采样所抵消。LPF 通带内的线性和非线性失真至少可以进行部分补偿。然而，在 RDP 中，LPF 阻带抑制能力不足则无法补偿。

5.4　带通信号的均匀采样定理

5.4.1　带通信号的基带 S&I

图 5.16 中的框图和图 5.17 中的频谱图给出了一个带通实值信号 $u_{in}(t)$ 的理想基带采样（见 D.2.1 节），其频谱 $S_{in}(f)$ 除了期望信号 $u(t)$ 的频谱 $S(f)$，还可能包含不需要的带外分量[见图 5.17(a)]。信号 $u_{in}(t)$ 首先转换为基带复值等效信号 $Z_{in}(t)$。经过此转换后，由 AFR 为 $\left|H_{a.f}(f)\right|$ 的理想 LPF 进行抗混叠滤波，以抑制 $Z_{in}(t)$ 的带外频谱分量[见图 5.17（b）]。结果表明，由 $I(t)$ 和 $Q(t)$ 表示的 $Z(t)$ 以及由 $I(nT_s)$ 和 $Q(nT_s)$ 表示的时间离散基带复值信号 $Z_{in}(nT_s)$ 只与 $u(t)$ 一致，如图 5.17（b，c）中的频谱图所示。理想的抗混叠滤波允许选择 $f_s = 2B_z = B$。

由于理想的抗混叠滤波物理上无法实现，因此，对带通信号的实际基带采样总是非理想的。基带采样作为 4.4.1 节中 Rx 输入信号基带数字化的一部分进行了阐述，并分别用图 4.9 和图 4.10 中的框图和频谱图进行了说明。这种采样基于采样定理的间接解释。非理想抗混叠 LPF 的宽过渡带允许一些带外 IS 信号进入 RDP，并要求更高的采样率 $f_s = f_{s1} > 2B_z$。因此，应在 RDP 中滤除 IS 信号，并且需要在量化后进行下采样以提高 RDP 的处理效率。

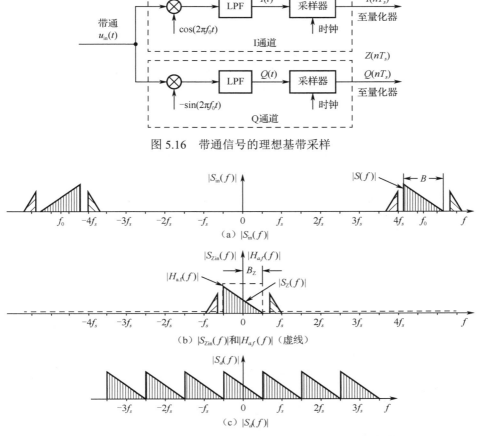

图 5.16　带通信号的理想基带采样

图 5.17　用于对带通信号的理想基带采样的抗混叠滤波器的幅度谱和 AFR

与上述非理想基带信号的 S&I 类似，许多带通信号的非理想基带 S&I 问题在无线电的 RDP 和 TDP 中都可以得到解决。例如，抗混叠和内插滤波器的过渡带较宽的这一负面影响，通常可通过数字域中合适的采样率变换来抵消。此外，这些滤波器通带中的线性和非线性失真至少可以在 RDP 和 TDP 中得到部分补偿。然而，抗混叠和和内插滤波器的阻带内抑制能力不足的问题，是无法在数字领域中得到弥补的。因此，阻带内具有足够的抑制能力是抗混叠和内插滤波的必要条件。

$f_s > 2B_z$ 这一条件还在抗混叠滤波器的阻带之间产生了"不关心"频带。虽然传统的抗混叠滤波器没有利用"不关心"频带，但正如第 6 章所讨论的那样，对基于采样定理的直接解释和混合解释可提高抗混叠滤波的效率。

如 1.4.2 节所示，带通信号 $u(t)$ 的基带复值等效信号 $Z(t)$ ，除可用 I 和 Q 分量表示外，还可以用它的包络 $U(t)$ 和相位 $\theta(t)$ 来表示。后一种表示只有在前置滤波器对 $u_{in}(t)$ 中所有不希望的频谱分量进行了充分抑制，并且信号接收的目的是从 $U(t)$ 和/或 $\theta(t)$ 中提取信息时才使用。图 5.18 显示了获得 $U(t)$ 和 $\theta(t)$ 值的方法，其中 $u_{in}(t)$ 的抗混叠滤波由 BPF 实现（参见 D.2.2 节，用 $U(t)$ 和 $\theta(t)$ 表示带通信号时的采样定理）。由于在实际中，不可能理想化实现 BPF 和解调器，一些线性和/或非线性失真可能需要在 RDP 中进行补偿。

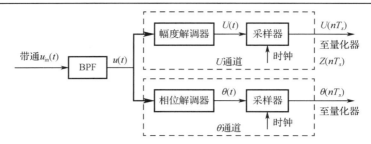

图 5.18　用 $U(t)$ 和 $\theta(t)$ 表示的带通信号的基带采样

带通信号 $u(t)$ 的理想基带内插，是对数字化复值等效 $Z_q(nT_s)$ 的 I 分量和 Q 分量进行独立的 D/A 变换，并经过两个理想的 LPF 后实现的（LPF 的单边带带宽为 B_z），接着由内插后的 $I(t)$ 和 $Q(t)$ 形成 $u(t)$。实际的内插不是理想化的，它在 3.3.2 节中作为 Tx 输出信号的基带重构的一部分进行了阐述，并分别在图 3.6、图 3.7 和图 3.8 所示的框图、时序和频谱图中进行了说明。与上面讨论的带通信号的基带采样类似，非理想内插的大部分负面影响（如由于模拟内插 LPF 的过渡带较宽要求具有较高的 f_s，以及 LPF 通带内的线性和非线性失真要求等），可以在 TDP 中抵消或弥补。由于 TDP 不能弥补 LPF 阻带内的抑制能力不足问题，因此内插滤波具有足够的阻带抑制能力至关重要。

3.3.2 节描述的内插基于采样定理的间接解释。对采样定理的直接解释和混合解释不仅可以利用"不关心"频带来提高内插滤波的效率，而且改变了在 D/A 输出端进行脉冲整形的方法，可将大部分能量集中在输出的模拟信号带宽内。

5.4.2　带通信号的带通 S&I

本节首先讨论带通信号的理想带通 S&I，然后利用第 3 章和第 4 章的内容讨论非理想带通 S&I 的实现。

5.4.2.1　理想带通 S&I

虽然带通信号 $u(t)$ 的基带采样对 $u(t)$ 的中心频率 f_0 没有任何限制，但只有满足以下条件时，其带通采样才可以用瞬时值 $u(nT_s)$ 表示 $u(t)$，其中 $f_s = 2B$：

$$f_0 = |m \pm 0.5| B \tag{5.26}$$

式中，m 是任意整数（请注意，当 f_s=2B 时，式（3.16）变为式（5.26））。此时（见 D.2.3 节），从 $\{u(nT_s)\}$ 重构 $u(t)$ 的方式如下：

$$u(t) = \sum_{n=-\infty}^{\infty} u(nT_s)\varphi_{nBP}(t) = \sum_{n=-\infty}^{\infty} u(nT_s)\varphi_{0BP}(t-nT_s) \tag{5.27}$$

式（5.27）与式（5.3）的不同之处在于仅用带通采样函数 $\{\varphi_{nBP}(t)\}$ 取代基带采样函数 $\{\varphi_{nBB}(t)\}$。在此：

$$\varphi_{nBP}(t) = \text{sinc}[\pi B(t-nT_s)]\cos[2\pi f_0(t-nT_s)] \tag{5.28}$$

由式（5.28），

$$\varphi_{0BP}(t) = \text{sinc}(\pi Bt)\cos(2\pi f_0 t) \tag{5.29}$$

如果满足式（5.26）的条件，函数 $\varphi_{nBP}(t)$ 是相互正交的。它们的平方范数，就是 $\varphi_{nBP}(t)$ 在

1Ω 电阻器内消耗的能量，如下式所示：

$$\left\|\varphi_{nBP}(t)\right\|^2 = \int_{-\infty}^{\infty} \frac{\sin^2[\pi B(t-nT_s)]}{[\pi B(t-nT_s)]^2} \cos^2[2\pi f_0(t-nT_s)]\mathrm{d}t = T_s \tag{5.30}$$

$\varphi_{nBP}(t)$ 的频谱密度 $S_{\varphi_{nBP}}(f)$ 为

$$S_{\varphi_{nBP}}(f) = \begin{cases} T_s\exp(-\mathrm{j}2\pi fnT_s) & f\in[-(f_0+0.5B),-(f_0-0.5B)]\cup[(f_0-0.5B),(f_0+0.5B)] \\ 0 & f\in[-(f_0+0.5B),-(f_0-0.5B)]\cup[(f_0-0.5B),(f_0+0.5B)] \end{cases} \tag{5.31}$$

特别地，

$$\begin{aligned}
S_{\varphi_{0BP}}(f) &= \left|S_{\varphi n_{BP}}(f)\right| \\
&= \begin{cases} T_s & f\in[-(f_0+0.5B),-(f_0-0.5B)]\cup[(f_0-0.5B),(f_0+0.5B)] \\ 0 & f\in[-(f_0+0.5B),-(f_0-0.5B)]\cup[(f_0-0.5B),(f_0+0.5B)] \end{cases}
\end{aligned} \tag{5.32}$$

$\varphi_{0BP}(t)$ 和 $S_{\varphi_{0BP}}(f)$ 如图 5.19 所示。

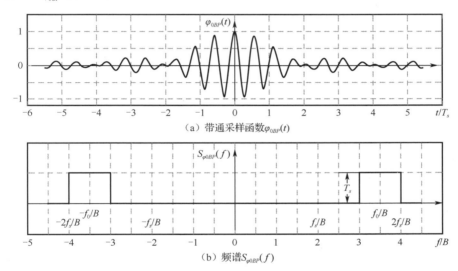

（a）带通采样函数 $\varphi_{0BP}(t)$

（b）频谱 $S_{\varphi 0BP}(f)$

图 5.19　带通采样函数与频谱

按照式（5.13）所用的推理方法，可以容易地证明：根据以下等式计算带通实值 $u(t)$ 的样本 $u(nT_s)$ 可使得样本的均方根误差最小。

$$u(nT_s) = c\int_{n=-\infty}^{\infty} u_{\mathrm{in}}(t)\varphi_{nBP}(t) = c\int_{n=-\infty}^{\infty} u_{\mathrm{in}}(t)\varphi_{0BP}(t-nT_s)\mathrm{d}t \tag{5.33}$$

带通信号的 S&I 满足采样定理的直接解释分别由式（5.33）和式（5.27）给出。

根据式（5.16）~式（5.18）所用推导方法可以证明，与采样定理的间接解释相对应的理想采样需要通过具有如下脉冲响应的抗混叠 BPF 来发送带通实值信号 $u_{\mathrm{in}}(t)$：

$$h(t) = c\varphi_{0BP}(-t) = c\varphi_{0BP}(t) \tag{5.34}$$

并将 δ 函数序列的筛选特性应用于滤波器的输出。该方法还证明了通过内插 BPF 发送时间离散带通信号 $u_d(t)$ 是可以满足需求的，实现与间接解释相对应的理想内插所需的 BPF 脉冲响应为 $h(t)=\varphi_{0BP}(t)$。执行这些操作的结构框图如图 5.20 所示。该结构与图 5.10 所示的结构不同之处，仅在于抗混叠和内插滤波器的类型。

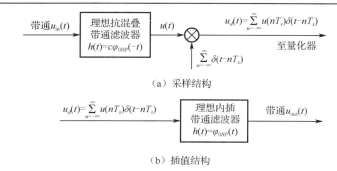

（a）采样结构

（b）插值结构

图 5.20　带通信号的理想带通 S&I（间接解释）

在理想带通采样情况下，输入带通实值信号 $u_{in}(t)$ 的幅度谱 $|S_{in}(f)|$ 变换如图 5.21 所示。

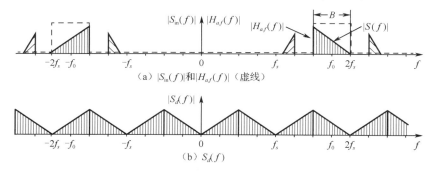

（a）$|S_{in}(f)|$ 和 $|H_{a.f}(f)|$（虚线）

（b）$S_d(f)$

图 5.21　用于理想带通采样的抗混叠滤波器的幅度谱和 AFR

图 5.21（a）给出了理想抗混叠 BPF 的 $|S_{in}(f)|$ 和 AFR 的 $|H_{a.f}(f)|$。此 BPF 可抑制 $u_{in}(t)$ 的所有带外频谱分量。因此，只有期望的带通信号 $u(t)$ 才会进行采样。对应于 $u(t)$ 的时间离散信号 $u_d(t)$ 的幅度谱 $|S_d(f)|$ 如图 5.21（b）所示。如图 5.21（a）所示，$u(t)$ 满足式（5.26）的条件，图 5.21（b）显示，式（5.26）确保以最低采样率 $f_s = 2B$ 进行采样时，$S(f)$ 的折叠在 $S_d(f)$ 内不会产生混叠。

5.4.2.2　非理想带通 S&I

由于理想的 S&I 实际上是无法实现的，只有带通信号的非理想 S&I 才能实现。非理想带通采样在 4.4.2 节中是作为 Rx 输入信号的带通数字化的一部分进行阐述的，其中，图 4.11 的框图对应于一般情况，图 4.13 中的框图对应于满足式（3.16）以最佳 f_s 进行数字化的情况。数字化过程中的频谱转换如图 4.12 所示。非理想带通内插在 3.3.2 节中是作为 Tx 输出信号带通重构的一部分进行阐述的，图 3.9、图 3.10 和图 3.11 分别给出了其框图、时序图和频谱图。4.4.2 节和 3.3.2 节阐述了 S&I 基于采样定理的间接解释。

非理想带通 S&I 常常受到模拟抗混叠和内插 BPF 的过渡带较宽的影响，因此要求 $f_s > 2B$，还会受 BPF 带宽内的线性和非线性失真以及阻带内抑制能力不足的影响。虽然 BPF 的过渡带较宽的问题可以通过数字域中的采样率转换来部分解决，而且 BPF 的通带中的失真可以在该数字域至少得到部分补偿，但 BPF 阻带中的任何所需要的抑制能力都必须在模拟域实现。对于由 $f_s > 2B$ 产生的"不关心"频带，传统的滤波器没有把它们利用起来，但可以通过基于采样定理的直接和混合解释的 S&I 技术加以利用。

5.4.3　带通信号的基带和带通 S&I 的比较

作为基带和带通数字化技术比较的一部分，4.4.3 节比较了带通信号的基带采样和带通采样。同样，作为基带和带通重构比较的一部分，3.3.3 节比较了带通信号的基带和带通内插。在第 6 章讨论直接解释和混合解释对带通 S&I 优势的贡献之前，这里先对这些章节的研究结果进行概述。

带通信号的基带 S&I 与带通 S&I 相比有两个基本缺点。第一，在基带 S&I 情况下，模拟信号频谱的基带位置（将图 3.8 和图 4.10 中的频谱图与图 3.11 和图 4.12 中的频谱图进行比较）会导致直流偏移、闪烁噪声，以及信号带宽内功率更大和互调产物(IMP)的数量增多。第二，基带 S&I 与带通 S&I 不同，需要在模拟域和混合信号域中具有独立的 I、Q 通道（将图 3.6 和图 4.9 中的框图与图 3.9、图 4.11 和图 4.13 中的框图进行比较）。后一种情况不可避免地会造成 I、Q 的不平衡性。

在数字域中，自适应均衡、预失真或后失真可以弱化基带 S&I 的一些缺点。然而，这些措施增加了数字无线电的复杂度和成本。将图 3.6 中的框图与图 3.9 中的框图，图 4.9 中的框图与图 4.11 和图 4.13 中的框图进行比较，可以看出带通 S&I 也符合数字无线电发展的主要趋势：增加在数字域中实现的功能数量，并减少模拟域的功能数量。

尽管如此，基于采样定理间接解释的带通 S&I 仍有两个弱点。第一是最传统的（如 SAW、BAW、晶体、机电和陶瓷）BPF 的不灵活性及其与集成电路技术的不兼容性。这限制了数字无线电的适应性、可重构性和集成度。基于采样定理直接解释的 S&I 可以克服这些局限性，至少原理上是这样的。第二个弱点是 S&I 过程中信号能量利用率低。它降低了数字无线电的动态范围和可实现的带宽。它也阻碍了信号的 D&R 处理直接靠近天线。基于采样定理的直接解释和混合解释的 S&I 也可以克服这个弱点。第 6 章将讨论克服这两个弱点的方法。

5.5　小结

作为插值理论一部分的均匀采样定理起源于 1915 年。在通信领域，自从 20 世纪初首次尝试发展 TDM 电话以来，就存在对这一定理的实际需求。尽管存在需求，且已有足够的技术水平以及该定理在 20 世纪 30 年代以不同形式发表，但这一定理直到 20 世纪 40 年代末才成为工程师们的常识。因此，理论家和实际工程师之间的隔阂严重推迟了 TDM 和 S&I 技术的实施。

TDM 和 PCM 的历史表明，三个因素决定着新技术思想的命运：实际需求、技术水平和理论基础。一旦这些因素中一个或以上的因素缺乏，就无法实施。对于 TDM，缺少的因素是理论基础（因为最初关于采样定理的出版物被忽略了）。对于 PCM，则由于技术水平不够而导致实施被推迟。

在 1915 年至 1948 年期间，E. Whittaker、J. Whittaker、V. Kotelnikov 和香农对带限信号均匀采样定理的发现做出了最大的贡献。因此，它通常被称为 WKS 采样定理。

采样定理明确地证明了其可构造性的两个组成部分，给出了用它的样本 $u(nT_s)$ 或其函数 $y(t) = y[u(t)]$ 的样本 $y(nT_s)$ 表示带限信号 $u(t)$ 的方法，以及最小二乘意义下的最优插值算法。

如上所述，从采样定理得到的最优采样算法是其可构造性的第三个组成部分。

采样定理的方程可以有多种变换方式和解释，而 S&I 的实际实现与解释有关。基于该定理原始表达式的解释是直接解释。它不需要传统的模拟滤波器进行抗混叠滤波和内插滤波。所有基于等式变换的解释原则上都可以称为间接解释。然而，在本书中，间接解释仅指抗混叠和内插滤波只由传统的模拟滤波器实现，任何直接解释和间接解释相结合的方法都称为混合解释。

基于任何解释的理想 S&I 都是物理上不可实现的，因为采样定理使用了许多实际上无法满足的假设。因此，只有非理想 S&I 是可能的。尽管所有的解释在理想情况下，它们同样都是最优的，但它们在现实世界情况下的性能各有不同。

除物理可实现性外，S&I 电路的实现还需要考虑线性和非线性失真、抖动和干扰。因此，S&I 算法和电路的理论基础除包括采样理论外，还应包括线性和非线性电路理论、最佳滤波等等。

采样定理的间接解释是 20 世纪 50 年代初的技术所唯一支持的解释，它当时并没有显示出任何缺点。后来，DSP 和数字无线电的广泛应用暴露出了它的缺陷，技术进步使基于其他解释的 S&I 的实现成为可能。然而，对这些解释的本质和好处的不可完全理解性延迟了它们的应用。

S&I 的实际实现常常遇到的模拟抗混叠和内插滤波器过渡带较宽，要求 $f_s>2B$，以及滤波器通带内线性和非线性失真、滤波器阻带抑制不够等问题。虽然滤波器的过渡带较宽可以通过数字域中的采样率转换来抵消，并且通带中的失真至少可以在那里得到部分补偿，但阻带中的任何所需的抑制能力必须在模拟域实现。

带通信号的带通 S&I 比基带 S&I 有优势。尽管如此，对采样定理的间接解释使得它的优势没有被完全利用。因此，基于混合解释和直接解释的带通 S&I 的实现具有现实的重要意义。

参考文献

[1] Cattermole, K. W., *Principles of Pulse Code Modulation*, London, U.K.: Iliffe Books, 1969.

[2] Lüke, H. D., "The Origins of the Sampling Theorem," *IEEE Commun. Mag.*, Vol. 37,No. 4, 1999, pp. 106-108.

[3] Nyquist, H., "Certain Factors Affecting Telegraph Speed," *Bell Syst. Tech. J.*, No. 3, 1924, pp. 324-345.

[4] Nyquist, H., "Certain Topics in Telegraph Transmission Theory," *AIEE Trans.*, Vol. 47,April 1928, pp. 617-644.

[5] Küpfmüller, K., "über die Dynamik der Selbsttätigen Verstärkungsregler," ("On the Dynamics of Automatic Gain Controllers"), *Elektrische Nachrichtentechnik*, Vol. 5,No. 11, 1928, pp. 459-467.

[6] Küpfmüller, K., "Utjämningsförloppinom Telegrafoch Telefontekniken," ("Transients in Telegraph and Telephone Engineering"), *Teknisk Tidskrift*, No. 9, 1931, pp. 153-160 and No. 10,

1931, pp. 178-182.

[7] Hartley, R. V. L., "Transmission of Information," *Bell Syst. Tech. J.*, Vol. 7, No. 3, 1928, pp. 535-563.

[8] Miner, W. M., "Multiplex Telephony," U.S. Patent 745743, filed February 26, 1903.

[9] Whittaker, E. T., "On the Functions Which Are Represented by the Expansions of the Interpolation Theory," *Proc. Roy. Soc. Edinburgh*, Vol. 35, 1915, pp. 181-194.

[10] Ferrar, W. L., "On the Consistency of Cardinal Function Interpolation," *Proc. Roy. Soc. Edinburgh*, Vol. 47, 1927, pp. 230-242.

[11] Whittaker, J. M., "The Fourier Theory of the Cardinal Functions," *Proc. Math. Soc. Edinburgh*, Vol. 1, 1929, pp. 169-175.

[12] Whittaker, J. M., *Interpolatory Function Theory*, Cambridge, U.K.: Cambridge University Press (Tracts in Mathematics and Mathematical Physics), No. 33, 1935.

[13] Kotelnikov, V. A., "On the Transmission Capacity of 'Ether' and Wire in Electrocommunications," *Proc. First All-Union Conf. Commun. Problems*, Moscow, January 14, 1933.

[14] Raabe, H., "Untersuchungen an der Wechselzeitigen Mehrfachübertragung (Multiplexü bertragung)," *Elektrische Nachrichtentechnic*, Vol. 16, No. 8, 1939, pp. 213-228.

[15] Bennett, W. R., "Time Division Multiplex System," *Bell Syst. Tech. J.*, Vol. 20, 1941, pp. 199-221.

[16] Shannon, C. E., "A Mathematical Theory of Communication," *Bell Syst. Tech. J.*, Vol. 27, No. 3, pp. 379-423, and No. 4, 1948, pp. 623-655.

[17] Shannon, C. E., "Communications in the Presence of Noise," *Proc. IRE*, Vol. 37, No. 1, January 1949, pp. 10-21.

[18] Gabor, D., "Theory of Communication," *JIEE*, Vol. 93, Part 3, 1946, pp. 429-457.

[19] Someya, I., *Signal Transmission* (in Japanese), Tokyo: Shukyo, 1949.

[20] Weston, J. D., "A Note on the Theory of Communication," *London, Edinburgh, Dublin Philos. Mag. J. Sci.*, Ser. 7, Vol. 40, No. 303, 1949, pp. 449-453.

[21] Jerry, A. J., "The Shannon Sampling Theorem—Its Various Extensions and Applications: A Tutorial Review," *Proc. IEEE*, Vol. 65, No. 11, 1977, pp. 1565-1595.

[22] Papoulis, A., *Signal Analysis*, New York: McGraw-Hill, 1977.

[23] Marks II, R. J., *Introduction to Shannon Sampling and Interpolation Theory*, New York: Springer-Verlag, 1991.

[24] Higgins, J. R., *Sampling Theory in Fourier and Signal Analysis*, Oxford, U.K.: Clarendon Press, 1995.

[25] Unser, M., "Sampling—50 Years after Shannon," *Proc. IEEE*, Vol. 88, No. 4, 2000, pp. 569-587.

[26] Meijering, E., "A Chronology of Interpolation: from Ancient Astronomy to Modern Signal and Image Processing," *Proc. IEEE*, Vol. 90, No. 3, 2002, pp. 319-342.

[27] Landau, H. J., "Necessary Density Conditions for Sampling and Interpolation of Certain Entire Functions," *Acta Math.*, Vol. 117, February 1967, pp. 37-52.

[28] Mishali, M., and Y. C. Eldar, "Blind Multiband Signal Reconstruction: Compressed Sensing for Analog Signals," *IEEE Trans. Signal Process.*, Vol. 57, No. 3, 2009, pp. 993-1009.

[29] Marvasti, F., "Random Topics in Nonuniform Sampling," in *Nonuniform Sampling: Theory and Practice*, F. Marvasti (ed.), New York: Springer, 2001, pp. 169-234.

[30] Bilinskis, I., *Digital Alias-Free Signal Processing*, New York: John Wiley & Sons, 2007.

[31] Kozmin, K., J. Johansson, and J. Delsing, "Level-Crossing ADC Performance Evaluation toward Ultrasound Application," *IEEE Trans. Circuits Syst. I*, Vol. 56, No. 8, 2009, pp. 1708-1719.

[32] Tang, W., et al., "Continuous Time Level Crossing Sampling ADC for Bio-Potential Recording Systems," *IEEE Trans. Circuits Syst. I*, Vol. 60, No. 6, 2013, pp. 1407-1418.

[33] Wu, T. -F., C. -R. Ho, and M. Chen, "A Flash-Based Nonuniform Sampling ADC Enabling Digital Anti-Aliasing Filter in 65nm CMOS," *Proc. IEEE Custom Integrated Circuits Conf.*, San Jose, CA, September 28-30, 2015, pp. 1-4.

[34] Candès, E. J., J. Romberg, and T. Tao, "Signal Recovery from Incomplete and Inaccurate Measurements." *Comm. Pure Appl. Math.*, Vol. 59, No. 8, 2005, pp. 1207-1223.

[35] Candès, E. J., "Compressive Sampling," *Proc. Int. Cong. Mathematicians*, Madrid, Spain, Vol. 3, August 1-20, 2006, pp. 1433-1452.

[36] Baraniuk, R., "Compressive Sensing," *IEEE Signal Process. Mag.*, Vol. 24, No. 4, 2007, pp. 118-120, 124.

[37] Romberg, J., "Imaging Via Compressive Sampling," *IEEE Signal Process. Mag.*, Vol. 25, No. 2, 2008, pp. 14-20.

[38] Candes, E. J., and M. B. Wakin, "An Introduction to Compressive Sampling," *IEEE Signal Process. Mag.*, Vol. 25, No. 2, 2008, pp. 21-30.

[39] Jiang, X., "Linear Subspace Learning-Based Dimensionality Reduction," *IEEE Signal Process. Mag.*, Vol. 25, No. 2, 2011, pp. 16-25.

[40] Tosic, I., and P. Frossard, "Dictionary Learning," *IEEE Signal Process. Mag.*, Vol. 25, No. 2, 2011, pp. 27-38.

[41] Eldar, Y. C., *Sampling Theory: Beyond Bandlimited Systems*, Cambridge, U.K.: Cambridge University Press, 2015.

[42] Unser, M., and J. Zerubia, "A Generalized Sampling without Bandlimiting Constraints," *IEEE Trans. Circuits Syst. I*, Vol. 45, No. 8, 1998, pp. 959-969.

[43] Poberezhskiy, Y. S., *Digital Radio Receivers* (in Russian), Moscow, Russia: Radio & Communications, 1987.

[44] Poberezhskiy, Y. S., and M. V. Zarubinskiy, "Sample-and-Hold Devices Employing Weighted Integration in Digital Receivers," *Telecommun. and Radio Engineering*, Vol. 44, No. 8, 1989, pp. 75-79.

[45] Poberezhskiy, Y. S., and G. Y. Poberezhskiy, "Optimizing the Three-Level Weighting

Function in Integrating Sample-and-Hold Amplifiers for Digital Radio Receivers," *Radio and Commun. Technol.*, Vol. 2, No. 3, 1997, pp. 56-59.

[46] Poberezhskiy, Y. S., and G. Y. Poberezhskiy, "Sampling with Weighted Integration for Digital Receivers," Dig. *IEEE MTT-S Symp. Technol. Wireless Appl.*, Vancouver, Canada, February 21-24, 1999, pp. 163-168.

[47] Poberezhskiy, Y. S., and G. Y. Poberezhskiy, "Sampling Technique Allowing Exclusion of Antialiasing Filter," *Electronics Lett.*, Vol. 36, No. 4, 2000, pp. 297-298.

[48] Poberezhskiy, Y. S., and G. Y. Poberezhskiy, "Sample-and-Hold Amplifiers Performing Internal Antialiasing Filtering and Their Applications in Digital Receivers," *Proc. IEEE ISCAS*, Geneva, Switzerland, May 28-31, 2000, pp. 439-442.

[49] Poberezhskiy, Y. S., and G. Y. Poberezhskiy, "Sampling Algorithm Simplifying VLSI Implementation of Digital Radio Receivers," *IEEE Signal Process. Lett.*, Vol. 8, No. 3, 2001, pp. 90-92.

[50] Poberezhskiy, Y. S., and G. Y. Poberezhskiy, "Signal Reconstruction Technique Allowing Exclusion of Antialiasing Filter," *Electronics Lett.*, Vol. 37, No. 3, 2001, pp. 199-200.

[51] Poberezhskiy, Y. S., and G. Y. Poberezhskiy, "Sampling and Signal Reconstruction Structures Performing Internal Antialiasing Filtering and Their Influence on the Design of Digital Receivers and Transmitters," *IEEE Trans. Circuits Syst. I*, Vol. 51, No. 1, 2004, pp. 118-129.

[52] Poberezhskiy, Y. S., and G. Y. Poberezhskiy, "Implementation of Novel Sampling and Reconstruction Circuits in Digital Radios," *Proc. IEEE ISCAS*, Vol. IV, Vancouver, Canada, May 23-26, 2004, pp. 201-204.

[53] Poberezhskiy, Y. S., and G. Y. Poberezhskiy, "Flexible Analog Front-Ends of Reconfigurable Radios Based on Sampling and Reconstruction with Internal Filtering," *EURASIP J. Wireless Commun. Netw.*, No. 3, 2005, pp. 364-381.

[54] Poberezhskiy, Y. S., and G. Y. Poberezhskiy, "Impact of the Sampling Theorem Interpretations on Digitization and Reconstruction in SDRs and CRs," *Proc. IEEE Aerosp. Conf.*, Big Sky, MT, March 1-8, 2014, pp. 1-20.

[55] Poberezhskiy, Y. S., and G. Y. Poberezhskiy, "Influence of Constructive Sampling Theory on the Front Ends and Back Ends of SDRs and CRs," *Proc. IEEE COMCAS*, Tel Aviv,Israel, November 2-4, 2015, pp. 1-5.

[56] Reeves, A. H., French Patent 852,183, 1938; British Patent 535,860, 1939; and US Patent 2,272,070, 1942.

[57] Reeves, A. H., "The Past, Present, and Future of PCM," *IEEE Spectrum*, May 1965,pp. 58-63.

第6章 数字无线电中采样和内插的实现

6.1 概述

本章主要介绍和分析数字无线电中的采样和内插（S&I）技术，重点讨论其设计中的概念性问题。因此，有意忽略或简化了许多技术细节，以便能更清楚地解释开发 S&I 算法和电路的各种基本方法的精髓及其潜在的能力。例如，尽管 S&I 电路的差分结构比单端电路具有更高的性能，但为简洁起见，这里只讨论单端电路。出于同样的原因，许多对于实际采样和内插电路实现很重要的技术问题（如是否存在反馈、级数、放大器和/或开关的类型等）也被忽略了，因为它们在其他书籍（例如，文献[1～13]）和许多论文中已经得到了广泛的论述。正如前面几章所指出的，带通采样和内插对相应电路的要求比基带采样和内插高得多。另外，对采样电路的要求通常比内插电路的要求高得多。因此，本章的讨论主要集中在带通采样和内插，而且重点讨论采样。

出于多种原因，数字无线电的设计者通常不清楚采样和内插技术所起的作用。其中原因之一就是在现代 A/D 中，采样器和量化器放在同一个封装里，并且往往集成在同一个芯片上。从技术角度看，这种做法是合理的，因此就很难确定这些器件中的哪一个（采样器或量化器）对 A/D 任一给定参数具有贡献或者限制。虽然这些贡献和限制取决于 A/D 的类型和采用的技术，但其模拟带宽和输入特性通常取决于采样器，这也对 A/D 的动态范围有很大影响。内插电路同样影响模拟信号的重构。本章的讨论表明采样和内插技术具有很大的提高空间。

6.2 节根据采样定理的间接解释来分析采样和内插，指出其内在的缺陷，并解释为什么不应该终止 SHA（采样保持放大器）的开发和生产。6.3 节介绍了关于带通采样和内插的混合解释提供的机会。6.4 节讨论了基于直接解释的 S&I，其潜在能力以及实现和实施方面的挑战。由于所有基于直接解释的采样和内插电路以及大多数基于混合解释的电路都是多通道的，因此 6.5 节简要地介绍了这些电路中降低通道失配的方法。6.6 节主要探讨了加权函数的选择，这些加权函数确定了基于直接解释的采样和内插电路的大多数特性和基于混合解释的采样和内插电路的很多特性。6.7 节对基于混合解释和直接解释的采样和内插电路进行了评估，并通过两个干扰信号空间抑制的例子来说明对它们的需求。

6.2 基于采样定理间接解释的采样和内插（S&I）

6.2.1 基于间接解释的采样

如第 5 章所述，在 DSP 应用初期的技术只能基于采样定理的间接解释实现采样和内插电路。尽管这些电路存在缺点，并且基于其他解释的采样和内插电路也具备了可行性，但这些电路（尽管已经发展得很快）仍然在数字无线电和其他应用中得到广泛应用。因此，本节将对它们的基本性质进行分析。

基于间接解释的常规采样结构[见图 6.1（a）]包括一个模拟抗混叠滤波器和一个采样器。最初使用了两种类型的采样器：跟踪保持放大器（THA）和采样保持放大器（SHA）。然而，SHA 逐渐被淘汰，因为在 20 世纪 70 年代，人们认为它们在带通采样方面效率不高。下面对 THA 和 SHA 的简要分析旨在证明这个看法是不正确的，实际上 SHA 比 THA 更有优势。此外，SHA 是采样定理从间接解释过渡到其他解释的方便起点。

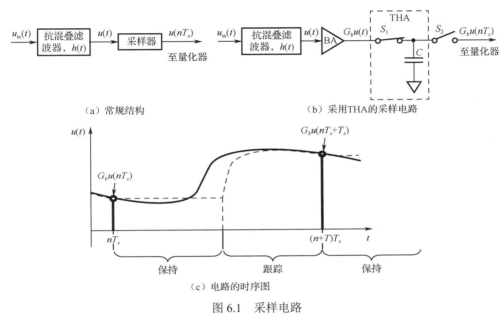

（a）常规结构　　　　　　　　　　　　（b）采用THA的采样电路

图 6.1　采样电路

6.2.1.1　跟踪保持放大器（THA）

跟踪保持放大器（THA）有许多形式。它们可以使用传统的运算放大器或跨导级放大器，可以有或者没有反馈，并包含各种数量的级数和各种类型的开关等。尽管如此，它们都以两种方式运行：以 T_s 为周期交替进行跟踪和保持。图 6.1（b）显示了一个处于跟踪模式的基本跟踪保持放大器（THA），其中开关 S_1 是闭合的，开关 S_2 是断开的，电容 C 两端的电压跟随 THA 的输入电压 $G_b u(t)$ 变化。在后续的保持模式中，开关 S_1 是断开的，开关 S_2 是闭合的，电容 C 两端的电压在进行量化过程中必须保持恒定（通常 THA 输出被缓冲）。量化完成后，THA 再次进入跟踪模式，如图 6.1（c）所示，$G_b u(t)$ 用实线表示，电容 C 两端的电压用虚线表示。

图 6.2（a）为跟踪模式的跟踪保持放大器（THA）的数学模型，对这个模型进行了简化，用以说明 THA 的基本缺陷。具有脉冲响应 $h(t)$ 的抗混叠滤波器是非理想的，但如果它在阻带中提供足够高的抑制且在通带中产生的失真是可容忍的，则其是可以接受的。在这种情况下，$u_1(t) \approx u(t)$。该缓冲放大器（BA）将抗混叠滤波器与跟踪保持放大器（THA）解耦，并补偿两者中的能量损失。由于存在非线性，因而会引入加性噪声和非线性失真。如果设计得当，在无线电中这种噪声在带宽 B 中的谱密度远低于由前级产生和放大的噪声的谱密度。因此，它可以被忽略。然而，当前级带外噪声被抗混叠滤波器抑制时，若 BA 的带外噪声不会被抑

制，就会导致其重要部分落在采样后的信号谱中。因此，缓冲放大器输出信号不等于 $u_2(t) \approx G_b u_1(t) \approx G_b u(t)$，而是 $u_2(t) \approx f\{G_b[u(t) + n_{b.i}(t)]\} \approx G_b u(t)$，其中 G_b 反映了缓冲放大器的增益，函数 $f(\cdot)$ 反映了它的非线性，$n_{b.i}(t)$ 反映了它的噪声。只有当 $u_2(t) \approx G_b u_1(t) \approx G_b u(t)$ 时，缓冲放大器才可接受。这种情况通常需要增加前级的功耗和增益。

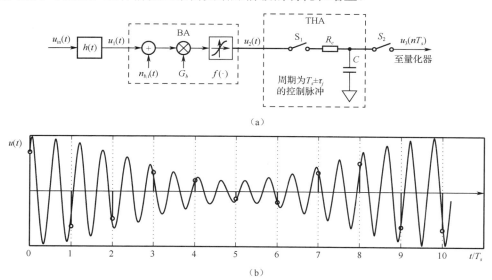

图 6.2　（a）THA 采样电路的数学模型；（b）采样带通信号

为实现精确跟踪，由 R_c 和 C 所构成电路的时间常数 τ_t 应该足够小。在这里，R_c 是缓冲放大器输出电阻和 S_1 闭合时的电阻之和。对于带通信号[见图 6.2（b）]，它应该满足条件：

$$\tau_t = R_c C \ll \frac{1}{f_0} \tag{6.1}$$

根据式（6.1），

$$R_c \ll \frac{1}{2\pi f_0 C} \tag{6.2}$$

即在跟踪模式下，THA 的阻抗是由 C 决定的。由于 C 足以使它的电压在保持模式下保持恒定，因此 BA 电流很大。C 两端的电压也很大，可有效利用量化器的分辨率。因此，在用式（6.1）表示的跟踪模式下，信号能量需要快速积累，这就要求在 THA 之前的所有电路具有很高的总增益和很大的功率消耗。这也增加了非线性失真，从而降低了动态范围。

采样抖动是指采样点相对于正确位置出现的偏离（$\pm\tau_j$）。抖动引起的误差与采样信号的导数和时钟误差的绝对值成正比。它包括有规律分量和随机分量。通常，补偿有规律分量比抑制随机分量更容易。THA 非常容易产生抖动。

6.2.1.2　积分采样保持放大器（SHA）

在 20 世纪 60 年代和 20 世纪 70 年代，采样保持放大器（SHA）被用于替代 THA。带有 SHA 采样电路的原理框图和时序图如图 6.3 所示。SHA 有三种模式：采样、保持和清除（如图 6.3 所示，它处于保持模式）。在时序图[见图 6.3（b）]中，$G_b u(t)$ 用实线表示，积分器输出用虚线表示。在长度为 T_i（开关 S_1 闭合，开关 S_2 和 S_3 断开）的采样（或积分）模式中，SHA

对 $G_bu(t)$ 进行积分，产生一个样本。在随后的长度为 T_h（开关 S_2 闭合，S_1 和 S_3 断开）的保持模式中，SHA 保持 $u(nT_s)$ 恒定以便进行量化。在长度为 T_c（S_3 闭合，S_1 和 S_2 断开）的清除模式中，积分器被放电。SHA 的工作周期是 $T_i + T_h + T_c = T_s$。由于 SHA 中的 T_i 比相应的 THA 中的 τ_t 长，因此 SHA 的充电电流较小。这降低了互调产物（IMP）的功率和前级所需的增益。同时，积分过程降低了抖动引起的误差、带外噪声和 IMP。

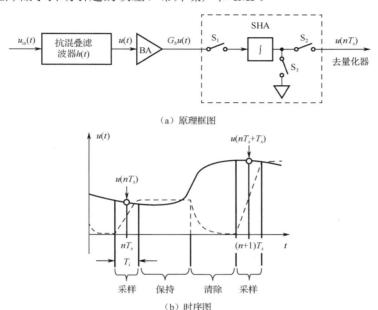

（a）原理框图

（b）时序图

图 6.3　SHA 采样电路

如果 T_i 更长，这些优势会得到进一步增强。然而，T_i 的增大受限于确定 $u(nT_s)$ 所需的精度。事实上，$G_bu(t)$ 在 T_i 期间是一条直线（假设 1），

$$u(nT_s) = \frac{1}{T_i} \int_{nT_s-0.5T_i}^{nT_s+0.5T_i} G_bu(t)\mathrm{d}t \tag{6.3}$$

对于基带信号，假设 1 可以选择一个相对较长的 T_i。然而，由于 $G_bu(t)$ 并非直线，与直线之间存在不可接受的偏差，T_i 增大至某一点以后会降低采样精度[见图 6.3（b）]。这种偏差反映了时域采样的不精确性，而积分器的幅频响应 $|H_i(f)|$ 在信号带宽 B 中的不均匀性反映了它在频域上的不均匀性。这里，

$$H_i(f) = \frac{T_i}{\tau_i}\text{sinc}(\pi f T_i) = \frac{\sin(\pi f T_i)}{\pi f \tau_i} \tag{6.4}$$

式中，τ_i 是积分器时间常数。最大可接受的 T_i 是由 $H_i(f)$ 在 $f=0$ 和 $f=B$ 时 $H_i(f)$ 的最大可容忍相对差决定的：

$$\frac{H_i(0) - H_i(B)}{H_i(0)} = 1 - \text{sinc}(\pi B T_s) \tag{6.5}$$

对 $|H_i(f)|$ 不一致性（非均匀性）进行数字域补偿，使得 T_i 可以在式（6.5）的限定值上进行扩展。

数字无线电的发展使得带通采样成为可能。然而，假定 SHA 中的 T_i 仍应限于带通信号 $u(t)$

接近直线的时间区间，即对基带和带通信号都采用相同的假设 1。在这种情况下，

$$T_i \ll \frac{1}{f_0} \tag{6.6}$$

如此短的 T_i 会抵消 SHA 相对于 THA 的所有优势，并导致 SHA 被逐步淘汰。

实际上，正如 1974 年及稍后的文献[14,15]中所给出的，假设 1 并不适合带通信号。确实，带通信号更接近正弦信号[见图 6.2（b）]，而 $u(t)$ 在 T_i 上的积分与直线和正弦信号在 T_i 区间的中点处的 $u(t)$ 值成正比（具有与时间无关的系数）。因此，假设 1 应该用假设 2 取代：即带通信号 $u(t)$ 在 T_i 期间是正弦波。在这种情况下，下面的选择是合理的：

$$T_i < 0.5T_0 \tag{6.7}$$

从假设 1 到假设 2 的转换不需要改变 SHA 的设计，它只是可以增大 T_i，很容易恢复 SHA 在带通采样方面相对于 THA 的优势。在相对较低或中等中频（IF）频率的情况下，即 $T_0 = 1/f_0$ 仅为 $T_s = 1/f_s$ 的几分之一时，带通采样质量的提高尤为显著。基于假设 2 的 SHA 是 20 世纪 80 年代中期，在俄罗斯的几个高动态范围短波接收机中开发和实现的。后来在文献[16~18]中描述的测试结果证实，其能够大幅度提高接收机的动态范围（见 4.2.1 节），结果表明，$T_i = (1/3)T_0$ 能在最优的 f_s 时提供最高的动态范围，因为在这种情况下，SHA 抑制了前面缓冲放大器的和频三阶互调产物。

6.2.1.3　常规带通采样问题

在 SHA 被逐步淘汰后，很长一段时间内 THA 成为常规采样结构不可缺少的部分（见图 6.1）。这种结构用于带通采样的主要缺点源于传统的最优抗混叠带通滤波器（声表面波 SAW、体声波 BAW、晶体等）的缺陷，这种电路不够灵活，与 IC 技术不兼容，并且信号能量在 THA 中的积累时间极短。图 6.4 所示流程图说明了这些根本原因及其对数字接收机的影响之间的连锁关系，即适应性、可重构性、动态范围、可实现的带宽和集成规模有限，高功耗以及无法靠近天线进行数字化。

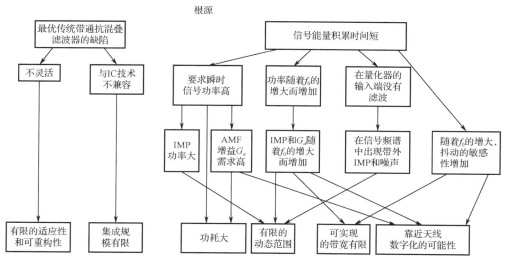

图 6.4　传统带通采样的缺陷及其对数字接收机的影响

6.2.2　基于间接解释的内插

正如 1.2.1 节和图 1.3（b）所述，重构包括将数字信号转换为离散时间信号的模拟译码和将离散时间信号转换为模拟信号的模拟内插。模拟译码由 D/A 完成。模拟内插又包括脉冲整形和内插滤波，这种内插是基于采样定理的间接解释的。虽然数字化与重构（D&R）的过程与此相反，但采样与内插（S&I）是相似的，有不同的要求主要是由于它们的实现条件不同。因此，大多数与采样有关的理论结果和技术解决方案都适用于内插，反之亦然。

在发射机和接收机中都要进行信号内插。然而，由于发射机中带通内插的复杂度较高，在下文中主要关注的是带通内插。作为相应重构过程的一部分，基于采样定理的间接解释的基带内插和带通内插在 3.3.2 和 3.3.3 节进行了描述和比较。从相关描述来看，带通重构的优势（如不存在 I、Q 不平衡、直流偏移和闪烁噪声，以及低 IMP 电平）是主要的，因为这些优势是由模拟信号频谱中带通的位置导致的。同时，由于采样定理的间接解释和当代技术的局限性，它的缺点（如 D/A 输出样本能量利用率低、传统的最佳模拟带通滤波器缺乏灵活性以及与集成电路技术不兼容等）是暂时的。采样定理的其他解释可以部分或全部消除这些缺点。

图 3.9、图 3.10 和图 3.11 中的框图、时序图和频谱图分别描述了带通内插作为数字发射机中重构的一部分。图 6.5（a）中的框图实际上是图 3.9 的一部分，并且图 6.5（b）中的时序图与图 3.10 中的图是一样的。图 6.5（c, d）中脉冲整形器（PS）的幅频响应（AFR）以线性刻度表示，对应于不同的门控脉冲长度。结果表明，当 Δt_s 满足式（3.15）时，减小 Δt_s 提高了 PS 的幅频响应 $|H_i(f)|$ 在 Nyquist 区域带宽 $B_{NZ} = 0.5f_s$ 内的均匀性，但降低了 D/A 输出样本的能量利用率。因此，门控脉冲长度通常是根据 f_0 / B 的比值、可接受的 $|H_{p,s}(f)|$ 的不均匀性以及通过发射机数字单元（TDP）预失真获得补偿的有效性而确定的。

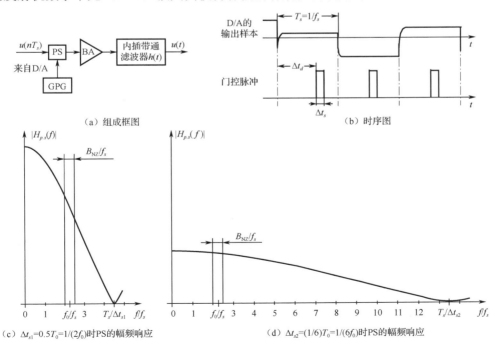

（a）组成框图　　　　　　　　　　　　　　（b）时序图

（c）$\Delta t_{s1}=0.5T_0=1/(2f_0)$时PS的幅频响应　　　　（d）$\Delta t_{s2}=(1/6)T_0=1/(6f_0)$时PS的幅频响应

图 6.5　基于间接解释的带通内插

在大多数数字发射机中，带通内插是在中频上采用满足式（3.16）的最优 f_s 实现的。因此，在图 6.5（c，d）中 $f_0 = 2.25 f_s$。除了 f_0 和 f_s 之间的最优关系外，还有其他许多因素影响 f_0 的选择，包括有效的带通滤波器的可获得性。脉冲成形不一定像图 6.5（a）所示的那样进行，矩形门控脉冲也不总是最优的。它们在这里被用作研究基于采样定理的另一解释的内插技术的方便起点。

传统的最优内插带通滤波器的不灵活性及其与集成电路技术的不兼容性限制了发射机驱动器（Tx drives）的适应性、可重构性和集成规模。由于 D/A 输出样本能量利用率低，基于采样定理间接解释的带通内插限制了发射机驱动器的性能，这与基于相同解释的带通采样方法也会限制接收机的性能相类似。

6.3　基于采样定理混合解释的采样和内插（S&I）

6.3.1　基于混合解释的采样

如上所述，基于假设 2 的 SHA 与 THA 相比，当 f_0 仅比 f_s 高几倍时，数字接收机性能有了显著改善，因为受式（6.7）限制的 T_i 是 $T_s = 1/f_s$ 的很大一部分。这种情况相当于低中频或者中等中频采样。高中频采样或射频采样要求 $f_0 \gg f_s$ 和 $T_i \ll T_s$，因此会阻碍信号能量在 SHA 中缓慢积累。

6.3.1.1　加权积分 SHA

通过消除 T_i 对 f_0 的依赖，可以克服采用加权积分的 SHA（SHAWI，加权积分采样保持放大器）中的这一障碍[19~21]。图 6.6（a）中的加权积分采样保持放大器（SHAWI）与图 6.3 中最简单的 SHA 具有相同的模式，但 $G_b u(t)$ 乘以加权函数 $w_n(t) = w_0(t - nT_s)$ [由加权函数发生器（WFG）生成]是在采样模式中的积分器输入端。因此，

$$u(nT_s) = \int_{nT_s - 0.5T_w}^{nT_s + 0.5T_w} G_b u(t) w_n(t) \mathrm{d}t \tag{6.8}$$

对于带通采样，则有

$$w_0(t) = W_0(t) c_0(t) \quad t \in [-0.5T_w, 0.5T_w] \tag{6.9}$$

式中，$W_0(t)$ 是 $w_0(t)$ 的包络，$c_0(t)$ 是周期为 $T_0 = 1/f_0$ 的周期载波，其长度为 $T_w = T_i$。

$G_b u(t)$ 和 $w_n(t)$ 的相同中心频率使 T_i 独立于 f_0，但不产生 $G_b u(t)$ 的基带谱副本（除非 f_0 是 f_s 的倍数），因为 $w_n(t)$ 的相位与采样时刻 nT_s 有关。T_i 和 f_0 相互独立，允许 T_i 比式（6.7）限制的值更大。这会减小缓冲放大器（BA）输出电流，降低采样对抖动的敏感性，并在量化器输入端进行滤波。BA 输出电流的减小降低了 IMP，滤波抑制了会落入信号频谱范围内的部分带外噪声和 IMP 产物。所有这些因素增大了接收机的动态范围和可达到的带宽。

SHAWI 工作周期如图 6.6（b）所示。在这里，$w_0(t)$ 采用矩形窗 $W_0(t)$ 和方波 $c_0(t)$，并且 $f_0 = 6.25 f_s$。在 T_s 内需要给所有模式分配时间，这就对 T_i 做出了限制：

$$T_i = T_s - T_h - T_c \leqslant 0.5T_s \tag{6.10}$$

由于 $w_0(t)$ 的频谱决定了 SHAWI 的传递函数 $H_w(f)$，因此，式（6.10）限制了其频谱分

辨率[见图 6.6（c）]，阻碍了有效的抗混叠滤波。实际上，第 3 章至第 5 章中的所有频谱图都表明，对于基带 S&I，抗混叠滤波和内插滤波器的相邻通带和阻带的中心频率之间的距离应等于 f_s，而对于带通 S&I，该距离应等于 $0.5f_s$，这里的 f_s 为最优值。

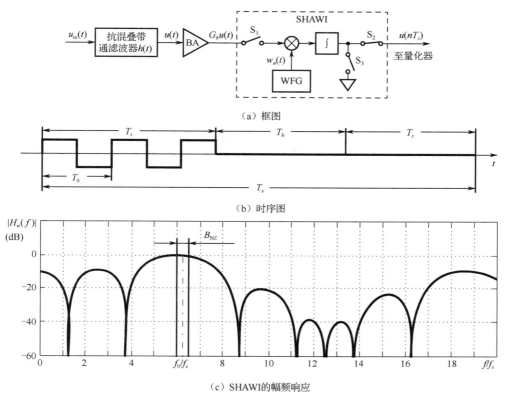

（a）框图

（b）时序图

（c）SHAWI的幅频响应

图 6.6　带有 SHAWI 的采样电路

6.3.1.2　时间交替 SHAWI

在基带 S&I 情况下，抗混叠和内插滤波器必须抑制式（4.43）的频率区间内的频谱分量。对于具有最优 f_s 的带通 S&I，必须在如下的频率区间内提供抑制：

$$[-(f_0+0.5B+0.5kf_s),-(f_0-0.5B+0.5kf_s]\cup[f_0-0.5B+0.5kf_s,f_0+0.5+0.5kf_s]　　　（6.11）$$

其中整数 $k\in\left[\left(0.5-\dfrac{2f_0}{f_s}\right),\infty\right),k\neq0$。SHAWI 执行混合信号 FIR 滤波。要对式（4.43）或式（6.11）的所有区间进行抑制，FIR 滤波器的幅频响应在每个阻带内应该至少有一个零点。这样做的必要条件是：对于基带 S&I，$T_i=T_w\geqslant1/f_s=T_s$；对于带通 S&I，$T_i=T_w\geqslant2/f_s=2T_s$。保持和清除模式使工作周期更长。当

$$T_h+T_c=T_s　　　　　　　　　　　　（6.12）$$

时，基带采样和带通采样的工作周期的最小长度分别为 $2T_s$ 和 $3T_s$。因此，对于基带采样和带通采样，只有最小通道数 $L=2$ 和 $L=3$ 的时间交替 SHAWI 才能够执行真正的内部抗混叠滤波[22~33]。

虽然单通道 SHAWI 只对应于采样定理的混合解释，但它们的时间交替结构可以对应于混合解释或直接解释。当需要预滤波时，它们对应于混合解释；当需要提供足够的内部抗混叠

滤波时，它们对应于直接解释（见 5.3.2 节）。增大 L 可以改善滤波性能。抗混叠滤波的要求和 $w_0(t)$ 的性质决定了从混合解释转换至直接解释的最小 L 值。$w_0(t)$ 在时间交替 SHAWI 中的变化随着 L 的增大而加快，而小的 L 值严重限制了 $w_0(t)$ 的选择。例如，对于 $L=2$ 的基带采样和内插（S&I），只能采用矩形的 $w_0(t)$ 且 $T_w = T_s$；对于 $L=3$ 的带通采样和内插（S&I），只能采用 $w_0(t)$ 且 $T_w = 2T_s$ 以及矩形 $W_0(t)$。其他的 $w_0(t)$ 都不能在式（4.43）或式（6.11）的区间内提供抑制。

图 6.7（a，b）分别显示了三通道结构的时间交替 SHAWI 的框图和时序图。图 6.7（c）反映了样本 $u(nT_s)$ 和相应 $w_n(t)$ 的相对位置。在图 6.7（a）中，初始抗混叠滤波仍然由传统的带通滤波器实现，但三通道结构大大改善了阻带内的抑制性能。多路复用器（Mx）周期性地将通道的输出连接到量化器。通道 $l(l=1,2,3)$ 按数字 $l+3k$ 生成所有的样本，其中 k 是整数。每个通道的工作周期的时长为 $3T_s$，且相对于前一个通道有 T_s 的延迟。WFG 为所有通道生成 $w_n(t) = w_0(t - nT_s)$。由于理想的三通道结构的传递函数 $H_w(f)$ 是 $w_0(-t)$ 的傅里叶变换，后者通常选择偶函数，即 $w_0(-t) = w_0(t)$，以便能提供线性相频响应（PFR）并简化 WFG。在图 6.7（c）中，$w_0(t)$ 具有矩形包络 $W_0(t)$ 和方波 $c_0(t)$，并且 $f_0 = 2.25f_s$。在长度 $T_i = T_w = 2T_s$ 的采样模式中，根据式（6.8）生成了一个样本 $u(nT_s)$。在整个保持模式中，通道连接到量化器，$u(nT_s)$ 被量化。在清除模式中，通道积分器与量化器断开并放电。最后两种模式的长度满足式（6.12）。

虽然 $T_w = 2T_s$ 的带通 $w_0(t)$ 只能采用矩形 $W_0(t)$，但载波 $c_0(t)$ 的种类要多得多，而且主要受周期 $t_0 = 1/f_0$ 的限制。用少量开关代替 SHAWI 中的乘法器，可提高电路的动态范围，并简化 WFG。这种可行性取决于 $w_0(t)$。当 $W_0(t)$ 为矩形时，适当选择 $c_0(t)$ 来代替就足够了。减少 $c_0(t)$ 的量化级数可以简化 SHAWI 的实现，带来的负面影响是滤波性能会恶化。

图 6.8 显示了 4 个载波 $c_{0i}(t)$ 的单周期时序图：余弦载波 $c_{01}(t)$、方波载波 $c_{02}(t)$、三电平载波 $c_{03}(t)$ 和四电平载波 $c_{04}(t)$（$c_{04}(t)$ 是文献[34]建议的）。$c_{02}(t)$、$c_{03}(t)$ 和 $c_{04}(t)$ 是 $c_{01}(t)$ 的近似值，其精确度取决于电平的级数。

图 6.7（a）中具有不同 $c_{0i}(t)$ 和相应的幅频特性 $|H_w(f)|$ 的加权函数 $w_0(t)$ 分别显示在图 6.9 和图 6.10 中，分别对应于 $f_0 = 1.25f_s$ 和 $f_0 = 2.75f_s$。

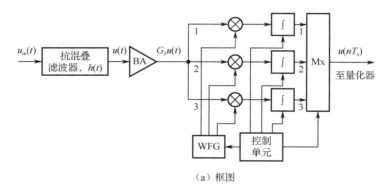

（a）框图

通道1		采样1		保持	C		采样4		保持	C	采样1
通道2			采样2		保持	C		采样5			保持	C
通道3				采样3		保持	C		采样6	

（b）时序图（C代表清除模式）

图 6.7　时间交替 SHAWI 的三通道结构

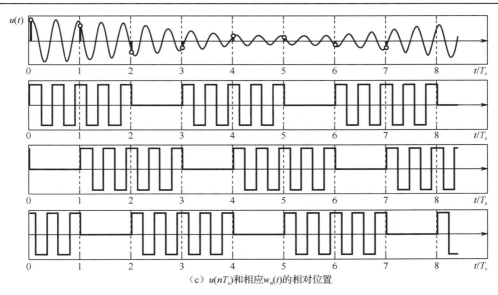

（c）$u(nT_s)$ 和相应 $w_n(t)$ 的相对位置

图 6.7　时间交替 SHAWI 的三通道结构（续）

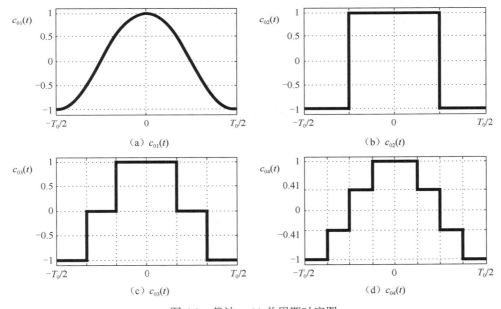

（a）$c_{01}(t)$

（b）$c_{02}(t)$

（c）$c_{03}(t)$

（d）$c_{04}(t)$

图 6.8　载波 $c_{0i}(t)$ 单周期时序图

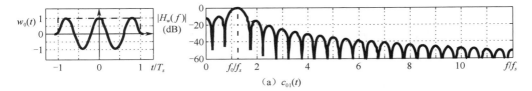

（a）$c_{01}(t)$

图 6.9　权函数 $w_0(t)$ 的包络 $W_0(t)$ 为矩形（虚线），$f_0 = 1.25 f_s$ 条件下各种 $c_{0i}(t)$ 时相应的幅频特性 $|H_w(f)|$

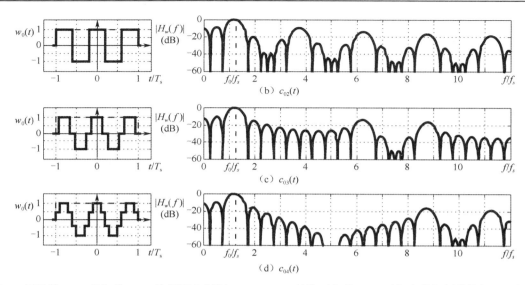

图 6.9　权函数 $w_0(t)$ 的包络 $W_0(t)$ 为矩形（虚线），$f_0 = 1.25 f_s$ 条件下各种 $c_{0i}(t)$ 时相应的幅频特性 $|H_w(f)|$（续）

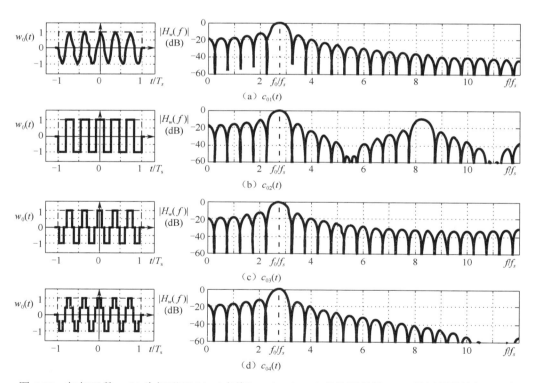

图 6.10　加权函数 $w_0(t)$ 为矩形 $W_0(t)$（虚线），$f_0 = 2.75 f_s$ 条件下各种 $c_{0i}(t)$ 的幅频特性 $|H_w(f)|$

这些图形和模拟的结果可得出如下结论：首先，f_0 / f_s 的增加减小了 $c_0(t)$ 的不同类型对 $H_w(f)$ 的影响，当 $f_0 / f_s > 10$ 时，这种影响可以忽略，因为 $c_0(t)$ 的谐波很容易被滤除。

其次，$|H_w(f)|$ 的频率槽位于式（6.11）的间隔内，增大了此处的抑制，而它的旁瓣对应于式（6.11）的间隔之间的"不关心"频带，其中的抑制并不重要。因此，基于混合解释的多

通道采样电路利用了存在的"不关心"频带。再次，时间交替的 SHAWI 的三通道结构提供的抗混叠滤波通常是不够的，因此仍然需要传统的抗混叠带通滤波器（尽管要求比较宽松）。

基于混合解释的采样电路比基于间接解释的采样电路积累信号能量的速度要慢得多。因此，在输入端需要的瞬时信号功率较小，且功率与 f_0 无关。这将降低 IMP 水平和所需的模拟及混合信号前端（AMF）增益。这些采样电路在量化器输入端进行滤波，抑制所有带外 IMP、噪声和抖动。因此，它们极大地增加了接收机的动态范围和可达到的带宽。它们还使数字化更靠近天线，并在一定程度上提高了接收机的适用性和集成规模。然而，由于需要保留传统的抗混叠滤波器，因此限制了接收机的适应性和集成规模，并阻碍了在离天线足够近的位置实现数字化。

6.3.2　基于混合解释的内插

6.2.2 节中提到的采样和内插之间的相似性清楚地表明，与 SHAWI 改善带通采样质量的方式相类似，加权脉冲整形器（WPS）可以改善带通内插的质量。图 6.11（a，b）分别显示了一个 WPS 的组成框图和时序图，图 6.11（c，d）分别以线性刻度和对数刻度展示了其幅频响应。如前一节所示，$w_0(t)$ 应该具有矩形的 $W_0(t)$ 和周期 $c_0(t)$，其周期 $t_0 = 1/f_0$。图 6.5（c）和 6.11（c）中 AFR 的比较表明，WPS 在模拟信号带宽内将能量集中在 D/A 的输出上，优于最简单的 PS。

尽管如此，单通道 WPS 不能实现真正的内部带通内插滤波，因为其 $w_0(t)$ 的长度 $T_w < T_s$。出于与采样相同的原因（见 6.3.1.2 节），基带内插滤波需要长度 $T_w \geqslant T_s$ 的 $w_0(t)$，带通内插滤波也需要长度 $T_w \geqslant T_s$ 的 $w_0(t)$。因此，对于基带内插和带通内插，只有时间交替的 WPS 可以进行内插滤波，它们的最小通道数分别为 $L = 2$ 和 $L = 3$。$L = 2$ 的基带内插仅能采用 $T_w = T_s$ 的矩形 $w_0(t)$；$L = 3$ 的带通内插仅能采用 $T_w = 2T_s$ 和矩形 $W_0(t)$；$c_0(t)$ 的选择则有很大的余地。

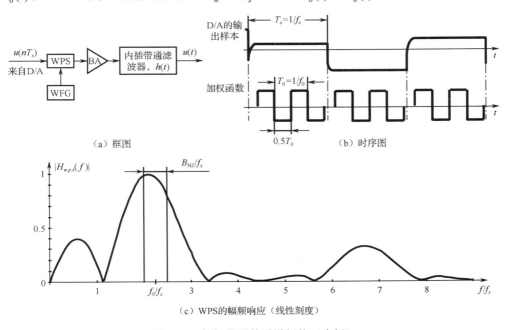

（a）框图　　　　　　　　　　　　　0.5T_0　　　　（b）时序图

（c）WPS的幅频响应（线性刻度）

图 6.11　加权带通单通道插值（内插）

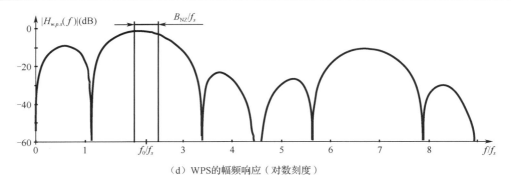

（d）WPS的幅频响应（对数刻度）

图 6.11　加权带通单通道插值（内插）（续）

时间交替的 WPS 的三通道结构的框图和时序图分别如图 6.12（a，b）所示。多路分配器（Dmx）周期性地（周期为 $3T_s$）将 D/A 输出连接到每个通道。一个通道的工作周期为 $3T_s$，每个通道相对于前一个通道有 T_s 的延迟。一个工作周期包含三个模式：清除、采样和相乘。在每个循环周期开始时的清除模式中，SHA 电容器被放电。该模式的持续时间 T_c 应该长于 D/A 短脉冲（glitches），足够电容进行放电。通常情况下，$T_c \approx T_s / 3$ 满足这两种要求。在随后的 $T_i = T_s - T_c$ 的采样模式中，SHA 由 Dmx 连接到 D/A，其电容器由 D/A 输出样本 $u(nT_s)$ 的未畸变部分充电。在长度为 $T_w = 2T_s$ 的相乘模式中，$u(nT_s)$ 与 WFG 生成的 $w_n(t) = w_0(t - nT_s)$ 相乘，其积再与所有其他通道的积相加。通道 $l(l = 1, 2, 3)$ 处理序号为 $l + 3k$ 的样本，其中 k 是整数。

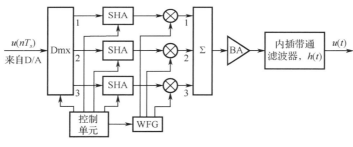

（a）框图

通道1	C	采样	相乘1			C	采样	相乘4		C	采样
通道2			C	采样	相乘2			C	采样	相乘5	
通道3				C	采样	相乘3			C	采样	相乘6

（b）时序图（C代表清除模式）

图 6.12　时间交替的 WPS 的三通道结构

为了阐明采样和内插之间的相似性，请注意，SHAWI 的时间交替结构中的采样模式对应于 WPS 的时间交替结构中的相乘模式，SHAWI 的时间交替结构中的保持模式对应于 WPS 的时间交替结构中的采样模式，在清除模式中完成的功能在这两种类型的结构中是相同的。

由于图 6.7（a）和 6.12（a）所示的采样和内插结构都使用了相同的 $w_0(t)$，图 6.9 和图 6.10 中的幅频响应 $|H_w(f)|$ 分别表征了这两个结构的滤波质量。当时间交替的 WPS 所执行的内插滤波不够充分时，传统的内插 BPF 必须提供后续滤波，尽管对它们的要求可以放松。与采样相似，WPS 时间交替结构中通道数 L 的增加提高了滤波质量，可以从基于混合解释的电路转

化为基于采样定理的直接解释的电路。

基于混合解释的 WPS 时间交替结构提高了 D/A 输出的能量利用率，减小了抖动的影响，降低了所需的模拟和混合信号后端（AMB）增益，并且与基于采样定理的间接解释的内插电路相比，发射机的调制精度更高。它们还使重构更接近发射天线，并在一定程度上提高了发射机驱动器的适应性和规模集成。然而，由于有必要保留传统内插滤波器，这就限制了集成的适应性和规模，并阻碍了在离天线足够近的位置实现重构。

必须强调的是，目前没有严重的工艺上的或技术上的问题阻碍基于采样定理的混合解释的 S&I 电路的实现。

6.4　基于采样定理直接解释的采样和内插（S&I）

6.4.1　基于直接解释的采样

如 6.3 节所示，增大 SHAWI 和 WPS 的时间交替结构中的通道数 L，可以改善滤波质量，并且当 L 足够大时，可以从混合解释转化为采样定理的直接解释。为方便起见，基于直接解释的 S&I 电路与相应的量化器和 D/A 一起考虑，因此，它们分别被称为新型数字化电路（NDC）和新型重构电路（NRC）。

6.4.1.1　新型数字化电路（NDC）的概念性结构

图 6.13（a，b）描述了新型数字化电路（NDC）的两种概念结构。图 6.13（b）中的 NDC 需要 L 个量化器，但可以使得其速度降为图 6.13（a）中的 NDC 量化器的 $1/L$，还可以用数字 Mx 代替模拟 Mx。图 6.13（c）中的时序图和图 6.13（d）中的样本 $u(nT_s)$ 以及相应 $w_n(t)$ 的相对位置反映了 $L=5$ 时两种 NDC 的工作情况。图 6.13（c，d）与图 6.7（b，c）的比较表明，这两种 NDC 具有与图 6.7（a）中的结构相同的操作模式，但与图 6.7（a）不同的是，它们在内部完成完整的抗混叠滤波，在输入端不需要传统的滤波器。

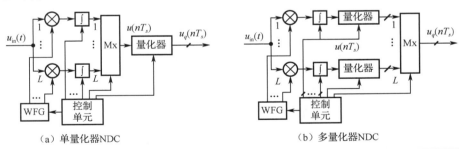

（a）单量化器NDC　　　　　　　　　　（b）多量化器NDC

通道1		采样1		保持	C		采样6		
通道2			采样2		保持	C		采样7	
通道3			采样3			保持	C		
通道4				采样4			保持	C	
通道5				采样5				保持	

（c）时序图（C代表清除模式）

图 6.13　NDC 的概念结构

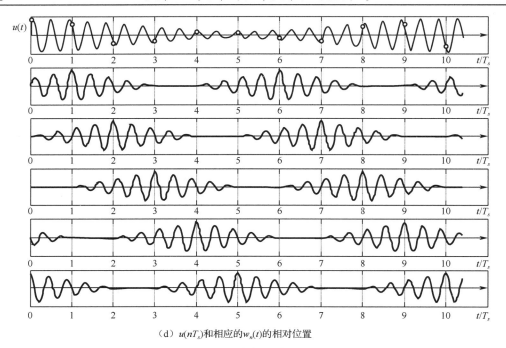

（d）$u(nT_s)$和相应的$w_n(t)$的相对位置

图 6.13　NDC 的概念结构（续）

因此，$u_{\text{in}}(t)$ 直接进入 NDC 中的时间交替 SHAWI。NDC 输出的第 n 个样本为

$$u(nT_s) = \int_{nT_s-0.5T_w}^{nT_s+0.5T_w} u_{\text{in}}(t)w_n(t)\mathrm{d}t \qquad (6.13)$$

考虑到式（6.12），在 NDC 中采样模式的长度 T_i 为

$$T_i = T_w = (L-1)T_s \qquad (6.14)$$

较长的 T_i 使抗混叠滤波性能更好，并且在选择 $w_0(t)$ 时有更大的自由度。图 6.14 和图 6.15 给出了较长的基带和带通 $w_0(t)$ 以及 NDC 中相应的幅频响应 $|H_w(f)|$ 的例子。图 6.14（a）中的基带 $w_0(t)$ 长度 $T_w=4T_s$，为 4 阶 B 样条（见 A.3 节）。图 6.15（a）中的带通 $w_0(t)$ 长度 $T_i=8T_s$ 和余弦载波 $c_0(t)$，其包络 $W_0(t)$ 也是 4 阶 B 样条。

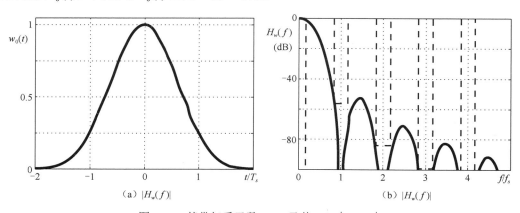

（a）$|H_w(f)|$　　　　　　　　　　　　　（b）$|H_w(f)|$

图 6.14　基带权重函数 $w_0(t)$ 及其 AFR $|H_w(f)|$

基带和带通 $w_0(t)$ 长度不同的原因是它们的原始矩形长度不同：基带 $w_0(t)$ 的原始矩形长度为 T_s，而带通 $w_0(t)$ 的原始矩形长度为 $2T_s$，这样的长度保证了 AFR 的零点处在正确的位置（见 6.3.1.2 节）。因此，图 6.14（b）中的 $|H_w(f)|$ 波谷位于式（4.43）的区间内，图 6.15（b）中的 $|H_w(f)|$ 波谷位于式（6.11）的区间内，而它们的副瓣对应于这些区间之间的"不关心"频带。因此，基于 B 样条的 $w_0(t)$ 可以有效利用"不关心"频带。图 6.7（c）、图 6.9 和图 6.10 所示的 $w_0(t)$ 的矩形包络 $W_0(t)$ 是 1 阶 B 样条，图 6.13（d）所示的 $w_0(t)$ 的三角包络 $W_0(t)$ 是 2 阶 B 样条。

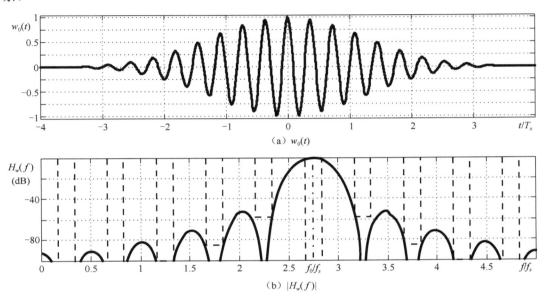

图 6.15　当 $f_0 = 2.75 f_s$ 时的带通加权函数 $w_0(t)$ 及其 AFR $|H_w(f)|$

采用基于 B 样条的 $w_0(t)$ 的 NDC 在不同的阻带中提供不同的抑制能力（最低的在第一阻带），并且在每个阻带内的抑制是不均匀的。其幅频响应在通带内也是不均匀的（在图 6.14（b）和图 6.15（b）中，通带和阻带都标有虚线）。阻带抑制和通带的不均匀性主要取决于 B 样条的阶数和 f_s / B 的比值。在带通 NDC 中，它们也取决于 f_0 / f_s，但是当 $f_0 / f_s > 10$ 时，这种依赖性可以忽略不计。当可以忽略这种依赖性时，基于 4 阶 B 样条的带通和基带 NDC 具有最小的阻带抑制和通带不均匀性，当 $f_0 / f_s = 6$ 时，阻带抑制和通带不均匀性分别为 58dB 和 ±0.7dB；当 $f_0 / f_s = 4$ 时，阻带抑制和通带不均匀性分别为 42dB 和 ±1.5dB。由于基于 B 样条的 $w_0(t)$ 的优良性能且对其分析相对简单，因而在本章中得到了广泛的讨论。

6.4.1.2　新型数字化电路（NDC）的可选结构

图 6.13 所示新型数字化电路（NDC）的框图没有画出所有可能的结构。实际的新型数字化电路可能与图中的框图有明显的差别，不同结构之间也会存在较大的差别。它们的实现可以是基于特定 $w_0(t)$ 的，并且可能取决于接收机体系结构。图 6.16（a）给出了一个与概念性的 NDC 有所差别的单量化器 NDC，它采用压控放大器（VCA）实现相乘功能。图 6.16（b）所示则是一个由数字 WFG（DWFG）生成 $w_n(t)$ 并用数控放大器（DCA）取代 VCA 的结构，这

种结构提高了数字化的精度。选择用少量比特位就可以精确表示的 $w_0(t)$ 便可简化这些 NDC。请注意，VCA 和 DCA 需要显著增加控制信道带宽，特别是在带通 NDC 中。在 VCA 或 DCA 中放大 $u_{in}(t)$ 可以使 NDC 更接近天线。原则上，DCA 可以用乘法型 D/A（MD/A）代替。根据图 6.13 和图 6.16 所示的结构，用 VCA 或 DCA 可以直接生成多量化器 NDC。注意，原则上，NDC 中的量化器的数量 L_q 可以是 $1 < L_q < L$。

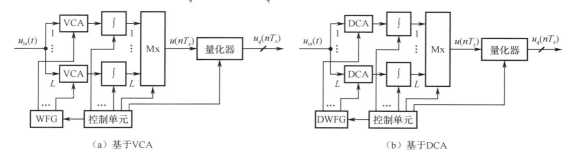

（a）基于VCA　　　　　　　　　　　　　　（b）基于DCA

图 6.16　NDC 的替代结构

6.4.1.3　新型数字化电路（NDC）的优势

6.3.1.2 节描述的基于采样定理混合解释的采样电路的特性阐明了 NDC 的大多数优点。实际上，NDC 中较长的加权函数 $w_0(t)$ 可以在内部完成整个抗混叠滤波，并在采样过程中积累信号能量甚至比基于混合解释的电路更慢。NDC 的滤波特性是由 $w_0(t)$ 决定的，滤波器的形状和参数很容易改变。这些特性和贴近天线的数字化使接收机更灵活和可重构性更强。不再需要传统的抗混叠滤波器也增大了接收机的集成规模。信号能量的缓慢积累带来了更高的动态范围、更大的带宽、更靠近天线的数字化和更低的功耗。图 6.17 所示流程图说明了 NDC 的优点与数字 Rx 的优点之间的关系。

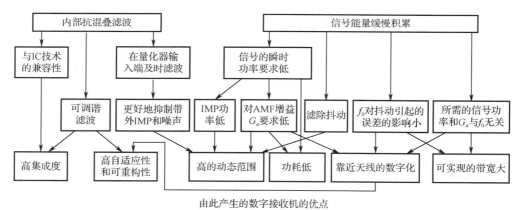

图 6.17　NDC 的优点及其对数字无线电的性能的影响

6.4.2　基于直接解释的内插

如 6.3 节所述，增加时间交替 WPS 结构中的通道数 L 改善了内插滤波的质量，并可以从采样定理的混合解释转化为直接解释。与基于直接解释的采样电路相类似，很容易想到把基于该解释的内插电路以及相应的 D/A 统一考虑。这样的组合电路在 6.4.1 节开头称为新型重构电路（NRC）。

图 6.18（a，b）描述了 NRC 的两个概念结构。图 6.18（b）中的 NRC 需要 L 个 D/A，但其转换速率可以是图 6.18（a）中的 NRC 的 D/A 转换速率的 $1/L$，还允许用数字 Dmx 取代模拟 Dmx。图 6.18（c）中的时序图反映了两个 NRC 在 $L=5$ 时的工作过程。图 6.18（c）和图 6.12（b）的比较表明，两个 NRC 都有与图 6.12（a）所示的结构相同的工作模式，但与后者不同的是，它们在内部执行整个内插滤波，因此，不需要传统的滤波器。因此，NRC 的输出信号是

$$u(t) = \sum_{n=-\infty}^{\infty} u(nT_s)w_n(t) = \sum_{n=-\infty}^{\infty} u(nT_s)w_0(t-nT_s) \tag{6.15}$$

如 6.3.2 节所述，NRC 的相乘模式对应于 NDC 的采样模式，NRC 的采样模式对应于 NRC 中的保持模式，清除模式在两种类型的结构中都具有相同的用途。因此，NRC 中的相乘模式的长度 T_w 是由式（6.14）决定的。T_w 越长可以使内插滤波性能越好，并在选择 $w_0(t)$ 时有更大的余地。NDC 和 NRC 选择 $w_0(t)$ 的方法是相似的，主要的区别是 NRC 通常需要更低的阻带抑制。

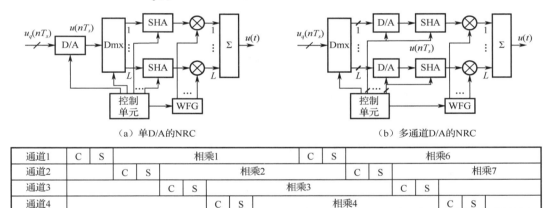

（a）单 D/A 的 NRC　　　　　　　　　　（b）多通道 D/A 的 NRC

通道1	C	S			相乘1			C	S			相乘6		
通道2			C	S		相乘2				C	S		相乘7	
通道3				C	S		相乘3				C	S		
通道4					C	S		相乘4				C	S	
通道5						C	S		相乘5					C	S

（c）时序图（C 和 S 分别代表清除和采样模式）

图 6.18　NRC 的概念结构

与 NDC 类似，实现 NRC 的方法并不能由一个概念性结构所完全描述。图 6.19（a）所示的多 D/A 的 NRC 使用 MD/A，既进行输入数字样本的数字/模拟转换，又进行与 $w_0(t)$ 的乘积运算。在图 6.19（b）所示的 NRC 中，这些过程是由 DCA 完成的。与图 6.16（b）中的 NDC 相比较，NDC 中的 DCA 对输入信号进行放大，增益由数字化生成的 $w_n(t)$ 控制；图 6.19（b）中的 NRC 的 DCA 对模拟信号 $w_n(t)$ 进行放大，其增益采用数字样本来控制（另外，DCA 可能需要增加对通道带宽的控制）。除此之外，还建议使用多种单通道 D/A 的 NRC。

NRC 给发射机（Tx）带来的好处类似于 NDC 给接收机（Rx）带来的好处。NRC 使 AMB 具有高度适应性和可重构性，因为决定 NRC 性能的 $w_0(t)$ 可以动态改变。此外，NRC 提高了集成的规模，因为去掉了与集成电路技术无法融为一体的传统滤波器。内插滤波结合脉冲成形，减小了抖动引起的误差和所需的 AMB 增益。它还将 NRC 的输出能量集中在信号带宽内，增大了 AMB 的动态范围，提高了调制精度，并可实现更靠近天线的重构。其中的许多优点都

是与特定的 AMB 体系结构相关的，图 6.20 中的 AMB 示例说明了这一点。在这里，NRC 在射频进行信号重构（尽管它可以在中频进行），NRC 通道的输出信号在空中叠加（或者，它们可以在共同的天线之前相加）。在 NRC 滤波性能不能满足要求的时候，可以选择 LPF（或 BPF）进行滤波。同样，只有当 DCA 输出信号电平不够时，才使用功率放大器（PA）。

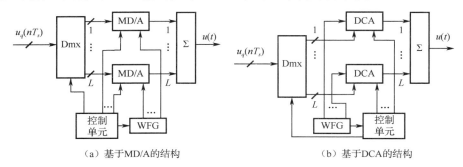

（a）基于 MD/A 的结构   （b）基于 DCA 的结构

图 6.19   基于多通道 D/A 的 NRC 的备选结构

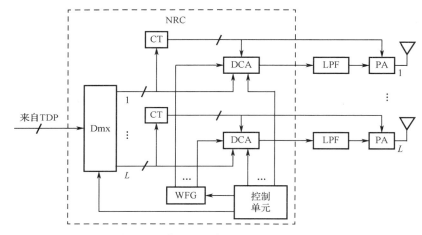

图 6.20   采用多通道 D/A NRC 的 AMB

　　该 AMB 最重要的特点是 NRC 不仅使用样本改变 DCA 的增益，而且还改变 DCA 和 PA 的摆幅电压。对于高质量的重构，DCA 增益应采用高分辨率的控制，而摆幅电压则可以较低的分辨率控制。因此，代码转换器（CT）只需样本绝对值的几个最高比特位来控制摆幅电压。摆幅电压与样本绝对值具有粗略的比例关系使 DCA 和 PA 类似 G 类放大器一样工作，并且同时具有高动态范围和低功耗。由于每个通道相邻样本之间的时间间隔 LT_s 是 T_s 的 L 倍，且 L 的增大简化了该方法的实现，因此可以改变摆幅电压。然而，需要在连续的 $w_n(t)$ 之间有足够的保护间隔来排除由摆幅电压变化引起的瞬变的影响。将 NRC 通道的输出信号在空中或者在公用天线前进行叠加需要解决几个技术问题，但也会产生一些机遇。

　　本节介绍的所有结构并非都可以付诸实施，而是为了说明采样定理的直接解释所能提供的新的可能性。

6.5　减轻通道失配

6.5.1　解决问题的方法

由于所有基于采样定理直接解释的 NDC 和 NRC 以及一些基于混合解释的 NRC 先天都是多通道的，因此必须降低通道失配对其性能的影响。通道失配对于 NDC 来说尤其危险，因为 $u_{in}(t)$ 是期望信号 $u(t)$、干扰（IS）和噪声的叠加。当干扰信号和噪声的平均功率远大于 $u(t)$ 的功率时，信道失配引起的误差可以接近甚至高于 $u(t)$。因此，以下重点关注减轻 NDC 中通道失配的问题。

解决这个问题有三种方法。第一种包括减轻失配的工艺和技术措施：将所有通道放在同一内核上、数字生成 $w_n(t)$、合理实现乘法运算等。第二种方法是基于防止信号频谱混叠和失配误差的，这样可以抑制 RDP[26,28,29] 中的误差频谱（error spectrum）。第三种方法是对 RDP[28,29,35] 中的通道失配进行自适应补偿。在许多类型的发射机（Tx）和小动态范围的接收机（Rx）中，仅采用第一种方法就足够了。在高质量的接收机中，第一种方法有用但不够，应该与其他措施相结合。因此，下文将简要分析第二种和第三种方法。

6.5.2　信号频谱和误差频谱的分离

让我们来分析在采用由式（3.16）确定的最佳采样频率 f_s 时，防止带通采样时 $u_d(t)$ 的频谱 $S_{d \cdot u}(f)$ 和 $e_d(t)$ 的频谱 $S_{d \cdot e}(f)$ 发生混叠的条件。这里 $u_d(t)$ 是对 $u(t)$ 采样得到的离散时间信号，$e_d(t)$ 是通道失配引起的离散时间误差信号。不失一般性，我们假设 $u(t)$ 的中心频率 $f_0 = 0.25 f_s$，以便更好地显示频谱图。

L 个通道之间的延迟失配通常很小，因为所有的定时脉冲都是使用相同的参考振荡器产生的，并且通过适当的设计使定时偏差最小化了。因此，首先应考虑由于通道增益 $g_1, g_2, \cdots, g_L$ 之间的差异而引起的幅度失配。平均增益为 $g_0 = (g_1 + g_2 + \cdots + g_L)/L$，第 l 个通道的增益偏差为 $\gamma_l = g_l - g_0$。由于样本 $u(nT_s)$ 是由所有的通道依次产生的，因此样本的偏差 $\gamma_1, \gamma_2, \cdots, \gamma_L$ 出现在采样时刻 $T = nT_s$，是一个具有周期 LT_s 的离散时间周期函数 $\gamma_d(t)$：

$$\gamma_d(t) = \sum_{k=-\infty}^{\infty} \sum_{l=1}^{L} \{\gamma_l \delta[t - (kL + l)T_s]\} \tag{6.16}$$

式中，$\delta(t)$ 是 delta 函数。$\gamma_d(t)$ 的频谱为（见 A.2 节）

$$S_{d \cdot \gamma}(f) = \sum_{m=-\infty}^{\infty} \left[C_m \delta \left(f - \frac{m}{L} f_s \right) \right] \tag{6.17}$$

具有系数

$$C_m = \frac{1}{LT_s} \sum_{l=1}^{L} \left[\gamma_l \exp \left(\frac{-j2\pi ml}{L} \right) \right] \tag{6.18}$$

正如式（6.17）和式（6.18）所反映的，由于 $\gamma_d(t)$ 的离散时间性质，$S_{d \cdot \gamma}(f)$ 是频率的周期函数，其周期为 $f_s = 1/T_s$。因此，仅在区间 $[-0.5f_s, 0.5f_s]$ 内考虑 $S_{d \cdot \gamma}(f)$ 就足够了。由于 $\gamma_d(t)$ 为实值且具有周期 LT_s，因此，$S_{d \cdot \gamma}(f)$ 是离散的偶函数，在区间 $[-0.5f_s, 0.5f_s]$ 内其谐波位于

频率 $\pm mf_s/L$，其中 $m=1,2,\cdots,\mathrm{floor}(L/2)$。在 $L=5$ 时，$\gamma_d(t)$ 的频谱分量如图 6.21（a）所示。

由于 $f_0=0.25f_s$ 时，$u(t)$ 的频谱 $S_u(f)$ 在区间 $[-0.5f_s,0.5f_s]$ 内占据的谱带为

$$[-(0.25f_s+0.5B),-(0.25f_s-0.5B)]\cup[0.25f_s-0.5B,0.25f_s+0.5B] \tag{6.19}$$

式中，B 是 $u(t)$ 的带宽。图 6.21（b）显示了 $|S_u(f)|$ 和由 NDC 进行的抗混叠滤波后的幅频响应 $|H_{a.f}(f)|$。频谱 $S_{d.\gamma}(f)$ 是 $S_u(f)$ 与 $S_{d.\gamma}(f)$ 的卷积：

$$S_{d\cdot u}(f)=\sum_{m=-\infty}^{\infty}\left\{C_m\left\{S_u\left[f-f_s\left(\frac{m}{L}-0.25\right)\right]+S_u\left[f-f_s\left(\frac{m}{L}+0.25\right)\right]\right\}\right\} \tag{6.20}$$

由于 $e_d(t)$ 是采样周期为 T_s 的实值离散时间函数，因此，$|S_{d\cdot e}(f)|$ 是周期为 f_s 的周期偶函数，且在区间 $[-0.5f_s,0.5f_s]$ 内是唯一的。

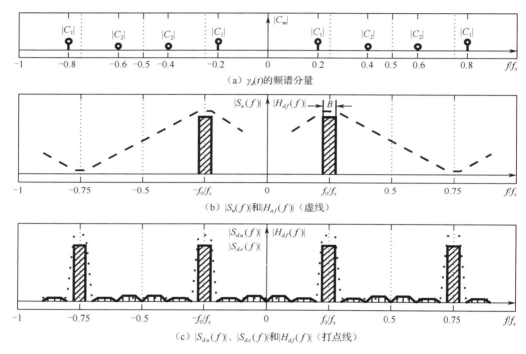

（a）$\gamma_d(t)$ 的频谱分量

（b）$|S_u(f)|$ 和 $|H_{af}(f)|$（虚线）

（c）$|S_{du}(f)|$、$|S_{de}(f)|$ 和 $|H_{df}(f)|$（打点线）

图 6.21　防止 $S_{d\cdot u}(f)$ 与 $S_{d\cdot e}(f)$ 混叠

如式（6.20）所示，当 L 为偶数时，对应于 $m=\pm0.5L$ 的误差频谱分量会落在信号频谱中，因此，无法把 $S_{d\cdot u}(f)$ 与 $S_{d\cdot e}(f)$ 分开。当 L 为奇数时，在区间 $[-0.5f_s,0.5f_s]$ 内，误差频谱的中心频率为 $\pm(r+0.5)f_s/(2L)$，$r=0,1,\cdots,0.5(L-1)-1,0.5(L-1)+1,\cdots,L-1$，也就是说，它们与信号频谱副本的中心频率不同。这是避免 $S_{d\cdot u}(f)$ 和与 $S_{d\cdot e}(f)$ 混叠的必要条件，当信号频谱副本中心频率与失配误差项中心频率之间的距离超过某一最小距离时，就足够了，当 $L=5$ 时的情况如图 6.21（c）所示。文献[28,29]的计算表明，当 B 内的功率大于通道失配引起的误差功率时，最小距离应略大于 B。在这种情况下，f_s、L 和 B 之间的关系相当简单，它防止 $S_{d\cdot u}(f)$ 和 $S_{d\cdot e}(f)$ 在最佳 f_s 和 L 为奇数的情况下，带通采样时发生混叠：

$$f_s>2LB \tag{6.21}$$

满足关系式（6.21）时，可以通过在 RDP 中使用幅频响应为 $|H_{d.f}(f)|$ 的数字滤波器来抑

制失配误差[见图 6.21（c）]。

如上所述，信道之间的延迟失配通常可以做得非常小。如果产生的相位失配也很小，则由它引起的误差具有类似于式（6.20）的频谱分布。因此，关系式（6.21）也可以分离信号频谱和相位失配误差频谱，使得后者可用相同的数字滤波器滤除。

当信号频谱副本中心频率与失配误差频谱项之间的最小距离小于 B 时，$S_{d \cdot u}(f)$ 和 $S_{d \cdot e}(f)$ 发生重叠。然而，可以通过增大 f_s 来减少这种重叠，对于 $L \geqslant 5$，可以通过减小邻近 $\pm 0.5 f_s$ 的系数 C_m 来降低重叠，因为它们产生最靠近信号的 $S_{d \cdot e}(f)$ 的频谱副本。改变通道切换顺序可以减少这些谐波，使 $\gamma_d(t)$ 接近采样后的正弦波的顺序可以使重叠最小化。

与带通采样相比，在基带采样时，当 L 为偶数且满足下式时，可以避免信号频谱与失配误差频谱发生混叠

$$f_s > LB \qquad\qquad (6.22)$$

通过分离信号频谱和误差频谱，以及在 RDP 中抑制误差频谱来降低信道失配，这不会中断信号接收，但是需要 f_s 相对 L 成比例地增大，如式（6.21）和式（6.22）所示。因此，当 L 相对较小或无论如何都需要高比值 f_s / B（例如，在 $\Sigma - \Delta$ 型 A/D 中）时，这种方法就很合适。在这些条件下，这种方法不仅仅局限于 NDC，也可以用于其他时间交替的数据转换器。

6.5.3　通道失配补偿

RDP 中的自适应信道失配补偿是最常用的方法，广泛应用于时间交替和并行结构（例如文献[36]）。当所有通道都完全一致地处理同一信号的时间交替部分时，这种补偿就简化了。为实现适当的补偿，必须精确估计失配。这种估计和补偿既可以与信号接收同时进行，也可以在单独的校准模式中进行。后一种方法更快更准确，但它会中断信号接收。因此，在实践中它们往往结合在一起。运行过程中的失配估计可用校准信号 $u_c(t)$ 或接收到的信号 $u_{in}(t)$（盲估计）完成。

为了避免信道失配估计对信号接收的影响，$u_c(t)$ 应与 $u(t)$ 正交。例如，可以通过使得 $u_c(t)$ 的频谱 $S_{u \cdot c}(f)$ 与 $u(t)$ 的频谱 $S_u(f)$ 不重叠，但靠得足够近来实现正交性，如图 6.22（a）所示，其中 $S_{u \cdot c}(f)$ 集中在频率 f_1 和 f_2 附近。图 6.22（b）给出了多量化器 NDC 的通道增益失配补偿器的框图。

在此，来自校准信号发生器（CSG）的 $u_c(t)$ 和来自接收机的射频或中频的 $u_{in}(t)$ 输入到 NDC 中。在每个 NDC 通道输出端，由校准信号选择器（CSS）提取 $u_c(t)$ 并将其发送到平均运算单元（AU），该单元计算 $u_c(t)$ 样本的平均幅度。所有通道的幅值都在增益标定器（gain scaler，GS）中进行处理，增益标定器产生系数 $K_l (l = 1, 2, \cdots, L)$，以补偿通道失配。Mx 组合所有通道输出的标定后的信号并发送到抑制 $u_c(t)$ 的数字滤波器。选择一个基本确定性的 $u_c(t)$ 可简化补偿，并缩短平均时间。一对频率为 f_1 和 f_2 的正弦波就是这样的 $u_c(t)$ 的一个例子。将第一通道中的 $u_c(t)$ 样本与其他通道中的样本进行相关，可以估计和补偿延迟失配。

盲通道失配估计比使用 $u_c(t)$ 更简单，如图 6.22（c）所示。其主要问题是由于 $u_c(t)$ 是一个随机过程，从而造成估计时间 T_{est} 较长。估计时间[35]为

$$T_{est} = 1.5(2^{N_b - 1} - 1)^2 D_{|u|}^2 r_e L T_s \qquad\qquad (6.23)$$

式中，N_b 是 NDC 量化器的位数，r_e 是可接受的量化噪声功率与估计误差功率的比值，$D_{|u|}^2$ 取决于 $u(t)$ 的一维分布。对于大多数信号而言，$D_{|u|}^2 \in [0.2, 0.6]$，其中 0.2 对应正弦波，0.6 对应高斯噪声。通道延迟失配的盲估计是基于不同信道下信号样本的相关性的[36]。

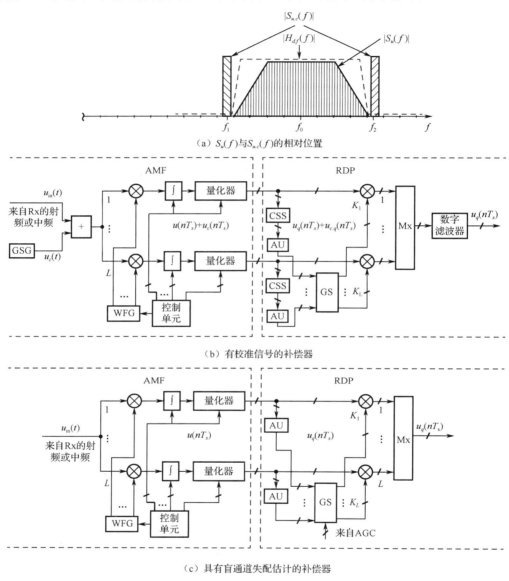

（a）$S_u(f)$ 与 $S_{u,c}(f)$ 的相对位置

（b）有校准信号的补偿器

（c）具有盲通道失配估计的补偿器

图 6.22　通道增益失配补偿

6.6　加权函数的选择与实现

6.6.1　理论基础

由于权函数 $w_0(t)$ 决定了基于采样定理混合解释 S&I 电路的许多性质和基于直接解释的

S&I 电路的大部分性质,因此适当选择 $w_0(t)$ 对于实现这些电路至关重要。基于混合解释的 S&I 电路的 $w_0(t)$ 选择相对简单,因为短的 T_w 限制了适用于基带 S&I 的 $w_0(t)$ 的种类和适于带通 S&I 的包络 $W_0(t)$ 的种类。$w_0(t)$ 的载波 $c_0(t)$ 应该可以简化 $w_0(t)$ 生成,可用少量的开关取代乘法器,并有效地抑制 IMP。在具有最优 f_s 的差分带通 S&I 电路中,需要对三阶和频的 IMP 进行强有力的抑制。在 6.3.1.2 节中讨论的载波 $c_0(t)$ 中,$c_{03}(t)$ 和 $c_{04}(t)$ 比其他载波能更好地满足这些条件。正如该节指出的,增大 f_0/f_s 可以降低 $c_0(t)$ 的影响。因此,由于方波载波 $c_{02}(t)$ 的简单性,当 $f_0/f_s > 10$ 时,它是一个合乎逻辑的选择。由于这些原因,下面讨论的重点是带通 NDC 和 NRC 的 $W_0(t)$ 选择,重点是 NDC 在恶劣射频环境中的工作情况。

6.6.1.1　实现方法

如上所述,$w_0(t)$ 和 $W_0(t)$ 的生成应该足够简单,并可以用少量的开关替换 NDC 和 NRC 中的乘法器。它们还应该提供足够的滤波能力,自动减缓 NDC 信号能量的积累,并将 NRC 的输出能量集中在信号带宽内。在频域内,很容易将抗混叠滤波和内插滤波的准则实现规范化。

最小二乘(LS)和切比雪夫(Chebyshev)准则最适合用于选择具有最优谱的 $w_0(t)$,$w_0(t)$ 决定了 NDC 和 NRC 的传递函数 $H_w(f)$。LS 准则是将 $H_w(f)$ 与理想传递函数 $H_{ideal}(f)$ 的加权均方根偏差最小化:

$$\sigma_e = \left\{ \int_{f \in F} q(f) \left[H_w(f) - H_{idel}(f) \right]^2 \mathrm{d}f \right\}^{0.5} \to \min \qquad (6.24)$$

其中,在通带中 $H_{ideal}(f) = 1$,在阻带中 $H_{ideal}(f) = 0$,而在过渡带中未定义;$q(f)$ 是误差权重;把 F 设置为只包括通带和阻带。这一准则通常可以得到闭合解(解析解),并且在其他情况下可以使用成熟的多阻带 FIR 滤波器设计的数值算法。该准则的缺点是不限制 $H_w(f)$ 与 $H_{ideal}(f)$ 的最大偏差。带约束条件的 LS 准则[37]解决了这个问题。

Chebyshev 准则是将 $H_w(f)$ 与 $H_{ideal}(f)$ 的最大加权偏差最小化:

$$e = \max_{f \in F} \left\{ q(f) \left| H_w(f) - H_{ideal}(f) \right| \right\} \to \min \qquad (6.25)$$

它充分地反映了滤波的质量,但通常不能得到闭合解。Parks-McLellan 算法通常用于基于该准则的多阻带 FIR 滤波器的设计。

为了达到相仿的滤波质量,LS 和 Chebyshev 准则需要类似的 $w_0(t)$ 长度 T_w。这两个准则的主要缺点是对最优 $w_0(t)$ 的生成精度要求很高,特别是不能使用少量开关来替换乘法器。

在时域中,评估生成所选 $w_0(t)$ 的复杂度比评估其滤波特性要容易。下面的启发式过程解决了这个问题。第一,根据先前的经验和/或有根据的推测,在时域中选择一类容易生成的且具有良好滤波特性的 $w_0(t)$。第二,确定选择的这一类 $w_0(t)$ 是否满足保证 AFR 零点在频率轴上适当分布的理论约束。第三,通过计算 $H_w(f)$ 来验证这一类 $w_0(t)$ 的滤波特性。如果性能不足,则测试另一类 $w_0(t)$。如果理论上的约束能有效减小第二步中的候选种类的数量,则这个试错法(trial-and-error)是有效的。

6.6.1.2　理论约束

在解释上述理论约束之前,先引入框架(frame)的概念。WKS 采样定理的所有版本都使用关于正交基的信号展开式(参见附录 D),但是构成这些基的函数在物理上是无法实现的。

正如 1.3.1 节所述，如果函数集 $\{w_n(t)\}$ 能张成一个空间，并且 $w_n(t)$ 是线性无关的，那么它就形成了这个函数空间中的基。框架将基的概念推广到仍然能扩张成一个空间但可能线性相关的函数集。因此，基是框架的特殊情况。在这里，"函数"（function）和"信号"（signal）这两个词可以互用。基于框架的信号扩展可以冗余，在选择 $\{w_n(t)\}$ 时能提供较大的自由度。

从理论上讲，带限信号的 S&I 可以看成：抗混叠滤波器通带内的信号属于带限信号的期望函数空间 F_0，而阻带内的信号和"不关心"频带内的信号分别属于不期望的函数空间 $F_k(k \neq 0)$ 和无关的函数空间。与采样定理直接解释相对应的 S&I 要求选择一个物理可实现的函数集合 $\{w_n(t) = w_0(t - nT_s)\}$，它近似满足两个要求：它与空间 $F_k(k \neq 0)$ 正交，在 F_0 上的投影可以看作 F_0 中的一个框架（"近似"是关键词，因为没有物理可实现的函数严格满足这些要求）。阻带中的不完全抑制和通带中的非均匀 AFR（PFR 通常是线性的）反映了近似的不精确性。对于一个给定集合 $\{w_n(t)\}$，比值 $f_s/(2B) > 1$ 体现了其冗余度，比值越大，则不精确性越小。因此，$f_s/(2B)$ 对于 S&I 来说是足够高的。由于冗余降低了 DSP 的效率，因此在发射机和接收机中，信号在数字化后进行下采样，在重构前进行上采样（见第 3 章和第 4 章）。$f_s/(2B)$ 的减小或增大分别意味着缩小或扩大"不关心"的频带。值得注意的是，基于间接解释的 S&I 电路中抗混叠滤波器特性和内插滤波器特性的选择具有相同的理论基础。

所选的 $w_0(t)$ 的物理可实现性在时域上是很明显的，满足以下理论约束的所有集合 $\{w_n(t) = w_0(t - nT_s)\}$ 都是值得进一步考虑的合理选择。

有限长度的基带 $w_0(t)$ 通过其频谱零点来实现 FIR 滤波，从而抑制阻带式（4.43）中不需要的信号。为了在阻带中形成间距规则的零点，并且在通带中提供有限的非零增益，这样的 $w_0(t)$ 应该满足单位分解条件[38]：

$$\varsigma \sum_{n=-\infty}^{\infty} w_0(t - nT_s) = 1 \tag{6.26}$$

式中，ς 是一个比例因子。具有最优 f_s 的带通 $w_0(t)$ 必须在阻带式（6.11）内抑制不需要的信号，因此式（6.26）应该用余弦分解条件代替[30]：

$$\varsigma \sum_{n=-\infty}^{\infty} (-1)^n w_0(t - 2nT_s) = \cos(2f_0 t) \tag{6.27}$$

如式（6.27）所示，带通 $w_0(t)$ 的包络 $W_0(t)$ 必须满足其自身的单位分解条件：

$$\varsigma \sum_{n=-\infty}^{\infty} W_0(t - 2nT_s) = 1 \tag{6.28}$$

6.6.2　基于 B 样条的加权函数

在文献[28,31]中建议用于 NDC 和 NRC 的基于 B 样条的 $w_0(t)$ 是用上述启发式方法确定的。当基带 $w_0(t)$ 的最大允许 T_w 满足 $T_w = T_s$ 和带通 $w_0(t)$ 的最大允许 T_w 满足 $T_w = 2T_s$ 时（见 6.3.1.2 节），用任何合理的标准来衡量它们都是最优的。对于更长的 T_w，它们则不是最佳的，但可能仍然是可接受的，即使是在相对较长的 T_w 时也是这样。本节将分析基于带通 B 样条函数 $w_0(t)$ 的滤波特性及其在 NDC 中的实现方法。

6.6.2.1　滤波特性

K 阶 B 样条（见 A.3 节）、长度 $T_w = KT_s$ 的基带 $w_0(t)$，其频谱为

$$H_w(f) = A_K[\text{sinc}(\pi f T_s)]^K \tag{6.29}$$

式中，A_K 是尺度因子。将式（6.29）与式（A.27）进行比较，可看出在式（A.27）中 K 是 B 样条阶数。

基于 K 阶 B 样条的带通 $w_0(t) = W_0(t)c_0(t)$ 的包络 $W_0(t)$ 是 K 个矩形的卷积，每个矩形的宽度为 $2T_s$。该 $w_0(t)$ 的长度 $T_w = 2KT_s$，当 $c_0(t) = c_{01}(t) = \cos(2\pi f_0 t)$ 时，其频谱为

$$H_w(f) = 0.5A_K\{\{\text{sinc}[2\pi(f+f_0)T_s]\}^K + \{\text{sinc}[2\pi(f-f_0)T_s]\}^K\} \tag{6.30}$$

基于 B 样条的 $w_0(t)$ 满足上一节所述的约束条件。对于所有 K，由式（6.29）定义的 $H_w(f)$ 的零点位于阻带式（4.43）内，而式（6.30）定义的 $H_w(f)$ 的零点位于阻带式（6.11）内。在这两种情况下，$H_w(f)$ 的旁瓣对应于阻带之间的"不关心"频带。这些特性分别用图 6.14 和图 6.15 所示的基带和带通 $w_0(t)$ 来说明。

增大 K 值会使滤波效果更好，代价是 NDC 的复杂度更高，L 更大。由于基于 B 样条的 $w_0(t)$ 在 $K > 1$ 时不是最优的，因此它们需要比最优的 $w_0(t)$ 更长的 T_w 才能达到相同的滤波质量。如 6.4.1.1 节所述，当 $f_0/f_s > 10$ 时，其滤波特性完全由 B 样条的阶数决定。因此，考虑到带通 $w_0(t)$ 比相应的基带 $w_0(t)$ 长两倍，在文献[39]中对基于 B 样条的基带与优化 $w_0(t)$ 的比较也可以同时用于基带和带通 $w_0(t)$ 的比较。这种比较由于滤波模式的不同而变得复杂。事实上，随着与通带距离的增大，基于 B 样条的 $w_0(t)$ 的阻带抑制增长快，而对于最优的 $w_0(t)$，阻带抑制增长慢。在每个阻带中，基于 B 样条的 $w_0(t)$ 在其中点提供最高的抑制能力，在其边缘对于任意的 T_w 能提供最低的抑制能力。当基带 $w_0(t)$ 满足 $T_w > T_s$ 和带通 $w_0(t)$ 满足 $T_w > 2T_s$ 时，最优的 $w_0(t)$ 在阻带内提供更均匀的抑制能力。图 6.23[39]显示了三个等长基带 $w_0(t)$（最优 Chebyshev、最优 LS 和基于 B 样条）理论上所能达到的最小抑制能力和均方根抑制能力。对于通带两侧的三个最近的阻带，计算了均方根抑制能力。在实践中，抑制超过 80dB 时，这些理论结果通常受到硬件不够理想的限制。

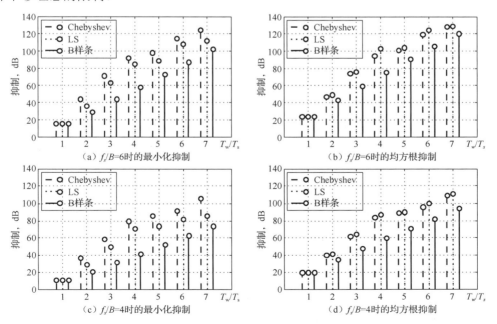

图 6.23　三种等长基带 $w_0(t)$ 的阻带抑制

为了达到给定的阻带抑制，基于 B 样条 $w_0(t)$ 的长度比最优 $w_0(t)$ 的长度要增大一个因子 η。当 $f_s / B = 6$ 时， $\eta \leqslant 1.3$ 用于均方根抑制， $\eta \leqslant 1.7$ 用于最小化抑制；当 $f_s / B = 4$ 时， $\eta \leqslant 1.5$ 用于均方根抑制， $\eta \leqslant 2$ 用于最小化抑制。

基于 B 样条的 $w_0(t)$ 在频率区间式（6.11）的中点提供最高抑制的能力使它们成为采用 $\sum$-Δ A/D 的 NDC 的一个很好的选择，其中 f_s / B 的比值非常高。表 6.1 显示了基于 B 样条函数的不同阶数 $w_0(t)$ 所能提供的最小阻带抑制能力，表明了当 f_s / B 足够高时，即使是低阶 B 样条函数也能够提供足够的抑制。

表 6.1　基于 B 样条的 $w_0(t)$ 的最小抑制

f_s/B	4	6	8	16	32	64	128
抑制，dB（一阶 B 样条）	10	14	17	24	30	36	42
抑制，dB（二阶 B 样条）	21	29	34	47	60	72	84
抑制，dB（三阶 B 样条）	31	43	51	71	90	108	126
抑制，dB（四阶 B 样条）	42	58	69	94	119	144	168

6.6.2.2　实现

从图 6.13 所示的 NDC 概念结构可以看出，每个 NDC 通道都可以被视为具有参考信号 $w_0(t)$ 的相关器。理想的情况是相关器应该同样契合带宽 B 内的所有信号的频谱分量，并抑制带外分量。鉴于 NDC 是混合信号相关器的一种特殊类型，提示人们可以将其看作一种混合信号匹配滤波器来实现。这种可能性在以下使用基于 B 样条的 $w_0(t)$ 的 NDC 中得到证明，从原理上它也可以按照图 6.13 所示的方式实现。然而，考虑到式（A.25）和式（A.26），对式（6.13）进行变换，则 NDC 通道输出的样本为

$$u_n(nT_s) = \sum_{k=0}^{K} \left[C_k \int_{t'}^{nT_s + 0.5T_w - akT_s} v(\tau_{K-1}) \mathrm{d}\tau_{K-1} \right] \tag{6.31}$$

式中，

$$C_k = (-1)^k \binom{K}{k}, \quad v(t) = \int_{t'}^{t} \mathrm{d}\tau_{K-2} \cdots \int_{t'}^{\tau_2} \mathrm{d}\tau_1 \cdots \int_{t'}^{\tau_1} \hat{c}(\tau) u_{\text{in}}(\tau) \mathrm{d}\tau, \quad t' = nT_s - 0.5T_w \tag{6.32}$$

$\tau, \tau_1, \cdots, \tau_{K-1}$ 为积分变量。对于基带 $w_n(t)$ ， $a = 1$ ， $\hat{c}(t) = 1$ ；对于带通 $w_n(t)$ ， $a = 2$ ， $\hat{c}(t) = c_n(t)$ 。

图 6.24 显示了带通 NDC 通道的一般结构和该结构的开关状态表，该表来自式（6.31）和式（6.32）。由于没有输入相乘器，基带 NDC 通道的结构与图 6.24（a）所示的有所不同。图 6.24（b）中的表显示了在整个通道采样模式中开关的动态变化，对于带通结构和基带结构都适用。在这里，0 和 1 分别对应于断开态和闭合态。开关由 WFG 控制。对于基带 $w_0(t)$ ，时间间隔长度等于 T_s ；对于带通 $w_0(t)$ ，时间间隔长度等于 $2T_s$ 。带通 $w_n(t)$ 的余弦载波在 $w_n(t)$ 的中点有零相位。这些载波可以被步进载波（stepwise carriers）取代，且通常不会降低采样质量。这允许用少量的开关取代通道输入端的乘法器。符号交替二项式系数 C_K 的性质可以简化图 6.24（a）中的结构。结果表明，对于奇数 K ，子通道数可以减少为 $(K+1)/2$ ；对于偶数 K ，子通道数可以减少为 $(K/2)+1$ 。由于最感兴趣的是值较小的 K ，因此，图 6.25～图 6.28 显示了 $K = 2, \cdots, 5$ 时的简化通道结构以及它们的开关状态。

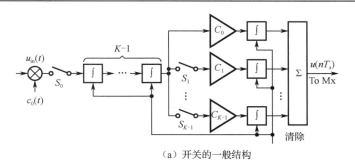

（a）开关的一般结构　　　　　　　　　　　（b）开关状态

图 6.24　基于 B 样条的 NDC 通道

时间间隔#	1	2	3	⋯	$K-1$	K
S_0	1	1	1	⋯	1	1
S_1	1	1	1	⋯	1	0
S_2	1	1	1	⋯	0	0
⋯	⋯	⋯	⋯	⋯	⋯	⋯
S_{K-2}	1	1	0	⋯	0	0
S_{K-1}	1	0	0	⋯	0	0

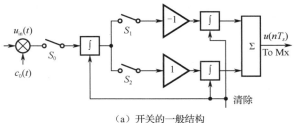

（a）开关的一般结构　　　　　　　　（b）开关状态

图 6.25　$K=2$ 时的基于 B 样条的 NDC 通道

时间间隔#	1	2
S_0	1	1
S_1	1	0
S_2	0	1

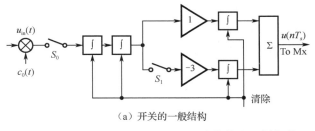

（a）开关的一般结构　　　　　　　　（b）开关状态

图 6.26　$K=3$ 时的基于 B 样条的 NDC 通道

时间间隔#	1	2	3
S_0	1	1	1
S_1	0	1	0

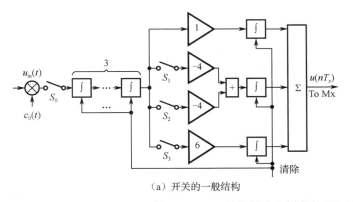

（a）开关的一般结构　　　　　　　　（b）开关状态

图 6.27　$K=4$ 时的基于 B 样条的 NDC 通道

时间间隔#	1	2	3	4
S_0	1	1	1	1
S_1	1	0	0	0
S_2	1	1	1	0
S_3	1	1	0	0

　　在具有上述通道结构的带通 NDC 中，WFG 非常简单，因为它们唯一的任务是生成具有适当相位的控制信号并控制开关。实现这些 NDC 的主要挑战是减轻 NDC 通道中的子通道之间的失配。

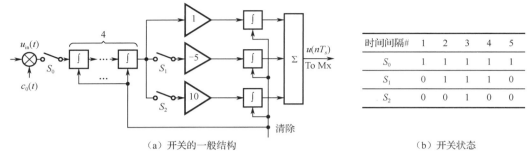

（a）开关的一般结构　　　　　　　　　　（b）开关状态

图 6.28　$K=5$ 时的基于 B 样条的 NDC 通道

6.6.3　关于权函数实现的补充说明

除了基于 B 样条的 $w_0(t)$，还有许多其他类型的 $w_0(t)$ 满足理论约束式（6.26）或式（6.27）和式（6.28），其中一些可以用相关器和匹配滤波器两种方法实现。然而，相关器方法可能更广泛地适用于基于采样定理的混合解释和直接解释的 S&I 电路。该方法的主要挑战是改进和简化 $w_0(t)$ 的产生以及 NDC 和 NRC 中的乘法运算。

通过数字方式可生成精确的 $w_0(t)$。为了简化算法并提高速度，可以使用非递归 DDS 中的技术。具体而言，在 3.2.3 节末尾描述的六步过程可以直接应用于 $w_0(t)$ 的生成。在将其与 $u_{in}(t)$ 相乘之前，将数字生成的 $w_0(t)$ 转换到模拟域会降低动态范围和处理的精度。较好的方法是设定适当的参数，通过 MD/A 或 DCA 进行乘法运算。从这个角度来看，很希望选用可以利用较少的比特来精确表示的 $w_0(t)$，当仅用几个比特就能做到这一点时，MD/A 或 DCA 可以用少量的开关代替。为开发无乘法器的 FIR 滤波器而引进的一些技术也可用于此场合。

无论 $w_0(t)$ 的选择是在哪个域进行的，它在频域中的实现都是很有吸引力的。例如，如果 $w_0(t)$ 由几个频率分量表示，并且比值 f_0 / f_s 较大，则用简单的步进式函数替换余弦函数可以简化 WFG 的实现过程，并且可将每个 NDC 通道划分为几个子通道，并可以用开关替换乘法器。在这种情况下，使子通道失配最小化是至关重要的。

使用 MD/A、DCA 或少量开关用于通道中的相乘运算，可能需要在 NDC 输入端进行预滤波，并在 NRC 输出端进行后滤波，以防止或抑制这种简化所造成的不必要的频谱成分。预滤波和后滤波通常都是由与 IC 技术兼容的低等级（质量）模拟滤波器来完成的。接收机中的某些预滤波和发射机中的后滤波总是存在的。因此，在选择 $w_0(t)$ 时需要高度关注接近通带的阻带。

带通 S&I 可以在中频或射频上实现。在中频实现 S&I 时，通常要选择最优的 f_s。在这种情况下，信号频谱集中在 Nyquist 区的中间（见 3.3.2 节），奇偶性不同的样本属于不同的信号分量（I 和 Q），因此，相邻 $w_n(t)$ 的载波相位彼此相差±90°。在射频实现 S&I 时需要采取预防措施，以防止 WFG 信号通过天线泄露。

关于具有扩展积分时间的 SHA、SHAWI，基于采样定理的混合解释和直接解释，具有内部抗混叠和内插滤波的 S&I 方面的论文在 20 世纪 80 年代初开始出现在英文出版物[14~33]中。虽然这些论文证实，即使是最初的理论结果的应用也可以从根本上提高批量生产的无线电（接收机）的动态范围，但它们最初还是被科学界和工程界忽视了。其他作者关于该专题的第一批出版物直到 21 世纪初才出版的，其数量还在继续增加（例如，文献[40～57]）。对这些出版物的分析超出了本书的范围，但是这个例子表明，接受新概念是一个漫长的过程。

6.7　混合解释和直接解释的必要性

6.7.1　混合解释和直接解释的优势评估

如本章所述，基于采样定理混合解释和直接解释的采样技术使接收机的动态范围、可达到的带宽、自适应性、可重构性和集成规模大幅度增加。它们还可实现接近天线的数字化且所需的功耗较低。这些优点相互关联，其重要性取决于接收机的用途和所需的参数。

动态范围的提高可能是混合解释和直接解释提供的最重要的优势。如第 4 章所述，动态范围反映了接收机在带内存在强干扰时接收弱期望信号的能力，它决定了接收机在可能受到干扰的频带内工作时的接收可靠性。例如，若 Rx 动态范围不足，在频域和空域的干扰信号抑制都是无效的（关于频域，请参见图 4.4 和图 4.5）。

即使在 RDP 中对信号进行非线性变换，例如补偿 AMF 中的非线性失真或实现鲁棒的抗干扰算法，也是需要大动态范围的[58]。增大接收机带宽也需要增加动态范围，因为受到干扰的概率和干扰电平较高、选择性衰落、同时接收信号的多样性等多种因素的影响。图 4.8（a）描述了短波接收机对提高动态范围的需求。拓宽无线电带宽对许多应用是有益的，因为它提高了通信容量、雷达的距离分辨率、扩频系统的处理增益和认知无线电（CR）的频谱利用率。混合解释和直接解释可以同时增大带宽和动态范围。

正如本章所述，混合解释和直接解释使采样电路中的积分时间 T_i 独立于 f_0 和 f_s，因此可以使 T_i 显著增大，从而降低了积分器的充电电流，最终降低了 IMP 和所需的 AMF 增益 G_a。内部抗混叠滤波减小了抖动引起的误差，并在量化器输入端立即完成滤波，抑制了所有带外 IMP 和噪声。这些因素加在一起，显著增大了动态范围。一个独立于 f_0 和 f_s 的长 T_i，可以使采样电路输入端所需的增益 G_a 和信号功率与 f_0 无关，并且还减小了 f_0 对抖动引起的误差的影响。最后两个因素大大扩展了基于混合解释或直接解释的采样电路的 A/D 的模拟带宽。扩展的模拟带宽增大了可实现的接收机带宽，还有降低 G_a 和可以靠近天线实现数字化（见图 6.17）。

降低采样电路输入端所需的增益 G_a 和信号功率将降低接收机的功耗。靠近天线数字化意味着一些以前在 AMF 中完成的功能现在可以在 RDP 中实现，这使得处理具有更高的适应性和可重构性。由于 NDC 的滤波特性可以通过改变 $w_0(t)$ 而变化，因此直接解释可以去掉传统的抗混叠滤波器，进一步提高了 NDC 的适应性和可重构性。它还提高了集成的规模。基于混合解释和直接解释的内插技术提供了类似于发射机的优势。

对基于混合解释和直接解释的 S&I 技术提供的性能优势的精确定量评估，只能在个案基础上进行。然而，理论和实验使我们有理由相信动态范围可以大幅度提高，A/D 的模拟带宽能够成倍增加，因而使得数字化信号的最高频率也得到成倍的提高。

虽然上面讨论的所有新的 S&I 技术都是根据采样理论得出的，但它们考虑的都是传统上不被采样理论考虑的因素（信号能量积累、IMP、噪声等）。因此，正如 5.3.2 节所述，S&I 的理论基础除包括采样理论外，还应包括线性和非线性电路、最优滤波等理论。同样，目前基于混合解释的 S&I 电路的实现不存在严重的工艺或技术障碍，但是基于直接解释的电路的实现仍然存在一些挑战。这些挑战取决于无线电的用途和所需的参数。

目前，由 L 个传统的时间交替 A/D 构成的结构被广泛用于实现具有相同有效位数 $N_{b.e}$ 前提下 f_s 提高 L 倍的 ADC。由于它们类似于图 6.13（b）中的具有 L 个量化器的 NDC，因此可以对它们进行能力比较。与单个量化器相比，具有 L 个量化器的 NDC 可以增大 f_s，同时也提高了 $N_{b.e}$（对于相同标称比特数）、模拟带宽和数字化的灵活性。增加的模拟带宽可适应更高的 f_0 和更宽的输入信号带宽 B。

从 4.3 节中可以清楚地看出由混合解释和直接解释带来的动态范围的提高对于频域干扰信号（IS）抑制的重要性。它对空域抑制的重要性将在接下来的两节中证明，下文还将概述两种利用动态范围提升来实现的非常规抑制技术。

6.7.2　干扰信号（IS）的两级空间抑制

目前，自适应天线阵列广泛应用于干扰（IS）抑制和波束形成。在阵列中，来自不同天线单元（AE_k）的信号用系数 w_k^* 加权后求和，使和信号的信噪比最大化。这里 $k \in [1, K]$，K 是阵列的单元数。由于 w_k^* 数字计算和加权信号求和计算的精确性，使得自适应干扰抑制和波束形成在 RDP 中占主导地位。这种精度必须得到接收机数字化电路足够大的动态范围的支撑，干扰越强，需要的动态范围就越大。因此，混合解释和直接解释提供的动态范围的提升是有益的。尽管如此，许多接收机可能会遭遇极强的干扰，这些干扰会降低灵敏度，甚至损坏接收机的输入电路。这类干扰可能是故意的（即电子战系统）或由于管理不善或意外事故造成的。例如，飞机导航接收机在高功率广播站附近着陆时可能受到这种干扰的影响，各种车辆的接收机可能危险地靠近工作于相同或相邻频率的发射机。

在这样的情况下，仅仅增大数字化电路的动态范围是不够的，但将其与两级空间抑制[59,60]相结合可改善这种情况。两级抑制首先削弱 AMF 输入端的极强干扰（α 型干扰），然后抑制 RDP 中剩余的 α 型干扰和中等强度的干扰（β 型干扰）。虽然模拟域中的第一级抑制不能像数字域中的第二级抑制那样提高信噪比，但它保护 AMF 免受灵敏度降低甚至损坏。

该方法将接收阵列划分为子阵，第一步在子阵中完成，第二步使用子阵的输出信号。子阵可以有各种排列，可以不重叠（即每个天线单元 AE 只属于一个子阵），也可以重叠。阵列可以有不同的 K、几何形状和天线单元间距。下面的示例解释了该方法的基本原理。

图 6.29 所示为一个 4 阵元均匀接收线阵（ULA）分成三个 2 单元重叠子阵的组成框图。

用 M 表示每个子阵中的单元数，用 N 表示阵列中的子阵数，在本示例中可以写为 $K=4$，$M=2$，$N=3$。在 AMF 中，每个天线单元通过保护衰减器（GAt）连接到其主通道的输入，该衰减器的控制电路（ATC）可以对其进行启用和禁用。除 GAt 和 AtC 外，每个阵元都连接到一个模拟相位和幅度调节器（PAT），该调节器由在 RDP 中形成的数字复值系数 w_k^* 控制。同一子阵中的 PAT 输出由通过开关连接到辅助通道的加法器进行求和。主通道、GAt、AtC 和 PAT 的序号 $k \in [1, K]$ 与相应的天线单元的序号相同。加法器、开关和二级通道的序号包含是相应子阵的天线单元的序号。

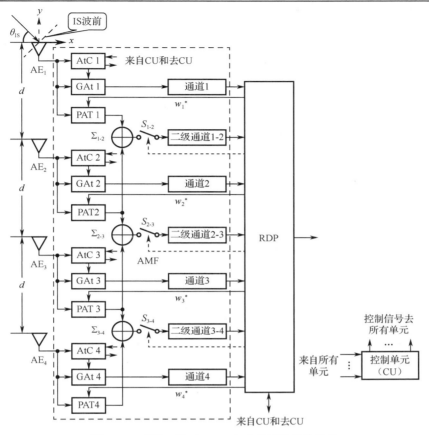

图 6.29　采用 4 阵元 ULA 和重叠子阵的接收机

最大重叠子阵数 $N_{\max}$ 为

$$N_{\max} = \binom{K}{M} = \frac{K!}{M!(K-M)!} \tag{6.33}$$

由于图 6.29 中的 $K=4$ 和 $M=2$，阵列可分为六个重叠的子阵：AE_1 和 AE_2，AE_2 和 AE_3，AE_3 和 AE_4，AE_1 和 AE_3，AE_1 和 AE_4，AE_2 和 AE_4，这些天线单元之间的间距等于 d、$2d$ 或 $3d$。尽管天线单元间距不同的子阵在某些情况下会出现有问题的增益模式，但它们仍然可以用在所讨论的方法中。为了简化分析，在图 6.29 中，只对前三个子阵进行了描述。

图 6.29 中的 Rx 可以工作在两种模式下：标准模式或极端模式。标准模式指的是没有 α 型干扰的情况，而极端模式则表示存在 α 型干扰的情况。在这两种模式中，β 型干扰可能存在也可能不存在。可通过监测天线单元的信号来选择适当的模式。默认情况下，Rx 处于标准模式，其中信号接收仅由主通道执行，因为 GAt 被禁用，二级通道也被禁用并与加法器断开连接。阵列有 $K-1=3$ 个自由度，因此，可以在 3 个 β 型干扰的方向形成零陷。当 β 型干扰的数量 $L_\beta < K-1$ 时，利用未使用的自由度进行波束形成，将阵列最大增益方向对准所需信号的方向。

天线单元的信号电平超过一定的门限值表示存在 α 型干扰，此时将 Rx 模式更改为极端模式，从而启用 GAt 和二级通道。因此，主通道得到保护，但灵敏度大大降低。由于灵敏度的降低，所需的信号和较小的 β 型干扰无法被感知，但 α 型和更强的 β 型干扰仍然是可以观察到的。在过渡到极端模式后，立即使用来自主通道的减弱后的输入信号，在 RDP 中估计干扰信号的数量和功率范围。通过估计（通常基于信号空间协方差矩阵的特征分解）确定 α 型 IS 的个数 L_α，从而确定第一级在干扰方向形成零点所需的最小 $M = L_\alpha + 1$。二级通道的结构是基于此信息配置的。

在 RDP 中，来自主通道的已减弱的 α 型干扰还被用来计算 $\{w_k^*\}$，该 $\{w_k^*\}$ 调整 PAT 中的移相器和衰减器，以在每个子阵的加法器输出端消除 α 型干扰。在通过零陷之后，这些输出连接到相应的二级通道。由于模拟相位和增益调节的精度较低，第一级很难期望将 α 型干扰抑制 30dB 以上。然而，剩余的 α 型和 β 型干扰仍然很大，需要第二级进行抑制，以防止阻塞信号接收或降低其质量。第二级零陷使用来自二级通道的信号在 RDP 中实现，它需要 $N \geq M$。

由于极端模式下的第二级抑制和标准模式下的抑制完全在 RDP 中进行，因此，数字化电路的动态范围是决定两种模式下的抑制深度的主要因素。在所讨论的方法中，还确定了 α 型干扰和 β 型干扰之间的边界。这个边界越明显（两者间的差距越大），对这两种类型的干扰的抑制能力就越强。

6.7.3 基于虚拟天线运动的干扰信号空间抑制

2.4.3 节概述了基于有意产生多普勒效应的天线在导航和测向方面的使用情况。通过在阵列的天线单元之间切换产生的多普勒效应来形成虚拟天线运动（VAM），可用于 Rx 和 Tx 中的各种功能。在本节中，将简要讨论其在空间干扰抑制中的应用。选择该应用的原因包括：首先，像传统零陷一样，它需要高质量的数字化；其次，尽管优势明显，但仅在文献[61]中进行了讨论。

当 ULA 的天线单元通过一个电子循环开关（ECS）连接到接收机的中央数字处理器（CDP），该电子循环开关依次将每个天线单元连接到 CDP（见图 6.30）时，天线单元的切换会产生虚拟天线移动的效果（以速度 v 向左），即速度矢量 v 的幅值，并以更高的速度返回。由于虚拟天线的这种运动改变了接收天线与发射天线的距离，因此在频率 f_0 发射的一个单音信号，接收到的频率为

$$f_{0r} = f_0 + f_d = f_0 + \left(\frac{v_r}{c}\right)f_0 = f_0\left[1 + \left(\frac{v}{c}\right)\cos\theta\right] \tag{6.34}$$

式中，f_d 是多普勒频移，c 是光速，v_r 是虚拟天线运动的径向速度，即 v 从接收机向发射机方向投影到视距（LOS）单位矢量 l 上，θ 是 v 和 l 之间的夹角。因此，

$$v_r = v \cdot l = v\cos\theta \tag{6.35}$$

v_r 是标量，可以为正或负，具体取决于虚拟天线运动的方向。

由于虚拟天线运动是通过相互有间隔的天线单元之间的切换产生的，所以 v 可以比最快的接收平台的速度高出许多个数量级。

因此，对虚拟天线运动的分析，可以假设接收机和发射机是不动的，同时，由于 $v \ll c$，相对论效应可以忽略，并可用经典方程计算 f_d。具有速度 v 和几乎立即返回的虚拟天线运动并不是 ULAS 中唯一可能的虚拟天线运动类型。改变电子循环开关中的开关顺序可实现许多其他类型的虚拟天线运动，这些虚拟天线运动不仅可以按顺序执行，而且可以同时在同一个 ULA 中执行。

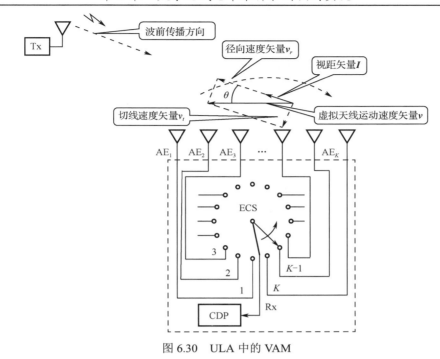

图 6.30　ULA 中的 VAM

　　一般来说，多普勒效应是发射信号的时频伸缩，而不是频率搬移（见 1.2.3 节）。然而，当 $f_0 / B \geqslant 100$ 时，所产生的频谱压缩或扩展远不如频谱搬移明显。因此，图 6.31 所示的频谱图上只显示了多普勒频移（由向右的虚拟天线运动引起）。该图说明了利用这种多普勒频移对发射机方向的依赖关系来分离 $S(f)$ 和 $S_{IS}(f)$ 的可能性，它们分别是所需信号 $s(t)$ 和干扰信号的频谱。

　　频谱在接收机的各天线单元上具有相同的频率间隔[见图 6.31（a）]，但它们的位置由于虚拟天线运动而发生改变[见图 6.31（b-e）]，这取决于发射机的方向。分离 $S(f)$ 和 $S_{IS}(f)$ 可以随后在频域抑制 $S_{IS}(f)$。

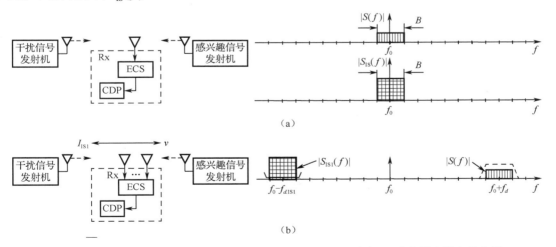

图 6.31　接收机和发射机的位置处于不同情况下，$|S(f)|$ 和 $|S_{IS}(f)|$ 在频率轴上的位置

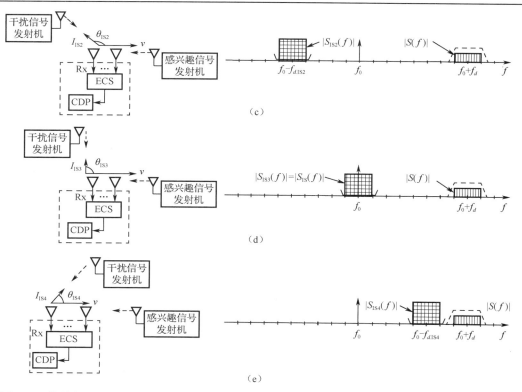

图 6.31　接收机和发射机的位置处于不同情况下，$|S(f)|$ 和 $|S_{IS}(f)|$ 在频率轴上的位置（续）

图 6.31 对应于当空中仅存在 $s(t)$ 和干扰信号时的假设情况。在实践中，接收机通常在多信号环境中工作，由于虚拟天线运动会导致许多来自不同方向的带外不希望出现的信号，可能出现在接收机通带内。为了消除带外信号的影响，应在 RDP 中的主频率选择之后进行天线单元切换。图 6.32 显示了具有这种切换的数字接收机和每个天线单元的单独 AMF 的示例。

在这里，相同的 AMF 放大、滤波和数字化输入信号，在用采样率 f_{s1} 进行数字化后，由数字滤波器-内插器（DFI）独立处理。首先，DFI 用下采样进行数字滤波，将采样率降低到 $f_{s2} = \gamma_2 B$，并且 $\gamma_2 > 2$，然后用数字滤波进行上采样，将该速率提高到 f_{s3}。后者需要在电子循环开关之前，因为虚拟天线运动引起的与方向相关的多普勒频移将输入信号频谱从初始带宽 B 扩展到 B_1，其宽度可以为

$$B_1 = 2\frac{v}{c}f_0 + B \tag{6.36}$$

由于 $B_1 \gg B$，其可近似为

$$B_1 \approx 2\frac{v}{c}f_0 \tag{6.37}$$

为了防止信号带宽从 B 扩展到 B_1 而引起混叠，f_{s3} 应满足条件

$$f_{s3} = \frac{1}{T_{s3}} = \gamma_3 B_1 \approx 2\gamma_3\frac{v}{c}f_0 \tag{6.38}$$

式中，$\gamma_3 > 2$。当虚拟天线向感兴趣信号发射机"移动"时，

$$v_r = v = \frac{d}{T_{s3}} = df_{s3} = d\gamma_3 B_1 \qquad (6.39)$$

式中，d 是邻近天线单元在 ULA 中的距离。根据式（6.38）和式（6.39）可得

$$d \approx \frac{c}{2\gamma_3 f_0} = \frac{\lambda_0}{2\gamma_3} \qquad (6.40)$$

式中，λ_0 是 f_0 的波长。因此，K 元 ULA 的最大间距 d 和最大长度 D 分别为

$$d_{\max} < 0.25\lambda_0 \text{ 和 } D_{\max} = (K-1)d_{\max} < 0.25(K-1)\lambda_0 \qquad (6.41)$$

在大多数情况下，建议取 $d \approx 0.2\lambda_0$。从式（6.38）和式（6.41）中可以看出，f_0 的增大减小了 d 和 D，但提高了 f_{s3}，从而提高了 RDP 中天线单元开关和信号处理所需的速度。

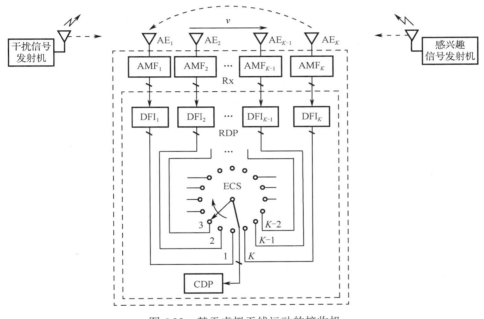

图 6.32　基于虚拟天线运动的接收机

接收机按周期循环工作。在持续时间为 KT_{s3} 的每个周期内，电子循环开关依次将速率为 f_{s3} 的来自天线单元的 k 个样本发送到中央数字处理器，而虚拟天线以速度 v 向感兴趣信号发射机"移动"。每个样本包含来自不同方向的接收机通带 B 内的所有信号。根据到达的方向，这些信号的频谱不仅被移动，而且被扩展或压缩。当虚拟天线运动指向感兴趣信号发射机时，$s(t)$ 是受时间压缩最强的信号。因此，$S(f)$ 是受扩展最强的频谱，具有最大的多普勒频移。中央数字处理器选择 $s(t)$ 并抑制频域中的所有其他信号，降低采样率，然后对 $s(t)$ 进行解调和译码。

由于 $s(t)$ 是由虚拟天线运动用因子 $(K+1)/K$ 进行时间压缩的，因此应该在每个周期结束时删除一个样本，以便无缝地连接顺序循环的 $s(t)$ 部分。在每个周期末出现一个冗余样本意味着

$$v = \frac{c}{K} \qquad (6.42)$$

在每一个时刻，图 6.32 中基于虚拟天线运动的接收机只利用一个天线单元的信号能量，

即可用能量的$(1/K)$。图 6.33 中的接收机利用所有天线单元的能量,它包含 K 个数字电子循环开关,每个电子循环开关相对于前一个电子循环开关偏移 T_{s3}。在初始处理后,用适当的偏移量对所有电子循环开关的输出信号进行求和,适当的求和会形成一个朝向感兴趣信号发射机的波束。

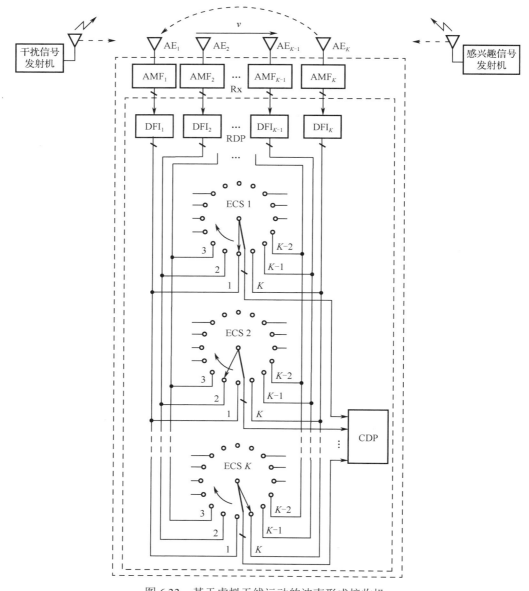

图 6.33　基于虚拟天线运动的波束形成接收机

将传统的零陷法与基于虚拟天线运动的波束形成方法进行比较,结果表明:这两种技术都需要高质量的数字化,并且每种技术都在某些方面具有明显的优势。

基于虚拟天线运动的技术的大多数优势都是由角度分离转化为频率分离以及频域自由度的低成本所带来的。这些优势包括:

(1)基于虚拟天线运动的抑制比常规的零陷更强,特别是当干扰信号的数目 $N_{IS} > K-1$ 时。

（2）对于 $N_{IS} > K - 1$，基于虚拟天线运动的抑制可以在更大的空间扇区（在二维情况下至少 $240°$）有效，并且被抑制信号与期望信号的角度可以小很多。

（3）在不减小期望信号和干扰信号之间的分离角度的情况下，N_{IS} 的增大不会影响基于虚拟天线运动的处理的复杂度，而传统的零陷需要增大 K（大约与 N_{IS} 成比例）和计算复杂度（快于 K^2）。

传统的零陷和波束形成具有以下优点：

（1）在 $N_{IS} < 10$ 的情况下，其所需的 K 较小；在 $N_{IS} < 5$ 时，它们所需的信号处理更简单。

（2）它们可以使用更多的阵列几何形状，并且对阵列方向不太敏感。

（3）对感兴趣的发射机方向的先验知识对于传统的自适应零陷并不重要，而基于虚拟天线运动的抑制需要这种先验知识和正确的阵列方向。

（4）用于传统零陷和波束形成的阵列，相邻天线单元之间的最佳距离为 $0.5\lambda_0$。在基于虚拟天线运动的技术中，它约为 $0.2\lambda_0$，因此，天线单元之间的互耦成了一个更大的问题。

因此，在所讨论的技术中进行选择是基于特定应用的，在某些情况下可以将它们结合起来。

6.8　小结

在 DSP 应用初期，已有的技术只能基于采样定理的间接解释实现 S&I 电路。这种解释把抗混叠滤波和采样分开来，就如同把脉冲成形和内插滤波分开一样。尽管它有缺点，且基于其他解释的 S&I 也已萌芽，但这些电路（其自身也不断进化）仍然广泛用于数字无线电和其他应用场合中。

最初使用了两种类型的采样器：THA 和 SHA。由于不正确的假设，即 SHA 中的 T_i 受限于带通信号 $u_{in}(t)$ 接近直线的时间间隔，因此认为 T_i 应该满足式（6.6）。如此短的 T_i 抵消了 SHA 相对于 THA 的所有优势，因此 SHA 被逐步淘汰。

THA 的改进没有消除其主要缺陷：在跟踪模式中必须快速积累信号。如 6.2.1 节所示，这种缺陷限制了接收机的动态范围和可达到的带宽，增大了功耗，并导致无法实现接近天线的数字化。传统的基于间接解释的带通采样方法限制了接收机的自适应性、可重构性和集成规模。基于间接解释的带通内插用于发射机时也存在类似的缺点。

不难理解，在最简单的 SHA 中，式（6.6）对 T_i 的约束可以用式（6.7）代替，而 T_i 独立于 f_0 的 SHAWI 的发展是朝着基于混合解释和直接解释的采样电路迈出的第一步。内插电路也采取了类似的步骤。

在基于混合解释和直接解释的采样电路中，加权函数 $w_0(t)$ 的长度 $T_w = T_i$ 与 f_0 和 f_s 无关，抗混叠滤波是内部进行的（基于混合解释的采样电路是部分滤波在内部进行，基于直接解释的采样电路是全部滤波在内部进行）。在基于混合解释和直接解释的内插电路中，$w_0(t)$ 和内插滤波具有相同的性质。

基于混合解释和直接解释的采样电路大大增加了接收机的动态范围、可实现的带宽、自适应性、可重构性和集成规模，它们还降低了接收机的功耗，并实现了接近天线的数字化。基于混合解释和直接解释的内插电路具有类似的优点。

直接解释比混合解释更具优势（尤其是在自适应性、可重构性、集成规模，以及更靠近天线等方面）。然而，虽然目前在基于混合解释的 S&I 电路的实现方面没有严重的工艺上或技术上的障碍，但在基于直接解释的电路的实现方面仍然存在一些挑战。

在基于混合解释和直接解释的多通道 S&I 电路中，必须减轻通道失配。在三种解决这一问题的方法中，第一种方法基于工艺和技术措施，应当始终使用，但并不总是足以满足要求。第二种方法是基于防止信号频谱和失配误差频谱发生重叠，并对误差频谱进行数字抑制，当 L 相对较小或 f_s / B 相对较大时，这种方法就足够了。第三种方法，即自适应通道失配补偿，由于所有通道都以相同方式处理同一信号的时间交错部分，因此可以精确地实现。

决定基于混合解释的 S&I 电路的许多性质和基于直接解释的 S&I 电路的大多数性质的 $w_0(t)$ 的选择可以在频域或时域上进行。选择频域对于选择具有最佳滤波性能的 $w_0(t)$ 是很格式化的，但 S&I 的实现比较复杂。选择时域简化了对可简单实现 S&I 的 $w_0(t)$ 的选择，但每个 $w_0(t)$ 的滤波特性必须在后续得到检验。6.6.1 节描述的启发式过程解决了这个问题。

基于直接解释的 S&I 电路的实现可能与它们的概念结构有很大的不同。这些电路可以作为特定类型的混合信号相关器或匹配滤波器来实现。后一种实现对基于 B 样条的 $w_0(t)$ 算法进行了验证。

动态范围的增大是混合解释和直接解释提供的最重要优势。在频域和空域进行干扰信号抑制时需要特别大的动态范围。对于频域干扰信号抑制所需要的大动态范围在 4.3 节进行了解释。对于空间干扰信号的抑制，则在 6.7.2 节和 6.7.3 节中用两个非常规 IS 抑制技术的例子加以说明。

参考文献

[1] Hnatec, E. R., *A User's Handbook of D/A and A/D Converters*, New York: John Wiley & Sons, 1976.

[2] Dooley, D. J., *Data Conversion Integrated Circuits*, New York: IEEE Press, 1980.

[3] Sheingold, D. H. (ed.), *Analog-Digital Conversion Handbook*, 2nd ed., Englewood, NJ: Prentice Hall, 1986.

[4] Razavi, B., *Principles of Data Conversion System Design*, New York: Wiley-IEEE Press, 1995.

[5] Van de Plassche, R., *CMOS Integrated Analog-to-Digital and Digital-to-Analog Converters*, 2nd ed., Norwell, MA: Kluwer Academic Publishers, 2003.

[6] Kester, W. (ed.), *The Data Conversion Handbook*, Norwood, MA: Analog Devices and Newnes, 2005.

[7] Zumbahlen, H. (ed.), *Linear Circuit Design Handbook*, Boston, MA: Elsevier-Newnes, 2008.

[8] Baker, R. J., CMOS: *Mixed-Signal Circuit Design*, 2nd ed., New York: John Wiley & Sons, 2008.

[9] Cao, Z., and S. Yan, *Low-Power High-Speed ADCs for Nanometer CMOS Integration*,

New York: Springer, 2008.

[10] Ahmed, I., Pipelined ADC Design and Enhancement Techniques, New York: Springer, 2010.

[11] Zjajo, A., and J. de Gyvez, *Low-Power High-Resolution Analog to Digital Converters*, New York: Springer, 2011.

[12] Ali, A., *High Speed Data Converters*, London, U.K.: IET, 2016.

[13] Pelgrom, M, *Analog-to-Digital Conversion*, New York: Springer, 2017.

[14] Poberezhskiy, Y. S., "Gating Time for Analog-Digital Conversion in Digital Reception Circuits," *Telecommunications and Radio Engineering*, Vol. 37/38, No. 10, 1983, pp. 52-54.

[15] Poberezhskiy, Y. S., "Digital Radio Receivers and the Problem of Analog-to-Digital Conversion of Narrow-Band Signals," *Telecommunications and Radio Engineering*, Vol. 38/39, No. 4, 1984, pp. 109-116.

[16] Poberezhskiy, Y. S., M. V. Zarubinskiy, and B. D. Zhenatov, "Large Dynamic Range Integrating Sampling and Storage Device," *Telecommun. and Radio Engineering*, Vol. 41/42, No. 4, 1987, pp. 63-66.

[17] Poberezhskiy, Y. S., et al., "Design of Multichannel Sampler-Quantizers for Digital Radio Receivers," *Telecommun. and Radio Engineering*, Vol. 46, No. 9, 1991, pp. 133-136.

[18] Poberezhskiy, Y. S., et al., "Experimental Investigation of Integrating Sampling and Storage Devices for Digital Radio Receivers," *Telecommun. and Radio Engineering*, Vol. 49, No. 5, 1995, pp. 112-116.

[19] Poberezhskiy, Y. S., *Digital Radio Receivers* (in Russian), Moscow, Russia: Radio & Communications, 1987.

[20] Poberezhskiy, Y. S., and M. V. Zarubinskiy, "Sample-and-Hold Devices Employing Weighted Integration in Digital Receivers," *Telecommun. and Radio Engineering*, Vol. 44, No. 8, 1989, pp. 75-79.

[21] Poberezhskiy, Y. S., and G. Y. Poberezhskiy, "Optimizing the Three-Level Weighting Function in Integrating Sample-and-Hold Amplifiers for Digital Radio Receivers," *Radio and Commun. Technol.*, Vol. 2, No. 3, 1997, pp. 56-59.

[22] Poberezhskiy, Y. S., and G. Y. Poberezhskiy, "Sampling with Weighted Integration for Digital Receivers," *Dig. IEEE MTT-S Symp. Technol. Wireless Appl.*, Vancouver, Canada, February 21-24, 1999, pp. 163-168.

[23] Poberezhskiy, Y. S., and G. Y. Poberezhskiy, "Sampling Technique Allowing Exclusion of Antialiasing Filter," *Electronics Lett.*, Vol. 36, No. 4, 2000, pp. 297-298.

[24] Poberezhskiy, Y. S., and G. Y. Poberezhskiy, "Sample-and-Hold Amplifiers Performing Internal Antialiasing Filtering and Their Applications in Digital Receivers," *Proc. IEEE ISCAS*, Geneva, Switzerland, May 28-31, 2000, pp. 439-442.

[25] Poberezhskiy, Y. S., and G. Y. Poberezhskiy, "Signal Reconstruction Technique Allowing Exclusion of Antialiasing Filter," *Electronics Lett.*, Vol. 37, No. 3, 2001, pp. 199-200.

[26] Poberezhskiy, Y. S., and G. Y. Poberezhskiy, "Sampling Algorithm Simplifying VLSI Implementation of Digital Radio Receivers," *IEEE Signal Process. Lett.*, Vol. 8, No. 3, 2001, pp. 90-92.

[27] Poberezhskiy, Y. S., and G. Y. Poberezhskiy, "Sampling and Signal Reconstruction Structures Performing Internal Antialiasing Filtering and Their Influence on the Design of Digital Receivers and Transmitters," *IEEE Trans. Circuits Syst. I*, Vol. 51, No. 1, 2004, pp. 118-129.

[28] Poberezhskiy, Y. S., and G. Y. Poberezhskiy, "Implementation of Novel Sampling and Reconstruction Circuits in Digital Radios," *Proc. IEEE ISCAS*, Vol. IV, Vancouver, Canada, May 23-26, 2004, pp. 201-204.

[29] Poberezhskiy, Y. S., and G. Y. Poberezhskiy, "Flexible Analog Front-Ends of Reconfigurable Radios Based on Sampling and Reconstruction with Internal Filtering," *EURASIP J. Wireless Commun. Netw.*, No. 3, 2005, pp. 364-381.

[30] Poberezhskiy, Y. S., and G. Y. Poberezhskiy, "Signal Reconstruction in Digital Transmitter Drives," *Proc. IEEE Aerosp. Conf.*, Big Sky, MT, March 1-8, 2008, pp. 1-19.

[31] Poberezhskiy, Y. S., and G.Y. Poberezhskiy, "Some Aspects of the Design of Software Defined Receivers Based on Sampling with Internal Filtering," *Proc. IEEE Aerosp. Conf.*, Big Sky, MT, March 7-14, 2009, pp. 1-20.

[32] Poberezhskiy, Y. S., and G. Y. Poberezhskiy, "Impact of the Sampling Theorem Interpretations on Digitization and Reconstruction in SDRs and CRs," *Proc. IEEE Aerosp. Conf.*, Big Sky, MT, March 1-8, 2014, pp. 1-20.

[33] Poberezhskiy, Y. S., and G. Y. Poberezhskiy, "Influence of Constructive Sampling Theory on the Front Ends and Back Ends of SDRs and CRs," *Proc. IEEE COMCAS*, Tel Aviv, Israel, November 2-4, 2015, pp. 1-5.

[34] Jamin, O., *Broadband Direct RF Digitization Receivers*, New York: Springer, 2014.

[35] Poberezhskiy, G. Y., and W. C. Lindsey, "Channel Mismatch Compensation in Multichannel Sampling Circuits with Weighted Integration," *Proc. IEEE Aerosp. Conf.*, Big Sky, MT, March 7-14, 2009, pp. 1-15.

[36] El-Chammas, M., and B. Murmann, *Background Calibration of Time-Interleaved Data Converters*, New York: Springer, 2012.

[37] Selesnick, I. W., M. Lang, and C. S. Burrus, "Constrained Least Square Design of FIR Filters Without Specified Transition Bands," *IEEE Trans. Signal Process.*, Vol. 44, No. 8, 1996, pp. 1879-1892.

[38] Unser, M., "Sampling—50 Years After Shannon," *Proc. IEEE*, Vol. 88, No. 4, 2000, pp. 569-587.

[39] Poberezhskiy, G. Y., and W. C. Lindsey, "Weight Functions Based on B-Splines in Sampling Circuits with Internal Filtering," *Proc. IEEE Aerosp. Conf.*, Big Sky, MT, March 5-12, 2011, pp. 1-12.

[40] Yuan, J., "A Charge Sampling Mixer with Embedded Filter Function for Wireless

Applications," *Proc. Int. Conf. Microw. Millimeter Wave Technol.*, Beijing, China, September 14-16, 2000, pp. 315-318.

[41] Karvonen, S., T. Riley, and J. Kostamovaara, "A Low Noise Quadrature Subsampling Mixer," *Proc. IEEE ISCAS*, Sydney, Australia, May 6-9, 2001, pp. 790-793.

[42] Karvonen, S., T. Riley, and J. Kostamovaara, "Charge Sampling Mixer with $\Delta\Sigma$ Quantized Impulse Response," *Proc. IEEE ISCAS*, Vol. 1, Phoenix-Scottsdale, AZ, May 26-29, 2002, pp. 129-132.

[43] Lindfors, S., A. Parssinen, and K. Halonen, "A 3-V 230-MHz CMOS Decimation Subsampler," *IEEE Trans. Circuits Syst.* II, Vol. 50, No. 3, 2003, pp. 105-117.

[44] Xu, G., and J. Yuan, "Charge Sampling Analogue FIR Filter," *Electronics Letters*, Vol. 39, No. 3, 2003, pp. 261-262.

[45] Muhammad, K., and R. B. Staszewski, "Direct RF Sampling Mixer with Recursive Filtering in Charge Domain," *Proc. IEEE ISCAS*, Vol. 1, Dallas, TX, May 23-26, 2004, pp. 577-580.

[46] Xu, G., and J. Yuan, "Accurate Sample-and-Hold Circuit Model," *Electronics Lett.*, Vol. 41, No. 9, 2005, pp. 520-521.

[47] Muhammad, K., et al., "A Discrete-Time Quad-Band GSM/GPRS Receiver in a 90-nm Digital CMOS Process," *Proc. IEEE Custom Integr. Circuits Conf.*, San Jose, CA, September 18-21, 2005, pp. 809-812.

[48] Xu, G., and J. Yuan, "Performance Analysis of General Charge Sampling." *IEEE Trans. Circuits Syst. II*, Vol. 52, No. 2, 2005, pp. 107-111.

[49] Cenkeramaddi, L. R., and T. Ytterdal, "Jitter Analysis of General Charge Sampling Amplifiers," *Proc. IEEE ISCAS*, Kos, Greece, May 21-24, 2006, pp. 5267-5270.

[50] Mirzaei, A., et al., "Software-Defined Radio Receiver: Dream to Reality," *IEEE Commun. Mag.*, Vol. 44, No. 8, pp. 111-118.

[51] Bagheri, R., et al., "An 800-MHz-6-GHz Software-Defined Wireless Receiver in 90-nm CMOS," *IEEE J. Solid-State Circuits*, Vol. 41, No. 12, 2006, pp. 2860-2876.

[52] Cenkeramaddi, L. R., and T. Ytterdal, "Analysis and Design of a 1V Charge Sampling Readout Amplifier in 90-nm CMOS for Medical Imaging," *Proc. IEEE Int. Symp.* VLSI Design, Autom. Test, Hsinchu, Taiwan, April 25-27, 2007, pp. 1-4.

[53] Abidi, A., "The Path to the Software-Defined Radio Receiver," *IEEE J. Solid-State Circuits*, Vol. 42, No. 5, 2007, pp. 954-966.

[54] Mirzaei, A., et al., "Analysis of First-Order Anti-Aliasing Integration Sampler," *IEEE Trans. Circuits Syst.* I, Vol. 55, No. 10, 2008, pp. 2994-3005.

[55] Mirzaei, A., et al., "A Second-Order Antialiasing Prefilter for a Software-Defined Radio Receiver," *IEEE Trans. Circuits Syst. I*, Vol. 56, No. 7, 2009, pp. 1513-1524.

[56] Tohidian, M., I. Madadi, and R. B. Staszewski, "Analysis and Design of a High-Order Discrete-Time Passive IIR Low-Pass Filter," *IEEE J. Solid-State Circuits*, Vol. 49, No. 11, 2014, pp. 2575-2587.

[57] Bazrafshan, A., M. Taherzadeh-Sani, and F. Nabki, "A 0.8-4-GHz Software-Defined Radio Receiver with Improved Harmonic Rejection Through Non-Overlapped Clocking," *IEEE Trans. Circuits Syst.* I, 2018, Vol. 65, No. 10, pp. 3186-3195.

[58] Poberezhskiy, Y. S., and G. Y. Poberezhskiy, "On Adaptive Robustness Approach to Anti-Jam Signal Processing," *Proc. IEEE Aerosp. Conf.*, Big Sky, MT, March 2-9, 2013, pp. 1-20.

[59] Poberezhskiy, Y. S., and G. Y. Poberezhskiy, "Suppression of Multiple Jammers with Significantly Different Power Levels," *Proc. IEEE Aerosp. Conf.*, Big Sky, MT, March 3-10, 2012, pp. 1-12.

[60] Poberezhskiy, Y. S., and G. Y. Poberezhskiy, "Spatial Nulling and Beamforming in Presence of Very Strong Jammers," *Proc. IEEE Aerosp. Conf.*, Big Sky, MT, March 5-12, 2016, pp. 1-20.

[61] Poberezhskiy, Y. S., and G. Y. Poberezhskiy, "Efficient Utilization of Virtual Antenna Motion," *Proc. IEEE Aerosp. Conf.*, Big Sky, MT, March 5-12, 2011, pp. 1-17.

第7章　提高量化分辨率

7.1　概述

如前几章所述，基于采样理论的混合解释和直接解释可以增加 A/D 的动态范围和模拟带宽，即使对于给定分辨率的量化器也是有益的，特别是对于频率 f_0 较高的带通信号。这也促进了量化器分辨率的进一步提高，另外还增加了数字化的动态范围。在过去三十年中，采样和内插（S&I）新概念的实施非常缓慢，与之相反，整个时期内量化器的速度、精度、灵敏度和分辨率显著提高并且量化器的功耗下降，不仅是因为 IC 技术的发展，更归功于新思路的引入和实现。本章表明，尽管量化技术取得了显著进展，但新的量化概念仍在提出。

通常在接收机的输入端需要最高的分辨率和量化速度。发射机的输入端也需要如此，例如，量化快速变化的多像素图像，用于传输。7.2 节表明这两种情况通常需要采用不同的方法。由于有许多关于各种量化方法的优秀出版物（例如，参见[1~17]），因此可以将本节材料简化为对目前在数字无线电中使用的最有效技术的简要分析。

7.3 节展示了基于多个样本的联合混合信号处理技术，以提高量化器的灵敏度和分辨率的可能性。

7.4 节提出了一种将量化与信源编码相结合的图像量化技术，不仅有效地利用了图像内部和图像之间像素之间的统计相关性，而且有效地利用了大多数图像中很少出现不连续的特性。

7.2　常规量化

7.2.1　接收机输入信号的量化

均匀量化（恒定采样率 f_s、量化步长 Δ 和量化位数 N_b）的 PCM 化器极其广泛地用于接收机输入信号的数字化。并行量化器是最快的，需要 $2^{N_b}-1$ 个比较器才能获得 N_b 位的量化分辨率。因此，随着量化位数 N_b 的增加，量化器的复杂度和功耗呈指数增长。为了避免这种增长，大多数现代量化器被设计成包含一个或多个内部量化器的复合结构，每个内部量化器具有相对较少的量化位数 N_b。除了内部量化器实现量化以外，复合量化器还完成许多其他混合信号操作。利用这些操作的具体特性和/或量化信号的统计特性，可以在不增加内部量化器负担的情况下改善复合量化器的性能。

大量各种各样的接收机输入信号具有未知的、非平稳的统计特性，这往往阻碍了在接收机输入端有效利用量化信号的特性来提高复合量化器的性能。当然，这也并不妨碍混合信号操作特性在这些量化器中的应用，下面将讨论这种方法。这种方法可能最引人注目的有四种技术。第一种技术，称为通用逐次逼近技术，在 7.2.1.1 节中简要介绍。第二种技术，基于过采样的技术，在 7.2.1.2 节概述。第三种技术是时间交错技术，采用这种技术的量化器对于基于采样理论的混合解释和直接解释的采样器最为有效，如第 6 章所讨论的。在这种情况下，这种技术不仅可以在不改变其内部量化器的情况下增大复合量化器的采样率 f_s，而且可以扩展模拟带宽并提高数字化的动态范围和灵活性。第四种技术，基于多个信号样本的联合处理[18,19]，将在 7.3 节中讨论。

两个品质因素（figures of merit）：

$$F_1 = 2^{N_{b,e}} f_s \ \text{和} \ F_2 = \frac{2^{N_{b,e}} f_s}{P_c} \tag{7.1}$$

式中，$N_{b,e}$ 是有效量化位数（ENOB），P_c 是功耗，这些指标不足以描述 A/D 的性能，因为它们不能反映 A/D 的模拟带宽。但是，由于模拟带宽是由 A/D 的采样电路决定的，所以 F_1 和 F_2 足以表征 A/D 的量化性能。当不关注功耗 P_c 时，可以使用 F_1；当功耗 P_c 受限时，F_2 更合适。考虑到式（7.1），在大多数情况下，与替代技术相比，在不降低采样率 f_s 和不增加功耗 P_c 的情况下，量化器的灵敏度和分辨率的任何改进都可以实现，下文将会提及。

7.2.1.1　通用逐次逼近技术

通用逐次逼近技术将量化过程分解为几个步骤，以便使用位数相对较少的量化器进行信号的高分辨率数字表示。传统的逐次逼近量化器内部使用 1 位量化器（比较器），经过几个周期，其数字输出存储在逐次逼近寄存器（SAR）中。在每个周期，SAR 输出通过内部 D/A 转换为模拟值，并与采样模拟值进行比较。当 D/A 输出等于所需精度的采样值时，量化就完成了。

可以将该技术推广至具有多比特内部量化器的复合量化器，以及每个步骤由独立的一级来实现的结构中。因此，可以使用多次迭代或多级结构来实现这种通用技术。图 7.1 中的简化框图说明了该技术多次迭代的实现过程。在此，对模拟信号 $u(t)$ 进行采样，并通过 n_b 位并行量化器对采样值进行量化。在每个样本输入该量化器之前，都要经过一个减法电路和一个具有可控增益的缓冲放大器（BA）。在第一个周期（粗转换）中，样本中不减去任何值，缓冲放大器（BA）增益 g=1。转换结果作为对应样本的量化字的 MSB 保存在校正和控制逻辑的输出寄存器中。这些位通过精确的 D/A 转换回模拟域，并在第二个周期从同一样本中减去。

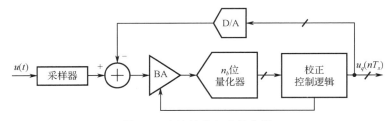

图 7.1　多次迭代复合量化器

在该周期内，缓冲放大器以 $g = 2^{n_b}$ 的增益对采样与粗转换的差值结果进行放大。放大后的差值被转换到数字域，结果被保存在输出寄存器中，作为下一个 n_b 位。每个后续周期，g 都会依次扩大 2^{n_b} 倍。这种量化器在理想情况下，在 m 个周期后的总量化位数为 $N_b=m \cdot n_b$ 位。然而，在实际应用中，应该引入一定的冗余来进行纠错。因此，g 在每个周期中增加的倍数应该小于 2^{n_b}，总量化位数 $N_b<m \cdot n_b$ 位。在这种转换器和其他类型多次迭代转换器中，总量化

位数 N_b 的增加是以采样率 f_s 的下降为代价的。对于给定的总量化位数 N_b，多级转换器可以实现更高的采样率 f_s。

虽然传统的逐次逼近量化器与多次迭代量化器的联系是显而易见的，但它们与同样也是逐次逼近 $u(nT_s)$ 的多级量化器的联系比较模糊，通常不会强调这种联系。因此，通用逐次逼近技术的多级实现有不同的名称。例如，子区量化器（subranging quantizers）是这种技术的体现。

子区量化器的流水线形式对于数字无线电最为重要，由于可同时处理多个样本，它们可实现更高的采样率 f_s 和量化位数 N_b。在这些形式中（请参见图 7.2）[2、5~10、14~16]，用 m 个连续级实现量化。前 m-1 级中每级都包含一个跟踪保持放大器（THA）、一个内部并行量化器、一个 D/A 和一个缓冲放大器（BA）。任何一级的量化器和 D/A 具有相同的分辨率，但 D/A 的精度与复合量化器的最终分辨率一致。第一级数字输出发送到校正和控制逻辑，以形成量化器输出字的 MSB，同时也发送到其 D/A，模拟输入样本中减去 D/A 的输出。

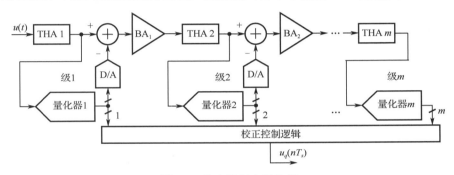

图 7.2　流水线复合量化器

该差值由缓冲放大器（BA）放大并馈入第二级，以与第一级中的输入样本相同的方式进行处理。这个过程在各级中重复进行，以达到所需的分辨率。由于每个样本的比特在不同的时间由不同的级生成，校正和控制逻辑除了完成校正和量化器校正之外，还要将它们在时间上进行对齐。每一级在处理完前一个采样后，开始处理下一个采样。流水线量化器的不同阶段可以有不同的量化位数，并且量化位数稍微有点冗余以适应 D/A 的偏移和增益误差。流水线处理引起的延迟在大多数应用中是可以接受的。

注意，子区量化器不是唯一使用通用逐次逼近技术的多级量化器，而且并不是只有子区量化器才可以实现流水线化。

7.2.1.2　过采样技术

Σ-Δ 量化器[2~7、12~17]是基于过采样的最重要量化器类型。它的起源可以追溯到 20 世纪四五十年代，当时人们发明了 Δ 调制和差分 PCM（DPCM）技术，通过传输连续样本之间的变化，而不是传输样本本身来提高通信的吞吐量。C.Cutler 于 1954 年提出了过采样和噪声成形的思想以提高分辨率，并由其他研究者在过采样数字化信号的直接传输领域进行了改进。1969 年，D.Goodman 提出了通过增加带下采样的数字滤波，对通用 A/D 进行 Σ-Δ 调制。Σ-Δ 量化器与 IC 技术完全兼容，可以用低成本 CMOS 实现。最初，主要用于高分辨率的基带应用。1988 年，带通 Σ-Δ 量化器的发明使其在数字无线电的实现中更具吸引力。

在讨论 Σ-Δ 量化器之前，请注意，即使对于 PCM 量化器，过采样也会提高分辨率。实际上，当这样的量化器中的 N_b 足够大并且输入样本的 rms 值 $\sigma_u \gg \Delta$ 时，即使相应的样本 $u(nT_s)$ 是相关的，量化误差 $\varepsilon(nT_s)$ 在 Δ 内也可认为均匀分布且不相关。在这种情况下，可将 $\varepsilon(nT_s)$ 序列视为具有如下均值和均方根值的平稳离散量化噪声 $\varepsilon(nT_s)$ 的一个实现，均值和均方根值分别表示为

$$m_\varepsilon = 0, \ \sigma_\varepsilon = \left(\frac{1}{12}\right)^{0.5} \Delta \approx 0.2887\Delta \tag{7.2}$$

如果量化器的输出数据是四舍五入的，那么量化噪声的 PSD 可表示成：

$$N_q(f) \approx \frac{\Delta^2}{6f_s} \tag{7.3}$$

因此，其在信号带宽 B 内的功率为

$$P_q \approx \Delta^2 \frac{B}{6f_s} \tag{7.4}$$

如果 $u(nT_s)$ 可接受的最大和最小值分别为 $+U_m$ 和 $-U_m$，那么：

$$\Delta = \frac{2U_m}{2^{N_b}-1} \approx \frac{2U_m}{2^{N_b}} \tag{7.5}$$

利用式（7.5），重写式（7.2）～式（7.4）如下：

$$m_\varepsilon = 0, \ \sigma_\varepsilon = \frac{U_m}{3^{0.5} \cdot 2^{N_b}} \tag{7.6}$$

$$N_q(f) \approx \frac{2U_m^2}{3 \cdot 2^{2N_b} f_s} \tag{7.7}$$

$$P_q \approx \left(\frac{2B}{f_s}\right) \frac{U_m^2}{3 \cdot 2^{2N_b}} \tag{7.8}$$

由式（7.8）可知，振幅为 U_m 的正弦波的均方根值与 $P_q^{0.5}$ 的比值 R 可表示为

$$R = \left(\frac{0.5U_m^2}{P_q}\right)^{0.5} = 1.5^{0.5} \times 2^{N_b} \cdot \left(\frac{f_s}{2B}\right)^{0.5} \tag{7.9}$$

及

$$R_{\mathrm{dB}} = 1.76 + 6.02N_b + 10\log_{10}\left(\frac{f_s}{2B}\right) \tag{7.10}$$

从式（7.9）和式（7.10）中可以看出，给定 B 情况下，由于 P_q 的减小，f_s 的增加会改善 PCM 量化器的灵敏度和分辨率，但是这种过采样效率不高，因为它需要将 f_s 翻两番才能使 R 翻一番（即对于 N_b 比特量化器增加 1 比特）。Σ-Δ 量化器可以更有效地使用过采样。

一阶 Σ-Δ 量化器的框图如图 7.3 所示。这里，从输入模拟信号 $u(t)$ 中减去 D/A 输出信号，并且对该差进行积分。积分器输出由内部低分辨率量化器（通常使用 1 位量化器）进行量化。来自此量化器输出的量化字（每个包含一个或几个比特）输入至 D/A 和数字抽取滤波器。如上所述，从 $u(t)$ 中减去 D/A 输出信号，而数字抽取滤波器处理内部量化器的输出字，从而提高其分辨率，并将采样率从初始 $f_{s1} = 1/T_{s1}$ 降低至 $f_{s2} = 1/T_{s2}$。Σ-Δ 量化器的反馈环路迫使环路输入和输出信号在积分器带宽内几乎相等，从而将量化噪声推到带外。这种量化噪声整形使得在 Σ-Δ 量化器中将 f_s 交换为 N_b 比在 PCM 量化器中更有效。

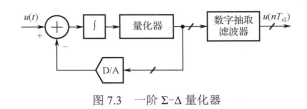

图 7.3　一阶 Σ-Δ 量化器

业已证明，一阶 Σ-Δ 量化器中的值 $f_s/(2B)$ 加倍，R_{dB} 会提高大约 9dB（即，N_b 增加 1.5 位）。由于高阶的 Σ-Δ 量化器对量化噪声的整形更好，因此高阶的 Σ-Δ 量化器可以更有效地将 f_s 转换为 N_b。在理想化实现的 L 阶 Σ-Δ 量化器中，$f_s/(2B)$ 每增加一倍，R_{dB} 会提高大约 $(6L+3)$dB，因此，N_b 会增加 $(L+0.5)$ 位。但是，非理想的实现降低了高阶 Σ-Δ 量化器的性能。对于给定的比率 $f_s/(2B)$，采用多位内部量化器和开发多级 Σ-Δ 量化器可进一步提高灵敏度和分辨率。

提高将 f_s 转换为 N_b 的效率，不仅提高了 Σ-Δ 量化器的灵敏度和分辨率，而且可以使它用于具有更宽带宽的信号。这推动了其并行结构的发展，例如多频带、时间交错和基于 Hadamard 调制的结构。Σ-Δ 量化器在超导接收机中非常有效，在超导接收机中，超导电性可通过 N_b 的数值变化实现更高的 f_s。在超导接收机中实现 Σ-Δ 量化器有其特殊之处。例如，通常认为它们的优势是对抗混叠滤波的要求低。在拥挤的频带中不能充分利用此优势，因为在这样的频带中扩展接收带宽需要增加接收机动态范围（请参阅 4.3.3 节）。

7.2.2　发射机输入信号的量化

如本节开头所述，通常无法利用接收机的先验知识和输入信号统计特性来改进和/或简化量化。与接收机相比，发射机的输入信号的统计特性通常是已知的，因此，通常可以通过将其与源编码相结合来改进和/或简化其量化。虽然数字信源编码比混合信号编码更准确、更有效，但它不能改善和/或简化信号的量化。

因此，在混合信号域中至少完成发射机模拟信号的部分信源编码，其主要目的是尽可能地改进和/或简化其数字化。当已知信号的统计特性时，最广泛地使用两种技术，即非均匀量化和各种形式的预测量化，来减少所需的量化位数 N_b 而不降低数字化质量。

7.2.2.1　非均匀量化

非均匀量化的关键思想是使量化步长依赖于信号电平（低电平小，高电平大），为弱信号和强信号提供几乎相同的信噪比。这种方法导致了几乎是对数的量化尺度。对数量化还使得对应于不同信号电平的码字分布更趋于均匀，减少了信号冗余。当干扰和噪声在数字化信号带宽内相对较低时，这种量化是有效的。否则，会降低信噪比和信干比。

对数量化可将电话信号的量化位数降低多达 2/3。压缩信号在其整个发送和接收过程中均以较少的位数表示。它们会在接收机接收后进行扩展，以使最终用户能正确地理解信息。这种处理称为压扩，也用于传输图像和其他类型的信号。现代的量化和源编码技术可以实现更复杂、更有效的压扩。

7.2.2.2　预测量化

当发射机输入信号的样本具有相关性时，预测量化可减少表示和传输所需的比特数。增量调制和 DPCM 是预测量化最简单和最早的形式。在 DPCM 中，下一个样本的预测值等于当前样本值。因此，只有相邻样本之间的差值进行量化。当样本高度相关时，量化位数可以减少，因为差值比样本的值小得多。在 20 世纪 40 年代发明的增量调制的初始版本中（见 7.2.1.2 节），只考虑了相邻样本之间差异的符号。因此，增量量化器的每个输出样本只发送 1 比特信息。后来，更复杂的增量调制系统变得与 DPCM 非常相似。

线性或非线性预测均可用于量化。对于线性预测，知道信号频谱密度或相关函数的先验信息就足够了。非线性预测需要有关量化信号的更详细信息。由于诸多因素，线性预测比非线性预测更常用。预测的质量取决于样本之间互相相关的类型和参数，预测信号的维度，所采用的预测算法的最优性以及用于预测的样本数量和位置。如 7.4 节所述，预测量化可以与其他技术有效结合使用。

7.2.2.3　抖动

抖动是一种通常用于（和处理）发射机的输入信号（以及其他应用中的信号）量化的附加技术。抖动意味着将随机或伪随机信号与期望信号一起应用于量化器输入，通过减小弱非线性的影响来提高量化质量。抖动可以是减法型的，也可以是非减法型的。在具有高分辨率的数字接收机对输入信号进行量化时，由于其存在噪声通常不需要抖动。然而，抖动在低分辨率量化的接收机中是有用的。

7.3　样本的联合量化

7.3.1　联合量化的原理

在通信中适当采用多符号解调的方法，在雷达中采用信号联合处理的方法，可以提高这些应用中的信号接收质量。在量化中，也采用了样本的联合处理。例如在 Σ-Δ 量化器中，它（与过采样相结合）有效地重塑了量化噪声谱，提高了灵敏度和分辨率。下面描述的联合处理量化器（JPQ）采用了一种不同的改进方法[18,19]，可以把它看作矢量量化器的一种特殊情况。这种方法并不利用样本之间的任何相关性；相反，它利用了这样一个事实，即对它们总和的测量比单个独立样本的测量具有更高的相对精度。

把 Walsh 频谱系数用于这种求和，系数可以分配给 M 个联合处理的样本，以改善分辨率，并简化联合处理量化器（JPQ）的实现。通过仅将样本的 LSB 用于联合处理，可以进一步简化这种实现。虽然没有利用样本之间的相关性，而且样本不一定是连续的，但使用连续的样本还是很方便的。所要处理的包含 M 个连续样本的样本组，可以采用跳跃窗或滑动窗方式进行处理，如图 7.4 所示，图中的黑点对应于以 $f_s=1/T_s$ 速率采样的样本。

当使用跳跃窗时[见图 7.4（a）]，M 个先前已量化、预处理和存储的连续样本在 M 个连续间隔 T_s 期间进行联合处理。同时，M 个新的连续样本被量化、预处理和存储，一组接一组。当分辨率提高的前 M 个样本离开窗口时，下一组经过量化、预处理和存储的连续样本将替换它们。该组样本在接下来的 M 个间隔 T_s 中联合处理，以此类推。

当使用滑动窗时[见图 7.4（b）]，每隔一个 T_s，就有一个新的样本进入窗口，而分辨率提升后的最早的样本离开窗口。在进入窗口之前，每个样本被量化、预处理，并单独存储。在窗口中，在完整的 M 个连续的 T_s 间隔中，它与其他样本进行联合处理。联合处理对所有的区间都是一样的，但窗口内的样本对于每个样本区间都有所不同。

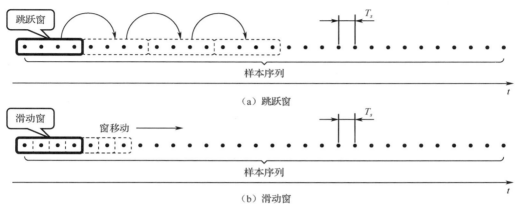

图 7.4　长度 $M=4$ 的口移动

7.3.1.1　采用跳跃窗的联合处理量化器

跳跃窗联合处理量化器（JPQ）的框图如图 7.5 所示。在前 M 个样本区间内，来自采样器输出的每个样本 u_i 存储在模拟存储器 AM_0 中，并由主量化器 MQ_r 以 N_{b1} 位分辨率进行量化。u_i 的量化值 u_{qi} 存储在 DSP 存储器中。显然

$$u_i = u_{qi} + \varepsilon_{1i} \qquad (7.11)$$

式中，ε_{1i} 是 MQ_r 的量化误差。可以将 ε_{1i} 序列视为平稳离散时间量化噪声 E_1 的一个实现。由于 N_{b1} 足够大，因此即使相应的 u_i 是相关的，E_1 的样本 ε_{1i} 也会在 MQ_r 量化步长 Δ_1 内均匀分布且不相关。对于四舍五入量化，所有 ε_{1i} 的均值和均方根值分别为

$$m_{\varepsilon 1} = 0, \ \sigma_{\varepsilon 1} = \left(\frac{1}{12}\right)^{0.5} \Delta_1 \approx 0.2887\Delta_1 \qquad (7.12)$$

为了简化对联合处理量化器（JPQ）原理的解释，在下面的描述里，框图中忽略了延迟（反映在图 7.5 中）。与 $u_{qi}=u_{qsi}+x_{qi}$ 的 LSB x_{qi} 对应的模拟值 x_i 是通过重构模拟值 u_{si} 得到的，u_{si} 对应的 u_{qsi} 值由 u_{qi} 的（$N_{b1}-1$）位 MSB 和零值 LSB 表示，并从保存于 AM_0 中的 u_i 中减去 u_{si} 得到。如果用于重构的 D/A 是精确的，那么

$$x_i = u_i - u_{si} = x_{qi} + \varepsilon_{1i} \qquad (7.13)$$

由式（7.11）可知，原则上，x_i 可以对应 $n_0 \neq 1$ 位 LSB。在通过增益 g 的缩放 BA 后，gx_i 被送到适当的模拟存储器单元 AM_{m1} 中，其中 $m=1$，…，M。每个 AM_{m1} 属于第一组模拟存储器单元，旨在存储所有奇数组的 M 个连续 gx_i（每个 gx_i 在一个单独的 AM_{m1} 中）。一旦第一组 M 个 gx_i 存储好之后，时长为 MT_s 的联合处理就开始了。在此期间，进入 JPQ 的 M 个新的连续样本被量化、预处理，并与之前的 M 个样本同样地存储。它们的 gx_i 被存储在第二组单元 AM_{m2} 中，旨在用于所有 M 个连续 gx_i 的偶数组。模拟存储器单元 AM_0、AM_{m1} 和 AM_{m2} 可以

是采样保持放大器（SHA）。

当完成对第一组 M 个连续样本的联合处理后，DSP 输出其分辨率提高后的数字值 $u_{qc(i-n)}$（其中 n 反映了 JPQ 中的延迟）。然后清空所有 AM_{m1}，并开始对第二组 M 个样本的联合处理。在该处理期间，接下来的 M 个样本将按照与第一组样本相同的方式进行量化，预处理和存储。$\{AM_{m1}\}$ 和 $\{AM_{m2}\}$ 这两个组在一个窗口内对 M 个样本的联合处理是相同的，包括以下六个步骤。

1）在模拟域中确定当前样本组 $\{gx_i\}$ 的 Walsh 谱。开关 S_m，其中 $m=1$，$\cdots$，M，将适当的一组存储器单元（$\{AM_{m1}\}$ 或 $\{AM_{m2}\}$）连接到受控反相器 CI_m。表达式 $i=(\eta-1)M+m$（这里，η 是当前的采样组序号，m 是采样组内的样本序号），可以将 Walsh 系数表示为

$$c_{x\eta l} = \sum_{m=1}^{M} b_{lm} \cdot gx_{\eta m} = g \cdot \sum_{m=1}^{M} b_{lm} \cdot x_{\eta m} \qquad (7.14)$$

其中 $l=1$，$\cdots$，M 是 Walsh 系数索引，h_{lm} 是阶数为 M 的 Hadamard 矩阵 $\mathbf{H}_M$ 的一个元素，由于 $h_{lm}=+1$ 或 -1，所以式（7.14）中的乘法被简化为由 CI_m 完成 $gx_{\eta m}$ 的符号变换。

2）在 DSP 中求出相应组 $\{gx_{q\eta m}\}$ 的 Walsh 谱：

$$c_{qx\eta l} = g \cdot \sum_{m=1}^{M} b_{lm} \cdot x_{q\eta m} \qquad (7.15)$$

3）由辅助量化器 AQ_r 以分辨率 N_{b2} 比特位宽和量化步长 Δ_2 对系数 $c_{x\eta l}$ 进行量化。量化后的系数为

$$c_{[q]x\eta l} = c_{x\eta l} + \varepsilon_{2\eta l} \qquad (7.16)$$

式中，$\varepsilon_{2\eta l}$ 是 AQ_r 量化误差。此误差序列可以看作是平稳离散时间量化噪声 E_2 的一个实现。虽然 $N_{b2}<N_{b1}$，但足以使得 E_2 的采样 $\varepsilon_{2\eta l}$ 在 Δ_2 内不相关并均匀分布，其均值和均方根值为

$$m_{\varepsilon 2} = 0, \ \sigma_{\varepsilon 2} = \left(\frac{1}{12}\right)^{0.5} \Delta_2 \approx 0.2887\Delta_2 \qquad (7.17)$$

尽管 $h_{lm}=+1$ 或 -1，只需要 1 位，但 x_i 可能对应 n_0 位 LSB：

$$N_{b2} = 1 + n_0 + \mathrm{ceil}\left[\log_2\left(\frac{Mg\Delta_1}{\Delta_2}\right)\right] \qquad (7.18)$$

通常，$N_{b2}=6\sim8$ 为最佳。由式（7.18）可知，增加 M 可减少 n_0，当 $M>32$ 时，可选择 $n_0=0$。在这种情况下，$x_{qi}=x_{q\eta m}=0$，$x_i=x_{\eta m}=\varepsilon_{1i}=\varepsilon_{1\eta m}$，在 DSP 中计算 Walsh 系数就没有必要了。

4）然而，在一般情况下，是从 $c_{[q]x\eta l}$ 中减去 $c_{qx\eta l}$ 的。由式（7.13）～式（7.15）可知，如果 $c_{[q]x\eta l}$ 等于 $c_{x\eta l}$，则所得到的等式可以精确地确定 $\varepsilon_{1i}=\varepsilon_{1\eta m}$。事实上，

$$c_{x\eta l} - c_{qx\eta l} = g \cdot \sum_{m=1}^{M} b_{lm} \cdot \varepsilon_{1\eta m} \qquad (7.19)$$

由于 $c_{x\eta l}$ 实际上是量化的，误差为 $\varepsilon_{2\eta l}$，因此，由这减法替代式（7.19），得到：

$$c_{[q]x\eta l} - c_{qx\eta l} = g \cdot \sum_{m=1}^{M} b_{lm} \cdot \varepsilon_{1\eta m} + \varepsilon_{2\eta l} \qquad (7.20)$$

将式（7.20）中将 $m_{\varepsilon 2}=0$ 代入未知的 $\varepsilon_{2\eta l}$ 中，产生 M 个独立的线性方程组，可以计算出 $\varepsilon_{1\eta m}$ 的估计值 $\varepsilon_{1\eta me}$：

$$g\mathbf{H}_M \boldsymbol{\varepsilon}_{1\eta e} = \mathbf{c}_\eta \qquad (7.21)$$

式中，$\mathbf{c}_\eta$ 的分量为 $\mathbf{c}_{[q]x\eta l}-\mathbf{c}_{qx\eta l}$。

5）式（7.21）的解为

$$\boldsymbol{\varepsilon}_{1\eta e} = \frac{\mathbf{H}_M^{-1}\mathbf{c}_\eta}{g} = \frac{\mathbf{H}_M^T\mathbf{c}_\eta}{Mg} \tag{7.22}$$

式中，$\mathbf{H}_M^{-1}$ 和 $\mathbf{H}_M^T$ 分别是 Hadamard 矩阵的逆矩阵和转置矩阵。

6）估计值 $\varepsilon_{1\eta me}=\varepsilon_{1ie}$ 与先前存储在 DSP 存储器中的相应 u_{qi} 相加：

$$u_{qci} = u_{qi} + \varepsilon_{1ie} \tag{7.23}$$

样本 u_{qci} 提高了分辨率，是联合量化的最终结果。在图 7.5 中，显示为 $u_{qc(i-n)}$，其中 n 表示在 JPQ 中产生的 nT_s 延迟。之后，将使用过的 {AM$_{m1}$} 或 {AM$_{m2}$} 清零，并将相应的 u_{qi} 从 DSP 存储器中清除。此时，下一组 M 个样本 u_{qi} 已经存储在 DSP 存储器中，相应的 M 个 gx_i 也分别存储在 {AM$_{m2}$} 或 {AM$_{m1}$} 中。

MQ$_r$ 精度由 ε_i 决定，而 JPQ 精度则由 ε_i 计算的误差决定。后者可按如下方法求得。$\mathbf{c}_\eta$ 的分量是 $g\varepsilon_{1ie}$ 的有限和。由于 E_1 的所有样本 ε_{1i} 都是同分布且不相关的，因此每个和的方差为 $Mg^2\sigma_{\varepsilon1e}{}^2$，其中 $\sigma_{\varepsilon1ie}$ 是确定的 ε_{1ie} 的均方误差，进而为 u_{qci}。同时，这个方差等于 $\Delta_2^2/12$。因此，

$$\sigma_{\varepsilon1e} = \frac{\Delta_2}{g(12M)^{0.5}} \tag{7.24}$$

由于 $m_{\varepsilon1e}=0$，$m_{\varepsilon1}=0$，所以联合处理提供的 MQ$_r$ 分辨率提升值可表示为

$$\alpha = \frac{\sigma_{\varepsilon1}}{\sigma_{\varepsilon1e}} = gM^{0.5}\frac{\Delta_1}{\Delta_2} \tag{7.25}$$

上面假设只有 MQ$_r$ 和 AQ$_r$ 中的量化是不精确的，而 JPQ 中所有其他模拟、数字和混合信号操作都是精确的。它们的非理想实现将降低 α 值（见 7.3.2 节）。

7.3.1.2　采用滑动窗的联合处理量化器的特性

如图 7.5 所示的 JPQ 中，u_i 进入 MQ$_r$ 的时刻 t_{in} 与相应 u_{qci} 离开 JPQ 的时刻 t_{out} 之间的最大延迟 $T_{d\max}$ 可表示为

$$T_{d\max1} = t_{out} - t_{in} = 2MT_s \tag{7.26}$$

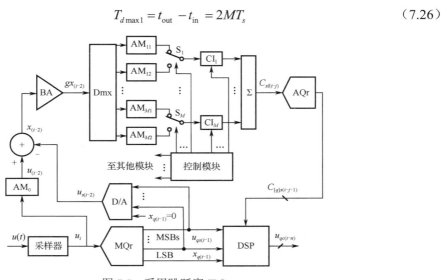

图 7.5　采用跳跃窗 JPQ

降低 $T_{d\max}$ 的需求推动了滑动窗 JPQ 的发展。

带有短滑动窗（即小 M）的 JPQ 的框图如图 7.6 所示。在这个 JPQ 中，与图 7.5 中的一样，u_i 存储在 AM_0 中，并由 MQ_r 以 N_{b1} 位分辨率进行量化。模拟 gx_i 的生成方式也与图 7.5 中的 JPQ 相同。然而，图 7.6 中的 JPQ 只有一组 M 单元 AM_m，$n_0 > 1$，因为 M 很小。此外，与图 7.5 中的 JPQ（其中联合处理循环在存储第一组 M 个 gx_i 之后开始，并且其长度为 MT_s）相比，图 7.6 中的 JPQ 在存储 gx_1 和 gx_2 之后开始联合处理，并且每 T_s 内完成具有六个步骤的联合处理循环。因此，仅当 $i \geqslant M$ 时执行完整循环。对于 $i > M$，存储在 AM_m 中的每一个新 gx_i 都会擦除以前存储的 gx_{i-M}，CI_m、AQ_r 和 DSP 的运行速度必须比相同 M 的跳跃窗 JPQ 快 M 倍。

另一个区别是，图 7.6 中 JPQ 中的 ε_{1ie} 最初被加入到相应的值 x_{qi}（而不是图 7.5 中 JPQ 中的相应值 u_{qi}）中，并且校正后的值用于随后（$M-1$）个 T_s 间隔的联合处理。在这些间隔的最后一个，将 x_{qi} 加到相应的值 u_{qsi} 中，得到 u_{qci}。尽管在图 7.6 中 JPQ 中对 x_{qi} 进行了 M 次校正，但两个 JPQ 都具有如式（7.25）所示相同的 MQ_r 分辨率提升值 a。在滑动窗联合处理开始时需要零填充，以弥补窗口内样本数量不足问题。

图 7.6 所示的 JPQ，最大延迟 $T_{d\max}$ 可表示为

$$T_{d\max 2} = t_{\text{out}} - t_{\text{in}} = (M+1)T_s \tag{7.27}$$

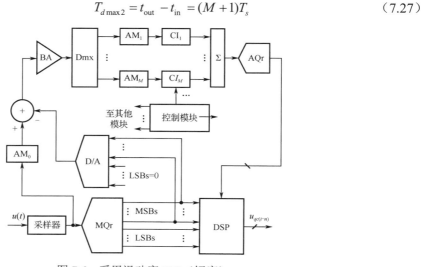

图 7.6　采用滑动窗 JPQ（短窗）

因此，与图 7.5 中的 JPQ 相比，图 7.6 中的 JPQ 的 $T_{d\max}$ 缩短了约一半，模拟存储器单元 AM_m 的数量减少了一半。这些优势是以 CI_m、AQ_r 和 DSP 的速度提高 M 倍为代价获得的。当窗口较短时，由于 $N_{b2} < N_{b1}$，这样的代价是可以容忍的。然而，窗口较长时 AQ_r 的实现将变得困难或不可能。

该问题可以通过采用多个 AQ_{rs} 来解决，如图 7.7 中的 JPQ，其中 K 组 CI_m 和 K 个 AQ_{rs} 用于联合处理存储在 AM_m 中的 M 个 gx_i。每一组 M 个 CI_m 与一个单独的模拟加法器计算 M/K 个 Walsh 系数，这些系数由一个独立的 AQ_r 量化。在这个 JPQ 中，对于相同的 M，CI_m、模拟加法器和 AQ_{rs} 所需的速度比图 7.6 中的 JPQ 慢 K 倍，但它们的数量达到 K 倍。与图 7.6 中的 JPQ 相比，DSP 的速度并没有降低，但这不是问题，因为 DSP 中只处理 u_{qi} 的 LSB，n_0 可以等于 1 甚至是 0。

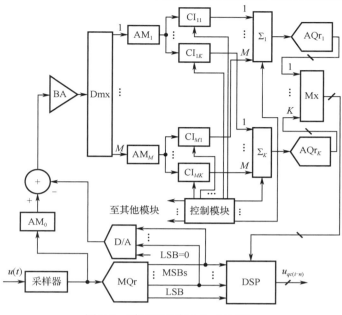

图 7.7 采用滑动窗 JPQ（长窗）

7.3.2 设计考虑因素

尽管图 7.5～图 7.7 中的 JPQ 具有不同的延迟和实现复杂性，但如果 MQ_r 和 AQ_{rs} 的有限量化步长是 JPQ 内部误差的唯一来源，它们将实现由式（7.25）α 表示的相同分辨率提升值。分辨率提升的额外位数 ΔN 可表示为

$$\Delta N = \log_2 \alpha = 0.5\log_2 M + \log_2\left(\frac{g\Delta_1}{\Delta_2}\right) \tag{7.28}$$

如式（7.28）所示，当 $g\Delta_1/\Delta_2=1$ 时，4 样本窗口（$M=4$）的 JPQ 就提高了 1 位分辨率。M 每增加 4 倍或 $g\Delta_1/\Delta_2$ 每增加两倍，分辨率都会提高 1 位。各种 M 和 $g\Delta_1/\Delta_2$ 组合的分辨率提升位数 ΔN 如表 7.1 所示。

表 7.1 JPQ 分辨率的提升

$g\Delta_1/\Delta_2$	$M\rightarrow$	4	16	64	256
1	ΔN	1	2	3	4
2	ΔN	2	3	4	5
4	ΔN	3	4	5	6
8	ΔN	4	5	6	7

由于所提出方法的实际实现并不理想，所以式（7.28）和表 7.1 所列出的 ΔN 并不总是能够实现。D/A 的误差是限制 ΔN 的主要因素。尽管对于相同的 f_s、N_b 和技术，D/A 比量化器具有更好的精度和分辨率，但是开发比量化器分辨率高 4 位的 D/A 需要付出巨大的努力。限制 ΔN 的其他因素还有可实现比率 Δ_1/Δ_2、可接受的 g 以及 AM_m 和 CI_m 之间失配的影响。

采用跳跃窗 JPQ 中 $\Delta_2 \leqslant \Delta_1$ 很容易实现，其中 MQ_{rs} 和 AQ_{rs} 具有相同的 f_s，且 $N_{b2} < N_{b1}$。采用滑动窗 JPQ 中，实现 $\Delta_2 \leqslant \Delta_1$ 是比较复杂的。然而，当图 7.6 的 JPQ 中 $M \leqslant 4$ 和图 7.7 的 JPQ 中 $M/K \leqslant 4$ 时，这种复杂性是适中的。原则上，g 可以弥补 Δ_1/Δ_2 的不足。$g\Delta_1/\Delta_2$ 的值受限于不同 AM_m 和 CI_m 对之间的不匹配（在图 7.7 的 JPQ 中，还应该考虑到 AQ_{rs} 之间的不匹配）。将所有的 AM_m 和 CI_m 放置在同一芯片上，采用其他技术措施并采用自适应失配补偿，可以将这种失配降低到 1% 或更少。如果 $\Delta N \leqslant 4$，这种失配是可以接受的。

当 $\Delta N \leqslant 4$ 时，JPQ 的实现具有中等的复杂性。要实现 $\Delta N > 4$ 时，需要主要针对提高 D/A 精度进行技术改进。当所需的 $\Delta N = 4$ 时，合理的做法是通过选择 $M=16$ 或 $M=64$ 来提供 2 位或 3 位的提升，并通过选择 $g=4$ 或 $g=2$ 与 $\Delta_1/\Delta_2=1$ 来提供额外的 2 位或 1 位提升。

在 $g\Delta_1/\Delta_2=1$ 以及 $M=4$、16 和 64 的情况下，JPQ 的分辨率提升[式 (7.25)]经过了仿真验证。在 $T_{d\max}=2MT_s$ 可以接受的所有情况下，采用跳跃窗 JPQ 是比较好的，因为它们的实际实现比采用滑动窗 JPQ 更简单，成本更低。

7.4　图像的压缩量化

7.4.1　基本原理

压缩量化[20~23]最初是为非常大的光学传感器而提出的，这些传感器可能包含数百万（甚至数十亿）像素，并且需要每秒内以有效分辨率 $N_{b,e} \geqslant 16$ 位对多帧进行量化。使用传统具有这种分辨率和每秒几 GHz 采样率 f_s 的 PCM 量化器（或其系统）是一种非常昂贵和耗电的解决方案。如下所述，将量化和混合信号图像压缩结合起来，可以实现更高效的解决方案。

大型光学传感器在科学、医疗、工业、军事和执法等领域有许多应用。尽管这些系统大多位于能源供应充足的平台上，但提高能效可降低其功耗，从而降低其舱室的所需尺寸。由传感器获得的信息在经过初步处理后，常会被传输到控制站，并且通常会进行无损压缩，以减少传输所需的时间和能量。通过在混合信号域中部分完成压缩，可简化图像量化。

然而，传统的混合信号技术（见 7.2.2 节）在这种情况下是不可接受的。非均匀量化是不合适的，因为它的分辨率取决于视场中不同物体的亮度。预测量化通过利用帧内像素和相邻帧的相应像素之间的统计相关性来降低所需的 $N_{b,e}$，它引入了斜率过载失真，会导致信息丢失，尤其是在不连续处。同时，对于上述应用来说，不连续点所携带的信息量过大，因为它们对应于被感知物体的边缘，或者是由材料、表面方向、颜色、深度和/或光照的急剧变化引起的。

7.4.1.1　用于大型传感器的压缩量化器

压缩量化器通过自适应地将预测量化与其产生的 N_b 和 f_s 瞬时调整（利用输入信号的统计特性）相结合，来解决上述问题。这种量化器的简化框图如图 7.8 所示。它包括两个内部量化器：一个是快速量化器 FQ_r，它具有非常高的采样率 f_{s1} 和相对较少的量化位数 N_{b1}（例如，$N_{b1}=4$），另一个是采样率 $f_{s2} \ll f_{s1}$ 的多位量化器 MBQ_r，但量化位数 N_{b2}（例如，$N_{b2}=16$）明显较多。

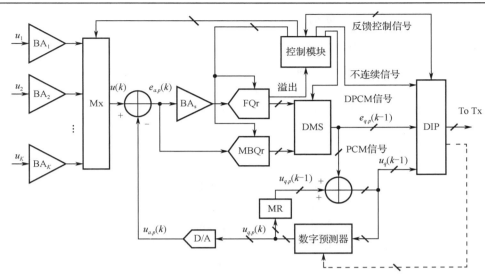

图 7.8　带预测量化的压缩量化器

来自图像传感器的像素信号由缓冲放大器 BA_1、BA_2、…、BA_K 进行放大，其中 K 是帧中的像素总数。多路复用器 Mx 依次将各 BA_s 的输出连接到一个减法器，该减法器求出模拟预测误差 $e_{a,p}(k)$，即实际像素信号 $u(k)$ 与其来自 D/A 输出的模拟预测值 $u_{a,p}(k)$ 之间的差。误差 $e_{a,p}(k)$ 直接输入 MBQr，误差并通过缩放缓冲放大器 BA_s 进入 FQr，该放大器调整 FQr 和 MBQr 的量化步长。默认情况下，FQr 处于激活模式，MBQr 处于空闲模式。由于像素信号之间的统计相关性，大多数 $|e_{a,p}(k)|$ 都很小，并通过 FQr 进行量化。在不连续处，$|e_{a,p}(k)|$ 变大，FQr 向控制模块发送溢出信号，控制模块将 FQr 切换到空闲模式，并将 MBQr 切换到激活模式。在完成 $e_{a,p}(k)$ 量化之后，FQr 返回激活模式，MBQr 返回空闲模式。

因此，得到的压缩量化器的采样率 f_{sr} 是可变的。由于不连续是稀疏的，所以大部分 $e_{a,p}(k)$ 通过 FQr 量化，得到的平均采样率满足 $f_{s2} \ll f_{sr.m} < f_{s1}$，而得到的分辨率 $N_{br}=N_{b2}$。数字多极开关 DMS 将当前激活的内部量化器（FQr 或 MBQr）连接到输出端。为了适应可变的 f_{sr}，控制模块需要实现 Mx、FQr、MBQr、DMS 等电路的同步。将 DMS 输出的前一个像素的量化预测误差 $e_{q,p}(k-1)$ 加到该像素的量化预测值 $u_{q,p}(k-1)$ 上，得到实际的量化像素值：

$$u_q(k-1) = u_{q \cdot p}(k-1) + e_{q \cdot p}(k-1) \tag{7.29}$$

PCM 值 $u_q(k-1)$ 被发送到数字预测器，该预测器根据几个先前量化的像素信号形成 $u_{q,p}(k)$。同时，$u_q(k-1)$ 与 $e_{q,p}(k-1)$ 和不连续信号一起被送到数字图像处理器 DIP。虽然 DPCM 这个术语严格来说只能应用于差分量化误差，但为了简洁起见，这里也用于预测量化误差 $e_{q,p}(k-1)$。DIP 中的图像处理是针对具体应用的。数字总线"反馈和控制信号"支持控制模块和 DIP 之间的通信，包括 DIP 向控制模块发出的反馈自适应指令。

特别地，如果 FQr 可调，DIP 可以改变 N_{b1}。事实上，对图像的分析[22,23]已经表明存在与图像类型相关的最佳 N_{b1}。当 N_{b1} 低于最优值时，假设的不连续性数量会增加，MBQ_r 的使用频率会比需要的高，从而减少了 $f_{sr.m}$ 并增加了总功耗。选择高于最佳值的 N_{b1} 可能会降低可达到的 f_{s1} 并增加 FQr 功耗，产生与 N_{b1} 不足相同的结果。可自适应设置 N_{b1} 的可调 FQrs 解决了这一问题。N_{b1} 的合理初始设置为 4 位。

图 7.8 中的量化器用于大型图像传感器。其主要设计目标是以最小的能耗获得高的 N_{br} 和 $f_{sr.m}$。在这种情况下，它对 DIP 后续处理的贡献并不是最重要的。大型传感器平台拥有足够的能量资源，可以在压缩传输信息之前在 DIP 中执行许多复杂操作（例如，图像的滤波、检测、跟踪、识别和配准）。DIP 还生成压缩量化器自适应所需的许多信号。量化器向 DIP 发送不连续、DPCM 和 PCM 信号。不连续信号可以实现快速的初始特征检测和提取，而选择最方便的信号表示（PCM 或 DPCM）的可能性简化了数字处理。

7.4.1.2　用于小型传感器的压缩量化器

压缩量化器也有利于位于小型能量受限平台（如微型无人机）上的微型光学相机。由于这种相机的像素数量相对较少，因此数字化不是问题，但压缩量化器可以最大限度地减少传感、处理和向控制中心传输图像所需的总能量。当这样的量化器与同一位置的 DIP 联合工作时，有限的能量要求量化器和 DIP 的架构和算法极度简化。例如，DIP 中的处理应仅限于完成图像压缩，并且预测量化应简化为差分量化。

图 7.9 是小型光学传感器压缩量化器的简化框图。在这里，预测量化被替换为差分量化。虽然只有不连续和 DPCM 信号被送到 DIP，但 PCM 信号也可以送到那里。自适应所需的许多反馈和控制信号都从控制中心发送到平台。要使平台上的能耗最小化，还需要采取两项措施。首先，平台发射机中的信道编码和调制技术应该相对简单，因为它们的弱点至少可以通过在能量限制较少的控制中心的接收机中的有效信号接收方法得到部分补偿。其次，由于能量和重量的限制，控制中心发送的信号应该足够强，可以在平台上采用简单的接收技术。

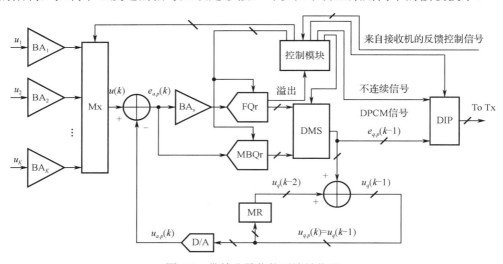

图 7.9　带差分量化的压缩量化器

7.4.2　设计考虑因素

压缩量化器设计中最具挑战性的问题是由 $u_{q.p}(k)$ 重构 $u_{a.p}(k)$，这些 $u_{q.p}(k)$ 的分辨率为 N_{b2} 位，并能以 f_{s1} 的速率输入 D/A。这个问题有几种解决方法，但图 7.8 和图 7.9 中的简化框图并没有展现出来。

7.4.2.1　预测信号的重构

图 7.10 中的框图与图 7.9 中的框图相对应，举例说明了具有差分量化的压缩量化器的解决方案。在这种情况下，可以使用两种方法之一，利用在混合信号域中形成的两个预测值 $u_{a,p1}(k)$ 和 $u_{a,p2}(k)$ 来实现。

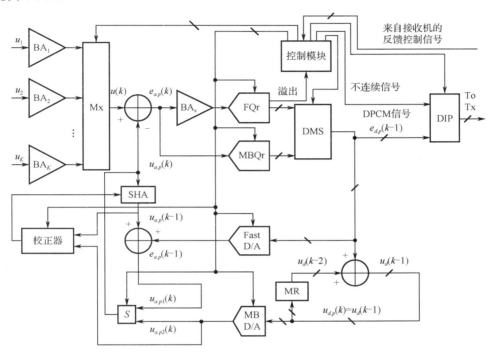

图 7.10　带差分量化的压缩量化器（给出了详细的重构电路）

第一种方法如下。当 FQr 对 $e_{a,p}(k)$ 进行量化时，由快速 D/A 和 SHA 的输出求和形成的 $u_{a,p1}(k)$ 通过开关 S 作为 $u_{a,p}(k)$ 发送到减法器和 SHA 输入端。快速 D/A 的 N_{b1} 位（或略高)分辨率及其采样率 f_{s1}（或略高）可以支持 FQr 的功能实现。当 MBQr 对 $e_{a,p}(k)$ 进行量化时，在 MB D/A 输出端形成的 $u_{a,p2}(k)$ 作为 $u_{a,p}(k)$ 通过开关 S 发送到减法器和 SHA 输入端。MB D/A 的 N_{b2} 位（或略高）分辨率及其采样率 f_{s2}（或略高）可以支持 MBQr 功能实现。将 $u_{a,p2}(k)$ 作为 $u_{a,p}(k)$ 使用，并将 $u_{a,p2}(k)$ 存储在 SHA 中，可以防止 $u_{a,p1}(k)$ 和 $u_{a,p2}(k)$ 的显著差异。该方法的缺点是，当不连续点很少时，差异仍然会变得很大。

为了避免这种情况，在第二种方法中，$u_{a,p2}(k)$ 不发送给减法器。相反，$u_{a,p2}(k)$ 用于对 $u_{a,p1}(k)$ 的定期校正，并将其发送到减法器。为此，控制模块周期性地命令压缩量化器，在相邻的不连续时间超过一定阈值时，即使没有不连续的情况也使用 MBQr 和 MB D/A。因此，校正频率足以保持 $u_{a,p}(k)$ 的精确重构。

这些解决方案适用于具有差分量化的压缩量化器，但当预测是基于之前的几个像素时，就不能使用。图 7.11 中的框图给出了这种情况下的一种可能的解决方案，其中使用了两个预测器，数字和数字控制混合信号。两个预测器执行相同的预测算法，可以根据控制模块指令自适应改变。

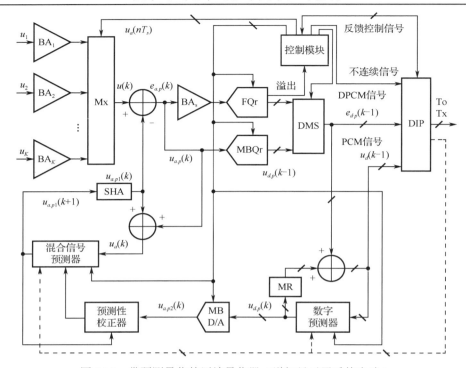

图 7.11   带预测量化的压缩量化器（详细显示了重构电路）

两种预测器中用于预测的像素数都是可变的：在出现任何不连续后立即仅使用前一个像素，在第二步时使用前两个像素，并且仅在（$i_{max}-1$）步之后使用设定的最大像素数 i_{max}。混合信号预测器产生的像素信号的模拟预测值 $u_{a.p1}(k)$ 被发送到减法器，而数字预测器产生的模拟预测值 $u_{a.p2}(k)$ 用于混合信号预测器的周期性校正。由于 $u_{a.p1}(k)$ 比 $u_{a.p2}(k)$ 产生的时间早，所以校正器应该是预测性的（Proactive）。

尽管图 7.10 和图 7.11 中的框图比图 7.8 和图 7.9 中的框图更详细，但由于其具体应用的性质不同，它们无法反映压缩量化器的所有电路。例如，在噪声环境下，可以在 Mx 和减法器之间对像素信号进行滤波。这种滤波可能需要在图像数字化的抗噪能力和空间分辨率之间进行一定的权衡。另外，FQr 和 MBQr 原则上可以用一个可重构结构来代替，该可重构结构根据相邻 $u(k)$ 之间的关系，即时调整其 N_b 和 f_s。

7.4.2.2   压缩量化器中的自适应

压缩量化器的性能和参数很大程度上取决于其自适应算法。由于这些算法与量化器的应用有关，下面只介绍帧量化时间调整算法，因为其通用性较强。

帧量化时间决定了可实现的最大帧频。对其调整的合理方法如下。根据先前的经验，为 PCM 或 DPCM 信号表示的帧分配一个初始量化时间 T_{fq0}。它应满足以下条件：

$$KT_{q1} < T_{fq0} \ll KT_{q2} \tag{7.30}$$

式中，$T_{q1}=1/f_{s1}$ 和 $T_{q2}=1/f_{s2}$ 分别是 FQr 和 MBQr 的像素量化时间。

在整个帧量化期间，控制模块中的计数器监视用于量化最开始的 k 个像素的时间 t_{sk}，因此用于帧的剩余 K-k 个像素的量化时间 $t_{r(K-k)}$ 可表示为

$$t_{r(K-k)} = T_{fq0} - t_{sk} \qquad (7.31)$$

当 $t_{r(K-k)} > (K-k)T_{q1}$ 时，按 7.4.1 节所述进行量化。那么，可能出现三种情况。

第一种情况，实际帧量化时间 $T_{fqa} \leqslant T_{fq0}$。在这种情况下，预测下一帧的量化时间为

$$T_{fq1} = T_{fqa} + T_{fb} \qquad (7.32)$$

式中，T_{fb} 是相对较小的备用时间（$T_{fb} \ll T_{fqa}$）。

第二种情况，帧量化所需的时间超过了 T_{fq0}，并且不考虑对当前帧的 T_{fq0} 进行校正。在这种情况下，对最先的 k_0 个像素进行量化后，其中 k_0 对应于

$$t_{r(K-k_0)} = (K-k_0)T_{q1} \qquad (7.33)$$

剩余的像素应该仅通过 FQr 进行量化，并且

$$T_{fqa} = T_{fq0} = t_{sk_0} + (K-k_0)T_{q1} \qquad (7.34)$$

由于只用 FQr 进行量化可能会引入失真，因此，这种方式量化的像素应标记为精度较低的量化，下一帧量化时间 T_{fq2} 应为

$$T_{fq2} = \frac{K}{k_0} t_{sk_0} + T_{fb} \qquad (7.35)$$

第三种情况，帧量化所需的时间也超过了 T_{fq0}，但可以对当前帧的 T_{fq0} 进行修正。那么 T_{fq0} 应该在对前 k_0 个像素进行量化后，按照式（7.35）进行修正。

7.4.3　效益评估

压缩量化利用像素信号之间的统计相关性，其帧内像素相关性的最简单度量是帧中不连续数 K_d 与其中像素数 K 的比值 K_d/K（K_d/K 越大表示相关间隔越短）。如图 7.12 和图 7.13 所示是具有不同 K_d/K（对于 4 位溢出层级）的两个场景由灰度（GS）图像和仅显示不连续性的二进制图像表示。它们说明了这样一个事实，即不连续的位置非常重要，所需的比特数远远小于 GS 图像所需的比特数。在大多数实际情况下，$0 < K_d/K < 0.25$。

（a）GS 表示

（b）不连续性表示

图 7.12　海岸，$K_d/K = 0.0035$

（a）GS 表示

（b）不连续性表示

图 7.13　街道，$K_d/K = 0.0996$

压缩量化支持许多方法来利用同一帧和/或连续帧的像素之间的统计相关性。在 7.4.1 节中介绍了一些利用帧内像素间相关性的方法。至于利用连续帧像素间的相关性的各种方法，最简单的方法概述如下。其中还介绍了有损失受控的压缩算法，这种算法只消除了对当前应用不相关或不重要的数据。当有损压缩无法接受，但无损压缩又无法满足时，就会使用这种算法。

这种方法只对 M 个连续帧中的一个帧进行满量程压缩量化，并用 DPCM 信号表示，而其余 $(M-1)$ 帧中的图像只进行不连续检测，因此，每个像素只用 1 比特表示。如有必要，由非连续信号表示的帧中的图像，可通过对 DPCM 信号表示的帧中的图像进行插值，并以不连续信号为参考点，跟踪图像的演变，从而在接收终端实现准确重构。

7.4.3.1 量化时间缩短

帧量化时间缩短反映了压缩量化速度的提高。对于具有 N_{b2} 位分辨率的常规量化器，帧量化时间是

$$\tilde{T}_{fq} = KT_{q2} \qquad (7.36)$$

而对于只利用像素间帧内统计相关性的压缩量化器，帧量化时间是

$$\hat{T}_{fq} = KT_{q1} + K_d(T_{q2} + 2T_{sw}) \qquad (7.37)$$

式中，T_{q1} 和 T_{q2} 分别为 FQr 和 MBQr 的像素量化时间，K_d 为每帧的不连续数，T_{sw} 为改变 FQr 和 MBQr 模式所需的切换时间。由式（7.36）和式（7.37）可知，帧量化时间缩短系数为

$$R_{T1} = \frac{\tilde{T}_{fq}}{\hat{T}_{fq}} = \frac{\left(\dfrac{T_{q2}}{T_{q1}}\right)}{1 + \left(\dfrac{K_d}{K}\right)\left[\left(\dfrac{T_{q2}}{T_{q1}}\right) + 2\left(\dfrac{T_{sw}}{T_{q1}}\right)\right]} \qquad (7.38)$$

在实践中，$T_{q2}/T_{q1} \approx 20 \sim 60$，$T_{sw}/T_{q1} \leqslant 0.25$。图 7.14 中的 $R_{T1}(K_d/K)$ 曲线是根据式（7.38）在 T_{q2}/T_{q1} 取特定几个值和 $T_{sw}/T_{q1}=0.25$ 情况下计算出来的。已知 K_d/K 的概率分布，可以确定 R_{T1} 的平均值。利用连续帧之间的统计相关性还可以进一步提高量化速度。

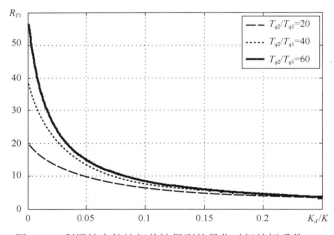

图 7.14　利用帧内统计相关性得到的量化时间缩短系数 R_{T1}

7.4.3.2　压缩系数

压缩系数 R_D 表征了每帧比特数的减少。因此，它影响了数据传输所需时间、带宽和/或能量的减少。当压缩量化器只利用像素间的帧内统计相关性时，

$$R_{D1} = \frac{KN_{b2}}{K_d N_{b2} + (K - K_d)N_{b1}} = \frac{\left(\dfrac{N_{b2}}{N_{b1}}\right)}{\left(\dfrac{K_d}{K}\right)\left(\dfrac{N_{b2}}{N_{b1}}\right) + \left[1 - \left(\dfrac{K_d}{K}\right)\right]} \tag{7.39}$$

图 7.15 中的 $R_{D1}(K_d/K)$ 曲线是根据式（7.39），N_{b2}/N_{b1} 取特定几个值的情况下计算出来的。

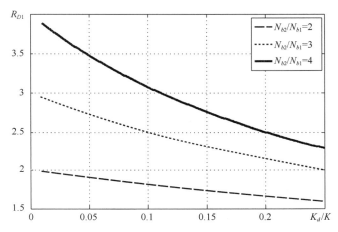

图 7.15　利用帧内统计相关性提供的压缩系数 R_{D1}

当利用连续帧像素之间的统计相关性（除了帧内相关性外），通过用 DPCM 信号表示 M 帧中的一帧图像，用不连续信号表示其余（$M-1$）帧中的图像时，每帧的平均比特数为

$$\bar{N}_{b.f} = \frac{K_d N_{b2} + (K - K_d)N_{b1} + (M - 1)K}{M} \tag{7.40}$$

因此，压缩系数为

$$R_{D2} = \frac{KN_{b2}}{\bar{N}_{b.f}} = \frac{1}{\dfrac{1}{MR_{D1}} + \dfrac{M-1}{MN_{b2}}} \tag{7.41}$$

图 7.16 中的 $R_{D2}(K_d/K)$ 曲线是根据式（7.41），N_{b2}/N_{b1} 和 M 取特定几个值计算出来的，特别地，它们表明 M 的增加降低了 K_d/K 的影响。

请注意，R_{D1} 和 R_{D2} 只反映了图像的混合信号域压缩能力。它们在混合信号域和数字域中的总体压缩能力可能要大得多。

7.4.3.3　功耗降低

如上所述，压缩量化不仅影响像素信号的数字化，而且影响图像的后续数字处理和压缩。这些因素只能根据具体情况来考虑，并且需要已知用于感知、处理和传输图像的设备和算法。然而，基于几个合理的假设，已经表明，量化所需的功耗降低系数 $R_{E1} \approx 0.5 R_{T1}$。

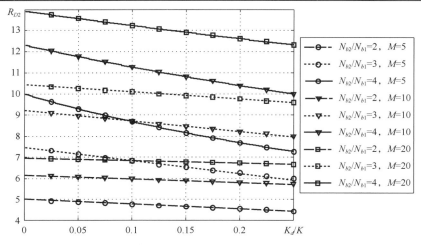

图 7.16   利用帧内和帧间统计相关性得到的压缩系数 R_{D2}

7.4.3.4   其他应用

接收机的输入信号未知和不平稳的统计特性使其利用变得复杂，特别是在混合信号域。不过，压缩量化在一些信号电平急剧变化携带重要信息的接收机中仍然是有效的。接收机中的压缩量化需要在混合信号域和数字域中进行缓冲[21]。

7.4.3.5   与压缩采样的比较

压缩采样（或感知）是由 E.Candès、J.Romberg、T.Tao 和 D.Donoho 在 21 世纪初期提出的一种采样方法，并在数学和工程出版物中进行了广泛讨论。它利用信号和图像的稀疏性来减少其恢复所需样本（或投影）的数量。

上述压缩量化与压缩采样有许多不同之处。第一，从数学的角度来看，压缩采样是一种新的采样方法，而压缩量化则结合了较老的方法来解决量化问题。第二，压缩采样减少了所需的平均采样数（或投影数），而压缩量化则减少了所需的位数（往往不减少采样数）。第三，压缩采样只利用了图像和信号的稀疏性，而忽略了其他统计特性，而压缩量化则恰好利用了图像和信号的所有统计特性，包括稀疏性。第四，压缩采样对信号和图像进行有损压缩，而压缩量化只使用无损算法或损失受控的算法。

由于这些和其他一些差异的存在，对压缩采样和压缩量化进行一般性比较并不恰当。不过，对于压缩的最终结果为总比特数减少的情况，还是可以比较它们的使用效果的。仿真结果表明，当压缩采样和压缩量化应用于同一幅图像时，后者提供的压缩效果至少是前者的两倍。压缩采样和压缩量化原则上是兼容的，因为压缩量化可以利用压缩采样所不能利用的信号和图像的统计特性。

7.5   小结

为了避免随着 N_b 的增加，复杂度和功耗而出现指数级的增长，大多数现代量化器是包含一个或多个内部量化器（每个内部量化器具有相对较小的 n_b）的复合结构，并完成混合信号处理，旨在有效利用内部量化器的分辨率。

利用这种处理的具体特性和/或量化信号的统计特性，可以提高复合量化器的性能，而不会增加内部量化器的负担。

由于接收机的输入信号种类繁多，且信号未知以及其统计特性不确定，通常无法有效地利用接收机输入端的量化信号特性来提高复合量化器的性能。然而，没有什么可以阻止利用混合信号处理的特性。

在该方法当前使用的各种形式中，流水线式子区量化器和 Σ-Δ 量化器最为有效。时间交错的量化器只有结合基于混合解释或直接解释采样理论的采样器才能充分发挥其潜力。

与接收机相比，发射机的输入信号的统计特性通常是充分已知的。 这些在混合信号域中的信号的信源编码可以改善和/或简化其量化。对数量化和各种形式的预测量化被广泛用于此目的。

本章表明，尽管在过去的三十年中，量化技术取得了显著的进步，但仍然可以提出新的量化概念。

联合处理量化器利用了以下事实：与对单个样本进行测量相比，测量多个样本之和的精度可以更高。利用 Walsh 频谱系数作为这样的总和，可以在样本之间分配所获得的量化分辨率的提升，并简化联合处理量化器实现。仅使用样本的 LSB 进行联合处理就可以进一步简化。

尽管在联合处理量化器中未利用样本之间的相关性，并且样本不必一定是连续的，但使用连续的样本更方便。可以使用跳跃或滑动窗口来形成参与联合处理的样本集。这两种窗口都可实现相同的分辨率提升。然而，使用滑动窗口的联合处理量化器，可把最大延迟缩短 1/2，其代价是实现更复杂。

大型光学传感器中像素信号在传输之前的数字化通常需要具有极高 $N_{b.e}$ 和 f_s 的量化器。原则上，利用混合信号域中像素信号之间的帧内和帧间统计相关性可以解决这个问题。然而，不能采用传统的使用方法，因为它们可能会导致非常重要的信息丢失。

因此，提出了一种自适应地将预测量化与量化器速度和分辨率的瞬时调整相结合的压缩量化方法。后来发现，这种技术也有利于位于小型能源有限的平台（如微型无人机）的小型光学相机。介绍了压缩量化的实现及其优点。

参考文献

[1] Razavi, B., *Principles of Data Conversion System Design*, New York: Wiley-IEEE Press, 1995.

[2] Walden, R.H. "Analog-to-Digital Converter Survey and Analysis," *IEEE J. Select. Areas Comm.*, Vol. 17, No. 4, 1999, pp. 539-550.

[3] Medeiro, F., B.Perez-Verdu, and A.Rodriguez-Vazquez, *Top-Down Design of High Performance Sigma-Delta Modulators*, Boston, MA: Kluwer, 1999.

[4] De la Rosa, J.M., B.Perez-Verdu, and A.Rodriguez-Vazquez, *Systematic Design of CMOS Switched-Current Bandpass Sigma-Delta Modulators for Digital Communication Chips*, Boston, MA: Kluwer, 2002.

[5] Merkel, K.G., and A.L. Wilson, "A Survey of High Performance Analog-to-Digital Converters for Defense Space Applications," *Proc. IEEE Aerosp. Conf.*, Big Sky, MT, March 8-15, 2003, pp. 1-13.

[6] Van de Plassche, R., *CMOS Integrated Analog-to-Digital and Digital-to-Analog Converters*, 2nd ed., Norwell, MA: Kluwer Academic Publishers, 2003.

[7] Kester, W. (ed.), *The Data Conversion Handbook*, Norwood, MA: Analog Devices and Newnes, 2005.

[8] Cao, Z., and S.Yan, *Low-Power High-Speed ADCs for Nanometer CMOS Integration*, New York: Springer, 2008.

[9] Ahmed, I., *Pipelined ADC Design and Enhancement Techniques*, New York: Springer, 2010.

[10] Zjajo, A., and J. de Gyvez, *Low-Power High-Resolution Analog to Digital Converters*, New York: Springer, 2011.

[11] El-Chammas, M., and B.Murmann, *Background Calibration of Time-Interleaved Data Converters*, New York: Springer, 2012.

[12] Pandita, B., *Oversampling A/D Converters with Improved Signal Transfer Functions*, New York: Springer, 2013.

[13] Ohnhäuser, F., *Analog-Digital Converters for Industrial Applications Including an Introduction to Digital-Analog Converters*, Berlin, Germany: Springer-Verlag, 2015.

[14] Harpe, P., A.Baschirotto, and A.Makinwa (eds.), *High-Performance AD and DA Converters, IC Design in Scaled Technologies, and Time-Domain Signal Processing*, Cham, Switzerland: Springer, 2015.

[15] Ali, A., *High Speed Data Converters*, London, U.K.: IET, 2016.

[16] Pelgrom, M., *Analog-to-Digital Conversion*, 3rd ed., Cham, Switzerland: Springer, 2017.

[17] Pavan, S., R.Schreier, and G.Temes, *Understanding Delta-Sigma Data Converters*, 2nd ed., New York: Wiley-IEEE Press, 2017.

[18] Poberezhskiy, Y.S., "Multiple-Sample Processing for Increasing the A/D Resolution," *Proc. IEEE Milcom*, San Diego, CA, November 17-29, 2008, pp. 1-7.

[19] Poberezhskiy, Y.S., "A New Approach to Increasing Sensitivity and Resolution of A/Ds," *Proc. IEEE Aerosp. Conf.*, Big Sky, MT, March 7-14, 2009, pp. 1-15.

[20] Poberezhskiy, Y.S., "Adaptive High-Speed High-Resolution Quantization for Image Sensors," *Proc. SPIE Conf.*, San Diego, CA, August 2-6, 2009, pp. 1-12.

[21] Poberezhskiy, Y.S., and G.Y. Poberezhskiy, "Compressive Quantization in Software Defined Receivers," *Proc. IEEE Aerosp. Conf.*, Big Sky, MT, March 6-13, 2010, pp. 1-16.

[22] Poberezhskiy, Y.S., "Compressive Quantization of Images," *Proc. IEEE Aerosp. Conf.*, Big Sky, MT, March 5-12, 2011, pp. 1-17.

[23] Poberezhskiy, Y.S., "Compressive Quantization Versus Compressive Sampling in Image Digitization," *Proc. IEEE Aerosp. Conf.*, Big Sky, MT, March 3-10, 2012, pp. 1-20.

附录 A 本书使用的函数

本附录包含了本书中常用函数的简要信息：A.1 节介绍矩形函数和一些相关函数；A.2 节介绍三角函数；A.3 节中介绍 B 样条。

A.1 矩形函数及相关函数

由于矩形信号易于产生且容易与其他信号相乘，因此矩形时间函数得到了广泛应用。矩形频率函数常常反映的是信号幅度谱的理想（但无法实现的）形状或有限带宽电路的幅频响应。下面列出了矩形函数和几个相关的函数。

图 A.1（a）所示的符号函数（或 signum 函数）被定义为

$$\text{sgn}(t) = \begin{cases} t/|t| & t \neq 0 \\ 0 & t=0 \end{cases} = \begin{cases} -1 & t<0 \\ 0 & t=0 \\ 1 & t>0 \end{cases} \tag{A.1}$$

图 A.1（b）所示的单位阶跃函数（或 Heaviside 阶跃函数）可以通过符号函数定义为

$$H(t) = 0.5\left[1 + \text{sgn}(t)\right] = \begin{cases} 0 & t<0 \\ 0.5 & t=0 \\ 1 & t>0 \end{cases} \tag{A.2}$$

因此，$H(t)$ 是符号函数与单位直流分量之和的一半。

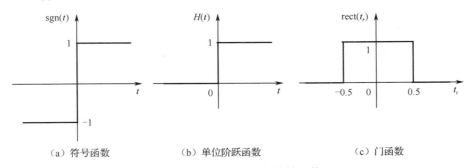

(a) 符号函数　　　　　　(b) 单位阶跃函数　　　　　　(c) 门函数

图 A.1　与矩形信号有关的函数

图 A.1（c）所示的门函数（或归一化的矩形函数）可由式（A.2）、式（1.27）和式（1.28）定义：

$$\text{rect}(t_r) = H(t_r + 0.5) - H(t_r - 0.5) = \begin{cases} 1 & |t_r| < 0.5 \\ 0.5 & |t_r| = 0.5 \\ 0 & |t_r| > 0.5 \end{cases} \tag{A.3}$$

式（A.3）中的相对时间 $t_r = t/\tau$ 简化了任意长度 τ 的矩形函数的标度。依据式（A.3）、式（1.27）和式（1.28），任何一个具有幅度 U 和时延 τ 的矩形信号 $u_1(t)$ [见图 A.2（a）]都可用门函数表示：

$$u_1(t) = U \, \text{rect}\left(\frac{t - t_0}{\tau}\right) \tag{A.4}$$

图 A.2（b）所示的归一化三角函数定义为

$$\text{tri}(t_r) = \begin{cases} 1 - |t_r| & |t_r| \leqslant 1 \\ 0 & |t_r| > 1 \end{cases} \tag{A.5}$$

这个函数是两个门函数的卷积：

$$\text{tri}(t_r) = \text{rect}(t_r) * \text{rect}(t_r) \tag{A.6}$$

根据式（A.5）、式（1.27）和式（1.28），任何以 $t = t_0$ 为中心、幅度为 U、持续时间为 2τ 的三角信号 $u_2(t)$ [见图 A.2（c）]都可以用归一化三角函数表示：

$$u_2(t) = U \, \text{tri}\left(\frac{t - t_0}{\tau}\right) \tag{A.7}$$

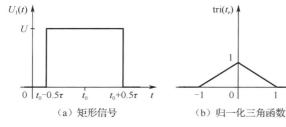

（a）矩形信号 （b）归一化三角函数 （c）三角信号

图 A.2 矩形和三角信号

由式（A.3）和式（1.47），可得 $\text{rect}(t_r)$ 的频谱密度为

$$S_{\text{rect}}(f) = \int_{-\infty}^{\infty} \text{rect}(t_r) \exp(-j2\pi f t_r) dt_r = \frac{\sin(\pi f)}{\pi f} = \text{sinc}(\pi f) \tag{A.8}$$

当 $U=1$ 和 $\tau=1$ 时，式（A.8）可由式（1.50）导出。因此，变换后的图 1.15（b）可以用来表示门函数的频谱密度。在式（1.50）和式（A.8）中，sinc 是频率的函数。它也经常作为时间的函数出现。本书最重要的基础就是 sinc 函数构成了对带限基带信号进行均匀采样的理想正交基 $\{\varphi_{nBB}(t)\}$：

$$\varphi_{nBB}(t) = \text{sinc}[2\pi B(t - nT_s)] \tag{A.9}$$

式中，B 为单边带信号带宽，$T_s = 1/(2B)$ 为采样周期，n 为整数。根据傅里叶变换的时频对偶性（见 1.3.3 节），$\varphi_{nBB}(t)$ 具有矩形幅度谱 $\left|S_{\varphi_{nBB}}(f)\right|$ 和线性相位谱 $\exp(-j2\pi f n T_s)$。根据傅里叶变换的时间卷积性质（见 1.3.3 节），信号 $u(t)$ 和 $\varphi_{nBB}(t)$ 的卷积等效于将其谱 $S(f)$ 和 $S_{\varphi_{nBB}}(f)$ 相乘。由于 $\varphi_{nBB}(t)$ 具备矩形幅度和线性相位频谱特性，这种相乘不会使 $[-B, B]$ 频段内的 $u(t)$ 频谱分量失真，但会将其带外分量抑制掉。该特性使 sinc 成为带限采样的理想选择。由于在物理上是无法实现的，所以实际上它是用物理上可实现的函数来近似的。

A.2　δ 函数

delta 函数 $\delta(t)$（也称为 δ 函数、狄拉克 delta 函数或单位脉冲）是一种广义函数，代表幅值无限大、持续时间无限小、单位面积的脉冲。它的定义为：

$$\delta(t) = \begin{cases} \infty & t = t_0 \\ 0 & t \neq t_0 \end{cases} \quad \text{和} \int_{-\infty}^{\infty} \delta(t) \mathrm{d}t = 1 \tag{A.10}$$

$\delta(t)$ 的严格论述要基于测度或分布理论。考虑一个极限来阐明其性质，当单位面积脉冲 $s_1(t)$ 的持续时间接近零且脉冲面积保持恒定时，单位面积脉冲 $s_1(t)$ 即趋向于 $\delta(t)$。初始脉冲形状并不重要，但是通常将其视为矩形、三角形、正弦或高斯形状会很方便。随着这些单位面积的初始脉冲中的任一个变得更窄，其频谱变得越宽、越平坦且在零频率处有相同的频谱密度 $S_1(0) = 1$。随着 $s_1(t)$ 趋于 $\delta(t)$，其谱密度 $S_1(f) \to S_\delta(f) = 1$，即 $\delta(t)$ 的谱密度。延迟 t_0 后的式（A.10）可重写为

$$\delta(t - t_0) = \begin{cases} \infty & t = t_0 \\ 0 & t \neq t_0 \end{cases} \quad \text{和} \int_{-\infty}^{\infty} \delta(t - t_0) \mathrm{d}t = 1 \tag{A.11}$$

由于 $\delta(t - t_0)$ 只在 $t = t_0$ 处为非零，则：

$$u(t)\delta(t - t_0) = u(t_0)\delta(t - t_0) \tag{A.12}$$

对式（A.12）两边积分得：

$$\int_{-\infty}^{\infty} u(t)\delta(t - t_0) \mathrm{d}t = u(t_0) \int_{-\infty}^{\infty} \delta(t - t_0) \mathrm{d}t \tag{A.13}$$

将式（A.11）代入，则式（A.13）可改为

$$\int_{-\infty}^{\infty} u(t)\delta(t - t_0) \mathrm{d}t = u(t_0) \tag{A.14}$$

式（A.14）反映了 $\delta(t)$ 的筛选（或采样）特性，它可以使用 $\delta(t - t_0)$ 来确定信号 $u(t)$ 在 $t = t_0$ 瞬间的值。此特性对于包括采样和插值在内的所有操作都至关重要。

对上述进行启发式分析可知 $S_\delta(f) = 1$，$\delta(t)$ 的筛选特性可以对该结果进行证明：

$$S_\delta(f) = \int_{-\infty}^{\infty} \delta(t) \exp(-\mathrm{j}2\pi f t) \mathrm{d}t = \exp(-\mathrm{j}2\pi f 0) = 1 \tag{A.15}$$

除单个 δ 函数外，均匀间隔的 δ 函数序列 $\delta(t - nT)$ 经常出现在采样理论、频谱分析和其他应用中：

$$\delta_T(t) = \sum_{n=-\infty}^{\infty} \delta(t - nT) \tag{A.16}$$

如图 A.3 所示，$\delta(t - t_0)$ 由时刻 t_0 处的垂直箭头表示。本书中，δ 函数被用作时间或频率的广义函数。在用作频率广义函数时，其反映的是直流信号和周期信号的频谱密度。这对于包含直流和周期分量的非周期性信号非常重要，因为只有频谱密度才能充分表征其频率分布。因此，下面描述如何确定直流和周期分量的频谱密度。

由于 $\delta(f)$ 和 $\delta(\omega)$ 的逆傅里叶变换分别为

$$F^{-1}[\delta(f)] = \int_{-\infty}^{\infty} \delta(f) \exp(\mathrm{j}2\pi f t) \mathrm{d}f = \exp(\mathrm{j}2\pi 0 t) = 1 \text{ 和}$$

$$F^{-1}[\delta(\omega)] = \frac{1}{2\pi} \int_{-\infty}^{\infty} \delta(\omega) \exp(\mathrm{j}\omega t) \mathrm{d}\omega = \frac{1}{2\pi} \tag{A.17}$$

单位直流信号 $u_{\mathrm{dc}}(t) = 1$ 的频谱密度可分别表示为 f 和 ω 的函数：

$$S_{\text{dc}}(f) = \delta(t)\text{和}S_{\text{dc}}(\omega) = 2\pi\delta(\omega) \qquad (\text{A.18})$$

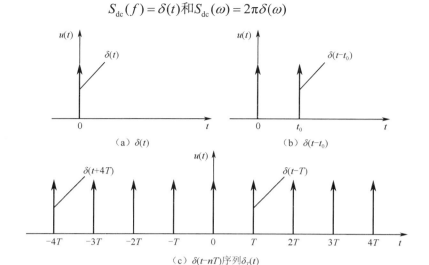

图 A.3　δ 函数和 δ 函数序列

图 A.4（a）为 $S_{\text{dc}}(f)$ 图。同样的方法可确定复指数 $u_{\exp}(t) = \exp(\text{j}2\pi f_0 t)$ 的频谱密度：

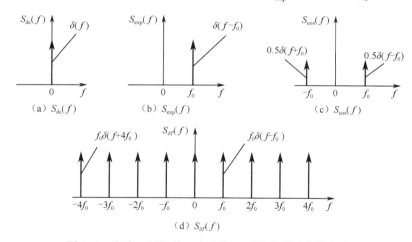

图 A.4　直流、复指数、余弦和 δ 函数序列的频谱密度

$$F^{-1}[\delta(f - f_0)] = \int_{-\infty}^{\infty} \delta(f - f_0)\exp(\text{j}2\pi ft)\text{d}f = \exp(\text{j}2\pi f_0 t)\text{ 和}$$
$$F^{-1}[\delta(\omega - \omega_0)] = \frac{1}{2\pi}\int_{-\infty}^{\infty} \delta(\omega - \omega_0)\exp(\text{j}\omega t)\text{d}\omega = \frac{1}{2\pi}\exp(\text{j}\omega_0 t) \qquad (\text{A.19})$$

因此，$u_{\exp}(t)$ 的频谱密度可分别表示为 f 和 ω 的函数：

$$S_{\exp}(f) = \delta(f - f_0)\text{和}S_{\exp}(\omega) = 2\pi\delta(\omega - \omega_0) \qquad (\text{A.20})$$

图 A.4（b）图示说明了 $S_{\exp}(f)$。

余弦信号 $u_{\cos}(t) = \cos(2\pi f_0 t)$ 的频谱密度 $S_{\cos}(f)$ 由式（A.20）和式（1.40）可得：

$$S_{\cos}(f) = 0.5[\delta(f + f_0) + \delta(f - f_0)]\text{和}$$
$$S_{\cos}(\omega) = \pi[\delta(\omega + \omega_0) + \delta(\omega - \omega_0)] \qquad (\text{A.21})$$

图 A.4（c）图示说明了 $S_{\cos}(f)$。

这些结果可以确定由傅里叶级数表示的任何周期信号 $u(t)$（周期 $T = T_0 = 1/f_0$）的频谱密度。如果 $u(t)$ 由其复指数傅里叶级数式（1.44）表示，则其频谱密度为

$$S(f) = \sum_{n=-\infty}^{\infty} D_n \delta(f - nf_0) \text{和} S(\omega) = 2\pi \sum_{n=-\infty}^{\infty} D_n \delta(\omega - n\omega_0) \tag{A.22}$$

为求均匀序列 $\delta_T(t)$ [见式（A.16）]的频谱密度 $S_{\delta T}(f)$，首先用复指数傅里叶级数式（1.44）来表示 $\delta_T(t)$：

$$\delta_T(t) = \sum_{n=-\infty}^{\infty} D_n \exp(jn2\pi f_0 t) = \frac{1}{T} \sum_{n=-\infty}^{\infty} \exp(jn2\pi f_0 t) \tag{A.23}$$

式中，$D_n = 1/T$，$f_0 = 1/T$。考虑到式（A.18）和式（A.20），可得：

$$S_{\delta T}(f) = \frac{1}{T} \sum_{n=-\infty}^{\infty} \delta(f - nf_0) = f_0 \sum_{n=-\infty}^{\infty} \delta(f - nf_0) \text{和}$$

$$S_{\delta T}(\omega) = \frac{2\pi}{T} \sum_{n=-\infty}^{\infty} \delta(\omega - n\omega_0) = \omega_0 \sum_{n=-\infty}^{\infty} \delta(\omega - n\omega_0) \tag{A.24}$$

因此，时域中均匀 δ 函数序列的频谱密度[见图 A.3（c）]就是频域中均匀 δ 函数序列的频谱密度[见图 A.4（d）]。

A.3 B 样条

样条函数是由多项式分段定义的，目的是在多项式的连接点（节点）处实现高的平滑度。由于它们能够精确地逼近复杂形状，因此被广泛应用于计算机图形学和计算机辅助设计中。对采样和插值（S&I）操作而言，B 样条（简称基样条）最具吸引力之处就是对给定的次数和平滑度所需支持最少。概述如下。k 次（$k = 0,1,2,\cdots$）、$k+1$ 阶的 B 样条 $\beta^k(t_r)$ 是 $k+1$ 个门函数的卷积。因此，门函数式（A.3）是零次、1 阶 B 样条，而归一化的三角函数式（A.6）是零次、2 阶 B 样条，即：

$$\text{rect}(t_r) = \beta^0(t_r) \text{和} \text{tri}(t_r) = \beta^1(t_r) \tag{A.25}$$

k 次 B 样条可表示为

$$\beta^k(t_r) = \beta^{k-1}(t_r) * \beta^0(t_r) \tag{A.26}$$

B 样条是非负的，并且任何 B 样条式（A.26）函数所覆盖的面积都等于 1。如果 τ 是原始矩形的长度，则 B 样条曲线可以按绝对时间 $t = t_r\tau$ 缩放。当 $k > 1$ 时，所有 $\beta^k(t_r)$ 和 $\beta^k(t)$ 都不会不连续。

B 样条的另一个具有吸引力的地方是可作为带限基带信号非理想采样和插值的基函数（或结构函数），原因如下：①B 样条生成相对简单；②有可能无需相乘即可完成 B 样条加权积分；③当 $\beta^0(t_r)$ 长度 τ 等于 $1/f_s$ 时，$\beta^k(t_r)$ 和 $\beta^k(t)$ 的频谱零点（在阻带中点）位于合适的位置；④随着 B 样条次数 k 的提高，B 样条的滤波性能有所改善。为了说明第 3 和第 4 条，回忆一下，根据式（A.8）和式（A.25），$\beta^0(t_r)$ 的频谱密度为 $S_{\beta r0}(f) = \text{sinc}(\pi f)$，$\beta^0(t)$ 的频谱密度为 $S_{\beta 0}(f) = \tau \text{sinc}(\pi f \tau) = T_s \text{sinc}(\pi f T_s)$。考虑到傅里叶变换的时间卷积特性（见 1.3.3 节），$\beta^k(t_r)$ 和 $\beta^k(t)$ 的频谱密度分别为

$$S_{\beta rk}(f) = [\mathrm{sinc}(\pi f)]^{k+1} \text{和} S_{\beta k}(f) = [T_s \mathrm{sinc}(\pi f T_s)]^{k+1} \qquad （A.27）$$

从式（A.27）可看出，$S_{\beta rk}(f)$ 和 $S_{\beta k}(f)$ 的第一个 k 阶导数在采样和插值（S&I）时应抑制的频率区间的中点有零点。这意味着增加 B 样条的次数可改善其滤波特性，权衡实现复杂度和滤波质量后即可确定 k。

附录 B 数字无线电中的采样率转换

本附录提供有关数字无线电中信号的下采样和上采样的简要信息。B.1～B.3 节描述了基带实值信号的采样率转换原理。B.4 节是这些原理的最佳实现。B.5 节将获得的结果扩展到基带复数值和带通实值信号。

B.1 整数倍下采样

对基带数字信号进行整数因子 $L = f_{s1}/f_{s2}$ 下采样（即降低采样率或抽取）需要两个步骤[见图 B.1（a）]。首先，通过低通滤波器进行抽取滤波，对频率区间进行滤波，下采样后较高奈奎斯特区域的频谱会折叠到该区间[见图 B.1（b，c）]。然后，每 L 个连续样本中丢弃 $L-1$ 个样本。在 FIR 低通滤波器中，这些步骤很容易进行组合且无须对一定会丢弃的样本进行计算。如图 B.1 所示，输入的数字信号 $u_{q1}(nT_{s1})$ 是期望信号和干扰叠加在一起的混合信号。理想的情况是抽取低通滤波器必须抑制在区间 $[(k+r_L/L)f_{s1}-B,(k+r_L/L)f_{s1}+B]$ 内的干扰，但不会使区间 $[kf_{s1}-B,kf_{s1}+B]$ 内的信号频谱失真。其中，B 是单边信号带宽，k 是任意整数，并且 $r_L = 1,2,\cdots,L-1$。当期望信号是 $u_{q1}(nT_{s1})$ 中最强部分时，抽取低通滤波器应具有单位增益以保持信号幅度不变。否则，抽取低通滤波器的增益或信号将会进行缩放，在数字接收机中这种缩放通常由 AGC 自动完成。

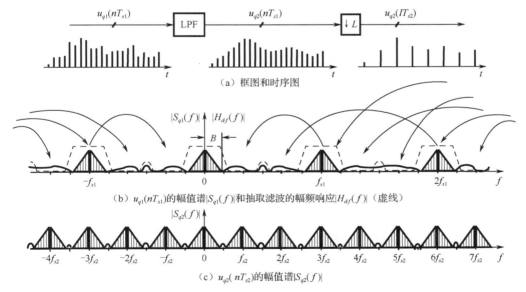

（a）框图和时序图

（b）$u_{q1}(nT_{s1})$ 的幅值谱 $|S_{q1}(f)|$ 和抽取滤波的幅频响应 $|H_{df}(f)|$（虚线）

（c）$u_{q2}(nT_{s2})$ 的幅值谱 $|S_{q2}(f)|$

图 B.1   以因子 $L = f_{s1}/f_{s2} = 3$ 下采样抽取滤波

虽然 FIR 和 IIR 滤波器都可以用于采样率转换，但下面我们仅讨论 FIR 滤波器，因其简化了数字无线电设计，这是由于该滤波器很容易与下采样或上采样的步骤相结合，且能获得完美的线性相频响应，同时不存在舍入误差积累。

B.2　整数倍上采样

以整数因子 $M = f_{s2}/f_{s1}$ 对基带数字信号进行上采样（即提高采样率）也需要两个步骤[见图 B.2（a）]。首先，生成一个原始样本间增加 $M-1$ 个零的序列。然后，序列通过低通滤波器进行插值滤波，该低通滤波器计算了零点位置的样本[请注意 $u_{q1}(nT_{s1})$ 不包含干扰]。在频域中，使用插值滤波进行上采样可抑制区间 $[(k+r_M/M)f_{s2}-B,(k+r_M/M)f_{s2}+B]$ 内的信号频谱折叠，但不会使在区间 $[kf_{s2}-B,kf_{s2}+B]$ 内的信号失真[见图 B.2（b，c）]，其中 B 是单边信号带宽，k 是任意整数值，$r_M = 1,2,\cdots,M-1$。由于内插低通滤波器对 M 个折叠频谱中的 $M-1$ 个进行了抑制，其增益或信号应按因子 M 进行缩放以保持信号幅度不变。因此，与只有干扰存在时才需要缩放的下采样相反，上采样始终需要缩放。在合理设计的内插 FIR 低通滤波器中，原始样本之间插入零点不会增加计算量，而且两个上采样步骤很容易结合在一起。这一优点与在抽取 FIR 低通滤波器时避免对丢弃样本的计算，具有同样的性质。

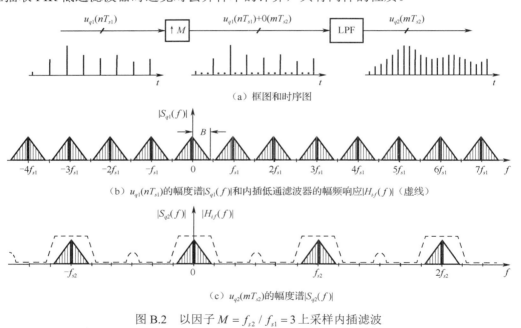

（a）框图和时序图

（b）$u_{q1}(nT_{s1})$ 的幅度谱 $|S_{q1}(f)|$ 和内插低通滤波器的幅频响应 $|H_{i,f}(f)|$（虚线）

（c）$u_{q2}(mT_{s2})$ 的幅度谱 $|S_{q2}(f)|$

图 B.2　以因子 $M = f_{s2}/f_{s1} = 3$ 上采样内插滤波

B.3　非整数倍的采样率转换

图 B.3（a）显示了用有理非整数因子 M/L 改变基带数字信号采样率的最直接方法，其中 M 和 L 是互质数。在此首先将输入信号 $u_{q1}(nT_{s1})$ 的采样率 $f_{s1} = 1/T_{s1}$ 增加到 M 倍（即 $f_{s2} = Mf_{s1}$），然后将获得的信号 $u_{q2}(mT_{s2})$ 的采样率 $f_{s2} = 1/T_{s2}$ 降低到原来的 $1/L$（即

$f_{s3} = f_{s2} / L$）。因此，输出信号 $u_{q3}(lT_{s3})$ 的采样率为 $f_{s3} = (M / L)f_{s1}$。

如图 B.3（b）所示，将内插和抽取低通滤波器相结合是有益的。组合低通滤波器的脉冲响应是两个低通滤波器脉冲响应的卷积。理想情况下，组合的低通滤波器会抑制区间 $[(k + r_M / M)f_{s2} - B, (k + r_M / M)f_{s2} + B]$ 内的信号频谱分量以及区间 $[(k + r_L / L)f_{s2} - B, (k + r_L / L)f_{s2} + B]$ 内的干扰，但不会使区间 $[kf_{s2} - B, kf_{s2} + B]$ 内的信号频谱失真，其中 B 是单边信号带宽，k 是任意整数，$r_M = 1, 2, \cdots, M - 1$ 和 $r_L = 1, 2, \cdots, L - 1$。基于 B.1 中和 B.2 节提到的原因，组合滤波器的增益或信号必须适当缩放以保持信号的幅度不变。

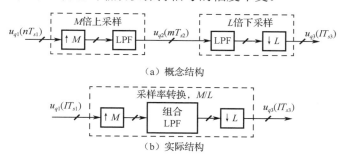

（a）概念结构

（b）实际结构

图 B.3　以有理非整数因子 M/L 转换采样率的框图

当 Mf_{s1} 不太大时，上述方法是最优的。否则，将采用非精确速率转换。请注意，上述"精确"速率转换的精度取决于并不理想的抽取和内插滤波的质量。相反，以下概述的非精确方法原则上可以实现所需要的任何精度。因此，在这两种情况下，采样率转换的精度取决于转换器可接受的复杂度。

非精确速率转换要求出计算新的位于现有样本之间的新样本值，以进行下采样和上采样。这个问题被称为分数延迟逼近，它是用一个具有脉冲响应的插值滤波器来实现的，该滤波器应以足够的精度逼近理想滤波器，以满足信号失真和干扰抑制要求。在大多数情况下，其采用低阶拉格朗日多项式来近似。零阶近似把前面最靠近的原始样本的值作为近似样本。一阶近似把两个靠近的原始样本分别与 $\mu = T_D / T_{s1}$ 和 $(1 - \mu)$ 加权相加，其中 T_D 是近似样本相对于最接近原始样本的延迟，μ 称为分数区间。二阶近似采用三个附近的样本进行抛物线逼近，而三阶近似采用四个附近样本进行三次逼近。高阶近似很少使用。每个 μ 都需要自己的一组滤波器系数。一种被称为 Farrow 结构的高效滤波方式已经把 μ 作为其单变量参数。

B.4　采样率转换的优化

尽管在 TDP 和 RDP 中经常使用非整数因子的采样率转换，但很少将其用于数字化与重构。因此，下面仅概述整数因子转换的优化。它包括转换器结构及其滤波特性的优化。对后者的讨论主要集中在 FIR 滤波上。优化准则是对给定的转换因子和转换质量的情况下，使得乘法次数最小化。

单级转换结构在转换因子为质数时是高效的。当它可以分解成多个因子时，在每一级都具有质数转换因子的级联结构可以减少计算量。下采样时，各级转换因子升序排列，可最大程度降低计算量。在这种情况下，由于比值 f_{s1} / B_t 最小，所以以最高采样率 f_{s1} 下工作的第一级抽取滤波器的阶数最低，其中 B_t 是滤波器过渡带。实际上，根据简化的 Kaiser 公式，等纹波 FIR 滤波器的长度可以近似为

$$N_{\text{FIR}} \approx \frac{-2\log_{10}(10\delta_p\delta_s)}{3(B_t / f_s)} + 1 \tag{B.1}$$

式中，δ_p 和 δ_s 分别为滤波器通带和阻带波纹。基于同样的原因，上采样结构中各阶段转换因子的顺序应该是相反的。

奈奎斯特滤波器对于采样率转换很重要。它们源自奈奎斯特在码间干扰方面所做的工作。为避免码间干扰，长度为 τ_{sym} 的符号应该用其脉冲响应 $h(t)$ 满足以下条件的滤波器来成形：

$$\begin{cases} h(0) = 1 \\ h(\pm k\tau_{\text{sym}}) = 0 \end{cases} \tag{B.2}$$

式中，$k = 1, 2, \cdots$。具有 $h(t)$ 的滤波器称为奈奎斯特滤波器。它们的 $h(t)$ 在 $k\tau_{\text{sym}}$ 处有规律地间隔出现零点。这些滤波器的著名示例就是升余弦滤波器（见第 3 章和第 4 章）。奈奎斯特滤波器的传递函数 $H(f)$ 与式（B.2）等价的条件是：

$$\frac{1}{\tau_{\text{sym}}} \sum_{k=-\infty}^{\infty} H\left(f - \frac{k}{\tau_{\text{sym}}}\right) = 1 \tag{B.3}$$

如式（B.3）所示，奈奎斯特滤波器的传递函数具有单位分解的性质。

数字奈奎斯特 FIR 滤波器的 $h(t)$ 以 N 个采样周期 T_s 为间隔，重复出现零点。它的系数（从中心开始计算）满足条件：

$$\begin{cases} h_0 = \dfrac{1}{N} \\ h_{\pm kN} = 0 \end{cases} \tag{B.4}$$

其中 $k = 1, 2, \cdots$。在式（B.4）中，h_0 被缩放到单位增益。等效的频域条件为

$$\sum_{k=-\infty}^{\infty} H\left(f - \frac{k}{NT_s}\right) = 1 \tag{B.5}$$

满足式（B.4）和式（B.5）的数字低通滤波器也称为第 N 波段滤波器。理想的第 N 波段矩形低通滤波器具有单边带宽 $B = (f_s / 2) / N$。实际上，$B < (f_s / 2) / N$。从式（B.4）可知，第 N 波段 FIR 低通滤波器的每第 N 个系数（从中间算起）都为零。这减少了低通滤波器实现所需的乘法次数。乍一看，此特性使此类低通滤波器是因子为 N 的采样率转换的理想选择。实际上，它们并不总是有利的，因为第 N 波段低通滤波器能实现的 δ_p 比实际所需的小得多。实际上，它们的 δ_p 和 δ_s 关系为

$$\delta_p \approx (N-1)\delta_s \tag{B.6}$$

式（B.6）对于 $N = 2$ 是精确的。对于 $N \leqslant 5$ 和 $\delta_s \geqslant 10^{-4}$ 它是相当准确的。当 $N > 5$ 且 $\delta_s < 10^{-4}$ 时，式（B.6）给出了 δ_p 的上限。根据式（B.1），过小的 δ_p 会增加滤波器长度 N_{FIR}。因此，第 N 波段低通滤波器比其他 FIR 低通滤波器的阶数要长，且零系数的存在可能无法补偿长度增加带来的计算量。因此，如果 $N > 2$，则在每种特定情况下使用第 N 波段低通滤波器进行采样率转换，都需要仔细验证。$N = 2$ 的第 N 波段低通滤波器被称为半带滤波器（HBF），由于零系数的数量最大化，几乎在所有的实际情况下，以因子 2 采样率转换所需的乘法器数量都

降到最低。实际上，在具有单位增益的半带滤波器中，除中心系数等于 0.5 之外，其他所有半带滤波器系数均为零。半带滤波器的单边幅频响应 $H(f)$ 关于 $H(0.25f_s)$ 对称，即：

$$H(f) = 1 - H(0.5f_s - f) \qquad 0 < f < 0.5f_s \qquad (B.7)$$

图 B.4 给出了以三个不同因子 M 进行上采样的信号的三角形幅度谱 $\left|S_{q1}(f)\right|$ 和两类等波纹内插 FIR 低通滤波器的幅频响应 $\left|H_{i,f}(f)\right|$：不利用"不关心"频带的第 N 波段低通滤波器（$N=M$）（虚线）和利用"不关心"频带的常规低通滤波器（点划线）。注意，第 N 波段低通滤波器也可以利用"不关心"频带，而且图 B.4 中所选滤波器类型仅作示意。在图 B.4 所示的每种情况下，$f_{s1}/B = 3$ 且 $\delta_s = 60$dB，而对于常规低通滤波器，其 δ_p 限于 ± 0.25dB，对于第 N 波段低通滤波器则由式（B.6）确定。由于半带滤波器最适合 $N=2$ 的采样率转换，因此图 B.4（a）中仅显示了半带滤波器的幅频响应。该滤波器每个输出样本平均需要进行三次乘法运算。第三波段和常规低通滤波器在具有图 B.4（b）所示的幅频响应时，每个输出样本的平均乘法运算次数分别为 7 次和 6 次。具有图 B.4（c）幅频响应的第五波段低通滤波器和传统低通滤波器，其每个输出样本的乘法运算次数平均分别需要 8.2 次和 6.4 次。对于不同的 f_{s1}/B、δ_s、δ_p，滤波器设计结果会有所不同。一般规则是：第 N 波段低通滤波器的优势随 N 的增加和 δ_s 的减少而减弱。同时，随着 f_{s1}/B 和转换因子的增大以及 δ_s 的降低，利用"不关心"频带的重要性也随之增加。

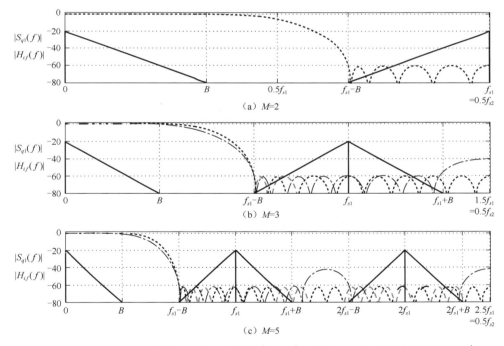

图 B.4   以不同因子 M 进行上采样时的信号幅度谱 $\left|S_{q1}(f)\right|$ 和内插 FIR 低通滤波器幅频响应 $\left|H_{i,f}(f)\right|$

B.5   推广

上述基带实值信号的采样率转换可以推广到基带复值信号和带通实值信号。对于基带复

值信号 $Z_q(nT_s) = I_q(nT_s) + jQ_q(nT_s)$ 的下采样和上采样，对 I 和 Q 分量分别完成所需处理即可。

如果将数字化与重构（D&R）电路中的采样率转换与线性预失真或后失真相结合来补偿混合信号和/或模拟电路的畸变，那么这种结合应在最低采样率阶段实现。在该阶段组合滤波器的系数会变成复值，这种情况下需要四个实值滤波器而不是两个。

带通信号和基带信号的采样率转换之间的主要区别在于带通信号可能会伴有信号频谱反转，具体取决于转换因子和奈奎斯特区内信号频谱的折叠位置。在转换因子等于 2 的情况下，无频谱反转和有频谱反转的下采样如图 B.5 所示。图 B.5（a，c）中的频谱图分别展示了下采样前信号 $u_{q11BP}(IT_{s1})$ 和 $u_{q21BP}(IT_{s1})$ 的幅度谱 $|S_{q11BP}(f)|$ 和 $|S_{q21BP}(f)|$。这些图也描绘了相应抽取滤波器的幅频响应 $|H_{d,f1}(f)|$ 和 $|H_{d,f2}(f)|$。图 B.5（b，d）中的频谱图分别给出了下采样后分别获得的信号 $u_{q12BP}(lT_{s2})$ 和 $u_{q22BP}(lT_{s2})$ 的幅度谱 $|S_{q12BP}(f)|$ 和 $|S_{q22BP}(f)|$。图 B.5 表明当转换因子等于 2 时，信号频谱位于 $0\sim0.25\,f_{s1}$ 之间时，其最低折叠频谱不会产生频谱反转[见图 B.5（a，b）]；而信号频谱位于 $0.25\,f_{s1}\sim0.5\,f_{s1}$ 之间的最小折叠频谱会产生频谱反转[见图 B.5（c，d）]。

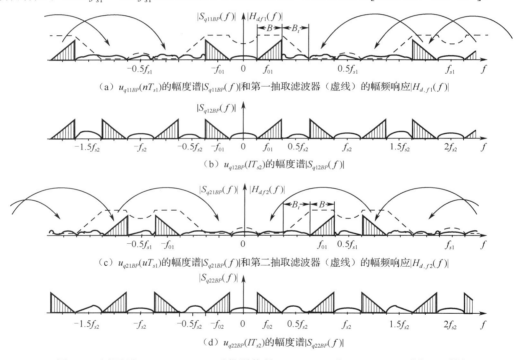

（a）$u_{q11BP}(nT_{s1})$ 的幅度谱 $|S_{q11BP}(f)|$ 和第一抽取滤波器（虚线）的幅频响应 $|H_{d,f1}(f)|$

（b）$u_{q12BP}(IT_{s2})$ 的幅度谱 $|S_{q12BP}(f)|$

（c）$u_{q21BP}(uT_{s1})$ 的幅度谱 $|S_{q21BP}(f)|$ 和第二抽取滤波器（虚线）的幅频响应 $|H_{d,f2}(f)|$

（d）$u_{q22BP}(IT_{s2})$ 的幅度谱 $|S_{q22BP}(f)|$

图 B.5　以因子 $L = f_{s1}/f_{s2} = 2$ 对带通信号 $u_{q11BP}(nT_{s1})$ 和 $u_{q21BP}(nT_{s1})$ 进行下采样

附录 C　关于中心极限定理的应用

中心极限定理是概率论中使用最广泛的定理之一。其随机变量和函数的多种版本已在严格指定的条件下得到证明。但是，在应用科学和工程领域，该定理通常以其最广义、最不精确的形式使用。对于随机过程，它通常表述为：随着过程数的增加，具有类似统计特征的统计独立任意分布平稳（或局部平稳）随机过程之和的概率分布趋向于高斯（即正态）分布。施加在部分过程上的约束条件可以有所不同。例如，可能不需要引入平稳性条件，但可能需要其概率分布相同或至少相似。这意味着它们可能呈现非高斯分布。在实际应用中，由于没有真正符合其理论模型的物理对象，因而数学严谨性不可避免地被忽略。因此，当中心极限定理应用于实践时，模糊地表述中心极限定理没有什么奇怪或不好的。如果没有正确理解被忽略的约束的所有情况，就会出问题。

在讨论这种性质导致的问题之前，有必要简要说明在电气工程和通信领域中使用中心极限定理的初衷。首先，高斯过程的线性变换产生的过程也是高斯过程。因此，经过线性电路后的高斯过程仍然是高斯过程，仅需计算其相关函数（或 PSD）即可对其进行充分表征。其次，基于上述原因及其他一些原因，在存在高斯噪声的情况下进行最佳滤波和解调的问题有闭合解，这些解在理论上得到充分的证实且通过长期的实际使用得到了很好的验证。第三，电气工程和通信领域中的许多信号和物理现象分别是多个非高斯局部信号或物理现象之和。尽管很难或不可能为它们中的每一个找到一个闭合解，但是，如果它们具有高斯分布则很容易地通过求和获得解。为了有效地使用此方法，了解其适用性的限制和条件是必要的。下面的悖论有助于我们理解它们。

C.1　悖论陈述

假设具有功率相当和频谱不重叠的 M 个窄带非高斯随机信号 $X_m(t)$ 通过接收机预选器。进一步假设 M 足够大，以至于基于常识可将总和视作高斯信号：

$$Y(t) = \sum_{m=1}^{M} X_m(t) \tag{C.1}$$

众所周知，高斯信号的线性变换产生的信号也是高斯信号。因此，如果 $Y(t)$ 是通过一个仅选择一个信号的理想线性信道滤波器发送的，例如，$X_{m=a}(t)$，没有任何失真和抑制其他信号（见图 C.1），则滤波器输出的信号 $X_{m=a}(t)$ 应该是高斯信号。然而，如上所述，包括 $X_{m=a}(t)$ 在内的所有信号 $X_m(t)$ 都是非高斯信号。

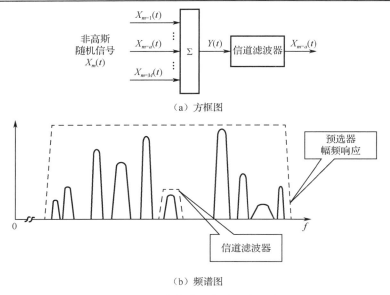

（a）方框图

（b）频谱图

图 C.1　非高斯信号的求和与分离

C.2　悖论解析

　　要解决此悖论，回忆一下，当且仅当随机过程具有 $n \to \infty$ 的 n 维（即 n 个变量）概率分布（例如，由 n 维概率密度函数表示）时为高斯过程（见 1.2.2 节）。随着求和 $Y(t)$ 中过程 $X_m(t)$ 数量 M 的增加，其一维概率密度函数（PDF）首先接近高斯概率密度函数。然后，一个接一个，较高维度的概率密度函数逐一跟随。但是，随着概率密度函数（PDF）维数的增加，接近高斯分布所需的 M 增长得如此之快，以至于在大多数实际情况下，只有二维 PDF 充其量有足够的置信度接近高斯分布。因此，严格来说，即使 M 很大但有限，$Y(t)$ 也不是一个高斯过程。随着 $n \to \infty$，$Y(t)$ 的 n 维 PDF 仅在有限预选器带宽内当 $M \gg n \to \infty$ 时的渐近情况下才是高斯过程。在这种情况下，所有 $X_m(t)$ 频谱的宽度和它们相互之间的距离趋于零。因此，通过任何可实现的信道滤波器实现的 $X_m(t)$ 数量趋于无穷大，滤波器输出处的过程仍为高斯分布。

C.3　讨论

　　因此，只有那些实际上是无穷多个部分随机过程（例如，热噪声或散粒噪声）之和的随机过程才可被严格地视为高斯过程。然而，在大多数情况下，有限数量 M 的部分信号或物理现象，只有它们的和的一维或二维分布接近高斯分布。两个众所周知的例子是：①衰落信道的瑞利模型和莱斯模型是基于数量相对较少的不同传播路径到达的信号求和得到的；②当数量超过 5 时，预选器通带内干扰信号瞬时值之和通常被视为高斯的。

　　对于平稳随机过程的和，其精确的二维高斯近似值足以解决几乎所有实际问题。

　　增加 M 确保部分信号或物理现象之和更好地近似为高斯过程，这在它们的概率分布的尾部尤为明显。对于给定的数量 M，部分过程的对称分布可确保它们的和更快地收敛到高斯过程。使用高斯分布获得闭合解的相对简单性，尽管近似不是十分精确，但它们作为一阶近似值具有吸引力。中心极限定理还具体应用于许多相当的随机因素的乘积的对数高斯分布（对数正态分布）。

　　以上内容表明，尽管将中心极限定理应用于有限数量的部分随机过程的和可以解决许多重要问题，但这些和不是高斯过程，而是其一维或二维分布接近于高斯分布的过程。因此，高斯过程的性质与特定和之间的相关程度应视具体情况而定。

附录 D 带限信号的采样定理

第 5 章对采样定理进行了说明，但没有提供证明。下面以阐明其物理实质的方式进行证明。注意与该定理有关的两个不一致之处。首先，进行采样的现实世界的信号具有有限的持续时间，与带宽有限的假设相矛盾，并且任何物理上可实现的滤波器都无法提供严格的带宽限制。其次，在所有讨论的采样定理版本中使用的采样函数具有无限的持续时间，并且不能精确地内插有限持续时间的信号。因此，实际的采样和内插（S&I）总是伴随着由于无法实现理想的带宽限制而引起的混叠误差，以及由于通过无限持续时间函数表示有限持续时间信号而引起的时域截断误差。采样和内插电路中还存在其他误差源（例如，由实际采样时刻与期望时刻的偏差，线性和非线性失真引起的抖动误差）。因此，现实世界中的采样和内插总是不理想的。

D.1 基带信号的采样定理

D.1.1 定理

单边带宽为 B 的模拟基带实值平方可积信号 $u(t)$ 可用瞬时值 $u(nT_s)$ 表示，以 $T_s = 1/(2B)$ 为周期采集该瞬时值，并由瞬时值 $u(nT_s)$ 重构原信号：

$$u(t) = \sum_{n=-\infty}^{\infty} u(nT_s)\varphi_{nBB}(t) = \sum_{n=-\infty}^{\infty} u(nT_s)\varphi_{0BB}(t - nT_s) \tag{D.1}$$

式中，$\varphi_{nBB}(t)$ 为基带采样函数：

$$\varphi_{nBB}(t) = \mathrm{sinc}[2\pi B(t - nT_s)] = \frac{\sin[2\pi B(t - nT_s)]}{2\pi B(t - nT_s)} \tag{D.2}$$

注意，式（D.1）和式（D.2）分别对应于式（5.3）和式（5.4）。

D.1.2 证明

采样函数集 $\{\varphi_{nBB}(t)\}$ 在带限平方可积函数的函数空间中构成正交基。根据式（1.37），$u(t)$ 在正交基 $\{\varphi_{nBB}(t)\}$ 下的广义傅里叶级数的系数为

$$c_n = \frac{1}{\|\varphi_{nBB}(t)\|^2} \int_{-\infty}^{\infty} u(t)\varphi_{nBB}^*(t)\,\mathrm{d}t \tag{D.3}$$

利用称为帕塞瓦尔公式的傅里叶变换性质[不要把它与帕塞瓦尔恒等式（1.38）混淆]可得：

$$\int_{-\infty}^{\infty} g(t)h^*(t)\,\mathrm{d}t = \int_{-\infty}^{\infty} S_g(f)S_h^*(f)\,\mathrm{d}f = \int_{-B}^{B} S_g(f)S_h^*(f)\,\mathrm{d}f \tag{D.4}$$

根据式（5.6）、式（5.7）和式（1.48），式（D.3）可重写为

$$c_n = \frac{1}{T_s} \int_{-B}^{B} S_u(f) S_{\varphi nBB}^*(f) \mathrm{d}f = \int_{-B}^{B} S_u(f) \exp(\mathrm{j}2\pi f nT_s) \mathrm{d}f = u(nT_s) \qquad (\text{D.5})$$

式中，$S_u(f)$ 和 $S_{\varphi nBB}^*(f)$ 分别是 $u(t)$ 和 $\varphi_{nBB}^*(t)$ 的频谱。因此，最优系数 c_n 就是信号值 $u(nT_s)$。由于 $u(t)$ 是带宽受限和平方可积的，这个级数对任何 t 都收敛到 $u(t)$。这正好证明了式（D.1）。

D.1.3　讨论

当 $T_s < 1/(2B)$ 时，$u(t)$ 可由 $u(nT_s)$ 重构。直观上看降低 T_s 并不会妨碍这种重构，这从图 5.2 中的时序图可以说明。然而，时序图并没有显示为什么 $T_s = 1/(2B)$ 是一个临界点，而频谱图则说明了这一点。事实上，根据式（5.10），采样引起了采样器输入信号 $u(t)$ 频谱 $S(f)$ 的扩散，如图 5.3 所示。当采样率 $f_s = 2B$，即 $T_s = 1/(2B)$ 时，$S(f)$ 在 $S_d(f)$ 中的相邻频谱折叠彼此衔接。当 $f_s > 2B$，即 $T_s < 1/(2B)$ 时，在 $S_d(f)$ 中的所有相邻的 $S(f)$ 折叠之间存在间隙。因此，这两种情况下都避免了这些频谱折叠的混叠，而且 $u(t)$ 可从其样本 $u(nT_s)$ 中得到准确的重构。当 $f_s < 2B$，即 $T_s > 1/(2B)$ 时，$S(f)$ 的相邻频谱折叠不可避免地产生混叠，无法从样本 $u(nT_s)$ 中精确重构出 $u(t)$。因此，$f_s = 2B$ 是可接受的最低采样率。

D.2　带通信号的采样定理

带通信号 $u(t)$ 的基带采样和内插要求用 I、Q 分量 $I(t)$ 和 $Q(t)$ 来表示，或用根据式（1.86）和式（1.87）获得其基带复值等效 $Z(t)$ 的包络 $U(t)$ 和相位 $\varphi(t)$ 来表示。D.2.1 节提供了 $I(t)$ 和 $Q(t)$ 表示的带通信号采样定理的证明，D.2.2 节给出了 $U(t)$ 和 $\theta(t)$ 表示的带通信号采样定理的证明。带通信号的带通采样和内插需要用瞬时值来表示，这种情况下的采样定理将在 D.2.3 节中得到证明。

D.2.1　$I(t)$ 和 $Q(t)$ 表示的带通信号采样

D.2.1.1　定理

中心频率 f_0 和带宽 B 的模拟带通实值平方可积信号 $u(t)$ 可以用 $I(t)$ 和 $Q(t)$ 的样本 $I(nT_s)$ 和 $Q(nT_s)$ 来表示，并利用它们实现重构，如下式所示：

$$
\begin{aligned}
u(t) &= \left[\sum_{n=-\infty}^{\infty} I(nT_s)\varphi_{nBBE}(t)\right]\cos(2\pi f_0 t) - \left[\sum_{n=-\infty}^{\infty} Q(nT_s)\varphi_{nBBE}(t)\right]\sin(2\pi f_0 t) \\
&= \left[\sum_{n=-\infty}^{\infty} I(nT_s)\varphi_{0BBE}(t-nT_s)\right]\cos(2\pi f_0 t) \\
&\quad - \left[\sum_{n=-\infty}^{\infty} Q(nT_s)\varphi_{0BBE}(t-nT_s)\right]\sin(2\pi f_0 t)
\end{aligned}
\qquad (\text{D.6})
$$

式中，$T_s = 1/B$ 和 $\varphi_{nBBE}(t)$ 是基带等效 $Z(t)$ 的采样函数，表达式如下：

$$\varphi_{nBBE}(t) = \mathrm{sinc}[\pi B(t-nT_s)] = \frac{\sin[\pi B(t-nT_s)]}{\pi B(t-nT_s)} \qquad (\text{D.7})$$

D.2.1.2 证明

$u(t)$ 的单边带宽 B 是 $Z(t)$ 的单边带宽 B_Z 的两倍，即 $B_Z = 0.5B$（例如，见图 5.17）。$I(t)$ 和 $Q(t)$ 的单边带宽也等于 $B_Z = 0.5B$。由于 $I(t)$ 和 $Q(t)$ 是基带实值平方可积信号，依据式（D.1），它们可以用周期 $T_s = 1/(2B_Z) = 1/B$ 的样本 $I(nT_s)$ 和 $Q(nT_s)$ 表示：

$$I(t) = \sum_{n=-\infty}^{\infty} I(nT_s)\varphi_{nBBE}(t) = \sum_{n=-\infty}^{\infty} I(nT_s)\varphi_{0BBE}(t-nT_s)$$

$$Q(t) = \sum_{n=-\infty}^{\infty} Q(nT_s)\varphi_{nBBE}(t) = \sum_{n=-\infty}^{\infty} Q(nT_s)\varphi_{0BBE}(t-nT_s)$$

（D.8）

对于给定的 f_0，$I(t)$ 和 $Q(t)$ 可以确定 $u(t)$ [见式（1.85）]。把式（D.8）代入式（1.85）可得到式（D.6）。

D.2.2 由 $U(t)$ 和 $\theta(t)$ 表示的带通信号采样

D.2.2.1 定理

中心频率 f_0 和带宽 B 的模拟带通实值平方可积信号 $u(t)$ 可以用包络 $U(t)$ 和相位 $\theta(t)$ 的样本 $U(nT_s)$ 和 $\theta(nT_s)$ 来表示，并根据它们重构，如下式所示：

$$u(t) = \sum_{n=-\infty}^{\infty} U(nT_s)\varphi_{nBBE}(t)\cos[2\pi f_0 t + \theta(nT_s)]$$

$$= \sum_{n=-\infty}^{\infty} U(nT_s)\varphi_{nBBE}(t-nT_s)\cos[2\pi f_0 t + \theta(nT_s)]$$

（D.9）

式中：$T_s = 1/B$，$\varphi_{nBBE}(t)$ 函数由式（D.7）定义。

D.2.2.2 证明

根据式（D.6），$u(t)$ 完全由给定 f_0 的 $I(nT_s)$ 和 $Q(nT_s)$ 确定。且由式（1.88）得：

$$I(nT_s) = U(nT_s)\cos[\theta(nT_s)] \text{和} Q(nT_s) = U(nT_s)\sin[\theta(nT_s)]$$ （D.10）

把式（D.10）代入式（D.6）得：

$$u(t) = \left[\sum_{n=-\infty}^{\infty} U(nT_s)\cos[\theta(nT_s)]\varphi_{nBBE}(t)\right]\cos(2\pi f_0 t)$$

$$- \left[\sum_{n=-\infty}^{\infty} U(nT_s)\sin[\theta(nT_s)]\varphi_{nBBE}(t)\right]\sin(2\pi f_0 t)$$

（D.11）

将恒等式 $\cos(\alpha)\cos(\beta) - \sin(\alpha)\sin(\beta) = \cos(\alpha+\beta)$ 应用于式（D.11），可得：

$$u(t) = \sum_{n=-\infty}^{\infty} U(nT_s)\varphi_{nBBE}(t)\cos[2\pi f_0 t + \theta(nT_s)]$$ （D.12）

该式证明了式（D.9）。

D.2.2.3 讨论

显然，由成对样本 $I(nT_s)$、$Q(nT_s)$ 或 $U(nT_s)$ 和 $\theta(nT_s)$ 表示的带通信号需要双通道结构，每个通道的最小可接受采样速率 $f_s = B$。因此，最小的总采样率等于 $2B$（即对于相同 B 的基带和带通信号来说是一样的）。

D.2.3　带通信号瞬时值采样

D.2.3.1　定理

中心频率为 f_0 和带宽为 B 的模拟带通实值平方可积信号 $u(t)$ 可用瞬时值 $u(nT_s)$ 表示，其均匀采样周期为 $T_s = 1/(2B)$，并由瞬时值通过下式重构：

$$u(t) = \sum_{n=-\infty}^{\infty} u(nT_s)\varphi_{nBP}(t) = \sum_{n=-\infty}^{\infty} u(nT_s)\varphi_{0BP}(t - nT_s) \tag{D.13}$$

式中，$\varphi_{nBP}(t)$ 是带通采样函数，表达式如下：

$$\begin{aligned}
\varphi_{nBP}(t) &= \mathrm{sinc}[\pi B(t - nT_s)]\cos[2\pi f_0(t - nT_s)] \\
&= \varphi_{nBBE}(t)\cos[2\pi f_0(t - nT_s)]
\end{aligned} \tag{D.14}$$

当且仅当满足下式条件时，式（D.14）成立：

$$f_0 = |k \pm 0.5|B \tag{D.15}$$

其中 k 是整数。

注意，式（D.13）、式（D.14）和式（D.15）分别对应于式（5.27）、式（5.28）和式（5.26）。

D.2.3.2　证明

当 $T_s = 1/(2B)$ 时，当且仅当式（D.15）成立时采样函数 $\varphi_{nBP}(t)$ 构成正交基。在这种情况下，$u(t)$ 的广义傅里叶级数相对于正交基 $\{\varphi_{nBP}(t)\}$ 的系数 c_n 为

$$c_n = \frac{1}{\left\|\varphi_{nBP}(t)\right\|^2} \int_{-\infty}^{\infty} u(t)\varphi_{nBP}^*(t)\mathrm{d}t \tag{D.16}$$

使用式（D.4）、式（5.30）和式（5.31），式（D.16）可以重写为

$$\begin{aligned}
c_n &= \frac{1}{T_s} \int_{-\infty}^{\infty} S_u(f)S_{\varphi nBP}^*(f)\mathrm{d}f \\
&= \int_{-(f_0+0.5B)}^{-(f_0-0.5B)} S_u(f)\exp(\mathrm{j}2\pi f nT_s)\mathrm{d}f \\
&+ \int_{f_0-0.5B}^{f_0+0.5B} S_u(f)\exp(\mathrm{j}2\pi f nT_s)\mathrm{d}f = u(nT_s)
\end{aligned} \tag{D.17}$$

式中，$S_u(f)$ 和 $S_{\varphi nBP}^*(f)$ 分别为 $u(t)$ 和 $\varphi_{nBP}^*(t)$ 频谱。因此，最优系数 c_n 就是信号值 $u(nT_s)$。由于 $u(t)$ 是带限和平方可积的，因此，对任何 t 这个级数都收敛到 $u(t)$。式（D.13）得到证明。

D.2.3.3　讨论

带通信号瞬时值的采样需要最小可接受采样速率为 $f_s = 2B$ 的单通道结构。因此，上述所有版本的采样定理都证实了这样的一个事实：如果没有其他约束条件，带宽 B 和时延 T_s 的信号需要用 $2BT_s$ 个样本来实现时间离散形式的表示，也就是说，在这种情况下即信号维数（或其自由度）是 $2BT_s$。

施加在信号上的其他约束条件可以降低其维数。例如，具有已知初始相位的调幅正弦波可以仅由其幅度样本表示。类似地，具有已知幅度的调相正弦波可以仅由其相位样本来表示。其他信号特性也可以用于降维。

缩略语

ac	交流电
A/D	模数转换或转换器（取决于上下文）
AE	天线单元
AFR	幅频响应
AGC	自动增益控制
AJ	抗干扰
ALC	自动电平控制
AM	调幅或模拟存储器（取决于上下文）
AMB	模拟及混合信号后端
AMF	模拟及混合信号前端
AQ-DBPSK	交替正交差分二进制相移键控
AQr	辅助量化器
ASIC	专用集成电路
ASK	幅移键控
AtC	衰减器控制电路
AWGN	加性高斯白噪声
BA	缓冲放大器
BAW	体声波
BPF	带通滤波器
BPSK	二进制相移键控
CDF	累积分布函数
CDM	码分复用
CDMA	码分多址
CDP	中央数字处理器
CI	可控转换器
CNF	合取范式（布尔代数）
COFDM	编码型正交频分复用
CR	认知无线电
CT	代码转换器
D/A	数模转换或数模转换器（视上下文而定）
D&R	数字化与重构
DBPSK	差分二进制相移键控
dc	直流

DCA	数控放大器
DDS	直接数字合成或直接数字合成器（视上下文而定）
DF	测向
DFC	数字功能转换或数字功能转换器（视上下文而定）
DFI	数字滤波器插值器
DIP	数字图像处理器
DMS	数字多极开关
DMX	解复用器
DNF	析取范式（布尔代数）
DPCM	差分脉冲编码调制
DPD	数字化电路的数字部分
DPR	重构电路的数字部分
DQPSK	差分正交相移键控
DS	直接序列
DSB-FC	双边带全载波
DSB-RC	双边带缩减载波
DSB-SC	双边带抑制载波
DSP	数字信号处理或数字信号处理器（视上下文而定）
DWFG	数字加权函数生成或数字加权函数生成器（视上下文而定）
ECS	电子循环开关
EHF	极高频
ELF	极低频
ENOB	有效比特数
ESD	能量谱密度
EVM	误差向量幅度
EW	电子战
FC	格式转换器
FDM	频分复用
FDMA	频分多址
FIR	有限冲激响应
FM	调频
FPGA	现场可编程门阵列
FPIC	现场可编程集成电路
FQr	快速量化器
FSK	频移键控
GAt	保护型衰减器
GMSK	高斯最小频移键控
GNSS	全球导航卫星系统

GPP	通用处理器
GPS	全球定位系统
GPU	图形处理单元
GS	灰度
HBF	半带滤波器
HF	短波
IC	集成电路
IF	中频
IIR	无限冲激响应
IMP	互调产物
IP	截止点
IS	干扰信号
ISI	码间干扰
ITU	国际电信联盟
JPQ	联合处理量化器
ksps	千次采样每秒
LAN	局域网
LF	低频
LNA	低噪声放大器
LO	本地振荡器
LPF	低通滤波器
LS	最小二乘法
LSB	下边带或最低有效位（视上下文而定）
LTI	线性时不变（系统）
MBQr	多比特量化器
MB D/A	多比特 D/A
MD/A	乘法 D/A
MDS	最小可检测信号
MEMS	微机电系统
MF	中频
MFS	主频率标准
MIMO	多输入多输出
MR	存储寄存器
MSB	最高有效位
MSK	最小频移键控
Msps	兆次采样每秒（兆个样本每秒）
MTC	模二计数器
Mx	多路复用器

NDC	新型数字化电路
NF	噪声系数
NRC	新型重构电路
NUS	非均匀采样
OFD	原始频率失真
OFDM	正交频分复用
OFDMA	正交频分多址
OOK	开关键控
OQPSK	偏移正交相移键控
PA	功放
PAM	脉冲调幅
PAT	相位和幅度调谐器
PCM	脉冲编码调制
PDF	概率密度函数
PFR	相位-频率响应
PM	相位调制
PMF	概率质量函数
PN	伪噪声（或伪随机）
PPM	脉冲位置调制
PS	脉冲整形或脉冲整形器（视上下文而定）
PSD	功率谱密度
PSK	相移键控
PWM	脉宽调制
QAM	正交调幅
QPSK	正交相移键控
RC	重构电路
RDP	接收机数字化部分
RF	射频
RFID	射频识别
RMS	均方根
ROM	只读存储器
Rx	接收机
S&I	采样和插值
SAW	声表面波
SDR	软件定义无线电
SHA	采样保持放大器（集成）
SHAWI	具有加权集成的采样保持放大器
SHF	超高频

SLF	超低频
SNR	信噪比
SPS	每秒采样次数
SPU	专用处理单元
SS	扩频
SSB	单边带
TDM	时分复用
TDMA	时分多址
TDP	发射机数字化部分
THA	跟踪保持放大器
THF	极高频
TV	电视
Tx	发射机
UCA	均匀圆阵
UHF	特高频
ULA	均匀线阵
ULF	特低频
USB	上边带
VAM	虚拟天线运动
VCA	压控放大器
VCO	压控振荡器
VGA	可变增益放大器
VHF	甚高频
VLF	甚低频
VOR	甚高频全向无线电测距（"伏尔"，导航系统）
VSB	残余边带（调制）
WFG	权重函数生成或权重函数生成器（视上下文而定）
WKS	惠特克-科特尔尼科夫-香农
WPS	加权脉冲整形或加权脉冲整形器（视上下文而定）

反侵权盗版声明

　　电子工业出版社依法对本作品享有专有出版权。任何未经权利人书面许可，复制、销售或通过信息网络传播本作品的行为，歪曲、篡改、剽窃本作品的行为，均违反《中华人民共和国著作权法》，其行为人应承担相应的民事责任和行政责任，构成犯罪的，将被依法追究刑事责任。

　　为了维护市场秩序，保护权利人的合法权益，我社将依法查处和打击侵权盗版的单位和个人。欢迎社会各界人士积极举报侵权盗版行为，本社将奖励举报有功人员，并保证举报人的信息不被泄露。

举报电话：（010）88254396；（010）88258888

传　　真：（010）88254397

E-mail：　dbqq@phei.com.cn

通信地址：北京市海淀区万寿路 173 信箱

　　　　　电子工业出版社总编办公室

邮　　编：100036